응용환경미생물학

이상준 · 이 건 · 손홍주 · 이태호

도서출판 동화기술

머리말

최근 전 세계적으로 각종 환경오염이 심화되면서 예기치 못했던 여러 가지 문제들이 초래되고 있다. 급격한 산업화 및 인구 증가에 따라 엄청나게 배출되는 산업폐수와 가정하수는, 인간 삶의 편의성을 위해 개발되었지만 통제되지 못한 사용으로 인해 지구환경을 오염시키고, 결국에는 난분해성 독성 화학물질과 환경호르몬이 인체에까지 침입하여 이전에는 결코 존재하지 않았던 괴상한 질병 등 그리고, 무분별한 화석연료의 사용 때문에 발생되는 심각한 대기오염은 결국 지구 온난화 등의 결과로 이어졌으며, 이러한 예는 실로 말로 다 표현하지 못할 정도이다. 따라서 깨끗하고 청정한 환경을 추구하는 것은 삶의 질에 대한 모든 사람들의 기본적인 열망이 되었으며, 환경오염에 대한 관심은 전문가들의 영역을 넘어 일반 국민에게까지 널리 확대되고 있다.

미생물은 지구상 어디에나 존재하면서 다양한 물질의 분해와 순환 등 그 본연의 역할을 말없이 수행함으로써 오염된 환경을 정화하여 복원하고 있다. 다시 말해 환경오염의 예방과 조절에 있어서 미생물이 담당하는 역할은 매우 중요하다. 오염된 환경을 회복하고, 깨끗한 환경을 보존하기 위해서는 미생물에 대한 기초적인 생물학적 지식은 물론 공학적인 지식 등 환경미생물에 대한 복합적인 이해가 뒤따라야 할 것이다. 이에 본 저자들은 환경미생물학도 뿐만 아니라 환경공학도도 쉽게 접근할 수 있는 교재 개발의 필요성을 공감한 끝에 고심하여 이 책을 집필하였다.

이 교재의 내용을 요약하면, 제 I 부에서 환경미생물학의 일반적인 개념을 요약한 후, 미생물 세포의 구성과 구조, 미생물의 물질대사, 미생물의 분류, 미생물의 관찰 및 측정 등 기본적인 생물학적 내용을 다루었으며, 제II부에서는 미생물의 서식환경과 생물지구화학적 물질순환을, 제III부에서는 각종 환경오염물질, 공중보건과 미생물, 환경오염 정화에 있어서 미생물의 역할 등을 다루었다. 제IV부에서는 최신 환경오염 측정법, 에너지 및 자원 생산, 다양한 산업에서 미생물의 생물공학적 이용법을 마지막으로 제V부에서는 자연환경에서의 미생물 기능과 상호작용 등 환경미생물 응용의 기초가 되는 생태학적 내용 등을 다루었다.

이 책이 환경미생물학을 공부하고자 하는 학생들과 환경관련 분야에 종사하는 사람들에게 많은 도움이 되었으면 하는 바람으로 이 교재를 집필하였으나 아직도 부족한 점이 많아 선배학자 및 동료학자들의 지적과 도움을 바라면서 용기를 내어 발간한다. 많은 분들의 끊임없는 지적과 충고는 차후 보다 더 나은 내용으로 보완하는데 큰 힘이 될 것으로 기대하며 마지않는 바이다. 끝으로 이 책이 빛을 볼 수 있도록 도와주신 도서출판 동화기술 관계자 여러분께 깊이 감사드린다.

저자 일동

Contents

차 례

Applied Environment Microbiology

PART I

환경미생물학 기초

fatty acidcarboxyl group

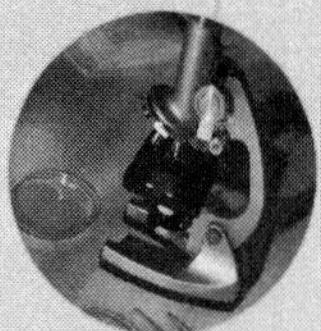

fatty acid

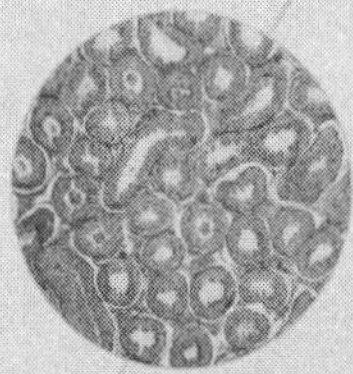

spontaneous generation

dihydroxyacetone

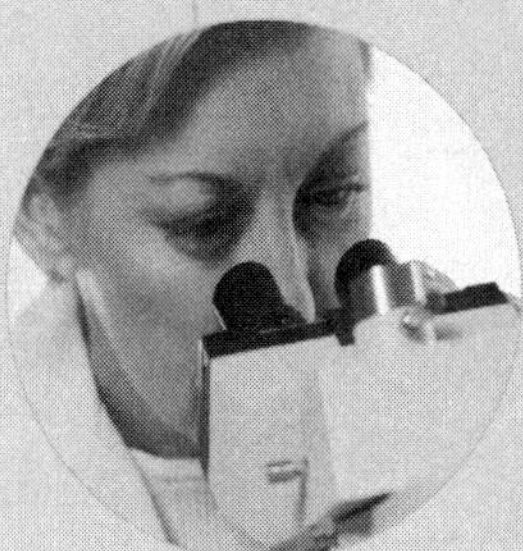

biomagnification

Pseudomonas

Cryptosporidium

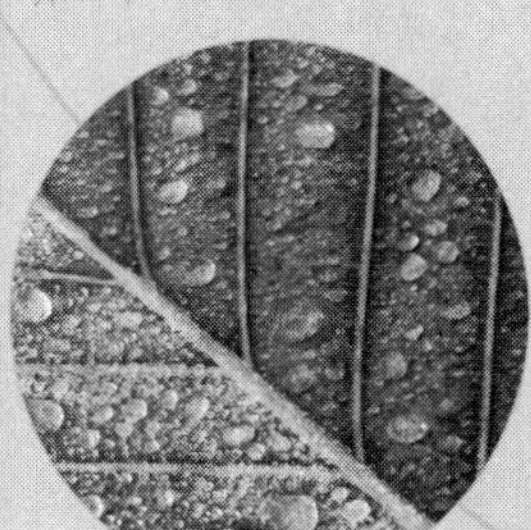

carbohydrate

Applied Environment Microbiology

CHAPTER 1

환경과 미생물

spontaneous generation

1.1 미생물학의 발전

미생물은 토양, 하천, 해양, 대기 등 지구상의 거의 모든 환경에 서식하고 있으며, 각 환경에서 탄소, 산소, 질소, 인, 황 등의 물질순환에 결정적인 역할을 수행하고 있다. 환경미생물학은 환경에 존재하는 미생물의 종류, 분포, 역할, 상호관계에 대해 연구하고, 이를 통해 얻은 지식을 환경의 보존과 제어, 위생, 식품안전, 의료, 화학산업 등에 응용하고자 하는 학문분야이다. 환경미생물학의 이해를 위해서는 그 기초가 되는 미생물학 및 미생물생태학에 대한 지식이 반드시 필요하다.

미생물학은 너무 작아서 육안으로는 관찰하기 어려운 생명체, 즉 미생물을 연구하는 학문이다. 미생물의 존재를 확인하기 이전부터 로마의 철학자와 의사들 가운데에는 미생물에 의해 질병이 발생한다고 생각하는 사람들이 있었다. 그러나 미생물을 최초로 정확하게 관찰하고 기록한 사람은 네덜란드의 직물업자였던 루벤후크(Antony van Leeuwenhoek, 1632～1723)였다. 아마추어 과학자이자 현미경 제작자이기도 했던 그는 1670년대에 스스로 만든 현미경으로 빗물을 관찰하고 미생물의 존재를 자세히 묘사하여 영국왕립학회에 보고하였다.

루벤후크에 의한 미생물 발견 이후에도 사람들은 생명체는 무생물에서 생겨날 수 있다는 자연발생설(spontaneous generation)을 믿어왔다. 이러한 생각은 18세기를 전환점으로 도전을 받았다. 이탈리아의 스팔란차니(Lazarro Spallanzani, 1729～1799)가 유기물의 부패는 자연적으로 생기지 않고 세포분열에 의해 증식하는 작은 생물에 의해서 일어난다는 것을 실험적으로 보여주었는데, 유기물이 든 용기를 밀봉한 후 가열하였을 때 미생물이 더 이상 자라지 못하였다. 하지만 내생포자 때문에 열처리한 용기에서도 미생물이 자라는 경우가 발생하였으며, 자연발생론자들은 스팔란차니의 실험에서 미생물이 자라지 못한 것은 열처리하는 동안 생명의 성장에 필요한 공기가 유입되지 못한 결과라고 설명하려 했다.

이후 슈반(Theodor Schwann, 1810～1882)은 가열한 영양액이 담긴 플라스크에 뜨거운 관을 통과한 공기를 주입하더라도 미생물이 자라지 않는다는 것을 보여주었다. 또한 슈뢰더(Georg Griedrich Schroder)와 두체(Theodor von Dusch)는 가열멸균된 플라스크에 멸균된 솜마개를 하면 가열하지 않은 공기를 공급하더라도 미생물이 성장하지 않음을 보고하였다. 이러한 논쟁은 파스퇴르(Louis Pasteur, 1822～1895)의 유명한 백조 목 플라스크 실험(Experiments of 「Swan's Neck」으로 종지부를 찍었다.

파스퇴르는 플라스크에 영양액을 넣은 후 솜마개를 사용하는 대신 마치 백조의 목

(swan's neck)과 같이 여러 번 구부러지도록 플라스크의 목을 다시 만들었다. 구부러진 플라스크의 끝은 열려 있어 항상 공기가 통할 수 있었지만, 가열한 플라스크를 공기 중에 방치하더라도 미생물이 자라지 않았다. 파스퇴르는 플라스크의 구부러진 목에 미생물이 걸려 용액 속으로 들어가지 못했기 때문에, 플라스크 안의 영양액에서 미생물이 자라지 못한 것이라고 설명하였다. 자연발생설을 종식시킨 이 실험에 사용된 플라스크는 후에 봉해져서 오늘날까지 프랑스 파리의 파스퇴르 연구소에 전시되어 있다.

영국의 물리학자 틴달(John Tyndall, 1820~1893)은 공기 중의 먼지에는 미생물이 있으며, 먼지를 제거한 공기는 멸균된 배지에 공급되더라도 부패를 일으키지 않음을 증명하였다. 또한 열에 저항성이 있는 내생포자의 존재를 발견하였다.

그 후, 1880년부터 20세기 중반까지의 미생물학은 파스퇴르와 코흐(Robert Koch, 1843~1910)와 같은 탁월한 학자가 이끌었다. 이들의 연구는 주로 당시의 가장 긴급한 문제에 초점을 두고 있었다. 파스퇴르는 포도 재배업자와 양조업자들이 당면한 문제 해결을 위하여 미생물 연구를 시작하였다. 그는 포도의 당을 발효시켜 포도주를 만드는 과정에서 발효공정이 잘못되어 효모가 생성한 알코올이 다른 미생물에 의해서 젖산으로 바뀌었다는 사실을 밝혀내었다. 파스퇴르는 1857년과 1876년 사이에 여러 편의 논문을 발표하고 효모와 세균이 바로 발효과정의 원인균이라는 것을 명백히 하였다. 또한 포도의 질병에 관한 연구를 통하여 포도주의 품질을 유지하면서 오래 보존할 수 있도록 저온 살균법인 파스퇴르살균법(pasteurization)을 개발하였다.

한편, 독일의 외과의사인 코흐(Robert Koch, 1843~1910)는 탄저병에 대한 연구를 통해 미생물이 사람에게 병을 일으킨다는 사실을 증명하였다. 이 과정에서 코흐가 사용한 방법은 '코흐의 가설(Koch's Postulates)'로 알려져 있으며, 오늘날까지 특정 미생물이 특정 질병의 원인임을 증명하는 기준으로 사용되고 있다.

세균성 질환을 연구하면서 코흐는 미생물의 순수배양 필요성을 절감하였다. 그러나 희석법과 삶은 감자를 배지로 이용하여 순수배양을 시도한 종래의 방법은 번거롭고 부정확하여 일반적으로 적용할 수 없었다. 코흐의 제자였던 월터 헤시(Walther Hesse)의 아내 파니헤시(Fannie Hesse)는 젤리의 재료인 한천을 이용하여 고체배지를 만들 것을 제안하였으며, 또 다른 조수였던 페트리(Richard Petri)는 고체배양 용기인 페트리 접시를 개발하였다. 코흐와 그의 동료들이 개발한 미생물 순수배양기술은 기념비적인 것이었으며, 미생물학을 막연한 학문으로부터 정확한 학문으로 발전시키는 계기가 되었다. 코흐에 의해서 그 당시 고안된 많은 순수배양 기술은 백년이 지난 오늘날에도 사용되고 있다.

그러나 순수배양 기술만으로는 미생물과 다른 미생물, 미생물과 고등생물, 미생물과 환경 간의 관계를 관찰하는 것이 매우 제한적이었다.

1.2 미생물생태학의 발전

초기 미생물학자들은 생태학 이론에 별 관심이 없었고 생태학자들은 미생물에 대한 관심이 적었기 때문에 생태계에서 죽은 생물체의 분해, 잔재물 형성, 무기물의 순환과 같은 과정은 생태학적 역할의 중요성에도 불구하고 잘 다루어지지 않았다. 또한 미생물의 미소한 크기, 형태적 · 행동적 구분의 불명확성은 미생물생태학적 관찰 및 연구에 커다란 장애물이었다.

그러나 19세기 일부 미생물학자들에 의하여 생태학적 과정에 있어서 미생물의 대사활동이 수행하는 역할이 밝혀지기 시작하였다. 파스퇴르는 미생물에 의한 유기물분해를 명확히 하였으며, 비록 입증하지는 못했지만 미생물에 의해 암모늄이 질산염으로 변화되는 과정을 예상하였다.

위노그라드스키(Sergei Winogradsky, 1856~1953)는 파리의 파스퇴르 연구소에서 질산균 분리에 성공하였으며, 미생물에 의한 황화수소와 유황의 산화, 2가 철 이온의 산화에 관한 연구를 통하여 미생물의 화학독립영양개념을 확립시켰다. 또한 혐기성 질소고정세균을 발견하였으며, 질산염의 환원과 공생적 질소고정에 관한 연구에 공헌하였다. 그는 토양미생물을 토착성 유기물분해세균과 기회성세균으로 구분하였으며, 많은 사람들이 그를 토양미생물의 시조로 생각하고 있다.

네덜란드의 미생물학자 베이제링크(Martinus Beijerinck, 1851~1931)는 공생적 호기성 질소고정세균과 비공생적 호기성 질소고정세균뿐만 아니라 황산염 환원균을 분리하였다. 또한 특정 대사능력을 가진 미생물에게 이로운 배양조건을 맞춤으로써 시료 중에 원하는 미생물의 숫자가 매우 낮더라도 재빨리 우점적으로 증식시켜 분리할 수 있도록 하는 농화배양법(enrichment culture)을 발전시켰다. 그 후, 질산염 환원, 메탄생성, 수소세균의 분리 등을 통하여 미생물에 의한 물질순환과정을 밝혀내었다.

클루이베르(A.J. Kluyver)는 다양한 산화적, 발효적, 화학적 독립영양형 미생물과 특수한 대사유형을 연구하였다. 그의 제자인 반 니엘(C.B. Van Niel)은 광합성 유황세균과 녹색식물의 광합성 과정에 있어 황화수소와 물의 유사성을 지적하였다. 반 니엘의 제자인 스타니어(R. Stanier)는 생태학적 과정에 있어서 미생물대사의 역할을 알아내고자 수행한 *Pseudomonas*에 대한 연구를 통하여 복잡한 유기화합물을 분해하는 데 있어서 미생물의 다양한 능력을 알게 되었다.

이러한 초기의 연구는 미생물생태학 연구의 기초가 되었다. 1960년대 초반의 미생물생태학 연구는 환경 및 생태학에 대한 일반적 관심의 증가, 방사성 추적자의 이용, 미량

분석 기술 · 전자현미경 기법 · 분자생물학적 지식의 도움으로 빠른 속도로 발전하였으며, 1970년대에 미생물학의 새로운 분야로 환경미생물학이 태동하는 계기가 되었다.

1.3 환경미생물학 개요

다양한 환경에 서식하는 미생물의 생태학적 역할에 대한 연구는 환경에서의 미생물에 대한 지식을 인간사회의 이익을 위해 활용하고자 하는 환경미생물학으로 발전되었다.

1970년대에 시작된 환경미생물학은 초기에는 수인성 질병의 병원성 미생물에 대한 공중보건적 측면의 연구에서 시작되었다. 19세기 여과와 소독공정의 도입으로 장티푸스와 콜레라의 발병을 극적으로 저감시킨 이후, 1960년대까지는 수인성 질병의 위험이 사라진 것으로 생각되었다. 그러나 소독에 저항성을 지닌 노워크 바이러스(Norwalk virus), 원생동물 병원체 지아르디아(*Giardia*), 크리토스포리디움(*Cryptosporidium*) 등에 의한 수인성 질병의 발견으로 환경에 존재하는 수인성 병원체에 대한 연구가 주목받게 되었다.

또한 인간이 섭취하는 농산물에서 원생동물 병원체 싸이클로스포라(*Cyclospora*), 병원성 대장균 *Esherichia coli* O157:H7 등이 발견됨에 따라, 환경에서의 병원체의 거동에 대한 연구가 필요하게 되었다.

환경에서의 병원성 미생물들의 존재 및 이동, 이들의 검출에 관한 연구는 환경에서의 오염물질과 미생물의 거동 및 상호작용에 대한 연구로 자연스럽게 확장되었다. 이런 연구의 대부분은 난분해성 물질에 의한 환경오염과 합성세제나 비료의 사용에 의한 부영양화 문제로 인하여 촉진되었다. 또한 토양과 자연수계에 있어서 방사선과 오염물질이 미생물의 활동에 미치는 영향에 대한 관심이 생겼다. DDT, PCB, 수은 등에 의한 생물농축(biomagnification)은 먹이망에서의 상호작용과 1차 생산자의 위치를 차지하는 미생물에 대한 관심을 불러일으켰다.

오늘날의 환경미생물학은 위생과 오염복원 분야를 넘어서, 항생물질을 포함한 미생물 대사 산물의 의학적 적용, 미생물 효소의 식품 및 화학제품 생산공정 적용, 유류 및 금속 등 자원의 회수, 바이오 에탄올 및 디젤 등 연료 생산, 미생물 생산 농약 또는 식물 질병 억제 미생물 활용을 통한 토양오염 감소와 농업생산량 증대 등 다양한 분야에 응용되고 있다.

이 책은 환경미생물학의 기초적 지식과 응용기술에 대한 정보를 제공하기 위하여 만들어졌다. 기초 미생물학을 전공하는 학생뿐만 아니라 환경공학 등 응용학문을 전공하는 학생들에게도 도움이 되도록 미생물학의 기초, 환경과 미생물의 관계, 환경미생물학적 지식의 응용기술을 포함하는 다양한 내용을 묶었다.

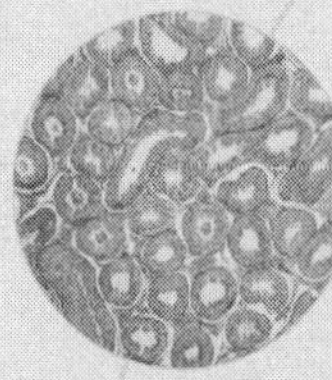

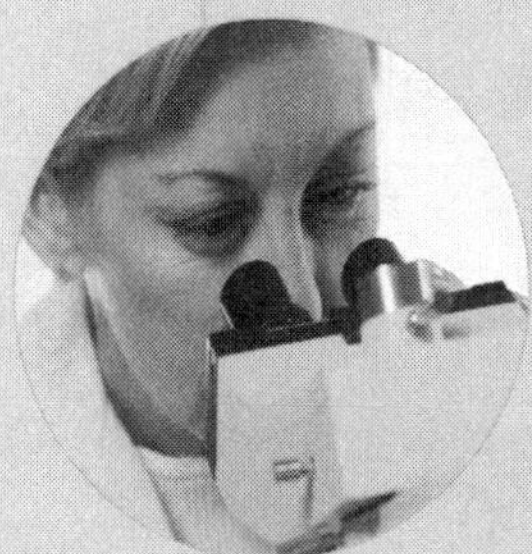

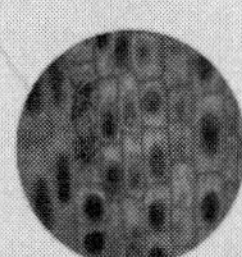

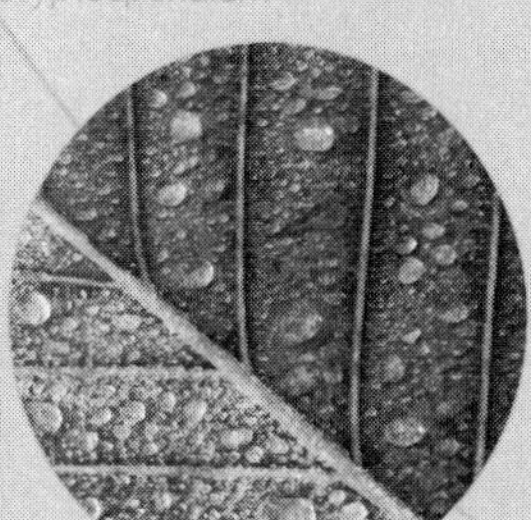

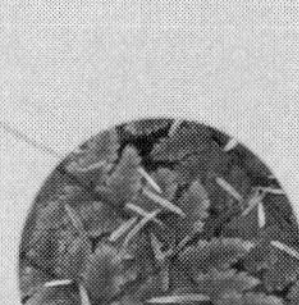

CHAPTER 2

미생물 세포의 구성과 구조

2.1 세포의 화학적 구성

2.1.1. 세포의 원소 구성

모든 생물체의 성분을 분석하면 수소, 산소, 탄소 및 질소가 상대적으로 많은 량이 검출되고, 마그네슘, 칼슘, 철, 코발트, 구리, 아연 및 몰리브덴이 적은 량이지만 검출되고 생물에 따라 어떤 특별한 무기원소가 검출된다. 척추동물의 티록신의 필수원소인 요오드(I), 규조류 세포벽 성분인 규소를 예로 들 수 있다(표 2-1).

표 2-1 미생물 세포 내 원소의 종류와 기능

원소	생리적 기능
H	수분과 유기물질의 구성성분, 일부 세균의 전자공여체(H_2)
O	수분과 유기물질의 구성성분, 호기성 세균의 호흡에서 전자공여체(O_2)
C	세포물질의 구성성분, 에너지 대사의 전자공여체(유기질의 호흡, 발효) 및 전자수용체(발효, 메탄발효에서 CO_2 환원)
N	단백질 · 핵산 · 조효소의 구성성분, 탈질세균의 에너지대사 전자수용체(NO^{-3}, NO^{-2}) 질화세균 에너지대사에서 전자공여체(*Nitrosomonas*의 NH_3, *Nitrobacter*의 NO^{-2})
S	함황 단백질의 구성성분, 조효소(CoA)의 구성성분, 무색 광합성 세균의 전자공여체(H_2S, S, $SO^{-2\&3}$), 황산염 환원세균의 전자수용체($SO^{-2\&4}$)
P	핵산, 인지질, 조효소의 구성성분, energetic coupling(ATP)에 작용
K	세포내의 무기 양이온, 효소의 cofactor
Mg	세포내의 무기 양이온, 효소의 cofactor, 효소와 기질의 결합에 기여, 엽록체의 구성성분
Ca	효소의 cofactor(proteinase), 단백질 molecular organization에 기여, 세균의 내생포자의 구성성분
Mn	효소의 무기 cofactor, Mg과 대치 가능, 산화적 대사에 기여
Fe	엽록체의 구성성분, 효소의 cofactor, 철세균의 에너지대사에서 전자공여체(Fe^{2+})
Co, Cu	효소의 무기구성성분
Zn, Mo	Zn : alcohol dehydrogenase의 성분, Mo : molybdoenzyme의 성분 및 질산염과 질소 이용에 필요

2.1.2. 세포의 분자구성

세포는 대략 80% 정도의 물, 10~20%의 단백질, 2~3%의 지질, 1% 정도의 탄수화물, 소량의 핵산, 무기물로 이루어져 있다. 세포의 구성물질 가운데 물을 제외한 대부분은 탄소화합물인 유기물질로 이루어져 있으며, 이것이 생물체의 특징 중의 하나이다. 탄소는 원자가가 4인 원소로서, 다른 탄소와 결합하는 능력이 큰 원소이다. 이러한 특징은 다양한 분자 구성을 갖는 탄소화합물의 크기를 대폭 늘릴 수 있는 원인이 되는데, 다양한 구조는 생물체가 복잡한 체제를 유지하기 위한 필수적인 요소이다.

1) 탄수화물

탄수화물(carbohydrate)은 포도당, 녹말, 셀룰로오스와 같이 탄소, 산소, 수소의 세 원소로 이루어진 화합물로서 일반적인 분자식은 $C_n(H_2O)_m$으로 표시된다. 탄수화물은 단당류(monosaccharide), 두 개의 단당류가 결합된 이당류(disaccharide), 그리고 그 이상의 단당류가 중합된 다당류(polysaccharide)로 나뉜다. 탄수화물은 생물체 내에서 다당류의 형태로 에너지를 장기간 저장하는데 사용되고, 세포벽 등 세포 지지체의 구성물질로서 사용되는 중요한 물질이다.

① 단당류

단당류는 탄수화물의 기본 구성물질로서 단당류를 이루는 탄소의 수에 따라 삼탄당(triose), 사탄당(tetrose), 오탄당(pentose), 육탄당(hexose) 등으로 불린다. 단당류에는 D형과 L형의 입체이성질체가 존재하는데 실제 자연계의 당류 중 대부분은 D형이다. 그러나 L형의 당 중에서도 L형 과당 등은 생물학적으로 중요한 역할을 한다.

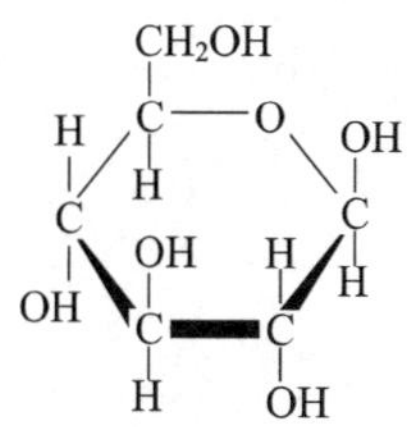

❖ **그림** 2-1. 단당류인 포도당 분자의 간단한 모형

② 다당류

단당류 두 분자는 한 쪽 분자의 수소 원자(H)와 다른 쪽 분자의 수산기(OH)가 결합하여 물 분자로 방출되면서 축합반응(condensation)을 일으키며 결합한다. 단당류가 중합되어 형성하는 다당류의 대표적인 종류로는 녹말, 섬유소, 글리코겐(glycogen) 등이 있다. 다당류는 가수분해 반응에 의해 두 분자의 단당류로 분리될 수 있는데, 대부분이 가수분해의 결과로 에너지원인 포도당을 생성하므로 생물의 영양저장물질로서 이용되거나 세포 및 조직의 구성물질로도 이용된다. 자연계에 가장 많이 존재하는 다당류는

식물체에 다량 존재하는 녹말(starch)와 섬유소(cellulose)이다. 녹말의 분해에는 아밀라아제(amylase)라는 효소가 관여하며, 섬유소의 분해는 섬유소 분해효소(cellulase)에 의하여 이루어진다.

2) 지질

지질(lipid)은 생물체 내의 물질 가운데 물에는 녹지 않으나 비극성 용매에는 녹는 물질의 총칭이다. 지질은 생물체 내에서 에너지의 저장 및 운반물질로서 사용되며, 세포막의 구조물질 및 표피를 덮고 있는 보호물질의 역할을 한다. 또한 세포의 인식, 종 특이성, 면역학적 특성을 유지시켜 주는 세포표면 물질로서의 작용을 한다. 지질은 종류가 다양하지만 생물학적으로 지방산과 지방(fat), 인지질(phospholipid) 등이 중요한 역할을 하는 물질이다.

① 지방산과 지방

지방산(fatty acid)의 일반식은 $CH_3(CH_2)_nCOOH$로 표시되며 탄화수소의 사슬 끝에 카르복실기(carboxyl group)가 결합되어 있는 구조를 갖고 있는 물질이다. 지방산의 탄화수소의 사슬은 소수성이므로 물에 녹지 않지만 한쪽 끝을 이루는 카르복실기는 친수성으로 물에 잘 녹는다. 지방산의 탄화수소 사슬에서의 탄소와 탄소가 모두 단일결합으로 이루어진 지방산을 포화지방산이라고 하며, 이중결합이 포함된 지방산을 불포화지방산이라고 한다. 세 분자의 지방산은 글리세롤(glycerol)의 수산기에 하나씩 결합하여 에스테르화합물인 트리아실그리세롤(tryacylglycerol)를 형성함으로써 지방 또는 오일의 형태로 에너지를 저장한다.

② 인지질

트리아실그리세롤를 형성하는 세 분자의 지방산 중 하나가 인산 및 질소화합물로 치환된 것을 인지질(phospholipid)이라고 부른다. 인지질은 극성기와 비극성 부분을 모두 함유하고 있어서 양친매성이며, 세포막을 구성하는 주성분이다.

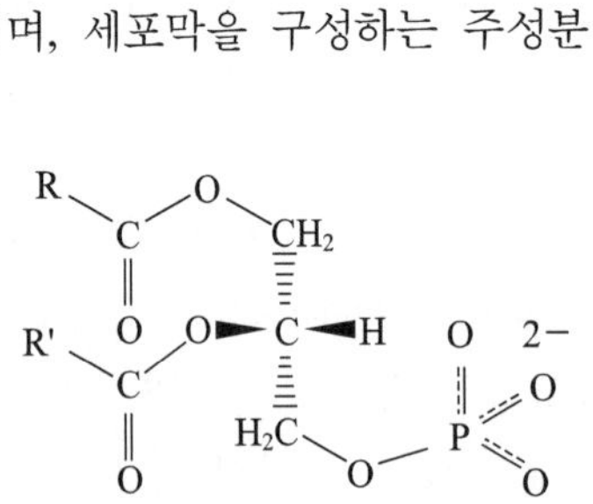

❖ 그림 2-2. 인 지질의 구조

3) 단백질

단백질(protein)은 세포 건조중량의 50%를 넘으며, 구조도 대단히 다양하다. 단백질은 단순한 세포의 구조물이나 에너지의 저장물질이 아니라 생물체의 화학반응을 조정하는 역할을 한다. 이러한 역할을 하는 단백질은 특히 효소(enzyme)라고 하며, 효소의 기능은 단백질의 구조에 의해 결정된다. 단백질은 아미노산이라는 저분자 물질이 펩티드 결합으로 연결된 중합체로 이루어져 있다.

① 아미노산

아미노산(amino acid)은 유기산의 α 탄소의 수소 하나가 아미노기($-NH_2$)로 치환된 화합물이다. 따라서 하나의 분자구조 내에 산성인 카르복실기(-COOH)와 염기성인 아미노기가 동시에 존재하며 기본 구조는 그림 2-3과 같다.

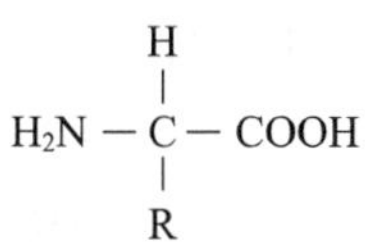

❖ 그림 2-3. 아미노산의 기본구조

지금까지 알려진 아미노산의 종류는 20가지이며, 분자구조 중 R기에 의하여 각각의 특성이 결정된다. 따라서 아미노산을 R기의 전기적 특성에 따라 의하여 분류할 수 있으며 이를 표 2-2에 나타내었다.

표 2-2 극성과 비극성 아미노산의 종류

아미노산 종류			특성	아미노산 종류			특성
Asparatic acid	Asp	D	산성 극성	Alanine	Ala	A	비극성
Glutamic acid	Glu	E	산성 극성	Glycine	Gly	G	비극성
Arginine	Arg	R	염기성 극성	Valine	Val	V	비극성
Lysine	Lys	K	염기성 극성	Leucine	Leu	L	비극성
Histidine	His	H	염기성 극성	Isoleucine	Ile	I	비극성
Asparagine	Asn	N	중성 극성	Proline	Pro	P	비극성
Glutamine	Gln	Q	중성 극성	Phenylalanine	Phe	F	비극성
Serine	Ser	S	중성 극성	Methionine	Met	M	비극성
Theronine	Thr	T	중성 극성	Tryptophan	Trp	W	비극성
Tyrosine	Tyr	Y	중성 극성	Cysteine	Cys	C	비극성

아미노산의 좌우대칭형 분자구조를 광학이성질체(optical isomers)라고 하며, 두 이성질체 중 하나를 L형, 다른 하나를 D형이라고 한다. 어떤 아미노산이 L형이건 또는 D형이건 그 화학적 성질은 동일하므로 화학적으로는 문제가 되지 않는다. 그러나 분자의 공간적 구조를 바탕으로 세포 내의 대사와 유전현상들을 지배하는 단백질의 경우 아미노산 입체구조의 차이는 전체단백질 또는 효소의 활성에 대단히 커다란 영향을 미치게 된다. 따라서 생물체에 존재하는 아미노산 및 단백질은 그 구조가 한 종류의 입체구조 즉, L형의 아미노산으로 구성되어 있다.

2개의 아미노산 사이에서 한 아미노산의 카르복실기는 다른 아미노산의 아미노기와 결합한다(그림 2-4). 이 과정에서 한 분자의 물이 이탈되며 $-OC-NH-$의 결합이 형성되는데, 이를 펩티드 결합(peptide bond)이라고 한다. 펩티드 결합에 의하여 형성된 아미노산 사슬을 폴리펩티드(polypeptide)라 한다. 폴리펩티드의 한쪽 끝은 아미노기가, 반대쪽 끝은 카르복실기가 노출되게 되며 전자는 N끝, 후자를 C끝이라고 한다.

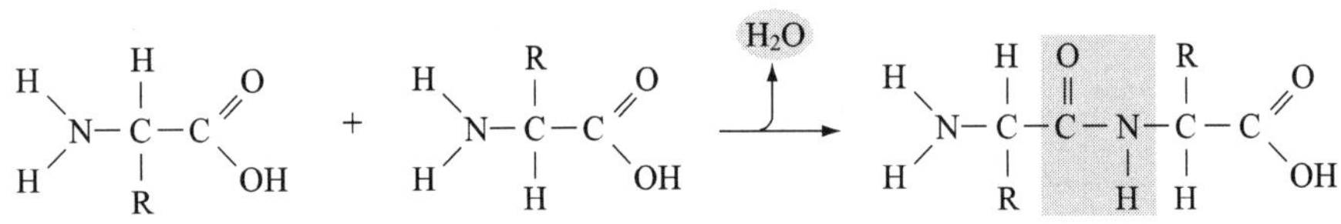

❖ 그림 2-4. 펩티드 결합의 형성과정

② 단백질의 1차 구조

단백질의 1차 구조(primary structure)란 펩티드 결합으로 연결된 아미노산의 배열순서를 말한다. 단백질의 1차 구조는 핵산의 염기서열에 의해 결정되는 유전정보가 지배하며, 이후 2차, 3차의 구조는 1차 구조에 의해 자동적으로 결정된다.

③ 단백질의 2차 구조

단백질을 구성하는 폴리펩티드 사슬은 단순히 아미노산이 일렬로 나열되어 있는 형태로 존재하는 것이 아니라 아미노산 사이의 약한 결합력에 의하여 서로 꼬이고 접혀 일정한 연립구조를 갖게 된다. 이 구조를 단백질의 2차 구조(secondary structure)라 한다. 단백질의 이차구조 중 대표적인 것으로는 α 나선구조와 β 병풍구조가 있다.

④ 단백질의 3차 및 4차 구조

2차 구조가 결정된 단백질은 용액 안에서 스스로 자기 자신이 가장 안정된 형태로 재편된다. 일반적으로 친수성은 친수성대로 소수성은 소수성대로 뭉치려는 특성에 의해 구형에 가까운 구조를 이루게 되며, 이를 단백질의 3차 구조(tertiary structure)라 한다. 또 일부 단백질은 이와 같이 3차 구조가 결정된 폴리펩티드가 같은 종류 또는 다른 종류끼리 서로 결합하여 하나의 큰 단백질 분자를 이루기도 하며, 이를 4차 구조(quarternary structure)라고 한다.

4) 핵산

핵산(nucleic acid)은 세포 건조중량의 5~15% 정도를 차지하며 사슬과 같은 형태의 거대분자로서, 세포내의 유전정보의 저장과 전달에 있어서 필수적인 역할을 수행한다. 핵산에는 데옥시리보핵산(deoxyribonucleic acid; DNA)과 리보핵산(ribonucleic acid; RNA)의 두 종류가 있다(그림 2-5). DNA와 RNA는 뉴클레오티드(nucleotide)라 불리는 단량체가 결합하여 이루어진 중합체이다. 뉴클레오티드는 세 부분 즉, 5탄당, 5탄당의 1' 탄소와 결합한 염기, 5탄당의 5' 탄소와 결합한 인산염으로 구성되어 있다.

염기에는 단일고리 구조로 되어 있는 피리미딘과 이중고리 구조로 되어 있는 퓨린의 두 가지가 있다. 퓨린계의 염기에는 아데닌(adenine, A)과 구아닌(guanine, G)의 두 가지가 있으며, 피리미딘계 염기에는 우라실(uracil, U), 티민(thymine, T), 시토신(cytosine, C)이 있다. DNA를 이루는 염기는 아데닌, 구아닌, 시토신, 티민의 4가지이며, RNA를 구성하는 염기는 아데닌, 구아닌, 시토신, 그리고 우라실이다. 핵산을 구성하는 당에는 리보오스(ribose)와 데옥시리보오스(deoxyribose)의 두 가지가 있다. 둘의 차이는 2'번 탄소에 수산기가 결합되어 있는가 아니면 수산기에서 산소가 탈락된 형태인 수소 원자가 결합되어 있는가 하는 차이이다(deoxy-란 산소가 탈락된 형태라는 뜻). DNA는 데옥시리보오스, RNA는 리보오스로 구성되어 있다.

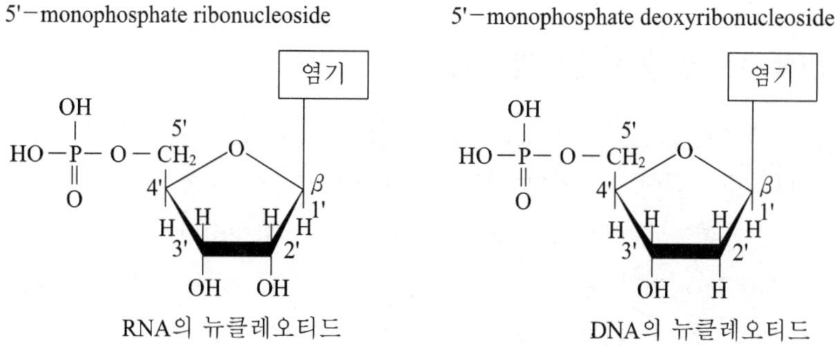

❖ 그림 2-5. 핵산의 구조

염기와 당이 결합된 상태, 즉 뉴클레오시드(nucleoside)는 당의 5'번 탄소에서 인산과 결합하여 뉴클레오티드를 이루게 된다. 여기에 결합되는 인산기는 1~3개이며, DNA와 RNA가 형성될 때는 3개의 인산이 결합되어 있는 상태(ATP; adenosine triphosphate, CTP, GTP, TTP, UTP)만이 이용된다. 그러나 중합체를 만드는 과정에서 2번째와 3번째의 인산기는 탈락되고 5'번 탄소에 바로 인접한 인산기만이 남아 다른 뉴클레오티드의 3'번 탄소에 붙어있는 수산기와 결합하게 되며, 이와 같은 결합의 반복으로 긴 중합체가 형성된다. 그러므로 긴 사슬의 한 쪽은 5'번 탄소 쪽이 다른 한 쪽은 3'번 탄소 쪽이 결합되지 않은 상태로 존재하게 된다. 따라서 어느 쪽을 기준으로 하는가에 따라 DNA와 RNA의 나선은 방향성을 갖게 되며, 일반적으로 5'에서 3'의 방향으로 읽는다. 그러므로 5'-ATGCATGC-3'은 3'-ATGCATGC-5'과는 다른 DNA분자이다.

2.2 세포의 구조

세포의 생명 유지에 필요한 화학작용을 수행하는 세포 내의 미세기관을 소기관(organelle)이라 한다. 이들은 세포의 생명 유지에 필요한 유전정보를 보관하고 전달물질을 생성하며, 세포 밖에서 기질을 흡수하거나 흡수된 기질의 분해 및 전환을 위한 반응 장소를 제공한다. 화학반응에 필요한 효소를 생산하고 그 양을 조절하며, 반응생성물을 저장하거나 세포 밖으로 내보내는 역할을 수행한다. 세포는 진화과정에서 세포내 소기관의 기능적, 구조적 분화에 차이가 발생하였으며 이에 따라 세포를 진핵세포(eukaryotic cell)와 원핵세포(prokaryotic cell)로 구분한다.

2.2.1 진핵세포와 원핵세포의 차이

진핵세포는 핵물질을 둘러싸고 있는 막 구조를 가지고 있다는 점에서 원핵세포와 뚜렷이 구별된다. 이 이외에도 전자현미경 기술의 발달로 세포내의 미세구조에 대한 관찰이 가능하게 됨에 따라 진핵세포와 원핵세포의 차이가 밝혀졌다. 진핵세포와 원핵세포는 구조적 차이뿐만 아니라 유전정보의 전달, 전사, 번역, 에너지 생성, 영양물질 흡수, 분비, 운동방법 등 세포의 기능적 측면에서도 많은 차이를 나타낸다. 표 2-3에 일반적인 진핵세포와 원핵세포의 차이를 요약하였다.

표 2-3. 진핵세포와 원핵세포의 차이

구분	원핵세포(Procaryote)	진핵세포(Eucaryote)
핵막	-	+
Histone DNA복합체	-	+
인	-	+
유사분열	-	+
소포체	-	+
골지체	-	+
리소좀	-	+
미토콘드리아	-	+
엽록체	-	+
리보솜	70 S	80 S
염색체의 수	1*	1 이상
유전자 재조합	부분적, DNA 한 방향 전달	감수분열 후 배우자 결합
세포벽의 구조	복잡한 peptidoglycan층	단순하며 peptidoglycan층 없음

* 염색체 외에 특별한 유전정보를 함유한 플라스미드(plasmid)가 존재하는 경우가 있다.

2.2.2 원핵세포

원핵세포는 유전정보를 기준으로 진정세균(Bacteria)과 원시세균(Archaea)로 나뉘지만 형태상의 뚜렷한 차이는 없다. 원핵세포는 형태에 따라 공모양의 구균(coccus), 원통형의 간균(rod), 그리고 나선형의 나선균(spirillum)의 세 가지로 크게 구별되나 세포 내부의 구조는 거의 차이가 없으며, 외형상의 구별만으로 세포의 기능의 차이가 이야기 할 수 없다. 크기는 보통 $(0.5\sim1.0)\times(2.0\sim5.0)\mu m$ 정도이나 종류에 따라서 차이가 있다.

1) 편모

원핵세포는 대부분 편모(flagella)라 불리는 세포외부의 운동기관을 이용하여 편모를 회전시켜 운동한다. 편모는 가늘고 긴 털과 같은 물질로, 세포막에서 시작되어 세포벽을 뚫고 밖으로 나와 있는 단백질로 구성되어 있는 구조이다. 원핵세포의 종류에 따라 편모의 수와 위치가 다양하여 세포의 한쪽 또는 양 끝에 한 개 내지 몇 개가 붙어 있기도 하고, 또 세포의 표면 전체에 걸쳐 많은 편모가 존재하기도 한다.

2) 필리

필리(pilli)는 편모와 마찬가지로 세포의 외부로 나와 있는 긴 털과 같은 돌출물이나 그 크기는 훨씬 더 가늘어 전자현미경을 통해서만 관찰할 수 있다. 그 크기는 편모에 비해 작으며, 유전물질, 즉 DNA의 전달통로 이용되는 것으로 알려져 있다. 수컷세포(donor cell)에서 암컷세포(recipient cell)로 필리를 통하여 유전정보가 전달되는 현상을 접합(conjugation)이라 한다.

3) 세포벽

세포벽(cell wall)은 세포막을 둘러싸고 있는 구조물이다. 원핵세포의 세포벽은 식물의 세포벽의 구성성분과는 달리 주로 펩티도글리칸(peptidoglycan) 또는 뮤레인(murein)이라고 불리는 단단하고 물에 녹지 않으면서도 다공성인 중합체에 의하여 이루어져 있다. 세포의 외형을 결정하는 단단한 구조로 세포가 생존하는 환경과 세포 내부의 삼투압 차이로부터 세포를 지켜주는 중요한 구조이다. 세포막과 세포벽 사이의 공간인 주변 세포질(periplasmic layer 또는 periplasmic space)에는 세포에서 분비된 분자량이 큰 효소단백질이 묶여 높은 효소활성을 나타내는 경우도 있다.

원핵세포는 Gram 염색법을 사용하여 세포벽의 구조 및 구성성분에 따라 양성과 음성으로 나눌 수 있다. 세포를 크리스탈 바이올렛(crystal violet)으로 염색시킨 후, 알코올에 의하여 탈색시킬 때 탈색현상이 일어나지 않는 Gram 양성세균은 펩티도글리칸 외에 테이코산(teichoic acid), 다당류 등으로 세포벽이 구성되어 있으며, 탈색현상이 나타나는 Gram 음성세균은 인지질, 인다당류 등으로 구성되어 있다. 간단한 실험을 통하여 세포벽 성분의 차이를 구분할 수 있는 그램염색법은 가장 기본적이며 일차적인 세포의 분류방법이다. 탈색의 확인을 위해 대조염색액인 사프라닌(Safranin O)을 처리하면 Gram 음성균은 분홍색으로 관찰된다.

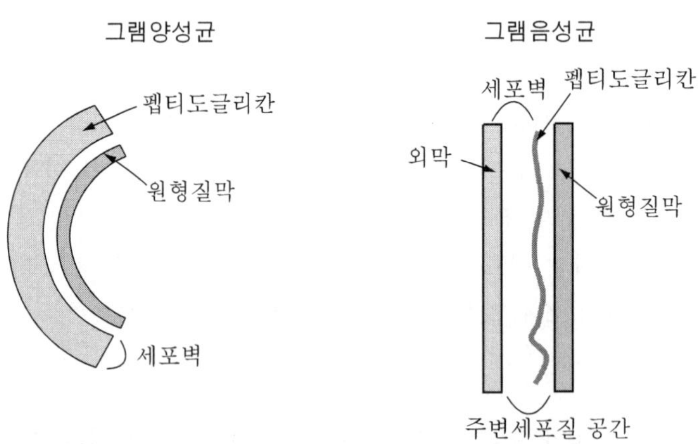

❖ **그림** 2-6. 그램양성균과 그램음성균의 세포벽 구조

4) 세포막

세포막(cytoplasmic membrane)은 세포 원형질의 외부 유출을 막고 세포 외부로부터 영양소를 흡수하거나 노폐물을 방출하는 통로로서 이용되는 기관이다. 세포막은 세포벽에서와 같이 단단한 물질로만 이루어진 단순한 구조가 아니라 유동성 있는 복잡한 구조를 이루고 있다. 세포막은 인지질과 단백질로 구성되어 있다. 인지질은 세포막의 구조를 이루는 주성분으로, 그 구조의 한 끝은 소수성 구조로, 또 다른 한 끝은 친수성 구조로 되어 있다. 세포막은 인지질의 소수성 부분을 안쪽으로 마주보게 배치하고 친수성 부분을 세포안과 밖을 향하게 배열된 두께 8 nm 정도의 이중의 선 구조를 하고 있다. 이와 같은 구조를 단위막(unit membrane)이라고 한다. 세포가 주위에서 생존에 필요한 영양소를 흡수할 수 있도록 세포막 내의 단백질은 유동성의 세포막에 군데군데 박혀있는 상태로 존재한다. 이들 단백질은 대부분 물질의 수송에 관여한다.

5) 세포 표면 구조

점질층(slime layer)이라 불리는 점성을 지닌 다당류나 폴리펩티드로 세포벽의 바깥 표면이 둘러싸인 경우가 있다. 그 구조가 명확한 경우에는 캡슐(capsule)이라고 하며, 백혈구와 같은 식세포작용에 대한 저항성을 나타내는 등 세포의 보호 작용을 한다. 점질층의 구조나 양은 세포의 유전적 특성 또는 생장환경에 따라 달라지지만 생존 자체에 필수적인 것은 아니므로 세포에서 제거하여도 세포의 생장에 크게 영향을 미치지 않는다.

6) 내생포자

생활환경이 지극히 악화되어 더 이상 생장을 할 수 없게 될 때 내생포자라는 저항성이 강한 휴면세포로 변화하는 세균들이 있다. 내생포자(endospore)는 화학적, 생리적 특성이 영양세포와는 다르지만 외부의 환경이 호전될 경우 발아 과정을 거쳐 다시 영양세포로 복귀할 수 있는 독특한 형태의 세포이다. 내생포자는 열, 건조 등의 악조건에 대하여 대단히 강한 저항성을 나타내게 된다.

7) 핵부위

원핵세포는 핵막으로 둘러싸인 명확한 구조의 핵을 갖고 있지는 않지만, 유전현상을 나타내는 핵물질은 모두 갖고 있으며, 이들을 핵부위 또는 핵양체(nucleoid)라 부른다. 원핵세포는 하나의 원형 염색체를 갖고 있으며, 경우에 따라 이들 주 염색체보다 작은 염색체인 플라스미드(plasmid)를 갖고 있기도 하다. 플라스미드는 세포의 생존에 직접적인 영향을 미치지는 않지만, 주로 항생제 등에 대한 내성 또는 특정화합물의 분해활성을 나타내는 유전자를 갖고 있어 생존에 유리한 영향을 미칠 수 있다.

2.2.3 진핵세포

1) 핵

진핵세포는 원핵세포와는 달리 핵막으로 둘러싸인 핵(nucleus)을 갖고 있다. 핵막은 단위막의 구조를 갖고 있다. 핵막에는 지름 500~1000Å 정도의 구멍인 핵공(nucleopore)이 있으며, 이들은 세포질과 핵질 사이의 물질이동의 통로로 작용한다. 핵막의 내부에는 유전물질인 염색체(chromosome)와 인(nucleolus)이 존재한다. 염색체는 유전인자인 DNA를 함유하는 부분으로, 핵 내에 선형(linear form)의 형태로 몇 개가 존재한다. 분열을 하지 않는 간기(interphase)의 경우, 염색체는 실과 같은 형태로 핵 내에 존재하는데 이와 같은 구조를 뉴클레오솜(nucleosome)이라고 부르기도 한다.

인은 핵의 총 질량의 35%를 차지하며, 단백질과 RNA 등으로 이루어져 있다. 인의 기능은 단백질 합성에 있으며, DNA에 의해 전사된 RNA와 자신의 단백질을 이용한 리보솜(ribosome) 합성에도 관계한다. 이곳에서 합성된 리보솜은 핵공을 통하여 세포질로 빠져나가게 된다.

2) 미토콘드리아

미토콘드리아(mitochondria)는 진핵세포에만 존재하며, 호기성 호흡을 하는 진핵세포에서 에너지를 생성하는 생존에 필수적인 소기관이다. 막으로 둘러싸여 있고, 내부에도 막상구조가 존재하며 그 모양은 타원체의 구조를 나타낸다. 크기는 일반적으로 0.5~1.0 ㎛로 작은 세균과 비슷하다. 미토콘드리아의 막에는 기질 산화에서 발생하는 양성자(수소이온)와 전자를 전자수용체인 산소까지 전달하는 전자전달계 효소와 전자전달과정을 통해서 형성된 에너지를 ATP라는 생체 내 고에너지 화합물로 바꾸어주는 ATP 합성효소(ATPase)가 존재한다.

3) 색소체

색소체(pigment)는 빛에너지를 화학에너지로 바꾸는 역할을 하는 세포내 소기관이다. 따라서 광합성 식물세포에 존재하며, 단세포 미생물 중에는 미세조류와 일부 광합성 세균에 존재한다. 이들이 갖고 있는 색소체는 엽록체(chloroplast), 크로모플라스트(chromoplast) 등 여러 가지가 있으며, 이들은 엽록소, 카로테노이드, 세균엽록소 등 여러 색소를 함유한다. 대표적인 색소체는 녹색을 띠는 엽록체이다. 엽록체 역시 막으로 둘러싸여 있으며, 내부에 틸라코이드(thylakoid)라고 불리는 얇은 막의 층상구조를 갖고 있는데, 이러한 막이 보다 조밀하게 쌓여있는 부분을 그라나(grana)라고 부른다.

엽록체와 미토콘드리아는 다른 종류의 소기관들과는 달리 자신의 DNA와 리보솜을 갖고 있다. 엽록체와 미토콘드리아의 DNA는 원핵세포와 마찬가지로 이중나선의 원형 DNA를 가지고 있으며, 그 크기는 진핵세포의 주 염색체 보다 작다. 엽록체와 미토콘드리아의 소기관들은 반 독립적으로 증식할 수 있으며, 증식기작은 진핵세포보다는 원핵세포의 세포증식기작과 비슷하다. 따라서 많은 생물학자들은 엽록체와 미토콘드리아가 진핵세포에 우연히 들어간 원핵세포와 이들을 받아들인 진핵세포 사이의 공생관계(symbiosis)에서 유래된 것이라고 믿고 있다.

4) 리보솜

리보솜(ribosome)은 원핵세포의 경우 세포질 내부 전체에 존재하며, 진핵세포에서는 소포체(endoplasmic reticulum)의 표면에 주로 존재한다. DNA의 유전정보를 전사한 RNA정보를 바탕으로 단백질을 합성하는 역할을 수행한다. 50~60%의 단백질과 40~50%의 RNA(ribosomal RNA 또는 rRNA)로 이루어진 구형 세포 소기관이다. 분류는 그 침강속도에 의해 이루어지며, 진핵세포의 경우 리보솜의 침강속도는 80S(S는 Svedberg unit의 약자)로 이는 다시 60S와 40S의 두 조각으로 나눌 수 있다. 반면에 원핵세포의 리보솜은 침강속도가 70S로 50S와 30S의 조각으로 구성되어 있다. 큰 부분을 Large subunit, 작은 부분을 Small subunit(ssu)라고 하며, 최근에는 ssu의 rRNA 염기서열을 미생물의 계통발생학적 분류에 주로 사용하고 있다.

5) 소포체, 골지체, 리소좀

세포막과 같이 단위막으로 이루어진 소기관 중 대표적인 것이 골지체(Golgi body), 소포체, 리소좀(lysosome) 등이다. 소포체는 앞서 설명한 바와 같이 지름 50~100Å 정도의 가는 막의 관이나 주머니들이 모여 이루어진 그물형의 구조이다. 일부는 그 표면에 리보솜을 갖고 있어 울퉁불퉁한 것을 조면소포체(RER: rough endoplasmic reticulum)라 하고, 리보솜을 갖고 있지 않은 것을 활면소포체(SER: smooth endoplasmic reticulum)라 한다. 소포체는 지질대사에 관여하는 것으로 알려져 있다. 골지체는 소포체와 유사하게 관상 또는 소포상의 막이다. 표면은 리보솜들이 붙어있지 않는 활면이며, 세포 내 분비작용에 있어 중요한 역할을 한다. 리소좀은 막으로 둘러싸인 공과 같은 형태로 내부에 가수분해효소 등을 저장하고 있으며 세포 내 소화에 관여한다.

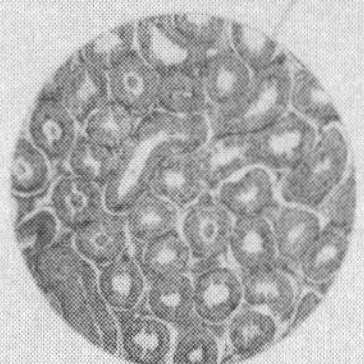

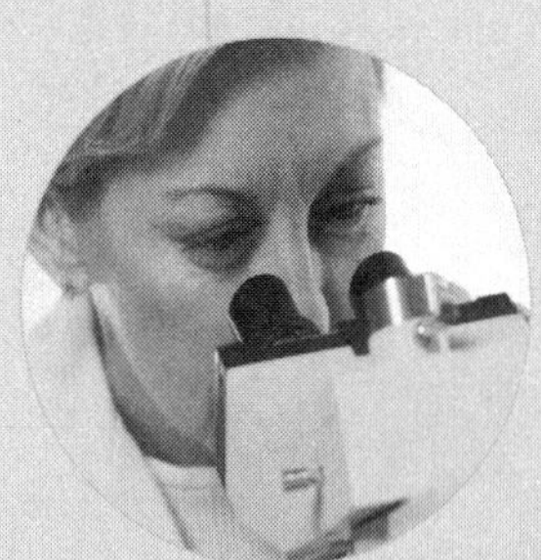

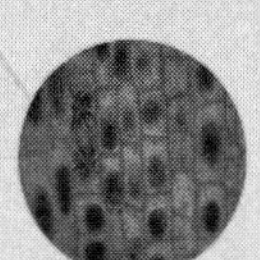

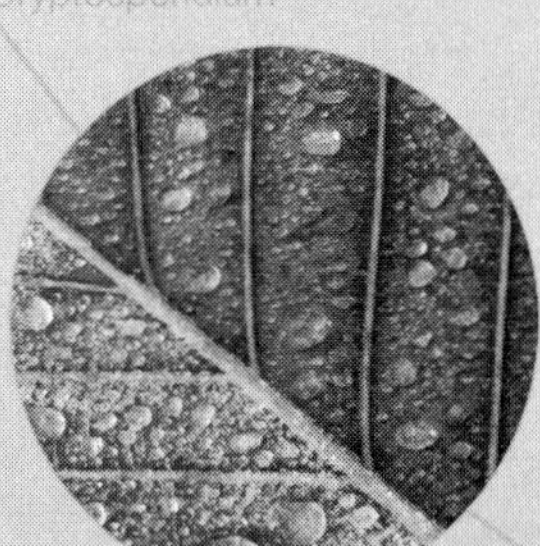

CHAPTER 3

미생물의 물질대사

3.1 열역학 법칙

미생물에서 에너지는 소량이 기계적 움직임이나 세포막이나 소기관막을 통한 물질의 수송에 사용되며, 대부분은 단백질, 핵산, 펩티도글리칸, 폴리-β-히드록시부틸산(PHB) 등의 고분자 중합체의 생성에 에너지가 사용된다.

생물체 내에서 일어나는 에너지 대사 역시 물리학에서 일컫는 열역학의 2가지 법칙을 따른다. 열역학 제 1법칙은 에너지는 생성되지도 소멸되지도 않는다는 것이다. 즉 우주에 있는 전체에너지 총량은 일정하다. 열역학 제 2법칙은 닫힌계에서의 엔트로피(entropy)는 끊임없이 증가하고 있으며 자연적인 반응은 무질서도가 커지는 방향으로 진행한다는 것이다.

이러한 열역학법칙을 결합하면 화학반응에서 일어나는 에너지 변화를 표현하는 유용한 방정식을 유도할 수 있다. 생체 내에서 화학반응이 일어났다면, 그 결과로 나타난 자유에너지(free energy, 사용가능한 에너지)의 변화는 내부에너지 총량의 변화에서 엔트로피 증가분을 뺀 결과와 같다.

$$\Delta G = \Delta H - T\Delta S$$

여기서 ΔG : 자유에너지의 변화량
ΔH : 내부에너지의 변화량
T : 절대온도
ΔS : 엔트로피의 변화

이러한 변화는 화학반응의 결과이므로 다음 식과 같은 가역반응으로 볼 수 있다.

$$a\text{A} + b\text{B} \leftrightarrow c\text{C} + d\text{D}$$ (a, b, c, d는 각각 A, B, C, D의 몰수)

화학반응이 평형에 도달하였을 때의 화학반응 평형상수는

$$K_{eq} = \frac{[\text{C}]^c \times [\text{D}]^d}{[\text{A}]^a \times [\text{B}]^b}$$

로 표시된다. 반응의 평형상수는 자유에너지의 변화와 직접 연관되어 있다. 표준상태에서의 자유에너지 변화는 ΔG^0로 나타내며, 만일 pH가 세포내에의 값과 비슷한 7.0에 맞춰져 있으면 $\Delta G'^0$로 표현한다. $\Delta G'^0$와 K_{eq}의 관계는 아래 방정식으로 나타낸다.

$$\Delta G'^0 = -RT\ln K_{eq}$$

여기서 R : 기체상수(1.987 cal/mole/K)

이 방정식을 살펴보면 $\Delta G'^0$가 음수이면 평형상수는 1보다 크고 반응은 완성되려는 방향으로 진행된다. 이를 자유에너지 방출반응(exergonic reaction)이라 한다. 자유에너지 흡수반응(endergonic reaction)에서 $\Delta G'^0$는 양수이며 평형상수는 1보다 작다. 즉 반응은 일어나지 않고 표준조건에서 아주 적은 생성물이 형성된다. $\Delta G'^0$값은 단지 평형상태에서 반응의 진행방향을 나타내며 반응이 얼마나 빨리, 어떻게 평형에 이르는가를 나타내는 것이 아니다.

3.2 대사과정에서 ATP의 역할

3.2.1 ATP

세포는 생산한 에너지를 저장하였다가 에너지가 필요한 일을 수행하는 곳으로 에너지를 운반해야 한다. 즉, 세포에는 화폐와 같이 에너지를 주고받을 수 있는 화합물이 있어야 한다. 생물에서 에너지 통용을 위해 사용되는 화폐는 아데노신 5'-삼인산(adenosine 5'-triphosphate, ATP, 그림 3-1)이다. ATP가 아데노신 이인산(adenosine diphosphate, ADP)과 정인산(orthophosphate, Pi)으로 분해될 때 방출되는 에너지로 세포 내에서 필요한 일을 수행한다. 한편, 물질대사과정에서 생성된 에너지는 ADP와 Pi로부터 ATP를 재합성하여 저장한다.

3.2.2 ATP의 역할

세포 내에서 일어나는 반응의 대부분은 자유에너지 흡수반응이기 때문에 외부에서 에너지가 부가되지 않고서는 반응을 진행할 수 없다. ATP의 주요 기능 중 하나는 이러한 자유에너지 흡수반응을 완성하는 것이다. 고에너지 분자인 ATP는 ADP와 P_i로 분해될 때 $\Delta G'^0 = -7.3$ kcal/mole의 자유에너지를 방출한다. 따라서, ATP는 그림 3-2에 나타낸 바와 같이 에너지가 필요한 반응과 연계하여 반응을 진행시키는 역할을 한다.

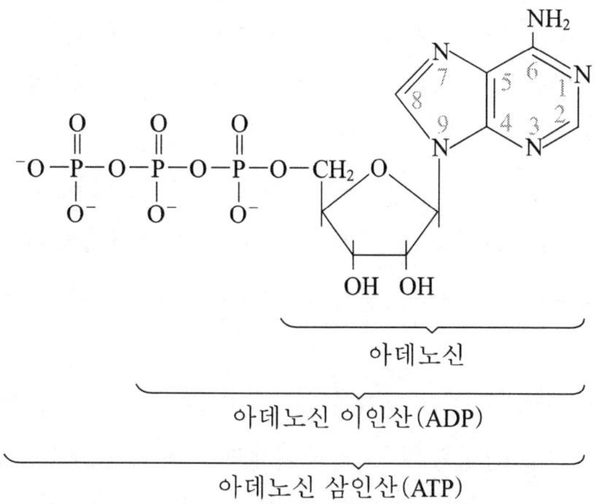

❖ 그림 3-1. ATP와 ADP의 구조

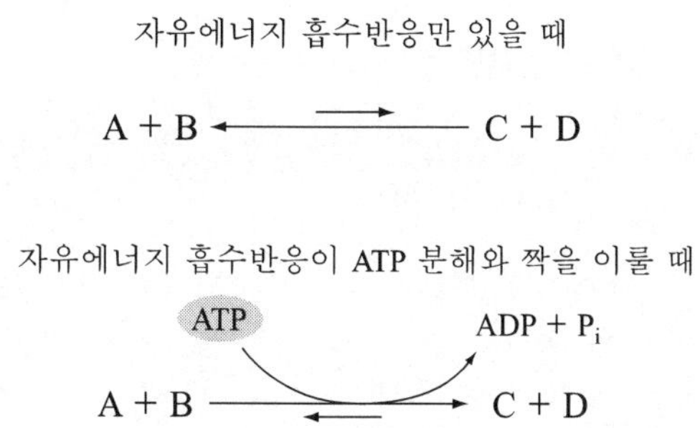

❖ 그림 3-2. ATP에 의한 자유에너지 흡수반응의 진행

3.3 산화-환원반응과 전자운반체

산화는 어떤 물질이 산소와 결합하는 과정을 말하였으나, 수소를 비롯한 여러 원소의 전자가 언제나 전자친화력(electron affinity)이 큰 O, S, Cl 쪽으로 이동한다는 사실이 밝혀져 어떤 원자 또는 분자에서 전자가 이탈하면 산화되었다고 하고, 전자를 얻으면 환원되었다고 말한다. 산화되는 물질은 전자를 내보내는 쪽이므로 이를 전자공여체(electron donor) 또는 환원제(reducing agent)라 하고, 환원되는 물질은 전자수용체(electron acceptor) 또는 산화제(oxidizing agent)라 한다.

전자수용체와 전자공여체 쌍을 산화-환원쌍(redox couple)이라고 하며, 산화-환원반응의 평형상수를 표준환원전위(standard reduction potential, E_0)이라고 한다. 표 3-1의 위쪽 산환-환원쌍에서 아래쪽 산화-환원쌍으로 전자가 이동한다. 즉, 더 작은 표준환원전위를 갖는 산화-환원쌍은 보다 큰 표준환원전위를 갖는 산화-환원쌍에 전자를 전달하려는 경향을 갖는다. 예를 들어 세포내 전자운반체인 니코틴아미드 아데닌 다이뉴클레오티드(nicotinamide adenine dinulceotide, NAD^+)의 경우, NAD/NAD+쌍은 매우 작은 표준환원전위를 갖기 때문에 산소를 포함한 여러 종류의 전자수용체(산화-환원쌍)에게 전자를 전달할 수 있다.

전자공여체에서 더 큰 산화-환원전위를 갖는 전자수용체로 전자가 이동할 때 자유에너지가 방출된다. 에너지 생성량은 전자공여체와 전자수용체의 표준환원전위의 차이($\Delta E_0'$)와 직접인 관련이 있다. 즉, $\Delta E_0'$이 클수록 만들어지는 자유에너지의 양($\Delta G'^0$)도 크다.

표 3-1. 주요한 산화-환원쌍의 반쪽반응과 표준환원전위

Half reaction	E_0, V	
$6CO_2 + 24H^+ + 24e^- = C_6H_{12}O_6 + 6H_2O$	−0.43	
$2H^+ + 2e^- = H_2$	−0.41	
$CO_2 + 6H^+ + 6e^- = CH_3OH + H_2O$	−0.38	전자 방출 경향 강함
$NAD^+ + 2H^+ + 2e^- = NADH + H^+$	−0.32	
$CO_2 + HCO_3^- + 8H^+ + 8e^- = CH_3COO^- + 3H_2O$	−0.29	
$CO_2(g) + 8H^+ + 8e^- = CH_4(g) + 2H_2O$	−0.25	
$S(g) + 2H^+ + 2e^- = H_2S(g)$	−0.24	
$SO_4^{2-} + 9H^+ + 8e^- = HS^- + 4H_2O$	−0.22	
Pyrurate $+ 2H^+ + 2e^- =$ lactate	−0.19	
$FeOOH(s) + HCO_3^- + 2H^+ + e^- = FeCO_3(s) + 2H_2O$	−0.05*	
$CH_3SOCH_3 + 2H^+ + 2e^- = CH_3SCH_3 + H_2O$	0.16	
$NO_3^- + 10H^+ + 8e^- = NH_4^+ + 3H_2O$	0.36	
$NO_3^- + 2H^+ + 2e^- = NO_2^- + H_2O$	0.42	
$MnO_2(s) + HCO_3^- + 3H^+ + 2e^- = MnCO_3(s) + 2H_2O$	0.52*	
$CHCl_3 + H^+ + 2e^- = CH_2Cl_2 + Cl^-$	0.56	
$CCl_4 + H^+ + 2e^- = CHCl_3 + Cl^-$	0.67	전자 획득 경향 강함
$2NO_3^- + 12H^+ + 10e^- = N_2 + 6H_2O$	0.74	
$Fe^{3+} + e^- = Fe^{2+}$	0.76	
$O_2(g) + 4H^+ + 4e^- = 2H_2O$	0.82	
$CCl_3CCl_3 + 2e^- = CCl_2CCl_2 + 2Cl^-$	1.13	
$2HOCl + 2H^+ + 2e^- = Cl_2 + 2H_2O$	1.18	

*Based $[HCO_3^-]=10^{-3}$ M.

$$\Delta G'^{0} = -n \cdot F \cdot \Delta E_0'$$

여기서, n : 전달된 전자의 수

F : 패러데이상수(Faraday constant: 96,494 J/mole/volt)이다.

3.4 물질대사 개요

미생물은 그들의 생장과 증식을 위하여 주위환경으로부터 여러 가지 영양물질을 섭취하고 이들을 세포 구성성분으로 전환시키는 동화작용(同化, anabolism)과 에너지를 얻기 위한 이화작용(異化, catabolism)에 사용한다.

미생물 생육에 필요한 영양원을 필수원소와 생장요소로 나누지만 미생물의 종류에 따라, 유전적으로 좌우되는 특징에 의하여 이용하는 물질의 종류가 다르다. 미생물은 생육에 필요한 탄소원의 종류에 따라 크게 독립영양미생물(autotrophs)과 종속영양미생물(heterotrophs)으로 나뉘며, 에너지원에 따라 화학영양미생물(chemotrophs)와 광영양미생물(phototrophs)로 나뉜다. 독립영양미생물은 생육에 유기물을 필요로 하지 않고, 무기물을 산화하여 에너지를 얻고 무기탄소원(CO_2, HCO_3^-)과 무기질소원(NH_4^+, NO_3^-)을 이용하므로 무기영양미생물(chemolithotroph)이라고 하며 황, 질화, 수소, 철, 메탄산화 세균이 여기에 속한다. 종속영양미생물은 유기물을 분해할 때 발생하는 에너지를 이용하여 생육하므로 유기영양미생물(chemoorganotroph)이라 하며, 이들의 생육에 필요한 영양은 탄소원, 질소원, 무기염류, 비타민 등이며, 대부분의 세균, 곰팡이, 효모가 속한다. 광영양미생물은 생장에 태양의 복사에너지를 사용한다.

미생물은 사용하는 탄소원과 에너지원뿐만 아니라 사용하는 전자수용체도 다양하다. 사용하는 전자수용체에 따라 유기물의 대사과정을 발효, 산소호흡, 무산소호흡으로 구분한다. 우선 큰 영양분자(단백질, 탄수화물, 지질)의 전체적인 분해과정을 살펴본 후, 좀 더 자세한 유기물 대사과정을 살펴보고자 한다.

3.4.1 이화작용의 3단계

존스홉킨스 의과대학의 생화학자였던 레닌저(A. Leninger)는 화학종속영양균(chemoheterotrophs)에 의한 물질대사과정을 3단계로 나누어 설명하였다(그림 3.3).

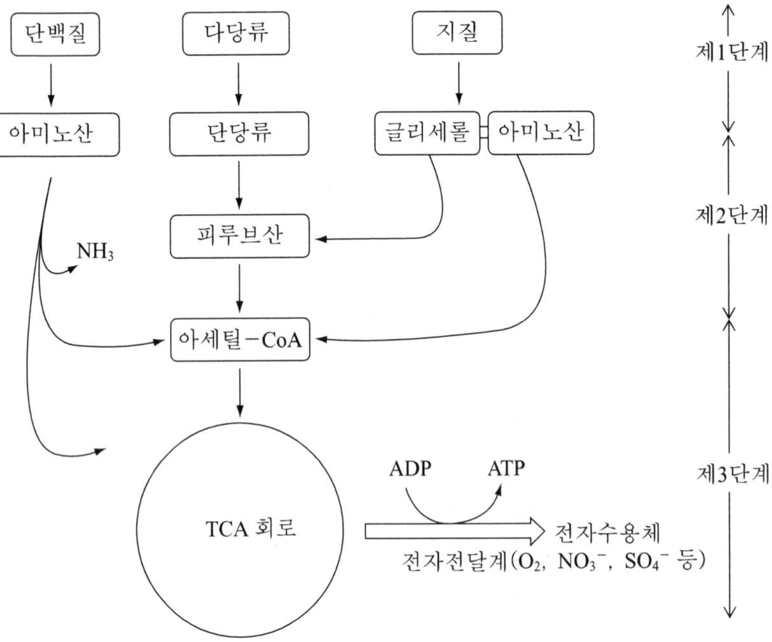

❖ **그림 3-3.** 화학종속영양 미생물의 유기물 대사과정

이화작용의 1단계는 큰 영양분자인 단백질, 탄수화물(다당류), 지질이 가수분해되어 아미노산, 단당류, 지방산과 글리세롤 등의 단위체로 분해된다. 2단계에서는 1단계의 분해산물들이 아세틸-CoA, 피루브산, TCA회로의 중간물질 같은 더 단순한 분자로 분해된다. 이 과정은 산소없이 진행되며, 이 과정을 통해 적은 양의 NADH, $FADH_2$, ATP 등이 생성된다. 마지막 3단계에서는 2단계에서 만들어진 단순한 분자가 TCA회로를 거쳐 CO_2로 완전히 산화되고, 그 과정에서 ATP, NADH, $FADH_2$를 생산한다. 전자전달물질인 NADH와 $FADH_2$는 전자전달계로 전자를 운반하며, 전자는 최종전자수용체인 산소 또는 무기분자에 전달된다.

3.4.2 해당과정

미생물이 이용하는 주된 탄수화물은 포도당이다. 포도당은 EMP, HMP, ED 경로를 거쳐 탄수화물 대사의 중요한 중간산물인 피루브산(pyruvic acid)로 변화하며, 산화호흡에서는 TCA cycle을 거쳐 완전히 분해되어 물과 탄산가스로 되고, 발효과정에서 다양한 유기물로 변화된다. 미생물이 당을 피루브산으로 분해하는 과정을 해당작용(glycolysis)이라 한다.

당의 대사는 파스퇴르에 의하여 연구가 시작되었고, 뷔너(Buchner)에 의하여 효모 추출액을 이용한 알콜 발효에 의하여 구체화되었고, 분해과정을 완전히 밝힌 사람의 이름을 따서 EMP 경로(Embden Mayerhof Parnus Pathway)라 한다. EMP 경로는 당의 혐기적 분해과정으로 2단계의 이화작용을 통해 포도당이 피루브산으로 분해되는 가장 일반적인 대사과정이다.

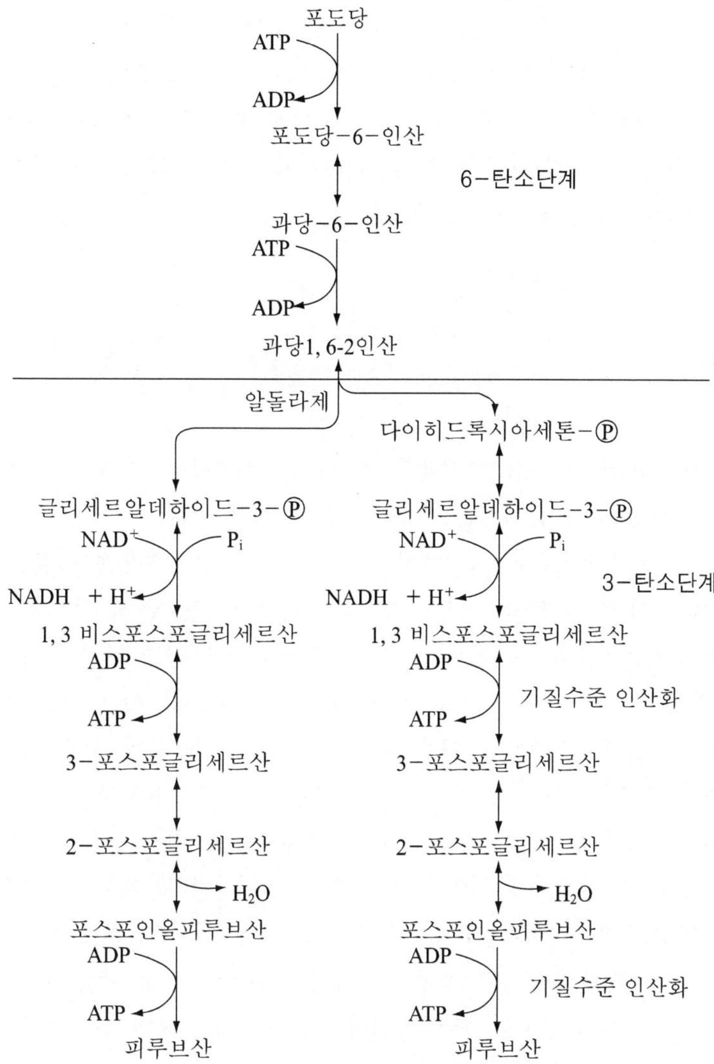

❖ **그림** 3-4. 해당과정(EMP 경로)

전체과정은 6탄소 단계와 3탄소단계의 두 부분으로 나눌 수 있다(그림 3-4). 처음 6탄소 단계에서 포도당은 두 번 인산화과정을 거쳐 과당 1,6-이인산으로 전환된다. 이 초기과정에서는 포도당 1개에 대해 2개의 ATP가 소모된다. 두번째 3탄소 단계에서는 과당 1,6-이인산이 인산기 하나만을 포함하는 두 개의 3탄소분자로 나뉘는 것에서 출발한다. 생성물인 글리세르알데하이드-3-인산은 다섯 단계를 거쳐 피루브산으로 전환된다. 또 다른 생성물인 다이히드록시아세톤인산은 쉽게 글리세르알데하이드-3-인산으로 전환된 후, 다섯 단계를 거쳐 피루브산으로 전환된다. 각각의 글리세르알데하이드가 피루브산으로 전환되는 과정에서 2개의 ATP가 생성되므로 3탄소 단계에서는 총 4개의 ATP가 생성된다. 이 과정에서는 고에너지 기질의 분해에 의해 방출된 자유에너지를 이용하여 ADP가 인산화됨으로써 ATP를 합성한다. 이와 같은 ATP합성을 기질수준인산화(substrate-level phosphorylation)라 한다.

3.5 발효

발효(fermentation)란 무산소 조건에서 유기물을 분해하여 기질수준 인산화만으로 ATP를 얻는 대사를 말하며 기질은 부분적으로 산화되어진다.

산소호흡 또는 무산소호흡이 일어나지 않으면 외인성 전자수용체가 없기 때문에 전자전달에 의해 NADH가 산화되지 않는다. 그러나 해당과정 중 글리세르알데하이드-3-인산이 1,3-비스포스포글리세르산으로 산화될 때 생긴 NADH는 다시 NAD^+로 산화되어야 한다. 만일 NAD^+가 다시 만들어지지 않으면 글리세르알데하이드-3-인산의 산화는 멈추고 해당과정은 중단될 것이다. 많은 미생물은 피루브산 탈수소효소(pyruvate dehydrogenase) 활성을 늦추거나 중단하고, 피루브산이나 그 유도체 중 하나를 발효과정에서 NADH의 재산화를 위한 전자와 수소수용체로 이용한다(그림 3-5). 이 과정으로 ATP가 더 합성될 수 있다. 이 과정은 아주 효율적이어서 몇몇 화학유기종속생물은 산소나 다른 외인성 수용체가 있어도 호흡과정을 수행하지 않는다. 많은 종류의 발효과정이 있으며, 이들은 대개 특정 미생물군의 특성을 나타낸다(그림 3-5). 미생물 발효과정을 고찰할 때는 두 가지 공통된 주제를 명심해야 한다. (1) NADH는 NAD^+로 산화된다. (2) 전자수용체는 대개 피루브산이나 그 유도체이다.

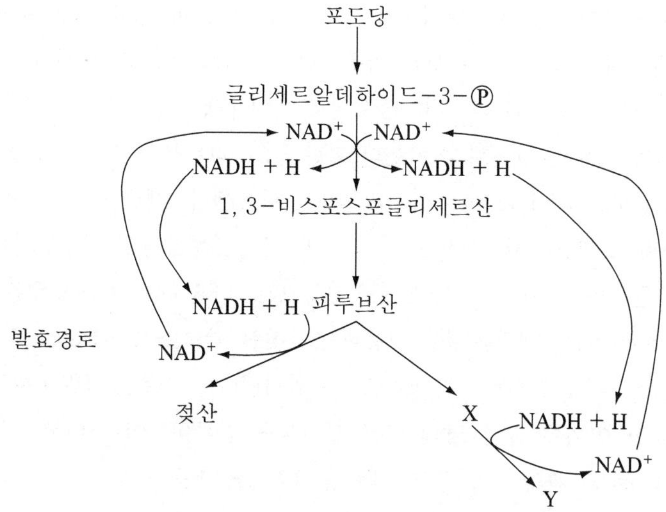

❖ 그림 3-5. 발효과정동안 일어나는 NADH의 재산화

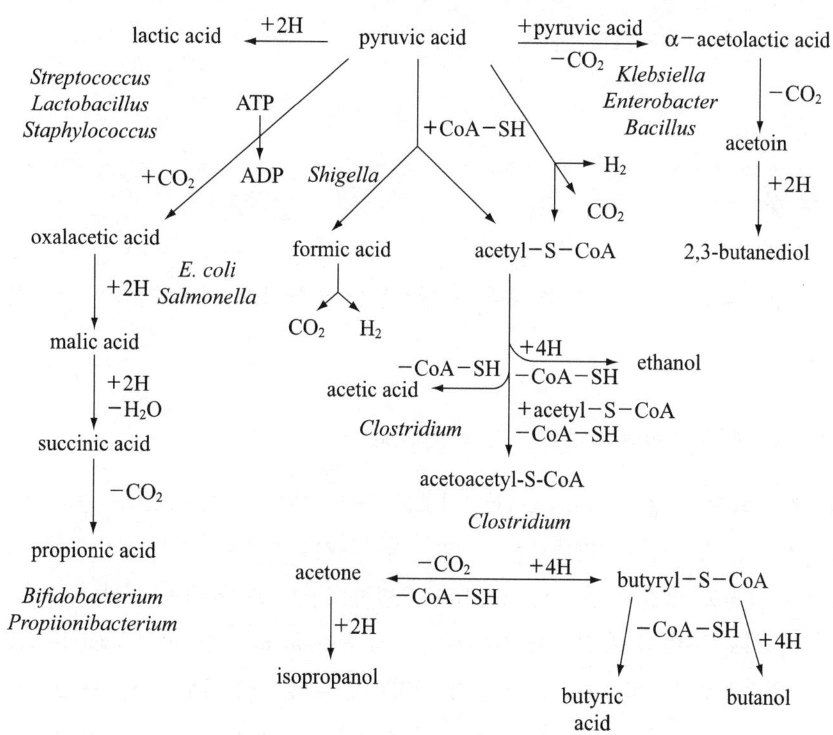

❖ 그림 3-6. 일반적인 미생물 발효

많은 곰팡이와 세균, 조류와 원생동물은 알코올 발효(alcoholic fermentation) 과정에 의해 당을 에탄올과 CO_2로 발효한다. 피루브산은 탈카복실화되어 아세트알데하이드가 되고 이는 다시 NADH를 전자공여체로 이용해 알코올 탈수소효소(alcohol dehydrogenase)에 의해 알코올로 환원된다(그림 3-6). 피루브산이 젖산(lactate)으로 환원되는 젖산 발효(lactic acid fermentation)도 자주 이용된다. 세균(젖산균, *Bacillus*), 조류(클로렐라), 몇몇 수생곰팡이, 원생동물, 동물의 골격근육에서 젖산 발효과정이 이용된다. 젖산 발효를 하는 생물은 크게 두 그룹으로 나눌 수 있다. 동종젖산발효생물(homolactic fermenter)은 해당과정을 이용한 후, 젖산 탈수소효소(lactate dehydrogenase)로 거의 모든 피루브산을 젖산으로 환원시킨다. 이종젖산발효생물(heterolactic fermenter)은 젖산 이외에 많은 양의 다른 부산물을 만든다. 여러 미생물은 포스포케톨라제(phosphoketolase) 과정으로 젖산, 에탄올, CO_2를 만든다.

알코올 발효와 젖산 발효는 아주 유용하다. 효모에 의한 알코올 발효는 알코올음료 생산에 이용되며, 알코올 발효과정에서 나오는 CO_2는 빵을 부풀리는데 이용된다. 젖산 발효는 음식을 상하게 할 수 있지만 요구르트, 사우어크라우트(독일식 양배추 김치)와 피클을 만드는데 이용되기도 한다.

3.6 호흡

호흡은 생물세포가 생명활동을 위하여 영양분을 산화시켜 에너지를 얻는 일련의 화학반응을 의미한다.

3.6.1 TCA회로(Tricarboxylic Acid Cycle)

Krebs에 의하여 밝혀져 Krebs cycle이라고도 하며, 사상균, 세균, 효모 등의 미생물에서 알려져 있다. 이는 피루브산의 호기적 대사과정으로, 탈탄산반응에 의하여 acetyl-CoA가 되고 옥살로산(oxalic acid)과 축합하여 시트르산(citric acid)이 된다. 그림 3-7과 같이 회로를 따라 옥살로아세테이트산(oxaloacetic acid)이 되고 acetyl-CoA와 결합하여 최종적으로 H_2O와 CO_2로 완전히 산화되는 과정이다. TCA 회로에는 5개의 산화과정과 2개의 가수분해반응이 있다. 산화과정은 pyruvic acid, α-ketoglutaric acid, isocitric acid의 산화적 탈탄산반응, succinic acid, malic acid의 탈수소반응이다. 가수분해 과정은 acetyl-CoA와 succinyl-CoA반응이다. 효소반응 결과 얻어지는 수소는 보효소를 통하여 전자전달계에 연결되고, 결국 공기 중의 산소와 결합하여 물이 된다.

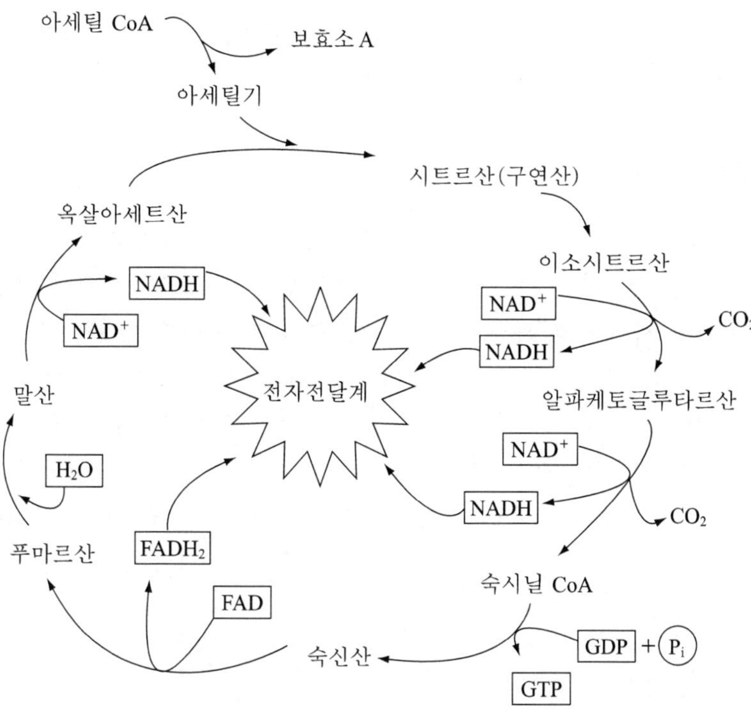

❖ 그림 3-7. TCA 회로

3.6.2 전자전달

지금까지 1개의 포도당이 해당작용과 TCA회로를 거쳐 6개의 CO_2로 산화되는 과정에서 단지 4개의 ATP가 생성됨을 설명하였다. 대부분의 ATP는 전자전달계를 통한 NADH와 $FADH_2$의 산화과정에서 생성된다. 전자는 작은 전위를 가진 전자운반체에서 큰 전위를 가진 전자운반체로 전달되는 몇 차례의 과정을 거쳐 마지막으로 O_2에 전달되고 H^+와 결합하여 H_2O를 형성한다. 전자는 물이 아래로 흐르는 것처럼 전위차를 따라 전자전달계를 이동한다.

여러 단계의 전자 이동과정에서 에너지가 방출되며 방출된 에너지의 일부는 ATP형성에 이용된다. 즉, 전자가 전달되면서 양성장와 전자의 기울기가 형성되는데 이 기울기가 결과적으로 ATP합성에 사용된다. 이러한 전자전달과정에서 발생하는 에너지를 ATP 합성에 사용할 수 있도록 하는 과정을 산화적 인산화반응(oxidative phosphorylation)이라 하며, 기질수준 인산화반응(substrate level phosphorylation)에 비하여 훨씬 많은 ATP가 생성된다. 일반적으로 미토콘드리아에서는 전자 한쌍이 NADH에서 O_2로 이동되는 동안 ATP가 3개까지 만들어진다. 즉 인과 산소의 비(P/O)가 3이다. 미토콘드리아에 비해 세균의 전자전달계는 짧아서 P/O비가 낮다.

3.6.3 무산소 호흡

일반적으로 당이나 그 외 다른 유기분자에서 나온 전자는 내인성 유기전자수용체에 전달(발효) 되거나 전자전달계를 통해 산소로 전달된다(산소호흡). 그러나 많은 미생물은 산소대신 다른 외인성 전자수용체를 사용할 수 있다. 이러한 에너지 발생과정을 무산소호흡이라 한다. 미생물에 의해 주로 사용되는 전자수용체는 NO_3^-, SO_4^{2-}, CO_2이지만 금속과 몇 가지 유기분자도 사용 될 수 있다. 산소 이외의 전자수용체는 무산소호흡 과정을 통해 다른 형태의 분자로 전환되며, 이는 생태계에서 물질 순환에 중요한 역할을 한다. 이에 관해서는 7장 생물지구화학적 물질순환에서 자세히 다루고 있다.

3.7 광합성

광합성은 식물과 광합성 세균에 의해 일어나는 반응으로 태양광을 에너지원으로 이용하여 대사에너지와 환원력을 만들어 이산화탄소를 환원하는 과정이다. 앞에서 나온 광인산화 과정에서 생성된 에너지(ATP)와 환원력(NADPH)을 이용하여 Calvin-Benson 회로를 거쳐 이산화탄소가 고정된다. 광인산화 과정은 빛이 필요한 명반응(light reaction) 과정이며, 이산화탄소의 고정은 빛이 없어도 일어나는 암반응(dark reaction) 과정이다.

3.7.1 엽록소

태양광 에너지를 화학에너지로 바꿔주는 물질로는 엽록소나 기타 색소분자가 있다. 이들 색소분자는 빛의 광자(photon)를 흡수함으로써 엽록소 분자가 여기된 상태에서 순환적 인산화과정, 비순환적 인산화과정을 거쳐 에너지 및 환원력의 기초가 되는 전자의 흐름을 유도한다.

태양광은 파장이 짧은 광선(X-ray 등)으로부터 파장이 긴 광선까지 갖고 있으나 지구의 오존층과 대기권을 통과할 때 양극의 파장은 많이 감소된다. 실제로 해수 표면에서 측정하면 태양광의 3/4 이상은 파장 400∼1,000 nm 사이의 광선이다. 엽록소는 400 nm 부근과 600∼1,100 nm 사이의 광선을 잘 흡수하며, 그 중간의 파장은 제대로 흡수하지 못한다. 또 카로테노이드는 450∼550 nm 사이의 파장을, 단백질과 결합한 파이코빌리단백질(phycobiliprotein) 등은 550∼650 nm의 파장을 잘 흡수하는 등 색소의 종류에 따라 흡수파장이 달라진다.

엽록소는 여러 개의 구조를 가지고 있으나 기본 구조는 4개의 피롤(pyrol) 고리가 연결된 포르피린(porphyrin) 구조를 하고 있다. 이 구조는 동물체의 헴(heme) 구조나 시토크롬 구조와 매우 유사하며, 생합성 과정 또한 서로 유사하다.

태양광을 받아 에너지(ATP)와 환원력(NADPH)를 생성하고(명반응), 이산화탄소를 환원하는 암반응으로 광합성은 진행된다. 광합성 생물에 따라서 순환적, 비순환적 인산화 과정을 거치고, 물의 광분해 또는 황, 황화수소, 유기물을 전자공여체로 제공하는 등 매우 다양하다(표 3-2).

표 3-2. 광합성 생물의 구분

종	광인산화과정	전자주게	산소발생	탄소원	질소고정능	어두운 곳에서의 생장
진핵생물						
조류	비순환적	H_2O	발생	CO_2	없음	한다
원핵생물						
시아노박테리아	비순환적	H_2O	발생	CO_2	있음	못한다
홍색세균	순환적					
유황세균	순환적	H_2S, H_2	발생안함	CO_2	있음	못한다
비유황세균	순환적	유기물	조건성	유기물	있음	한다
녹색세균	순환적	H_2S, H_2	발생안함	CO_2	있음	못한다

3.7.2 Calvin-Benson 회로

대부분의 독립영양생물(autotroph)은 이산화탄소를 ribulose diphosphate carboxylase의 촉매 작용으로 고정한다. 이 반응과정의 예외로는 녹색세균(Green sulfur bacteria)이 있는데, 이들은 역 TCA회로에서 대사물질을 얻고, 황환원세균(archaebacteria의 일종)과 초산생성세균(acetogenic bacteria)은 일산화탄소 대사경로를 거친다. 이산화탄소 고정의 첫 단계 생성물은 PGA(glyceric acid-3-phosphate)이다. 그러나 이산화탄소의 고정은 ribulose diphosphate가 지속적으로 공급되는가에 따라 결정된다. 따라서 대부분의 PGA

는 이산화탄소 수용체로 소모되기 위하여 계속적으로 전환된다. 따라서 Calvin- Benson 회로를 간단히 3개 부분으로 나눌 수 있다. 이산화탄소 고정단계, 고정된 이산화탄소의 환원단계, 마지막으로 이산화탄소 수용체의 재생단계이다(그림 3-8).

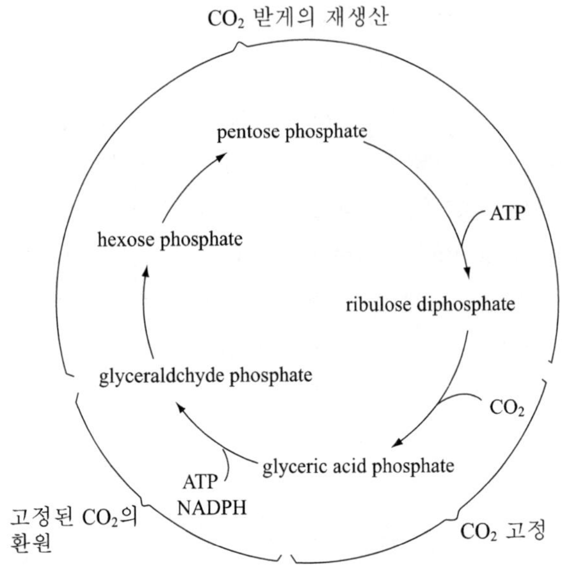

❖ **그림 3-8.** Calvin-Benson 대사경로. 이산화탄소 고정과 환원, 그리고 이산화탄소 수용체 재생산의 3개 부분으로 나뉜다.

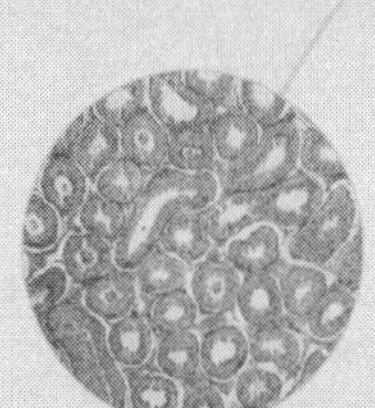

CHAPTER 4

미생물의 분류

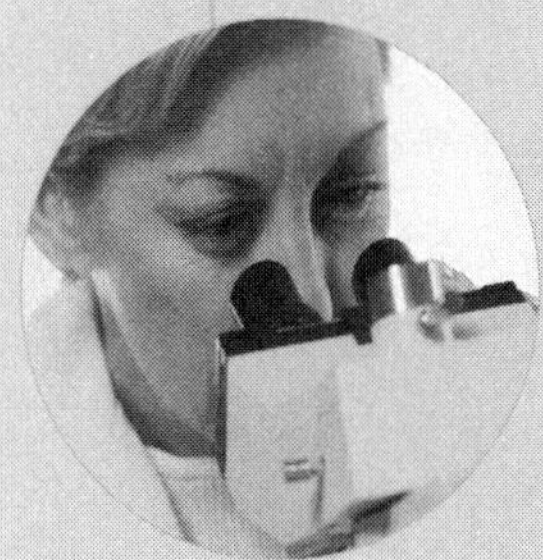

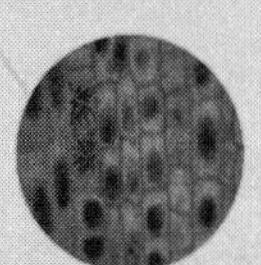

4.1 미생물 분류법

미생물은 매우 다양한 생리학적, 생화학적, 형태학적 및 유전학적 특성을 지니고 있을 뿐만 아니라 서식처도 다양하여 분류에 많은 어려움이 있다. 또한 생식방법이나 형태적 특성에 의해 진화학적 측면에서 분류하는 고등생물과는 달리, 원핵세포로 되어 있으며, 무성생식을 하는 세균에서는 종의 개념이 명확하지 않다.

초기의 미생물의 분류는 미생물의 형태적 특징을 정리하여 체계화하는 인위적인 분류법이 이용되었으나 다윈(C. Darwin)의 진화론에 의하여 계통분류학이 등장하였다. 분류(classification)의 기본은 동일하거나 유사한 형태, 화학적, 배양적, 대사적, 면역학적, 유전적, 병원성, 생리 · 생태적, 분자생물학적 특징을 갖는 생물들을 무리지어 상호 연관성을 밝히는 것을 말한다. 미생물 분류학자들은 첫째, 미생물에 대한 추가정보가 제공되어도 변화가 적은 안정성(stability)을 목표로 분류하고, 둘째, 군(群) 중의 한 개체의 특성을 알게 되면 다른 개체의 특성도 예측할 수 있는 predictability를 도입하여 분류한다.

미생물 분류방법은 일반적으로 미생물의 특성을 잘 알고 있는 연구자가 결정하는 직관적인 방법(intuitive method), 미생물의 특징들을 % similarity에 따라 정리배열 하는 수치분류법(numerical taxonomy), DNA의 염기조성 또는 상동성, RNA 상동성, 유전자 재조합의 응용, 단백질 비교, 화학분류 등을 이용하는 분자유전학적 분류법(genetic relatedness) 등이 있다.

대상이 되는 미생물 개체에 대한 특성을 조사하여 그 결과로서 그 미생물의 분류학상의 위치를 결정하고, 속과 종을 밝히는 과정을 동정(identification)이라 한다. 밝혀진 미생물의 특성은 형태적(구형, 난형, 간상, 사상형 등), 생태적(운동성, 환경기호, 상호작용 등), 생리적(효소생성 및 반응, gas 생산, 특정물질 이용 및 생산 등), 분자생물학적(염기조성비, 염기배열의 상동성 등)인 것 등으로, 다른 미생물과 구분되는 특성을 정리하여 신뢰할 수 있는 분류체계의 분류기준(Bergey's Manual of Determinative Bacteriology 등)과 대조하여 종합적으로 판단한다. 밝혀진 미생물은 각각의 이름을 찾거나 새로운 이름을 붙이게 된다. 미생물의 이름은 일반적인 이름(common name)과 여러 나라의 많은 학자들이 공통적으로 이용하는 국제적 규약(code of nomenclature)에 따라 붙여진 학명(scientific name)이 있다. 국제규약에 의하면 버섯, 효모, 곰팡이 같은 진균류의 명명은 국제식물명명규약(International code of botanical nomenclature)을 따르고, 세균, 방선균은 국제세균명명규약(International code of bacterial nomenclature)을 따른다. 이름의 표시는 이명법(binomial nomenclature)에 따르며, 라틴어 또는 고유명사를 이용하며 속명+종명+명명자+(년도)로 기재하고, 속명의 머리글은 대문자로 표시하며 이탤릭체 또는 이름 밑에 밑줄을 쳐서 구분한다. 일반적으로 미생물의 학명에는 명명자의 이름이 생략된다(*Aspergillus flavus* Link(1809) → *Aspergillus flavus*). 미생물 분류군의 계급(표 4-1)은 다음과 같다.

표 4-1. 분류군의 계급

분류 군의 계급*	어 미
문(Division)	−phyta(균류 : −mycota)
강(Class)	−phyceae(균류 : −mycetes)
목(Order)	−ales
과(Family)	−aceae
족(Tribe)	−eae
속(Genus)	
종(Species)	
주(Strain)	

*: 각 계급 사이에는 아강(subclass), 아목(suborder), 아과(subfamily), 아족(subtribe), 아속(subgenus), 아종(subspecies) 등 성상과 분화정도에 따라서 한 계급을 더 둘 수 있다.

전통적인 생물분류체계에서는 생물을 5계(Kingdom) 즉, 동물계, 식물계, 진균계, 원생생물계, 모네라(박테리아)계로 분류하였으나, 최근에는 생물의 리보소옴 RNA(rRNA)의 염기서열을 기준으로 3개 영역(domain) 즉, 진정세균(Bacteria), 고세균(Archaea), 진핵생물(Eucarya)로 분류한다. 칼 우즈(Carl Woese) 등은 rRNA 서열에 관한 연구를 수행하여 그림 4-1에 나타낸 바와 같이 보편적 계통발생수(universal phylogenetic tree)를 작성하였다. 이 계통수는 진정세균, 고세균, 진핵생물의 세 그룹으로 나뉘어 있으며, 고세균과 진정세균이 먼저 나뉘고, 그 다음에 진핵생물이 나뉘어졌다. 이러한 세 그룹을 영역(domain)이라 하며, 영역은 문(phylum)의 상위체계이다. 전통적인 분류체계 방법에서 계(kingdom)로 분류되었던 생물들은 모두 이들 세 영역으로 나뉘어져 있다.

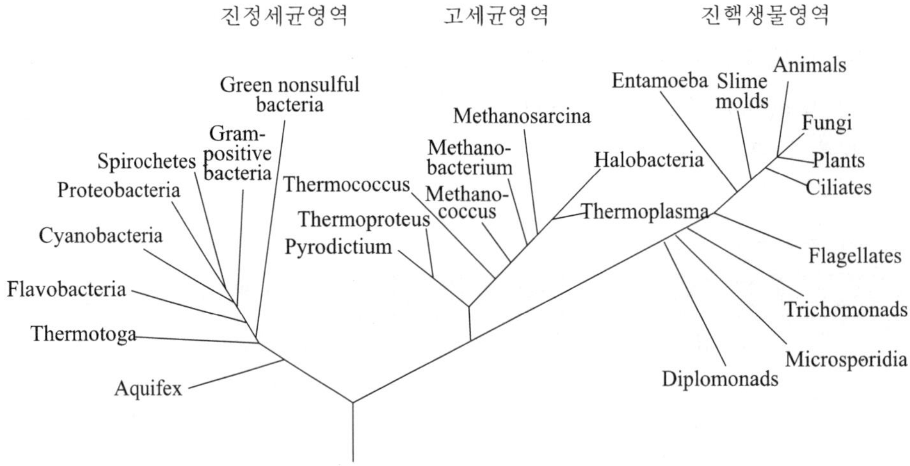

❖ 그림 4-1. 보편적 계통발생수

4.2 원핵생물의 계통발생과 다양성

세균은 모두 원핵세포로 구성되어 있으며, 일반적인 분류는 Bergey's Manual of Systematic Bacteriology를 기준으로 하고 있다.

버지편람 1권이 출판된 1984년 이후 원핵생물 분류가 크게 진보했다. 특히 rRNA, DNA, 단백질의 서열분석에 의해 원핵생물의 계통발생학적 분석이 가능하게 되었다. 그 결과 버지편람 2판은 표현론적 분석이 아닌 계통발생학적 분석이 주를 이루게 되었으며 1판과는 많이 달라졌다.

2판은 모두 다섯권으로 출판되었으며, 각각의 분류군에 대해 많은 생태학적 정보를 포함하고 있다. 2판에서는 1판처럼 임상적으로 중요한 모든 원핵생물을 함께 묶지 않는 대신 병원성 종들을 계통발생학적인 자리에 배치하고 다섯권 전체에 분산시켰다.

1권- 고세균, 진화상으로 멀리 떨어진 진정세균과 광영양 진정세균

2권- 프로테오박테리아

3권- G+C 함량이 낮은 그람양성균

4권- G+C 함량이 높은 그람양성균

5권- *Planctomycetes*, *Spirochaetes*, *Fibrobacteres*, *Bacteroides*, *Fusobacteria* 등

표 4-2. 버지편람의 구성(2판)

분류순위	대표 속
1권 고세균과 진화과정에서 멀리 떨어진 진정세균 및 광영양세균	
고세균영역	
Crenarcheaota문	*Thermoproteus, Pyrodictium, Sulfolobus*
Euryarchaeota문	
강 I. Methanobacteria	*Methanobacterium*
강 II. Methanococci	*Methanococcus*
강 III. Halobacteria	*Halobacterium, Halococcus*
강 IV. Thermoplasmata	*Thermoplasma, Picrophilus*
강 V. Thermococci	*Thermococcus, Pyrococcus*
강 VI. Archaeoglobi	*Archaeoglobus*
강 VII. Methanopyri	*Methanopyrus*
진정세균영역	
Aquificae문	*Aquifex, Hydrogenobacter*
Themotogae문	*Thermotoga, Geotoga*
Thermodesulfobacteria문	*Thermodesulfobacterium*
Deinococcus-Thermus*문	*Deinococcus, Thermus*
Chrysiogenetes문	*Chrysiogenes*
Chloroflexi문	*Chloroflexus, Herpetosiphon*
Thermomicrobia문	*Thermomicrobium*
Nitrospira문	*Nitrospira*
Deterribacteres문	*Geovibrio*
Cyanobacrteria문	*Prochioron, Synechococcus, Pleurocapsa, Oscillatoria, Anabaena, Nostoc, Stigonema*
Chlorobi문	*Chlorbium, Pelodictyon*
2권, 프로테오박테리아	
프로테오박테리아문	
강 I. α-프로테오박테리아	*Rhodospirillum, Ricketteia, Caulobacter, Rhizobium, Brucella, Nitrobacter, Methylobacterium, Beijerinckia, Hyphomicrobium*
강 II. β-프로테오박테리아	*Neisseria, Burkholderia, Alcaligenes, Comamonas, Nitrosomonas, Methylophius, Thiobacillus*
강 III. γ-프로테오박테리아	*Chromatium, Leucothrix, Legionella, Pseudomonas, Azotobacter, Vibrio, Escherichia, Klebsiella, Proteus, Salmonella, Shigella, Yersinia, Haemophilus*
강 IV. δ-프로테오박테리아	*Desulfovibrio, Bdellovibrio, Myxococcus, Polyangium*
강 V. ϵ-프로테오박테리아	*Camphylobacter, Helicobacter*

표 4-2. (계속)

3권. G+C 함량이 낮은 그람양성균	
Firmicutes문	
강 Ⅰ. Clostridia	*Clostridium, Peptostreptococcus, Eubacterium, Desulfotomaculum, Helicobacterium, Veillonella*
강 Ⅱ. Mollicutes	*Mycoplasma, Ureaplasma, Spiroplasma, Acholeplasma*
강 Ⅲ. Bacilli	*Bacillus, Caryophanon, Paenibacillus, Thermoactinomyces, Lactobacillus, Sterptococcus, Enterococcus, Listeria, Leuconostoc, Staphylococcus*
4권. G+C 함량이 높은 그람양성균	
Actinobacteria문	
강 Actinobacteria	*Actinomyces, Micrococcus, Arthrobacter, Corynebacterium, Mycobacterium, Nocardia, Actinoplanes, Propionibacterium, Streptomyces, Thermomonospora, Frankia, Actinomadura, Bifidobacterium*
5권. Planctomycetes, Spirochaetes, Fibrobacteres, Bacteriodetes, Fusobacteria	
Planctomycetes문	*Planctomyces, Gemmata*
Chlamydiae문	*Chlamydia*
Spirochaetes문	*Spirochaeta, Borrelia, Treponema, Leptospira*
Fibrobacteres문	*Fibrobacter*
Acidobacteria문	*Acidobacterium*
Bacteriodetes문	*Bacteroides, Porphyromonas, Prevotella, Flavobacterium, Sphingobacterium, Flexibacter, Cytophaga*
Fusobacteria문	*Fusobacterium, Strephobacillus*
Verrucomicrobia문	*Verrucomicrobium*
Dictyoglomi문	*Dictyoglomus*

4.2.1 고세균의 계통발생과 다양성

버지편람 2판의 1권에는 두 영역, 즉 고세균영역과 진정세균영역의 다양한 원핵생물이 다루어져 있다. 현재 고세균은 rRNA 서열에 근거해 2개의 문으로 나눈다(그림 4-2). *Crenarchaeota*문은 호열성이고 고온성 황대사 생물들인 *Thermoproteales*, *Desulfurococcales*, *Sulfolobales*목을 포함한다. 그러나 최근에 많은 다른 *Crenarchaeota*가 발견되었다. 일부는 황원소에 의해 성장이 억제되며 다른 고세균들은 플랑크톤처럼 저온의 대양에서 자란다. *Crenarchaeota*문은 처음 생각했던 것보다 더 다양한 것으로 생각된다. 두 번째 문인 *Euryarchaeota*에는 주로 메탄생성 원핵생물과 호염성 원핵생물이 포함되어 있다. 호열성 황환원생물(Thermoplasmas와 Thermococci)이 *Euryarchaeota*문에 속하며 8강, 12목이 포함된다.

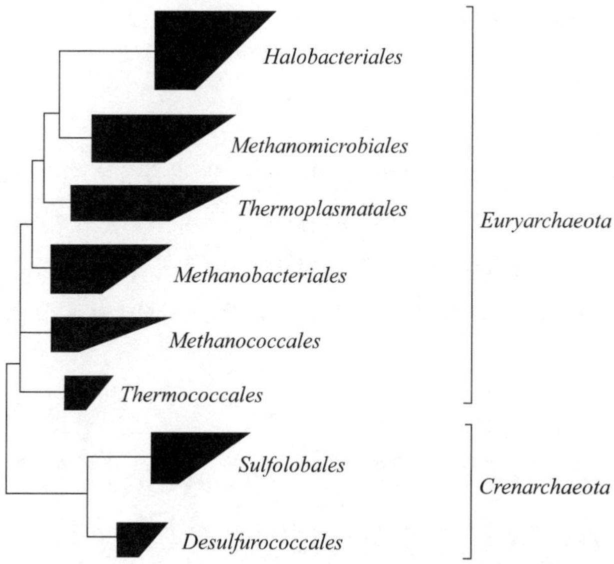

❖ 그림 4-2. 고세균의 계통발생학적 분류

4.2.2 진정세균의 계통발생과 다양성

1) 버지편람 1권의 진정세균

진정세균은 매우 다양한 원핵생물로 23문이 포함된다(그림 4-3). 1권에서 진화상으로 멀리 떨어진 진정세균 집단과 광영양세균이 포함되어 있다. 다음은 중요한 문들에 대한 설명이다.

① *Aquificae*문

*Aquifex*나 에너지생성에 수소를 사용하는 Hydrogenobacteria 같은 독립영양세균이 있다. *Aquifex*는 실제로 산소를 환원하는 데 수소를 사용해 물을 생산한다. 이 집단은 알려진 것 중 가장 열에 강한 것을 포함하며 진정세균 가운데 진화상으로 가장 멀리 떨어진 가지를 이룬다.

② *Thermotogae*문

*Thermotoga*를 비롯한 *Thermotogae*강에 속한 세균은 혐기성이며 호열성이고 발효를 하며, 흔치 않은 종류의 지방산을 포함하는 그람음성균이다. 에테르 결합을 한 지질이 있다는 점이 *Aquifex*와 닮았다.

③ *Deinococcus-Thermus*문

*Deinococcales*목은 특이하게도 방사성에 저항성을 나타낸다. *Deinococcus*속은 그람양

성이며 방사선으로부터 세포를 보호하는 카로티노이드 색소와 특이한 지질의 농도가 매우 높다.

④ *Chloroflexi*문

*Chloroflexi*문에는 1강 2목이 있으며, 여기 속하는 그람음성균 가운데는 녹색비황세균(green nonsulfur bacteria)이 많다. *Chloroflexus*는 산소비발생성 광합성을 하며 활주세균이다. 반면에 *Herpetosiphon*은 광합성을 하지 않으며 호흡을 하며 활주세균이다. 두 속 모두 특이한 펩티도글리칸을 가지며 세포막의 외막에 지질다당류가 없다.

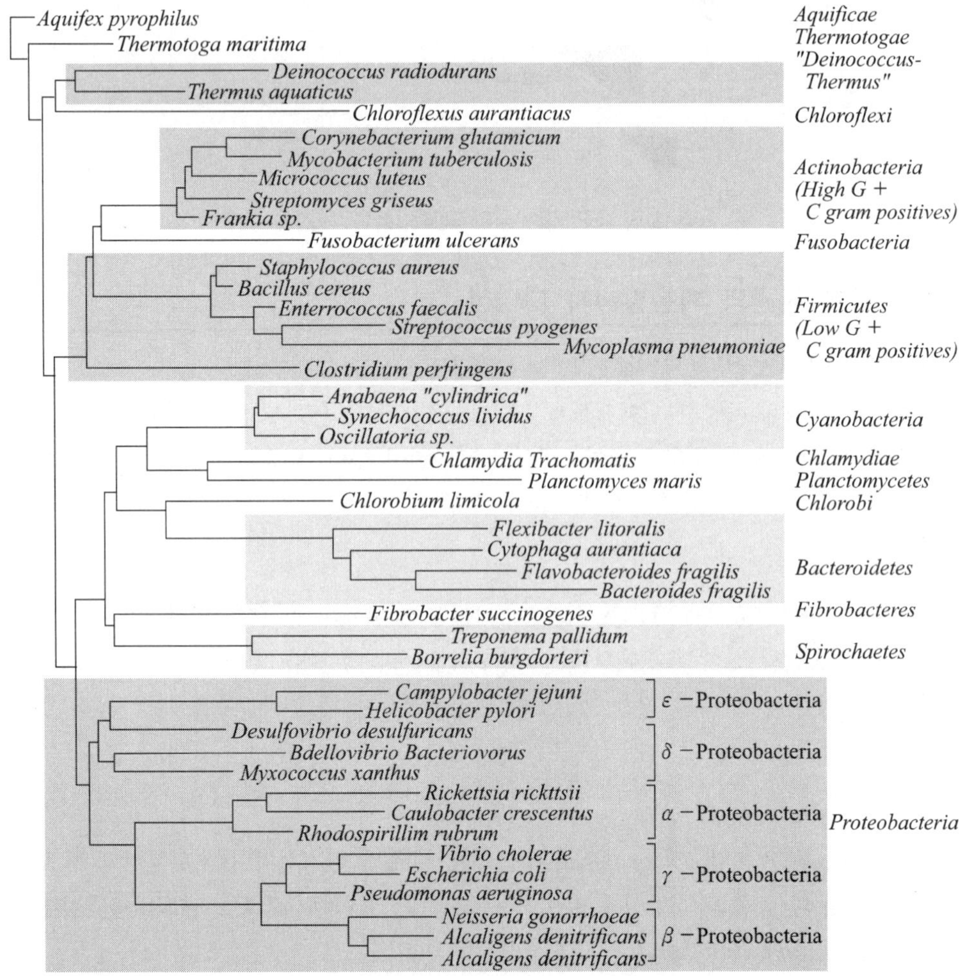

❖ **그림** 4-3. 진정세균영역의 계통발생

⑤ *Cyanobacteria*문

산소발생성 광합성 세균은 *Cyanobacteria*강과 5분과로 구성된 *Cyanobacteria*문에 속한다. 시아노박테리아는 엽록소 a를 포함하며 거의 모든 종이 피코빌린을 갖는다. 이들 세균은 단세포성 또는 가지가 있거나 없는 연쇄상 구조를 한다. 각 분과에서 *Cyanobacteria*는 일반적인 형태적 특성과 생식 방법이 서로 다르다. *Cyanobacteria*는 식물이나 많은 홍색광합성 세균처럼 광합성 시 캘빈회로를 통해 CO_2를 고정한다.

⑥ *Chlorobi*문

*Chlorobi*문에는 녹색황세균으로 알려진 산소비발생성 광합성 세균이 있다. 그들은 캘빈회로보다 환원성 TCA 회로를 통해 CO_2를 고정하고 황화물을 산화시켜 세포 밖에 황과립을 축적한다.

2) 버지편람 2권의 진정세균

2판의 2권은 모두 홍색세균으로 불리기도 하는 그람음성 프로테오 박테리아에 대한 내용이다. 프로테오박테리아문은 현재 384~400속, 1,300종이 포함된 크고 매우 복잡한 집단이다. 이들은 모두 서로 연관되어 있지만 형태, 생리, 생활사는 매우 다양하다. 주요 영양 방식이 광영양, 종속영양, 화학무기영양 등 매우 다양하다. 의학적, 산업적, 생물학적 연구에 많은 종들이 중요한 자리를 차지한다. 예를들면, *Escherichia, Neisseria, Pseudomonas, Rhizobium, Rickettsia, Salmonella, Vibrio*속 등이 포함된다. 프로테오박테리아 문은 rRNA 자료에 근거하여 5개 강(class)으로 나눈다. 광합성 세균이 프로테오박테리아의 α, β, γ강에 속하는 것으로 보아 프로테오박테리아문 전체가 광합성을 하는 조상에서 기원되었을 것으로 생각된다. 아마 많은 균주들이 새로운 생태환경에 적응하기 위해 광합성하는 능력을 잃어 버렸을 것으로 생각되고 있다.

① α-프로테오박테리아강

α-프로테오박테리아는 대부분의 빈영양세균(아주 낮은 영양 수준에서 자라는 생물)을 포함한다. *Rhodospirillum*과 다른 홍색비황세균은 광합성을 한다. 어떤 속은 특이한 대사 형태, 즉 메탄올 산화영양(예 : 메탄올 산화세균), 화학무기영양(*Nitrobacter*), 질소고정(*Rhizobium*)을 한다. *Richettsia*와 *Brucella*는 중요한 병원성 세균이다. 이 그룹에 속하는 미생물의 약 반 이상이 부속돌기(prosthecae) 같은 뚜렷한 형태를 나타낸다(*Caulobacter, Hyphomicrobium*).

② β-프로테오박테리아강

β-프로테오박테리아는 대사에 있어서 알파그룹과 중복된다. 그러나 β-프로테오박테리

아는 서식처의 무산소지역에서 새어나오는 유기물질을 이용하는 경향이 있다. 여기 속하는 세균 가운데 일부는 수소(*Alcaligenes*), 암모니아(*Nitrosomonas*), 메탄(*Methylobacillus*) 또는 휘발성 지방산(*Burkholderia*)과 같은 물질을 이용한다.

③ γ-프로테오박테리아강

γ-프로테오박테리아는 13목, 20과로 구성된 크고 복잡한 그룹이다. 그들은 화학유기영양생물 또는 조건부혐기성이며 발효성이다. 그러나 γ-프로테오박테리아는 에너지대사 방법이 매우 다양하다. *Enterobacteriaceae, Vibrionaceae, Pasteurellaceae*와 같은 중요한 과는 엠덴-마이어호프(Embden-Meyerhof)경로와 5탄당 인산경로를 이용한다. *Pseudomonadaseae*와 *Azotobacteriaseae*와 같은 나머지 세균은 호기성이며 엔트너-두도로프(enter-Doudoroff) 경로와 5탄당 인산경로를 이용한다. 일부가 광합성(예: *Chromatium*과 *Ectothiorho-dospira*), 메탄올산화영양(*Methylococcus*) 또는 황산화영양(*Beggiatoa*)을 한다.

④ δ-프로테오박테리아강

δ-프로테오박테리아에는 7목, 17과가 있다. 여기에 포함되는 세균의 많은 부분이 세 그룹 중 하나에 포함된다. 어떤 세균들은 이 세균들이 속해 있는 과의 이름이 의미하듯이(예: *Bdellovibrio*) 다른 세균을 포식한다. *Myxococcales*목은 *Myxococcis, Stigmatella, Polyangium* 같은 자실성 점액세균을 포함한다. 점액세균 역시 종종 다른 세균을 잡아먹는다. 마지막으로 이 과는 유기영양분을 산화하는 동안 황산염에서 황화물을 생성하는 다양한 혐기성 세균이 있다(*Desulfovibrio*).

⑤ ε-프로테오박테리아강

ε-프로테오박테리아강은 1목(*Campylobacterales*)과 2과로 구성된다. 작은 크기에도 불구하고 두 가지의 중요한 병원성 속인 *Campylobacter*과 *Helicobacter*가 ε-프로테오박테리아에 속한다.

3) 버지편람 3권의 진정세균

버지편람의 3권은 G+C 함량인 낮은 *Firmicutes*문에 속하는 그람양성균에 대한 내용이다. 분계선은 약 50% G+C로 이 값보다 G+C 함량이 낮은 세균이 3권에 포함된다. 이러한 세균의 대부분은 그람양성이며 종속영양성이다. 그러나 G+C 함량이 낮은 그람양성균과 가까운 연관관계 때문에 세포벽이 없어서 그람음성으로 염색되는 마이코플라스마가 3권에서 다루어지고 있다. 3권에서 다루고 있는 세균들의 형태는 상당히 다양한다. 어떤 것들은 막대형이고, 어떤 것들은 구형이며, 마이코플라스마는 다형성이다. 내생포자를 가지고 있는 것도 있다. 이 문에는 3개의 강이 속한다.

① 강 I : *Clostridia*강

이 강에는 3목, 11과가 있다. 형태, 크기가 다양함에도 불구하고 구성원들은 모두 혐기성이다. *Clostridium, Desulfotomaculum, Sporohalobacter* 같은 속은 진정한 세균성 내생포자를 형성한다. 나머지 많은 세균들은 내생포자를 형성하지 않는다. *Clostridium*은 가장 큰 세균속의 하나이다.

② 강 II: *Mollicutes. Mollicutes*강

5목, 6과가 있다. 여기에 속하는 세균을 마이코플라스마라고 부른다. 이 집단에 속하는 세균은 세포벽이 없으며 펩티도글리칸이나 펩티도글리칸 전구체를 만들 수 없다. 마이코플라스마는 세포막에 의해 경계가 지어지기 때문에 형태는 구형에서 나선형 또는 가지가 있는 편모 형태 등 매우 다양하다. 그들은 정상적인 상태에서는 비운동성이며 세포벽이 없기 때문에 그람음성이다. 거의 모든 다른 세균과는 달리 여기에 속한 대부분의 종은 성장에 스테롤이 필요하다. 마이코플라스마속(*Mycoplasma*)과 스피로플라스마속(*Spiroplasma*)에는 여러 가지 중요한 동물성 병원체와 식물성 병원체가 있다.

③ 강 III: *Bacilli*강

매우 다양한 그람양성, 호기성, 조건부혐기성, 막대형 그리고 구형의 세균을 포함한 큰 강이다. *Bacilli*강은 2목(*Bacillales*와 *Lactobacillales*)과 16과를 포함한다. *Clostridia*에 속하는 세균처럼 일부 속(예: *Bacillus, Sporosarcina, Paenibacillus, Sporolactobasillus*)은 진정한 내생포자를 형성한다. 많은 의학적, 산업적으로 중요한 속(*Bacillus, Lactobacillus, Streptococcus, Lactococcus, Enterococcus, Listeria, Staphylococcus* 등)을 포함한다.

4) 버지편람 4권의 진정세균

버지편람의 4권은 G+C 함량이 높은 그람양성균에 할당되었다. 여기에 포함되는 세균은 약 50~55% 이상의 G+C 함량 값을 갖는다. 4권에 포함된 모든 세균에는 *Actinobacteria*문과 *Actinobacteria*과가 있다. 이 원핵생물들은 형태가 매우 다양하다. 어떤 것들은 구형이며 어떤 것들은 불규칙 또는 규칙적인 막대형이다. 방선균이라고 불리는 G+C 함량이 높은 그람양성균으로 종종 복잡한 가지가 있는 균사를 형성한다. 이 세균은 내생포자를 만들지 않지만 많은 속이 다양한 무성적 포자를 만들며 일부는 복잡한 생활사를 갖는다. G+C 함량이 높은 그람양성균 사이에 매우 다양한 세포벽 화학성분이 나타난다. 예를 들어 펩티도글리칸의 성분이 매우 다양하다 *Mycobacteria*는 마이콜산(mycolic acid)을 생성하며 다른 세균의 다른 세균의 세포벽 성분과는 구별된다.

4권에 실려 있는 세균의 분류는 매우 복잡한다. 5아강, 6목, 14아목, 40과가 4권에 서술되어 있다. *Actinomycetes, Arthrobacter, Corynebacterium, Micrococcus, Mycobacterium, Propionibacterium*속은 1판의 2권에 있었다. 새로운 4권에서는 이들이 각각 *Actinomycineae, Micrococcineae, Corynebacterineae, Propionibacterineae*아목으로 분류된다. 그 이유는 rRNA 연구에 따라 이들이 방선균으로 확인되었기 때문이다. 가장 크고 가장 복잡한 속인 스트렙토마이세스(*Streptomyces*)는 500종 이상을 포함한다.

5) 버지편람 5권의 진정세균

버지편람의 5권은 편의상 9개의 문에 대해 서술하고 있지만 그들이 직접적으로 연관되어 있지는 않다. 모두 그람음성균이기는 하지만 형태, 생리, 생활사에 있어서 매우 다양한 변이를 나타낸다. 여러 속이 생물학적 또는 의학적으로 상당히 중요하다.

① *Planctomycetes*문

*Planctomycetes*는 rRNA 서열에 따르면 클라미디아와 연관되어 있다. 이 문에는 1목, 1과, 4속이 있다. *Planctomycetes*는 펩티도글리칸을 가지고 있지 않은 구형, 타원형 또는 배 모양의 세포이다. 일부는 막으로 둘러싸인 핵양체를 가지고 있다. 정상적으로는 단세포지만 *Isophaera*속은 사슬을 형성하며, 출아에 의해 분열하며 자루(stalk)라고 부르는 부속지를 형성한다. *Planctomycetes*는 물에서 자라며 편모를 이용하거나 활주운동을 한다.

② *Chlamydiae*문

매우 작으며 1강, 1목, 4과가 있다. *Chlamydiae*속은 여기서 가장 중요한 속이다. *Chlamydiae*는 기본소체(elementary body)와 망상체(reticulate body)의 두 가지 특징적인 단계를 포함하는 특이한 생활사를 지니는 절대세포 내 기생생물이다. 이 세균은 펩티도글리칸이 없다는 점에서 *Planctomycetes*와 유사하다. 이들은 부속지가 없는 작은 구형의 생물체이다. *Chlamydiae*는 중요한 병원성 세균으로 사람에게 많은 질병을 유발한다.

③ *Spirochates*문

이 문은 나선형의 모양이며 운동성이 있고 특이한 형태와 특이한 운동기전을 가진 그람음성균이다. 외부 경계는 원형질로 된 실린더를 둘러싼 특별한 외막이다. 세포질 주변성 편모는 원형질 실린더와 외막 사이에 있다. 편모는 돌아가며 직접 외부 환경과 접촉하지 않더라도 세포를 움직일 수 있다. 이러한 화학종속영양생물은 독립생활을 하기도 하고 공생성 또는 기생성 생활을 하기도 한다. 예를 들어 *Treponema*속과 *Borrelia*는 사람에게 병을 유발하는 여러 중요한 세균을 포함한다. 1강(*Spirochaetes*)과 3과, 13속이 있다.

④ *Bacteroides*문

3강(*Bacteroides, Flavobacteria, Sphingobacteria*), 3목, 12과가 있다. 가장 잘 알려진 속은 *Bacteroides, Flavobacterium, Flexibacter, Cytophaga*이다.

4.3 조류

조류(藻類, algae)는 광합성을 하는 진핵세포성 생물로 단세포의 식물플랑크톤에서 다세포인 해조류까지 크기가 다양하며, 그들이 띠는 색깔에 의해 통상 녹조류, 갈조류, 홍조류 등으로 부르기도 한다. 세포구조상 조직의 분화정도가 낮고, 체제가 간단하며 수중에 서식하며 엽록소를 가지고 광합성을 하는 하등식물을 말한다. 조류의 생장에는 빛이 필수적이기 때문에 수계의 투광대(euphotic zone)에서 생존하며, 습기가 많은 토양이나 바위의 표면에서 서식하는 종류도 있다. 또한 조류는 다량의 유기물을 분비하므로 빈영양화된 수계에서는 종속영양미생물의 좋은 먹이 공급원이 된다.

조류는 광합성 색소의 종류, 대사생성물질, 생식방법 등에 따르며 조류의 형태는 그림 4-4과 같고, 생식방법은 그림 4-5와 같으며, 조류 문(門, division)과 그 특성을 요약하면 표 4-3과 같다.

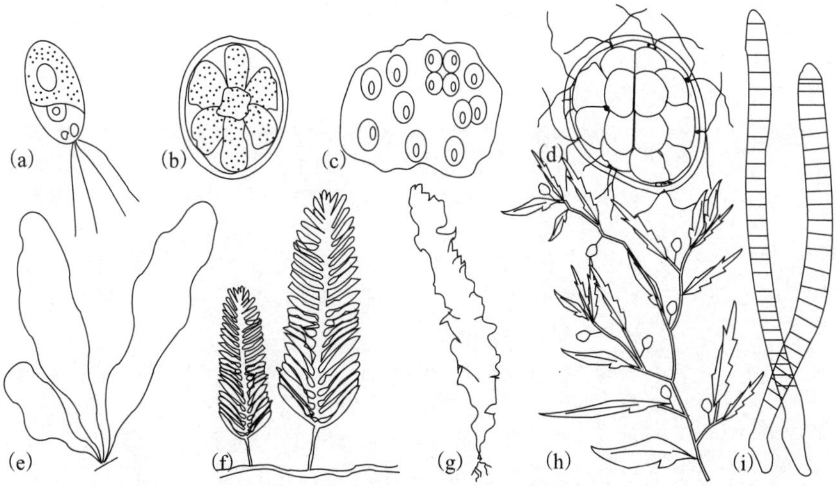

Types of algal plant body, diagrammatic. (a) Unicelluar, motile. (b) Unicelluar, nonmotile. (c) Colonial, noncoenobic. (d) Colonial, coenobic. (e) Filamentous. (f) Membranous or foliar, (g) Tubular, coenocytic. (h) Blade-like, kelp. (i) Leafy axis.

❖ 그림 4-4. 조류의 형태 모식도

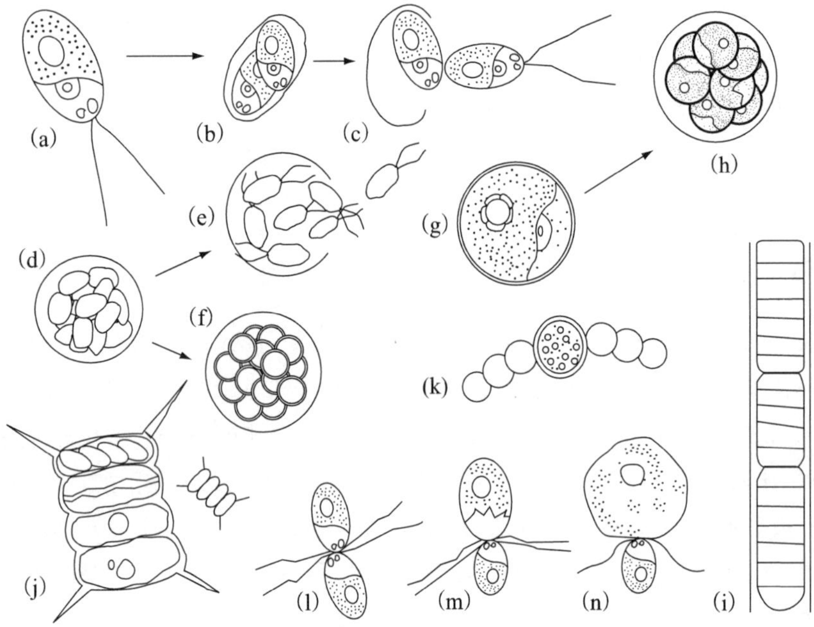

Methods of algal reproduction (diagrammatic) (a)－ (c) Bipartition or binary fission. (d), (e) Zoospore formation. (f) Aplanospore formation. (g), (h) Autospore formation. (i) Fragmentation or hormogonium formation. (j) Autocolony formation. (k) Akinete formation. (l) Isogamy. (m) Anisogamy. (n) Oogamy.
*The evidence of its occurrence in Cyanochloronta os genetic only.

❖ **그림** 4-5. 조류의 생식

표 4-3. 조류 문(division)과 그 특성

문	특 징
Chlorophycophyta (녹조류문)	녹조류, 광합성 색소로서 a, b, 카로텐, 몇 종의 크산토필을 가진다. 저장물질은 녹말이다. 세포벽은 셀룰로오스, xylans, mannans 등으로 구성됨. 어떤 種은 세포벽이 없고 어떤 종은 칼슘이 세포벽에 침적된다. 편모는 1개 또는 2~8개, 다수. 같은 크기의 편모 또는 극편모를 가진다.
Chrysophycophyta (금색 및 황녹조류문)	금색 및 황녹조류. 규조(diatom)가 여기에 속한다. 광합성 색소로서 엽록소 c, 카로텐, facoxanthins, 몇 종의 xanthophylls를 가진다. 저장물질은 chrysolaminarin이다. 세포벽은 셀룰로오스, 규소 탄산칼슘으로 구성됨. 편모가 존재할 때는 1~2개, 不均長 또는 均長(equal)편모, 극편모(apical)를 가진다.
Cryptophycophyta (암색 편모충류)	암색편모층, 광합성색소는 엽록소 a, c, 카로텐, 크산토필 (alloxanthin, crocoxanthin, monadoxanthin), phycobillins을 가진다. 저장물질은 전분이다. 세포막은 없다. 2개의 不均長, 側極편모

Euglenophycophyta (연두벌레문)	연두벌레류, 광합성색소는 엽록소 a, c, 카로텐, 몇 종의 크산토필을 함유한다. 저장물질은 paramylon이다. 세포벽은 없다. 편모는 1~3개. 극편모 또는 側極편모를 가진다.
Phoalcophycophyta (갈조류문)	갈색조류, 광합성색소는 엽록소 a, c, 카로텐, fucoxanthin, 몇 종의 xanthophyll을 함유. 저장물질은 laminarin이다. 세포벽은 셀룰로오스, alginic acid, 황화뮤코다당류로 됨. 편모가 존재할 시는 2개의 측생편모임(lateral).
Pyrrophycophyta (황적조류문)	황적조류문, 또는 화조류. 광합성색소는 엽록소 a, c, 카로텐, 몇 종의 xanthophyll을 함유. 저장물질은 전분이다. 세포벽은 셀룰로오스로 되어 있거나 세포벽이 없다. 2개의 편모를 가지며 1개는 밑으로, 다른 1개는 옆으로 뻗는다.
Rhodophycophyta (홍조류문)	홍조류. 광합석색소는 엽록소 a(몇몇 종은 엽록소 d), phycocyanin, 카로텐, 몇 종의 크산토필을 함유. 저장물질은 floridean 전분이다. 세포벽은 셀룰로오스, 자일란(xylans), 갈락탄(galactans)으로 구성됨. 편모는 없다.

4.3.1 연두벌레(Euglena)

연두벌레류는 운동성이 있고, 현미경 시야에서 관찰가능하며, 단세포로서 세포벽을 형성하지 않고 주로 고여있는 물에서 서식한다. 세포 내에 함유하는 색소의 종류는 chlorophyll a 및 b, β-carotene, xanthophyll 등이 있다. 녹조류와 동일한 광합성 색소를 띠지만 세포내 저장물이 녹조류와 달리 포도당 중합체인 파리밀론(paramylon)이다. 증식은 세포의 종축 분열에 의하며 후막포낭(cyst)을 형성하여 휴면하는 것도 있다. 25속이 알려졌으며 비타민 B_{12}의 bioassay에 이용되는 *Euglena glacilis, E. eastica, E. intermedia* 등이 있다. 일반적으로 광합성을 하는 독립영양 미생물이지만 유기물이 풍부한 곳에서는 유기물을 섭취하여 에너지를 얻는 경우도 있다.

4.3.2 규조(Diatom)

황색편모조류에 속하는 규조류는 독특한 형태의 세포벽을 지니고 있으며, 수계의 퇴적토 표면에서 서식하는 종도 있고 물에 떠다니는 종도 있다. 특히 규조류의 생장은 수계의 규사의 양에 크게 의존한다. 단세포 또는 균체를 이루며, 세포는 두터운 상자모양으로 세포벽이 겹쳐져 있고, 규산질이 포함되어 있다. 세포 내의 황갈색 색소체에는 엽록소와 phycoxanthin가 포함되어 있다. 분열법에 의하여 증식하고 때로 증대포자(auxospore)를 형성하기도 한다.

4.3.3 갈조(Brown algae)

갈조류는 엽록소나 β-carotene보다 xanthophyll을 많이 함유하여 갈색을 띠고 있으며, 세포내 저장물질은 라미나린(laminarin)과 만니톨(mannitol)이다. 한류해역, 특히 연안 해역에 많이 분포하고 있는데 육안으로 볼 수 있는 다세포형으로 250 속이 알려져 있다. 이들은 모두 다세포로서, 어떤 종은 길이가 50 m에 달하기도 한다. 세포 내에 많은 양의 xanthophyll을 가지는 6종의 갈색 색소체를 가지며, 저장된 동화생성물질은 algin, laminalin, mannite 등이 있다. 식용 가능한 것으로 다시마(laminalia), 미역(undaria), 녹미채(톳, hizikia) 등이 있다.

4.3.4 홍조(Red algae)

홍조류는 해양, 특히 난류지역에 서식하며 이중의 세포벽을 지니고 있는 다세포형 조류로서 chlorophyll a 및 b, carotene, xanthophyll, phycoerythrin, phycocyanin 등의 색소를 함유하므로 홍색, 자색, 또는 청록색을 나타낸다. 이들은 고등식물의 amylopectin과 비슷한 홍조녹말(floridean starch)이라는 형태로 양분을 체내에 저장한다. 동화 생성물질은 전분 유사물질과 유지를 주로 한다. 약 500 속이 알려져 있으며 우뭇가사리(gelidium)와 김(laver)이 포함된다.

4.3.5 남조(Blue green algae)

남조류는 현미경 시야에서 관찰가능하고, 가장 원시적인 조류이며, chlorophyll a를 가지고, 세균과 달리 산소를 발생하는 광합성을 한다. 원시핵 구조를 하고, 유성생식을 하지 않으므로 세균과 함께 하등 미생물로 분류된다. 세포 내에 chlorophyll a, β-carotene, myxoxanthin, 다량의 c-phycocyanin과 소량의 c-phycoerythrin을 함유하고 있다. 세포는 점질물질로 싸여 있으며, 담수 및 토양 중에서 활주운동을 하고, 약 160 속이 알려져 있다.

4.3.6 녹조(Green algae)

녹조류는 총 425 속이 알려져 있으며, 단세포와 다세포형이 있다. 세포구조와 생식방법이 매우 다양하며 chlorophyll a, b 및 다양한 색소체를 가진다. 세포벽은 cellulose와 pectin을 주성분으로 하며, 동화생성물질은 전분이다.

4.3.7 쌍편모조류(Dinoflagelates)

자연계의 담수, 해수에 서식하는 두 개의 편모를 가진 Pyrrhophycophyta문을 말한다. 편모 중 한 개는 trailing에, 다른 한 개는 girdling에 이용되며, 별도의 비운동성인 종류도 있으며 이들의 형태는 구상, 사상형, 종려형, 아메바형 등이 있고, 광합성 이외의 사물기생, 생물기생, 공생적 영양 획득방법도 취한다. 대부분의 광합성영양 조류는 해양성이고, 비타민을 요구한다. 세포 내에 chlorophyll a 및 b; β-carotene, fucoxanthin, neopridinin, dinoxanthin, neodinoxanthin 등을 함유하고 있다. 저장영양은 전분이며, 섬유소는 함유하거나 하지 않기도 한다.

이들 조류는 그 증식이 활발하여 농도가 짙어지면 광범위하게 또는 국지적으로 해양에 적색, 적갈색, 황색을 나타내는 적조(red tides, blooms)를 형성하기 때문에 잘 알려져 있다. 이때, 표면 해수의 미생물 세포는 1백만~2천만 개/해수mL에 달하며, 이들 중에 상당수가 어류를 죽이거나 해수 미생물을 죽일 수 있는 독소를 생산한다. 쌍편모조류 독소의 종류는 1) 어류는 죽이지만 무척추동물은 거의 영향을 미치지 않는 것 (*Gymnodinium breve* Davis, Florida red tides), 2) 무척추동물을 사멸시키는 것 (*Gonyaulax*의 몇 종), 3) 몇 종의 해양미생물을 죽이지만 2판 패류의 흡인관 또는 소화기관에 농축되어 마비성 패류중독(paralytic shellfish poisoning, PSP)을 초래하는 것으로 나뉜다.

4.4 균류

균류(fungi)는 비광합성의 진핵세포 미생물로서 생식포자를 형성하는 종속영양미생물이다. 대부분의 균류는 다핵성(coenocytic)이며, 균사체(mycelium)라는 영양세포가 얽혀 실모양을 하고 있다. 균사체는 키틴이나 섬유소로 된 세포벽에 의해 둘러싸여 있으며 포자가 발아하여 가늘고 긴 원통형의 균사(hypha)가 형성되고 계속하여 균사에서 가지가 뻗어 균사체를 형성한다. 균사는 거의 무한정 생장을 할 수 있어서 육안으로 볼 수 있을 정도로 커지는 일이 많다. 분류학적으로 균류는 형태 및 구조, 생활사를 기준으로 점균류(Myxomycetes), 조상균류(Phycomycetes), 자낭균류(Ascinycetes), 담자균류(Basidiomycetes), 불완전균류(Deuteromycete)의 5가지로 구분한다. 점균류는 변형균문(Myxomycota)이라 하며, 다른 종류를 진균문(Eumycota)이라 한다.

4.4.1 조상균류(조균류, Phycomycetes)

조균류는 조류와 인접한 유연관계를 나타내며, 서식지에 따라 수서 조균류(aquatic Phycomycetes)와 육상 조균류(terrestrial Phycomycetes)로 구분된다. 흔히 알고 있는 물곰팡이(water mold, *Saprolegnia*)와 빵곰팡이(bread mold, *Rhizopus*) 등이 여기에 속한다. 물곰팡이는 연목이나 개울의 부패한 식물체나 동물체에 기생하여 영양분을 섭취한다. 조균류는 균사에 격벽이 없고, 다핵체적 세포를 가지며, 발생학적으로 다양한 집단이다. 조류의 생식은 무성생식 방법인 운동성 포자나 유성생식 방법인 배우자에 의해 이루어지며, 일부 물곰팡이는 균사에서 형성되는 난자와 정자에 의해 생식을 하기도 한다. 편모균류 1,160 종, 접합균류 145 속 705 종이 알려져 있다. 균사 끝의 포자낭에 포자낭(무성)포자를 형성한다. 균사가 접합하여 핵이 융합하는 접합균류는 두터운 막을 가진 접합포자(유성)를 형성한다. 난균류는 난포자를 형성하고, 편모균류는 식물병원균이 많고, *Achlya*와 *Saprolegnia*는 어류에 기생하기도 한다.

4.4.2 자낭균류(Ascomycetes)

자낭균류는 유성생식에 의해 성숙한 다세포성 균사체로부터 독특한 형태의 자낭(ascus)을 만들고, 그 내부에 통상 8개의 자낭포자(ascospore)를 형성한다. 무성생식은 분생포자에 의하여 일어난다. 단핵성인 것으로는 효모가 잘 알려져 있으며, 다핵성 균사로

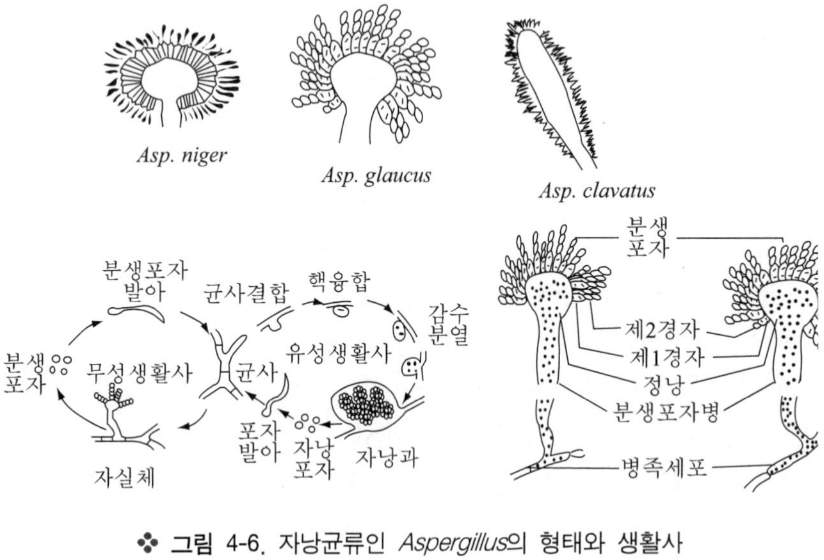

❖ 그림 4-6. 자낭균류인 *Aspergillus*의 형태와 생활사

된 것은 격막에 의해 뚜렷하게 구획된 균사체를 지니고 있다. 자낭균류는 균사에 격벽이 없고 자낭 속에 1~8개의 자낭(유성)포자를 형성한다. 기중균사(aerial hyphae) 위에 다수의 분생(무성)포자를 형성하기도 한다(그림 4-6). 자낭의 분화정도에 따라 반(hemi-), 원시(proto-), 진정자낭균류(eu-ascomycetes)로 나뉘어진다. 반자낭균류는 성세포가 접합한 후 그대로 자낭이 되며 균사가 퇴화한 효모 및 일부 사상균이 속하며, 진정자낭균류는 성세포가 융합한 후 자낭형성을 위하여 새로운 균사조직인 자낭과를 만들고, 그 안에 자낭이 있고 자낭 안에 포자가 형성된다.

4.4.3 담자균류(Basidiomycetes)

담자균류는 균류 중 가장 진화된 균이다. 다른 균류와 마찬가지로 균사에 격벽이 있고, 유성인 담자포자를 담자기 위에 외생하는 균류로서 담자균류의 분류는 표 4-6과 같다. 버섯의 대부분은 담자균류에 속하며, 포자를 착생하는 자실체가 육안으로 관찰할 수 있을 정도로 발달한 것을 총칭한다. 부분적으로 자낭균류에 속하기도 하지만, 식용은 대부분이 동담자균류의 송이버섯목(Agricales)에 속하며, 생활사는 그림 4-7과 같다. 자실체에서 형성된 담자포자는 발아하여 1차균사(monocaryon, primary mycelium)가 되어 집락을 형성하고, 유전자형이 다른 균사와 융합하여 2차균사(dicaryon, secondary mycelium)를 형성한다. 2차 균사는 여건이 갖추어지면 3차균사(tertiary mycelium) 즉, 자실체(담자기과, basidiocarp)를 형성한 후 성숙하여 담자기 위에 담자포자를 착생한다.

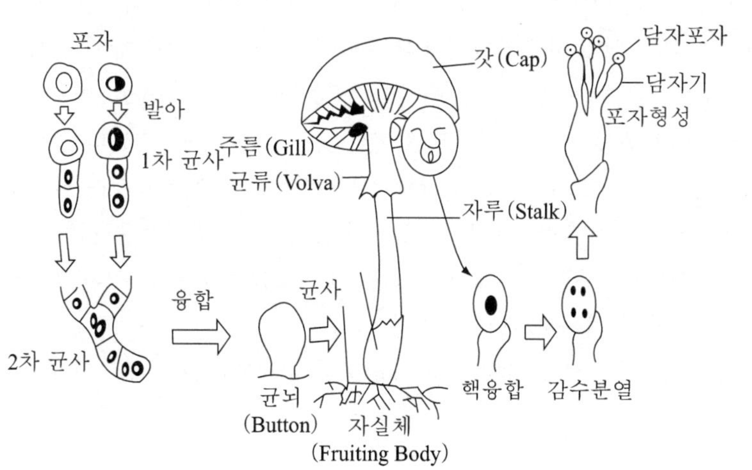

❖ 그림 4-7. 버섯의 life cycle과 각 부분의 명칭

4.4.4 불완전균류(Fungi imperfecti)

불완전균류는 진균류에서 유성생식 단계가 밝혀지지 않은 균류로서 분류되어 약 25,000여 종이 알려져 있다. 연구를 통해서 유성생식 단계가 밝혀지면 다른 균류로 분류된다. 대부분이 자낭균류의 무성세대에 해당되지만 소수의 담자균류의 무성세대도 포함되어 있다. 특히 흥미로운 것은 토양에 서식하면서 선충류, 윤충류, 원생동물 등을 포획하는 종류이다. *Arthrobotrys*는 균사의 일부가 고리모양으로 변형하여 선충류가 접촉하면 수축하여 이를 포획한 후 소화시킨다.

4.5 원생동물

원생동물(protozoa)은 진핵세포의 생물체로 대부분 광합성을 하지 않으며, 이분법으로 번식하는 단세포 생물로, 운동성을 지닌 비교적 복잡한 구조를 하고 있다. 이들은 일반적으로 무성생식을 하지만 접합에 의해 유성생식을 하는 종도 있다. 원생동물은 세포벽이 두터운 포낭을 형성하기도 한다.

원생동물은 자연계에 널리 분포하여 토양에서는 토양 1 g 당 $10^3 \sim 10^5$ 마리의 개체수를 나타내며 강물에서는 1 mL 당 10^4 마리 이상을 나타내는 경우도 있다. 특히 유기물이 풍부한 폐수에서는 원생동물이 많이 존재하여 1 mL당 10^6 마리까지 관찰되기도 한다. 원생동물은 주로 세균을 먹고 생존하며, 용존 유기물을 섭취하거나 다른 생물에 기생하여 살아가기도 한다. 따라서 원생동물은 숙주가 되는 세균과 함께 혼합배양하여 분리, 배양할 수 있다. 이 원생동물은 수처리 운영과정의 지표생물로 이용된다.

원생동물은 대부분 운동성을 지니고 있어서 운동법이나 운동기관의 종류에 따른 4가지 문으로 구분된다. 편모충류(Mastigophora)는 편모에 의해 운동성을 나타내는 종류로 연두벌레(Euglena)가 여기에 속하는 전형적인 생물이다. 광합성을 하는 독립영양성인 종도 있지만 세균이나 유기물을 먹이로 하는 종속영양성인 종도 있다. 많은 종류의 편모충류는 기생생활을 하는 것으로 알려져 있다.

원생동물은 1980년에 7개 강(綱, Phylum)으로 수정분류(표 4-4)하였다.

◎ 표 4-4. 원생동물의 분류와 특징

강	운동	생식	영양	대표적인 속
위족편모강 (Sarco-mastigophora)	위족(sarcodina) 편모(mastigophora)	무성—이분법 —세로이분법 유성—접합	포식영양 흡수영양	*Amoeba*, *Leishmania*, etc.
섬모충강 (Ciliophora)	섬모	무성—세로이분, 출아, 다분열 유성—자가, 세포	흡수영양	*Paramecium*, *Didinium*, etc.
다세포포자강 (Acetospora)		다세포형 포자	기생생활	*Paramyxa*
극부복합체강 (Apicomplexa)	극부(apical) 복합체 형성		기생생활	*Eimeria*, *Toxoplasma*
단세포포자강 (Microspora)		단세포형 포자	기생생활	*Metchnikovella*
극부캡슐강 (Myxospora)	극부캡슐	다세포형 포자	기생생활	*Myxidium*, *Kudoa*
망상점질균강 (Labyrintho-morpha)	세포 외부에 망상의 물질 (ectoplasm)형성	구형 또는 방추형의 아메바성 세포		

4.5.1 구조

원생동물은 세포막에 전형적인 지질 이중막을 가진 진핵세포 생물이다. 세포는 1~2개의 핵, 80S 리보솜, 미토콘드리아, 소포체, 골지체를 가지지만, 많은 종에서 미토콘드리아의 발견은 쉽지 않다. 종류에 따라 세포질이 내질(內質)과 외질로 구분되는 것은 투명한 외질이 내질을 싸고 있으며, 2개의 핵을 가질 경우 소핵의 DNA가 접합할 때 교환되고, 대핵은 생식세포의 기능을 조절하는 것으로 알려져 있다. 세포벽을 가지고 있지 않으므로 삼투압 조절은 수축포가 맡는다.

원생동물의 운동기관은 편모 및 섬모이며, 편모와 섬모는 9+2 배열 즉, 9쌍의 섬유가 중앙의 2쌍의 섬유를 둘러싸는 배열을 하고, 섬모는 길이가 짧고 섬세하다. 종류에 따라 여러 가지 세포 소기관이 발견되며 구강(cytostome, oral cavity)을 가지고, 음식물을 섭취하는 부근에서 효소를 분비하여 소화하는 식포(food vacuole)를 가질 수 있고, 배설기능을 가지는 항문공(anal pore)도 있다.

4.5.2 위족편모충류

① *Sarcodina* : 세포막이 견고하지 않아 아메바성 운동에 의해 끊임없이 모양이 변한다. 세포질이 팽출된 위족(pseudopodia, rhizopods)으로 운동하며, 때로는 음식물의 포식에도 이용된다. *Amoeba*는 연못 시료에서 쉽게 검출되며, 끊임없는 세포질의 유동 때문에 일정한 형태를 가지지 못하고, 세균 및 다른 원생동물과 미소한 생물을 포식한다(그림 4-8).

② *Foraminifera*(유공충 아강) : 해수에 서식하는 Sarcodina로서, 규소 또는 칼슘 껍질로 형성된 1개 또는 여러 개의 방(chamber)을 형성하여 죽은 후 해저에 퇴적하여 유적으로 남는다.

③ *Mastigophora* : 편모를 가지며, 이 강에 포함된 조류는 대부분이 동식물에 기생하고, 절지동물에 의하여 전파되어 인간에게 수면병을 일으키는 편모충이 포함된다. 종에 따라 편모를 가지고 위족을 형성하는 것은 Sarcodina와 함께 Sarcomastigophora로 분류된다. Mastigophora 아강에는 dinoflagellates, euglenoids, life cycle의 한 단계에 편모를 가지는 다른 조류도 포함된다.

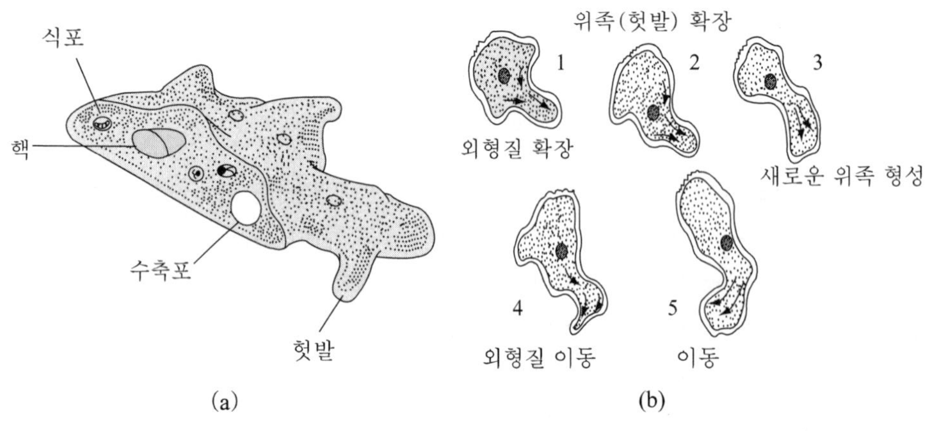

❖ 그림 4-8. 육질충류인 아메바의 (a) 구성 및 (b) 이동

4.5.3 섬모충류(Ciliophora)

섬모충류는 세포둘레에 일정한 형태의 섬모를 가지고 운동하지만 섬모를 이용하여 먹이를 cytostome으로 이동하는 기능도 갖는다. 짚신벌레(*Paramecium*)가 잘 알려져 있다(그림 4-9). 섬모충류는 미생물을 포식하며, 다른 원생동물을 포식(*Didinium*은

*Paramecium*을 포식)하는 것도 있다. 이들은 단단하지만 유연성이 있는 막을 지니고 있고 원생동물 중 기관이 가장 잘 분화되어 있다. 대부분의 섬모충류는 물 속의 유기물이나 세균을 먹이로 하여 살아가며, 극히 일부는 기생생활을 하기도 한다.

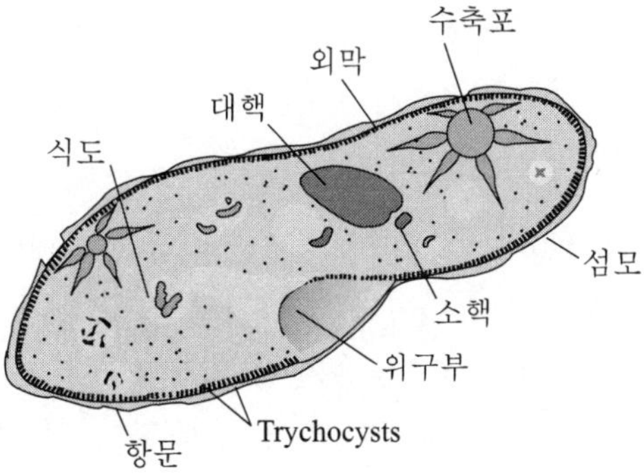

❖ 그림 4-9. 섬모충류인 짚신벌레의 모습

4.5.4 포자충류(Sporozoa)

포자충류는 포자를 형성하며 기생성 원생동물이지만 복잡한 생활사를 가지고, 흡수영양형이다. 성충은 운동성이 없으나 성숙하기 전에 운동성을 가질 때도 있다. 포자충류에 속하는 학질병원충(*Plasmodium vivax*)는 학질모기를 중간숙주(vector)로 하여 사람의 적혈구에 침입하여 malaria를 일으킨다.

4.6 바이러스

바이러스(virus)의 어원은 라틴어의 '독물질'이라는 뜻으로 병의 원인이라고 알려졌다. 1930년대에 이르러 광학현미경으로 관찰이 불가능한 여과성 병원체를 지칭하게 되었으며, 크기는 20~300 nm로 생물체 내에서만 증식 가능한 절대 기생체이다. 바이러스는 생물과 무생물의 중간적 성격을 띠고 있는 비세포성 미생물로서 살아있는 세포 밖에서는 독립적으로 증식을 할 수 없으며, 자체 대사기구를 가지지 못하므로 숙주세포의 에너지대사와 단백질 합성체계를 이용하는 유전정보를 가지고 있는 숙주 특이성이 있다. 이 특이성에 의하여 숙주의 대사체계를 탈취하여 증식하게 되고, 숙주의 파괴가 잇따른다.

바이러스의 분류는 핵산의 종류, 분자량, 가닥수, capsid의 모양, sheath의 존재유무,

capsomere의 수 등에 의해 이루어지고 있으나 통상 숙주의 종류에 따라 구분한다. 동물과 식물을 숙주로 하는 것을 바이러스(동물성 바이러스, 식물성 바이러스)라 하고, 세균을 숙주로 하는 것을 박테리오파지(bacteriophage) 또는 파지(phage)라고 한다. 바이러스의 유전물질은 DNA 또는 RNA이며, 이들 핵산은 capsid라는 단백질 coat에 싸여 있다. 이들 바이러스는 광범위한 항생물질에 대하여 감수성이 없다.

4.6.1 동물성 바이러스

동물성 바이러스(animal virus)는 다양한 형태를 하고 있으며, 보통 척추동물에 기생하여 생활하고 있다. DNA 동물성 바이러스는 6과로, RNA 동물성 바이러스는 11과로 분류하며, 일반적으로 동물성 바이러스는 이들이 일으키는 질병에 의해 소아마비 바이러스(polio virus), 광견병 바이러스(rabies virus) 등과 같이 명명되기도 한다.

4.6.2 식물성 바이러스

식물성 바이러스(plant virus)는 통상 숙주식물의 종류와 감염방법, 감염 후 나타나는 특이한 현상에 의해 구분하며, 모자이크 바이러스(cucumber mosaic virus, tobacco mosaic virus, turnip yellow mosaic virus), 혹반증 바이러스(tobacco necrosis virus), 왜소증 바이러스(barely yellow dwarf virus) 등이 있다.

4.6.3 미생물 바이러스

미생물을 숙주로 하여 생활하는 바이러스는 세균, 균류, 조류, 원생동물 등 숙주미생물에 따라 통상 구분한다. 특히 세균에 기생하는 바이러스를 박테리오파지(bacteriophage)라 하며, 감염세균의 이름을 따서 명명하기도 한다. 미생물 바이러스는 바이러스가 흡착하는 숙주 표면의 수용체 성격에 따라 숙주 특이성(host-specificity)을 지니고 있다.

1) 박테리오파지의 발견

세균을 숙주로 하는 박테리오파지는 1915년 Frederick W. Twort와 1917년 Felix Hubert d'Herelle에 의하여 각각 발견되었다. Twort는 배양 중인 세균 집락이 가끔 용해를 일으키고 이는 다른 집락으로 전파될 수 있음을 알렸고, d'Herelle도 이와 같은 현상을 발견하고 bacteriophage(bacterial eater)라고 발표하였다. 이를 Twort · d'Herelle 현상이라고 한다.

2) 형태와 구조

전자현미경의 발달로 박테리오파지의 형태와 구조적 특징을 자세히 알게 되었다. 그 형태는 다면체, 섬유상 등 다양하다(그림 4-10). Capsid는 단백질 subunit인 capsomer로 구성되어 있고, 파지의 종류에 따라 capsomer의 수와 배열방식이 다르다. 모든 핵산은 파지의 머리 부분에 있고 꼬리부분은 숙주에 흡착하기에 적합하며 머리와 꼬리는 core를 싸고 있는 sheath로 연결된다. 일부 파지의 꼬리부분은 복잡하여 T짝수계는 sheath에 24개의 신축성 있는 환이 머리 부분과 collar로 결합되어 있다. 이 관의 끝에는 육각형의 base plate가 부착되고 그 끝에 spike가 있고 세균에 흡착할 때 필요한 tail fiber도 부착되어 있다.

Type	A	B	C	D	E	F	G
Morphology	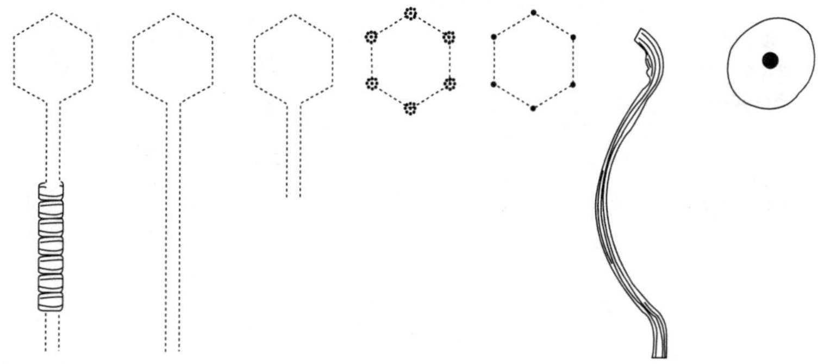						
Nucleic acid type & Number of strands	DNA, 2	DNA, 2	DNA, 2	DNA, 1	DNA, 1	DNA, 1	DNA, 2
Example of phages	Colipgage T2, T4, T6	T1, T5	T3, T7	¢×73, S13	F2, MS2	Fd, f1	MV 12

❖ 그림 4-10. 박테리오파지의 형태 모식도

3) 생활사

박테리오파지의 생활사는 숙주와의 관계에 따라서 숙주세포에 침입하여 세포 내에서 증식하여 숙주를 파괴하여 세포 외로 유리되는 용균현상(lytic, virulent, 그림 4-11)과 숙주에 침입한 파지 핵산이 숙주 DNA에 부착되어 숙주의 세포분열과 함께 낭(daughter) 세포에 전달되는 과정을 용원화(lysogenization, prophage화), 즉 temperate phage가 prophage로 되는 과정으로 구분된다.

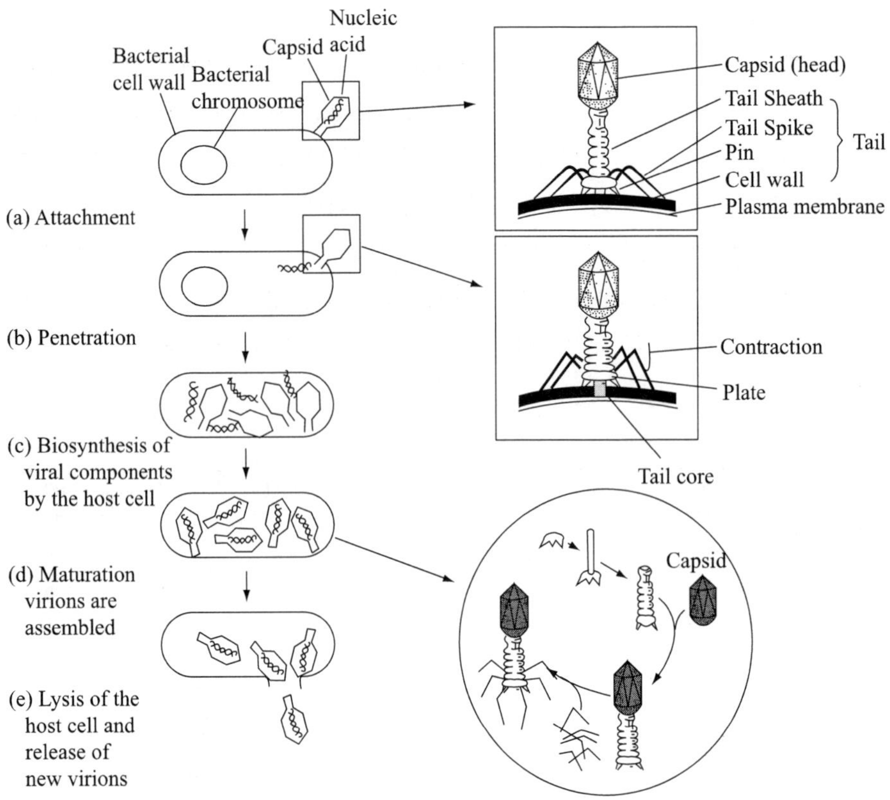

❖ 그림 4-11. T2 phage의 생활사

빈도가 높지 않으나 prophage의 유전형질의 일부가 숙주세포로 도입되는 경우 이 현상을 형질도입(transduction)이라 하고 세균의 유전에 중요하다. 환경 및 식품공업에 유용한 미생물이 파지의 침입으로 acetone-butanol 발효에서 발효가 중단되는 "수면발효"와 같은 피해가 보고되어 있다.

4) 대책

박테리오파지의 침입을 예방하기 위하여 그 특징과 예방법을 살펴보면 다음과 같다. 그 특징은 ① 세균여과기를 통과하는 이상인자가 있다. ② 이상인자의 이식이 가능하고 이 인자를 가하면 발효지연 또는 중단이 일어난다. ③ 숙주특이성이 있다. ④ 대사가 왕성한 세포에서 증식한다. ⑤ 평판배지 상에 용균반(plaque)이 나타난다.

일반적인 예방법으로 ① 철저한 환경위생, ② 용기의 가열살균, ③ 약제를 이용한 살균을 예로 들 수 있으며, 기술적인 방법으로 파지의 증식을 방지할 목적으로 감수성이 다른 균주 몇 개를 선정하여 2종 이상의 조합을 2~3일 마다 바꾸는 ④ rotation system, ⑤ 저농도의 항생제 내성균주를 이용 즉, *Clostridium butylicum* 배양에 chloramphenicol 1 mg/L을 첨가하여 파지 증식을 억제하고 정상적인 butanol 발효가 가능한 예를 들 수 있다.

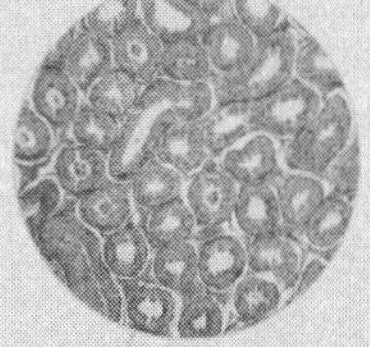

Applied Environment Microbiology

CHAPTER 5

미생물의 관찰 및 측정

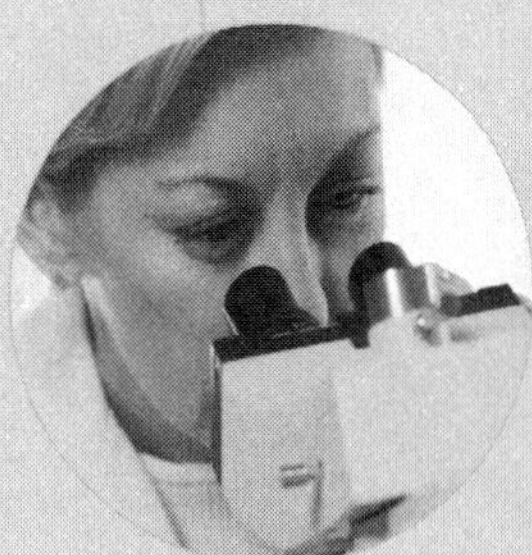

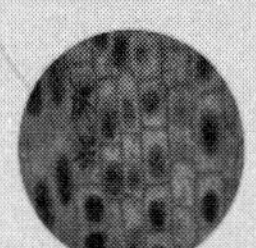

5.1 미생물의 계수

미생물의 계수에 쓰이는 방법에는 크게 직접계수법(direct count procedure)과 배양계수법(viable count procedure)이 있으며, 미생물 군(群)에 따라 적용방법이 전혀 다르다. 그러나 근본적으로 직접관찰, 생균수 측정, 생체량 및 생화학적 성분분석으로 미생물의 수를 파악한다.

자연계에 존재하는 다양한 미생물을 완벽하게 모두 배양한다는 것은 어렵기 때문에 일반적으로 형광현미경(fluorescence microscope)에 의한 직접계수법은 대체로 배양계수법보다 100배 이상 많은 미생물을 계수할 수 있다. 경우에 따라 직접계수법과 배양계수법에서 얻은 결과 값이 매우 높은 상관관계를 나타내기도 하지만, 배지의 종류, 배양조건, 시료 내에 살아있는 생균과 사균 등 종의 구성에 따라 달라질 수 있다.

5.1.1 직접계수법

직접계수법은 특정 미생물 또는 일정 환경에 존재하는 미생물의 수를 현미경으로 직접 관찰하여 계수한다. 이 방법의 단점은 시료를 계속하여 다른 실험에 이용할 수 없고, 생(生)균과 사(死)균을 구분할 수 없으며, 입자가 과다하게 많은 시료에서는 미생물을 구별해 내기가 쉽지 않다. 또한, 관찰된 미생물에 대한 다양한 연구를 진행할 수 없다는 단점도 있다. 그러나 형광 현미경을 이용한 직접계수법은 배양계수법과 달리 다양한 미생물의 생리과정, 서식지, 집단의 크기와 종류에 상관없이 이용할 수 있으며, 직접계수법에서 구한 값들은 생물량과 직접적인 상관관계를 갖고 있는 경우가 있어 생물량 측정에도 응용될 수 있다.

원생동물이나 곰팡이, 조류처럼 큰 미생물은 혈구계수기(hemacytometer)를 이용하고, 세균과 같이 작은 미생물은 페트로프-하후저 chamber(Petroff-Hauser chamber)를 이용하여 위상차 현미경을 통해서 계수한다. 미생물의 계수를 위해서 먼저 시료를 여과하여 아크리딘 오렌지(acridine orange)나 DAPI(diamidinophenyl indole)와 같은 형광염료로 염색한 다음 관찰한다. 일반적으로 이러한 염료들은 미생물 세포내에 있는 DNA에 삽입되어 현미경 관찰시 녹색이나 오렌지색으로 나타난다.

1) 계수판(Counting chamber)

크기가 비교적 큰 미생물은 haemocytometer와 같은 chamber에 시료를 넣고 격자 속의 미생물을 계수한다.

2) 한천막법(Agar film technique)

균류의 직접관찰 계수에 이용되며, 시료를 한천과 혼합한 후 슬라이드 글라스 위에 혼합시료를 피펫으로 놓아 얇은 막을 형성토록 하여 한천이 굳으면 phenolic aniline blue로 염색하여 관찰한다. 현미경 영상을 스크린에 투사시켜 길이를 잰 후, 균사의 폭을 알 수 있으면 균류의 생체량을 계산할 수 있다. 시료가 충분히 분산되지 않으면 정확한 계산이 어렵다.

3) RNA량 측정

RNA 합성은 세포분열 횟수와 같은 증식지표로 볼 수 있으므로 RNA량을 측정하여 간접적으로 증식율을 정할 수 있다. RNA 합성율은 방사선동위원소로 표지한 adenine을 RNA의 분자구조에 조합(incorporation)시켜 파악할 수 있다. 그러나 광학현미경으로 분열하는 세포를 분별하기는 쉽지 않다.

4) 생균직접계수법

최근에는 생균과 사균을 파악할 수 있는 생균직접계수법(direct viable count:DVC) 등이 개발되어 이용되고 있다. 이 방법은 활성이 있는 균을 세포분열 억제제인 날리딕산(nalidizic acid) 등을 첨가하여 6시간 동안 배양한 후, 포르말린으로 고정하여 형광 현미경을 이용해서 관찰하는 방법으로서 활성이 있는 세균은 분열을 하지 못하여 세포가 매우 크고, 길쭉한 상태가 되므로 휴지기 또는 사균과 쉽게 구분할 수 있다.

5) 형광항체법(fluorescent antibody technique)

형광염료를 항체에 결합시켜 항체가 미생물의 항원과 작용하도록 한 다음 현미경으로 관찰하는 방법으로서, 개개 미생물 종에 대해 특이성을 가지며, 생태학적으로 자연생태계에 존재하는 중요한 미생물의 분포와 동태를 파악하는데 매우 유용하게 이용될 수 있다. 그러나 여기에 사용되는 FITC(fluorescein isothiocyanate)와 같은 형광염료로 인하여 비특이적인 배경의 형광, 항원-항체반응의 매우 큰 특이성 등과 같은 문제점이 생기고, 다른 변종을 확인하기 어렵고, 교차반응으로 인하여 오류가 발생할 수도 있다.

6) 전자현미경이용법

주사 전자현미경(scanning electron microscopy; SEM)은 미생물의 계수뿐만 아니라 입자 표면상의 미생물의 자연적인 분포를 볼 수 있는 방법으로, 형광 현미경으로 관찰하는 것과 같은 결과를 얻을 수 있다. 하지만 SEM을 이용한 방법은 처리과정이 복잡하고 인위적인 요인이 많이 첨가되기 때문에 결과가 변할 수 있으며, 계수를 위한 처리를 통해 세포가 수축될 수 있기 때문에 세포의 체적이 변할 수 있다.

7) 입자계수기(coulter counter)

이 방법은 전자기적인 방법으로 일정한 크기의 입자를 계수할 수 있어, 세균과 원생동물을 바로 구분할 수 있는 장점이 있지만, 비슷한 크기의 무생물학적 입자를 구분할 수 없는 단점이 있다. 최근에는 이러한 문제점을 수정하여 흐름 세포계수기(flow cytometer)와 같은 기기로 쉽게 미생물을 계수하는 장치가 개발되었다.

5.1.2 배양계수법

배양계수법(viable count procedure)은 크게 평판계수법과 최확수법(most probable number; MPN)법으로 나눌 수 있다. 모든 배양계수법은 미생물을 개개의 증식 단위로 분리하여야 하고, 계수에 적합한 현탁액 속에 있어야 한다. 따라서 총 생균수(total viable count)라는 잘못된 것이며, 모든 배양계수 방법은 차이가 있지만 어느 정도의 선택성을 가지고 있다. 따라서 총 생균수를 측정할 경우, 이러한 선택성은 단점과 동시에 특정 미생물을 계수할 경우에는 장점이 될 수 있다.

1) 평판계수법(Plate count, colony count)

일반적으로 생균수 측정은 평판도말(surface spread) 또는 혼화평판(pour plate)법을 이용한다. 살아 있는 세균을 한천평판배지에 도말하여 일정기간이 지나면 집락이 형성되고, 육안관찰이 가능하므로 그 집락을 계수하여 시료 중의 세포를 파악할 수 있다. 그러나 곰팡이 포자는 건조하면 흩어지므로 시료를 놓고 한천배지를 붓고 혼합하여 굳힌 다음 배양하여 집락을 계수한다. 세균도 혼화평판법을 이용하여 계수할 수 있다. 각 집락은 하나의 세균에서 유래한 것으로 간주하며, 이를 위해서 세균을 한천배지에 최대한 널리 퍼지도록 해야 한다. 미생물의 수가 너무 많으면 균수를 정확하게 측정하기 어렵고, 반대로 너무 적으면 대표성이 없으므로 통계학적인 고려를 통해 평판 당 50~300 정도의 집락이 형성될 수 있도록 1/10씩 희석하여 시료 당 2개 이상의 배지를 이용하여 배양하고 집락을 계수하여 평균치를 얻는다.

또한 평판계수법에서 배지의 성분, 배양조건 및 배양기간 등은 결과에 중요한 영향을 미치므로, 대상 미생물이 가장 많이 계수될 수 있는 조건을 최적 조건으로 정한다. 일반적으로 종속영양세균의 계수에는 영양분의 농도가 비교적 높은 배지를 사용하며, 동물 조직에서 분리된 세균의 경우는 배지에 혈액을 첨가해 주기도 한다.

배지에는 탄소, 질소, 인 등의 영양소가 필요하며 철, 마그네슘, 칼슘, 나트륨, 황산염,

염소 등의 양이온과 음이온 등 무기이온을 첨가해야 한다. 탄소원으로 펩톤이나 트립톤과 같이 단백질 분해산물 등을 넣어주며, 포도당과 같은 탄수화물을 넣어주기도 한다. 대부분의 미생물들은 growth factor를 필요로 하는데, 비타민원으로서 효모추출물(yeast extract)을 배지에 넣어준다. 토양세균의 배양에서는 토양 추출물을 첨가해주고, 해양세균의 경우에는 여과해수를 배지에 넣어 미지의 growth factor를 보충해준다.

박테리오파지는 감염이 가능한 세균을 얇고 고르게 도말한 한천배지 상에서 세균의 용균으로 나타나는 플라크(plaque)로 계수한다. 동식물을 감염시키는 바이러스의 경우도 비슷한 방법으로 배양조직 표면에 나타나는 플라크를 계수한다. 곰팡이를 계수하는 방법으로 평판계수법은 적당하지 않지만, 효모의 계수에 흔히 이용되고 있으며, 세균의 성장을 막기 위해 항생제 등을 첨가하기도 한다. 광합성 미생물을 계수하기 위해서는 탄소원을 첨가하지 않고 대신 유기산이나 비타민을 첨가하기도 한다. 배양온도는 대상 세균에 따라 조절하며 저온성 세균의 경우는 5℃, 중온성 세균은 27～37℃, 고온성 세균은 45～65℃에서 배양한다. 일반적으로 장내세균 및 병원균을 대상으로 하면 37℃를 이용하지만, 통상 25～30℃, 24±2℃에서 배양한다.

특정 미생물만을 계수하기 위한 선택배지는 필요에 따라 여러 가지를 사용할 수 있다. 특정한 종류의 탄소원을 이용하는 미생물을 구별하고자 할 때에는 대상 미생물이 이용하는 유일 탄소원을 배지에 첨가한다. 특히 한천에 의한 다른 유기물 오염을 방지하기 위해 실리카겔을 사용하기도 한다. 섬유소, 녹말, 키틴 등의 고분자 화합물을 분해하는 세균을 구별하고자 할 때에는 이들을 유일한 탄소원으로 배지에 첨가하기도 한다.

2) 최확수법(最確數, Most probable number)

이 방법은 희석법 또는 소멸희석법(extinction dilution method)이라고 불리기도 하는데, 대장균군(coliform group)의 성상을 이용하여 당을 발효하여 가스를 발생하는 정성적 성상을 파악하여 정량적으로 환산하는데서 비롯한 것이다. 시료를 희석한 3단계(100 mL, 10 mL, 1 mL or 1 mL, 0.1 mL, 0.01 mL)의 시료를 3～10개 정도로 복수배양하고, 각 복수배양에 대해서는 미생물을 계수하지 않고, 가스 생성여부에 따라 양성과 음성반응을 확인한 후, 각 희석단계 별 양성과 음성반응의 수로부터 최확수표(표 5-1)를 읽어 실제 생균수를 계산한다. 만약 가스 생성 발효관이 5, 3, 1이라면 최확수표를 읽어 세포수를 확인하고, 만약 희석배율이 10^3이라면 세포수×1,000하여 계산하면 원래의 시료 100 mL에 포함된 세포수를 알게 된다. 마찬가지로 대장균군의 가스 발생을 대신하여 원하는 미생물의 증식을 확인하여 확인된 증식배양관의 수를 계수하고 최확수표를 읽어 세포수를 계산할 수 있다. 이 방법은 평판계수법보다 정확도가 떨어지지만 많이 이용되고 있다.

표 5-1. 최확수표(MPN most probable number)

기하급수적으로 3단계 희석한 것의 각각을 5개씩 접종하여 얻은 시료 100 mL당 MPN

(1)			(2)	(1)			(2)	(1)			(2)	(1)			(2)	(1)			(2)	(1)			(2)
10	1	0.1		10	1	0.1		10	1	0.1		10	1	0.1		10	1	0.1		10	1	0.1	
0	0	0	0	1	0	0	2	2	0	0	4.5	3	0	0	7.8	4	0	0	13	5	0	0	23
0	0	1	1.8	1	0	1	4	2	0	1	6.8	3	0	1	11	4	0	1	17	5	0	1	31
0	0	2	3.6	1	0	2	6	2	0	2	9.1	3	0	2	13	4	0	2	21	5	0	2	43
0	0	3	5.4	1	0	3	8	2	0	3	12	3	0	3	16	4	0	3	25	5	0	3	58
0	0	4	7.2	1	0	4	10	2	0	4	14	3	0	4	20	4	0	4	30	5	0	4	76
0	0	5	9	1	0	5	12	2	0	5	16	3	0	5	23	4	0	5	36	5	0	5	95
0	1	0	1.8	1	1	0	4	2	1	0	6.8	3	1	0	11	4	1	0	17	5	1	0	33
0	1	1	3.6	1	1	1	6.1	2	1	1	9.2	3	1	1	14	4	1	1	21	5	1	1	46
0	1	2	5.5	1	1	2	8.1	2	1	2	12	3	1	2	17	4	1	2	26	5	1	2	64
0	1	3	7.3	1	1	3	10	2	1	3	14	3	1	3	20	4	1	3	31	5	1	3	84
0	1	4	9.1	1	1	4	12	2	1	4	17	3	1	4	23	4	1	4	36	5	1	4	110
0	1	5	11	1	1	5	14	2	1	5	19	3	1	5	27	4	1	5	42	5	1	5	130
0	2	0	3.7	1	2	0	6.1	2	2	0	9.3	3	2	0	14	4	2	0	22	5	2	0	49
0	2	1	5.5	1	2	1	8.2	2	2	1	12	3	2	1	17	4	2	1	26	5	2	1	70
0	2	2	7.4	1	2	2	10	2	2	2	14	3	2	2	20	4	2	2	32	5	2	2	95
0	2	3	9.2	1	2	3	12	2	2	3	17	3	2	3	24	4	2	3	38	5	2	3	120
0	2	4	11	1	2	4	15	2	2	4	19	3	2	4	27	4	2	4	44	5	2	4	150
0	2	5	13	1	2	5	17	2	2	5	22	3	2	5	31	4	2	5	50	5	2	5	180
0	3	0	5.6	1	3	0	8.3	2	3	0	12	3	3	0	17	4	3	0	27	5	3	0	79
0	3	1	7.4	1	3	1	10	2	3	1	14	3	3	1	21	4	3	1	33	5	3	1	110
0	3	2	9.3	1	3	2	13	2	3	2	17	3	3	2	24	4	3	2	39	5	3	2	140
0	3	3	11	1	3	3	15	2	3	3	20	3	3	3	28	4	3	3	45	5	3	3	180
0	3	4	13	1	3	4	17	2	3	4	22	3	3	4	31	4	3	4	52	5	3	4	210
0	3	5	15	1	3	5	19	2	3	5	25	3	3	5	35	4	3	5	59	5	3	5	250
0	4	0	7.5	1	4	0	11	2	4	0	15	3	4	0	21	4	4	0	34	5	4	0	130
0	4	1	9.4	1	4	1	13	2	4	1	17	3	4	1	24	4	4	1	40	5	4	1	170
0	4	2	11	1	4	2	15	2	4	2	20	3	4	2	28	4	4	2	47	5	4	2	220
0	4	3	13	1	4	3	17	2	4	3	23	3	4	3	32	4	4	3	54	5	4	3	280
0	4	4	15	1	4	4	19	2	4	4	25	3	4	4	36	4	4	4	62	5	4	4	350
0	4	5	17	1	4	5	22	2	4	5	28	3	4	5	40	4	4	5	69	5	4	5	430
0	5	0	9.4	1	5	0	13	2	5	0	17	3	5	0	25	4	5	0	41	5	5	0	240
0	5	1	11	1	5	1	15	2	5	1	23	3	5	1	29	4	5	1	48	5	5	1	350
0	5	2	13	1	5	2	17	2	5	2	25	3	5	2	32	4	5	2	56	5	5	2	540
0	5	3	15	1	5	3	19	2	5	3	26	3	5	3	37	4	5	3	64	5	5	3	920
0	5	4	17	1	5	4	22	2	5	4	29	3	5	4	41	4	5	4	72	5	5	4	1600
0	5	5	19	1	5	5	24	2	5	5	32	3	5	5	45	4	5	5	81	5	5	5	2400+

(1) 3단계 희석에서 양성관 수
(2) 100 mL 중의 최확수

이 방법은 액체배지에서 세균을 계수할 수 있어서 유기물 오염을 야기할 수 있는 한천의 사용을 배제할 수 있는 장점이 있다. MPN법에서 중요한 것은 양성과 음성을 구분하는 것이며, 배지의 탁도, 색깔의 변화, 기포의 발생여부 등을 기준으로 하여 구분한다.

MPN법 역시 특정 종류의 미생물을 계수하는데 이용될 수 있으며, 선택배지나 분별배지를 이용하기도 한다. 특정 탄소원으로 사용하는 미생물의 계수를 위해서 다른 유기물의 오염을 방지할 수 있는 MPN법이 많이 이용되기도 한다. 특히 석유탄화수소 분해세균이나 수질기준에 명시된 총대장균의 계수에 있어서는 MPN법이 평판계수법보다 더 정확한 결과를 나타낸다. 질화세균을 계수하기 위해서 배지에 암모늄-탄산칼슘을 첨가하여 산소분압이 낮은 곳에서 배양하고, 배지에 디페닐아민 산성용액을 가해 나타나는 청색으로부터 아질산이나 질산의 생성을 판정하고, 이에 근거해서 질화세균을 계수한다.

조류를 계수하기 위해서는 비교적 장기간동안 빛이 있는 곳에서 배양한 후, 엽록소 생성여부에 따라 양성과 음성으로 구분한다. 원생동물은 먹이로 세균을 넣어 배양한 후, 현미경으로 관찰하여 원생동물의 수를 세거나, 세균포식에 의한 투명도의 증가로 음성과 양성으로 구분하여 계수한다.

5.2 미생물량의 측정

생물량 또는 생체량(biomass)이란 생물군집의 특정부위에 저장되어 있는 에너지의 양을 나타내는 생태학적 지표로서, 생태계 내 대상 집단의 현존량 및 영양단계간의 에너지 이동을 알 수 있기 때문에 매우 중요하다.

배양미생물량을 측정하는 방법으로는 세포를 구성하는 생화학적 성분을 정량하는 생화학적 분석법과 미생물의 호흡결과 발생하는 CO_2양을 정량하는 생리학적 분석법 그리고 세균의 평균체적을 실측하여 체적 당 탄소량을 계산할 수 있는 전환계수를 적용하는 방법이 있다.

5.2.1 생화학적 분석

생화학적 분석방법은 미생물 세포를 구성하고 있는 몇 가지 특정한 생화학물질을 정량함으로써 생물량을 측정하는 방법으로 정확한 분석값을 얻기 위해서는 두 가지 조건을 만족해야 한다. 첫째, 모든 미생물이 정량하고자 하는 생화학물질을 동일하게 가지고 있어 생화학물질과 생물량과는 직접적인 상관관계가 성립해야 한다. 둘째, 정량하고자 하는 생화학물질은 측정하고자 하는 미생물 세포에만 존재해야 한다. 이 두 가지 조건을 완벽하게 만족시키는 생화학물질은 극히 드물며, 존재하더라도 일정한 전환계수를 적용시키는 외삽법에 의하여 생물량이 추정되기 때문에 세밀한 보정이 필요하다.

1) ATP 및 총아데닌산염 측정

모든 미생물은 ATP를 가지고 있으며, 그 농도는 미생물의 종류에 따라 다소의 차이는 있지만 탄소에 비하여 세균, 조류, 원생동물에 비교적 일정하게 존재하고 있으며, 세포가 죽으면 바로 소실되므로 살아있는 미생물의 생물량을 추정하는데 이용된다. ATP는 루시페린-루시페라아제 검정법(luciferin-luciferase assay)으로 정량한다. 환원상태의 루시페린이 루시페라아제, 마그네슘 이온 및 ATP 존재 하에서 산화상태의 루시페린으로 전환되는데, 이때 빛을 내게 된다. 발생하는 빛의 양은 ATP의 양과 비례하는데, 이것을 광증폭기(photomultiplier)을 이용하여 측정한다. ATP의 세포 내 함량은 세균, 조류 및 원생동물의 세포 내 탄소의 양에 일정한 비율로 변화하고 있으며, 통상 물 생태계에서는 ATP를 세포 내 탄소로 환산하기 위하여 환산인자 250~286을 곱하고, 토양 생태계에서는 120을 곱하여 환산한다.

ATP는 세포의 생리적 상태에 따라 달라지므로 미생물의 생물량 측정에 있어서 대사상태에 민감하지 않은 총 아데닌산염(total adenylate = ATP+ADP+AMP)을 측정하는 것이 더 나을 수 있다. 이것은 에너지 충전도를 측정하고, 이를 근거로 해서 미생물의 생물량을 측정한다. 왕성하게 성장하고 있는 개체의 EC 값은 0.8~0.95이고, 정체기에 있는 세포에서는 0.6이며, 유도기에 있는 세포에서는 0.5 이하이다.

2) 세포벽성분

모든 세균의 세포벽에는 muramic acid를 함유하고 있으므로 효소 및 화학적 분석으로 젖산을 방출시켜 muramic acid의 농도를 측정하고 이를 다시 생물량으로 환산한다. Gram 양성 세균에는 탄소 1 mg당 44 μg의 muramic acid가 있고, 음성 세균에는 12 μg이 존재한다는 가정아래 계산하는 것이므로 순수배양 이외의 혼합배양에서는 그 정확한 혼합비율을 아는 것이 중요하다. Muramic acid의 측정과 분포는 매우 정확하고 미생물의 생물량과 밀접한 관계가 있다. Gram 음성 세균은 세포벽에 lipopolysaccharide를 함유하므로 말발굽게(*Limulus polyphemus*)의 혈액세포에서 추출한 수용성 추출물이 lipopolysaccharide와 반응하여 용액의 탁도를 증가시키면 lipopolysaccharide의 농도와 비례하는 원리(LPS법)를 이용하여 정량한다. 이 방법은 매우 정확하고 세균의 개체수와 매우 큰 상관관계를 가진다. 식물 또는 토양미생물의 세포벽에 존재하지 않는 chitin은 균류에만 존재하므로 생물량을 선택적으로 측정할 수 있다. 무척추동물 중에서는 키틴을 갖고 있는 것들이 있어 분석 시에는 이들을 제거하여야 한다.

3) 엽록소 및 광합성색소

다른 식물이 존재하지 않는 조건에서 광합성을 하는 조류 및 광합성 세균의 생물량을 추정할 수 있다. 조류 및 시아노박테리아(cyanobacteria)의 chlorophyll a를 아세톤 또는 메탄올로 추출하여 파장 665 nm에서 흡광도를 측정하고, 자색유황세균은 850 nm에서 흡광도를 측정하여 생물량을 계산한다. 형광광도계를 이용할 경우 chlorophyll a는 파장 430 nm에서 형광을 나타내기 시작하여 685 nm에서 최대치를 나타내므로 다른 색소의 간섭을 배제할 수 있다. 측정된 엽록소의 양을 생물량으로 환산하기 위한 전환계수로 100이 사용된다.

4) DNA 및 특정 단백질

모든 미생물은 단백질을 가지고 있으며, 미생물의 계수에 단백질 정량법을 사용할 수 있다. 그러나 살아있는 생물체와 무관한 단백질이 많이 존재할 경우에는 정확한 정량이 어렵게 된다. 또한 미생물의 종류가 다르거나 같은 종류라도 생리적 상태에 따라 양이 변할 수 있다. 따라서 사용이 제한되며, 일반적으로 단백질이 없는 소변에서 미생물의 감염여부를 판정하는데 사용된다. 또한 한 종류의 미생물이 존재할 경우, 면역반응에서 생성되는 특정 단백질의 양으로 감염된 미생물의 양을 결정하는데 사용할 수 있다.

반면에 미생물의 세포에는 비교적 일정한 DNA 농도를 유지하므로 DNA량을 정확하게 정제하여 측정하고, 진핵세포와 분리해야 한다. 환경시료는 형광염료(ethidium bromide) 또는 형광광도계를 이용하여 측정한 후 생물량을 환산할 수 있다. 감염미생물을 추정할 때 gamma-globulin 또는 immuno-globulin을 이용할 수 있다.

5.2.2 생리학적 분석

생리학적 분석법에 의한 생물량 측정은 주로 미생물의 생리작용인 호흡 결과, 세포 밖으로 배출하는 이산화탄소의 양을 정량함으로써 이루어진다. 다시 말해서 토양을 클로로포름으로 훈증하여 토양미생물을 죽인 후, 다시 일정량의 자연상태의 토양을 넣어 주었을 때 발생하는 이산화탄소는 훈증된 토양 속의 죽은 토양미생물의 생물량이 광물화된 결과이므로 이산화탄소 발생량은 토양미생물의 생물량에 비례하는 것이다. 이때 대조군으로 훈증시키지 않은 토양에서의 이산화탄소 발생량을 측정하여 훈증토양 시료에서의 이산화탄소 발생량에서 빼면 토양미생물이 광물화된 이산화탄소 양을 구할 수 있으며, 생물량은 이산화탄소의 양에 보통 0.4~0.5의 전환계수를 적용해서 구한다. 호흡에 의한 생물량 측정법이 이용되고 있는 것은 토양 내 ATP의 양과 높은 상관관계를 나타내기 때문이다.

다른 생리학적 분석법에는 생태계 시료에 기질을 첨가한 후 호흡률을 측정하는 방법으로, 기질이 분해되면서 발생하는 이산화탄소로부터 생물량을 구하는 방법으로 최대호흡률과 시료 내 미생물량이 정비례한다는 것이 전제되어 있다.

5.2.3 세균을 이용한 측정

1) 건조중량 측정

곰팡이는 균사의 발육이 특징적이고, 어느 시점에 자실체를 가지게 되므로 개개의 세포를 헤아릴 수 없고, 발육시점을 정하여 발육한 균체를 여과하고 수세하여 건조한 후 양을 측정하여 생체량으로 표시한다. 세균 및 효모도 여과 또는 원심분리를 통하여 균체를 수집하고, 수세하여 건조한 후 균체량을 측정할 수 있으나 세균 및 효모는 통상 CFU 산정 또는 흡광도를 이용하여 증식정도를 파악한다.

2) 세균 체적 측정

물 생태계에서 세균의 생물량은 먹이사슬과 에너지 전달과정에서 매우 중요하다. 동물플랑크톤의 일부는 세균을 포식함으로써 영양분을 조달하고 에너지를 얻는다. 세균의 생물량을 측정하는 방법 중 현재 가장 많이 사용되고 있으며, 신뢰도가 높은 방법은 세균수와 세균의 평균체적을 실측하여 총 세균체적을 계산하고, 여기에 단위체적당 생물량 또는 탄소함유량을 적용하여 세균 생물량을 측정하는 방법이다.

세균의 크기 실측 시에는 현미경 대안렌즈에 그려져 있는 계수선(graticule)을 사용하면 보다 효과적이며, 세균의 크기를 실측한 후, 체적(V)은 다음과 같은 식에 따라서 구한다.

구균 : $V=(\pi/6)\times D^3$

간균 : $V=(\pi/4)\times W^2\times(L-W/3)$

여기서, L : 간균의 길이
W : 간균의 폭
D : 구균의 지름
V : 세균의 체적

이렇게 구한 세균의 체적에서 세균의 탄소함량이 일정하다는 가정 하에 탄소함량을 구한다. 그러나 세균의 물질 함량은 세균의 종과 성장조건에 따라 달라진다. 많은 과학자들은 세균체적을 생물량을 전환하려고 다양한 계수를 구하였으며, 적용된 전환계수에 따라 생물량은 달라질 수 있다.

이 외에도 현미경에 나타난 미생물의 모양을 폐쇄회로로 찍은 후, 디지털 화상 분석기를 이용하여 세균의 체적을 분석하는 방법도 있다. 이러한 장치는 체적 외에도 개체수, 길이 등을 자동으로 측정하기 때문에 현미경 관찰자가 다를 때마다 나타날 수 있는 오차를 줄일 수 있으며, 측정시간이 짧아서 많은 양의 시료를 짧은 시간 내 측정할 수 있는 장점도 있다. 그러나 여러 세균이 뭉쳐있거나 부착세균의 경우 등에는 이 방법을 적용하기 어려우며, 대안렌즈의 격자로 측정하는 것이 더 좋은 결과를 얻는다는 보고도 있다.

3) 흡광도 측정

액체배지에 미생물을 배양하여 일정시간이 지난 후 흡광광도계로 빛을 통과시키면 미생물의 증식정도에 따라 빛의 투과도에 차이가 나타나므로 이를 이용하여 증식정도를 파악하는 방법이다(그림 5-1). 대부분의 미생물 배양에서 이용되지만 배양액의 균질화가 요구되며, 상 · 하면효모 또는 곰팡이 균사는 측정에 어려움이 있다.

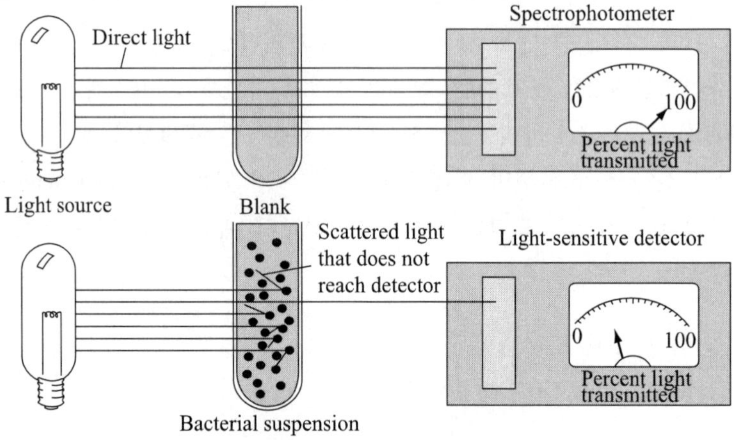

❖ 그림 5-1. 흡광도 측정

5.3 미생물 활성의 측정

생태계에서 미생물의 개체수를 정확히 파악하기 어려운 경우가 많다. 특히 개체수 파악에 대한 기술이 완벽하게 개발되어 있지 않은 상태에서 개체수 파악과 생물량 파악보다는 오히려 미생물이 가지고 있는 고유의 능력인 물질분해능과 저농도 유기물의 흡수능을 측정하는 것이 생태계를 이해하는데 더 좋은 지표가 될 수 있다. 물질의 분해능과 저농도 유기물의 흡수능을 미생물 활성도(microbial activity)라고 하며, 생리학적으로 세포의 활성도를 파악하는 방법으로 주로 호흡활동에 근거를 둔다.

미생물 활성도를 측정할 때 자연 상태에서 미생물 개체수가 적고 활성도가 낮기 때문에 매우 세밀한 기술이 요구되며, 실험실에서 대량 배양하여 얻은 미생물을 이용한 실험과는 다른 방법을 사용하여야 한다. 이러한 조건에 맞는 기질은 방사성 동위원소로 표시된 기질, 형광물질과 결합한 기질 등을 사용하게 된다.

5.3.1 측정원리

미생물의 활성도는 미생물이 가지고 있는 효소의 기능에 따라 좌우된다. 따라서 생태계를 효소의 집합체로 가정하고 효소학적 방법을 응용하여 분석한다. 가장 흔히 사용되는 방법은 수중의 생리적 활성도 측정으로 탄소의 방사성 동위원소인 ^{14}C로 표시된 포도당이나 아세트산을 여러 종류의 농도로 첨가하여 이들이 미생물 체내로 흡수된 양을 측정한다. 이 때 첨가된 기질의 흡수속도는 다음 식을 이용하여 구한다.

$$v = \frac{F}{T} \cdot (S_n + A)$$

여기서 v : 흡수속도(μgC/L/시간)

F : 세포 내로 흡수되거나 CO_2로 기질의 전체기질에 대한 비율

T : 배양시간(시간)

S_n : 자연계에 존재하는 기질농도(μgC/L)

A : 첨가한 기질의 농도(μg/L)

자연상태에서는 우리가 첨가하는 기질이 존재하고 있으며, 이 농도를 알아야만 흡수속도를 구할 수 있다. 그러나 이 물질을 정확히 화학적으로 측정한다는 것은 어려우므로 최대흡수속도라는 개념을 사용한다. 이 때 첨가하는 기질의 농도를 매우 높이면 S_n의 농도는 무시할 만하다.

자연상태에서는 실험실과 달리 단일종이 많지 않고, 이질적인 종류들이 자라므로 낮은 농도의 기질에 잘 적응된 미생물들과 높은 농도의 기질에 적응된 미생물 및 효소계가 각각 있다. 이러한 이질적인 효소계 때문에 포화곡선이 정확히 맞지 않을 수도 있다. 미생물의 생리적 활성도를 측정하는데 사용하는 기질은 포도당, 아세트산, 아스파트산 등이다. 포도당의 경우 최대흡수속도는 부영양화된 호수일수록 값이 높으며, 그 범위도 매우 넓다. 더구나 기질전환시간도 15분에서 10,000시간까지 아주 넓은 범위로서, 서식지마다 특성이 다르게 나타난다.

5.3.2 분해활동

미생물을 물질을 분해하는 능력이 있으며, 물질순환과정에서 매우 중요한 역할을 수행하고 있다. 대사결과 발생하는 CO_2의 양, 방사성 원소로 표지된 특정 기질(포도당, 아세트산, 아미노산, glutamate), ^{14}C로 표시된 광합성 산물 등을 이용하여 그 활성(이용성)을 측정한다.

5.3.3 합성활동

탄산가스의 동화는 방사성 원소로 표지한 중탄산염(bicarbonate)을 이용한다. 방사성 원소로 표지된 기질을 제공하여 배양하고 여과한 후, 여과지에 잔류하는 ^{14}C의 양을 측정하여 세포 내에 유기물로 전환된 ^{14}C의 양을 결정하는 것이다. 여과지를 수세하면 이용되지 않은 중탄산염이 제거되고, ^{14}C을 포함한 유기물질은 산성 중크롬산염으로 산화시켜 방출되는 $^{14}CO_2$를 포집하여 측정한다.

5.3.4 효소분석

미생물의 대사활성은 특정효소를 분석하여 측정한다. 미생물의 비교적 큰 부분을 차지하는 일반적인 활성은 탈수소효소 및 탈인산효소 분석법이 이용되기도 하며, 일부분을 차지하지만 특정한 활동을 측정하는 cellulase, chitinase, nitrogenase 등의 분석법이 이용된다. 특히 주의할 것은 배양기간을 짧게 하고, 온도, 수분함량 등에 세심한 배려가 필요하다.

미생물은 물질을 분해하는 능력이 있어 물질순환 과정에서 매우 중요한 역할을 수행하고 있다. 물질 분해는 대개 미생물의 체외에서 미생물이 분비한 효소에 의하여 이루어지므로 이를 체외분비효소 활성도(extracellular enzyme activity)라고 한다. 이 체외분비효소 활성도는 분해산물이 이용되는 정도와 효소학적 조절과정을 파악할 수 있어 매우 좋은 지표이다. 물 생태계에서는 미생물의 활성이 매우 낮아 형광물질에 부착한 기질을 사용하여 활성도를 측정한다. 최근에는 4-methylumbelliferyl(MUF)화합물을 많이 사용한다. 인산염분해효소(phosphatase)는 MUF-phosphate를 기질로 사용하고, β-glucosidase는 MUF-glucopyranoside나 MUF-galactoside를 기질로 사용한다.

이 물질은 형광을 띠지 않으나 효소작용에 의하여 분해되면 분해산물이 형광을 띠므로 자외선을 쪼이면 가시광선이 발산되며, 여기에서 나오는 빛의 양은 분해된 양에 비례하므로 형광광도계에서 쉽게 분해된 양을 측정할 수 있다. 앞에서의 생리적 활성도에서와 같이 기질을 농도별로 첨가하고 분해된 양을 포화곡선 및 Lineweaver-Burk 방정식으로 분석하여 각 효소의 기질에 대해 최대흡수속도와 전환시간 및 기질수송상수 및 자연농도를 구할 수 있다.

토양과 퇴적토와 같이 미생물의 활성이 큰 생태계에서는 형광 기질대신에 발색물질이 결합된 기질을 사용한다. 측정원리는 형광물질의 기질을 사용할 때와 같으며 사용되는 기질로는 *p*-nitrophenol(PNP)와 결합된 PNP-phosphate나 PNP-glucopy ranoside 등을 사용한다.

5.3.5 뉴클레오티드 합성에 의한 생장률

뉴클레오티드(nucleotide)를 구성하는 DNA와 생물량은 서로 양적으로 높은 상관관계가 있으므로 DNA 합성률은 곧 미생물의 생장률을 반영한다고 볼 수 있다. ^{3}H-thymidine를 기질로 하여 세포내에 합성된 DNA양을 자기방사법이나 액체방사능계수(liquid scintillation counter; LSC)로 측정한다. 측정된 방사능 dpm 값으로부터 DNA로 도입된 ^{3}H-thymidine 양을 계산하고, tymidine 1 mole 당 생성될 수 있는 세포수의 전환계수 및 세포 1개 당 탄소량 전환계수를 적용하여 세포 생산량을 측정하는 것이다. 이렇게 측정된 세포 생산량을 세균의 2차생산량(bacterial secondary production)이라고 한다. 이 과정에서 적용되는 전환계수의 범위는 매우 다양하며, 적용한 전환계수의 값에 의하여 이차생산량이 크게 달라질 수 있다.

식물성 플랑크톤이 광합성에 의하여 CO_2로부터 생산한 유기물의 양이 1차 생산량(primary production)이며, 단위시간당 1차생산량을 1차생산력(primary productivity)이라고 한다. 1차 생산력은 ^{14}C으로 표지된 $NaH^{14}CO_3$을 물 시료 속에 첨가하고 일정시간 배양하여 물 속에 살고 있는 식물성 플랑크톤이 이 기질을 사용하여 광합성한 세포 속 ^{14}C의 양을 여과하여 LSC로 측정하여 계산한다. 이때, 식물성 플랑크톤의 호흡에 사용된 ^{14}C의 양을 알기 위하여 시료를 빛이 투과할 수 있는 투명한 병(light bottle)과 투과하지 못하는 불투명한 병(dark bottle)에 각각 넣고 배양한다.

식물성 플랑크톤의 광합성 결과 생성된 물질은 세포물질로서 체내에서 고정되는 것이 외에도 체외로 배출하게 되는데, 이를 배출유기물이라 한다. 이 배출유기물은 수중의 세균의 기질로서 이용되며, 이 양은 세균을 여과하여 그 방사능을 LSC로 측정한다. 세균에 이용되지 않고 수중에 존재하는 배출유기물은 막여과지를 통과한 여과액의 방사능을 측정함으로써 계산할 수 있다.

5.4 분자생물학적 분석

과거 배양법에 의존하던 자연계 내 미생물의 분석은 분자유전학 기술이 발달하면서 더 빠르고 정확한 결과를 얻을 수 있게 되었다. PCR(polymerase chain reaction), DNA sequencing, DNA-RNA hybridization, rRNA-specific probe 등을 이용하여 자연환경에 존재하는 미생물의 정성 및 정량 분석이 활발하게 연구되고 있다.

5.4.1 FISH(Fluorescent in situ Hybridization)

FISH법은 세포 내 16S rRNA 및 23S rRNA 중 특정부분과 상보적으로 결합하는 fluorescent rRNA-targeted oligonucleotide probe를 사용하는 방법으로, 간단하고 빠르게 여러 생태계 내 세균 군집의 시간적, 공간적 변화를 알 수 있다. Probe는 특정 유전자 염기서열과 결합하면 형광을 띠게 되는데, 이를 현미경으로 관찰하여 검출하고자 하는 대상 미생물의 상대적 분포도를 분석하는 방법이다. rRNA에는 세균마다 보존적이면서 독특한 염기서열 존재하는데, 이 서열에 상보적인 probe를 형광물질로 표지하여 사용한다. 모든 세균과 결합하는 universal probe를 사용하면 모든 세균을 관찰할 수 있고, group 단위의 probe를 사용하면 각각의 group에 속하는 세균의 상대적인 수를 확인할 수 있다.

5.4.2 PCR-DGGE

PCR(Polymerase Chain Reaction)은 적은 양의 DNA를 DNA 중합효소에 의해 대량 증폭시키는 기술로서, 분자생물학적 기술의 기초라 할 수 있다. PCR은 DNA의 변성

(denaturation), primer의 결합(annealing), DNA의 합성(extension)의 3단계의 과정이 반복(일반적으로 25~30회 반복)되면서 DNA의 원하는 부분을 증폭시킨다. DNA의 변성은 94~96℃로 가열하여 이중가닥 DNA를 단일가닥 DNA로 분리시키는 과정으로, 첫번째 cycle에서는 확실한 DNA의 변성을 위하여 약 5분간 지속시킨다. Primer의 결합과정은 50~65℃에서 진행되는데, 대상 미생물의 특정 부위를 증폭시킬 수 있는 primer가 단일가닥의 DNA에 결합하는 과정이다. DNA의 합성은 70~74℃에서 시행하며, 단일가닥에 결합한 primer가 DNA 중합효소에 의해 복제되는 과정이다.

PCR로 증폭된 DNA를 전기영동할 때, 겔(gel) 내에 존재하는 변성제의 농도구배에 따라 이중가닥의 DNA가 단일가닥으로 분리되는 염기서열의 차이에 의해 이동속도가 달라지는 점을 이용한 기술이 DGGE(Denatruring Gradient Gel Electrophoresis)이다. DGGE는 DNA 상에서 염기서열의 차이도 높은 효율로 검출할 수 있는 방법이다. 겔 상에서 변성제 농도구배에 따라 이동한 각각의 DNA 단편은 특정 위치에서 band로 나타나게 되며, 환경 내에 다양한 미생물 존재할수록 band의 수는 증가하고, 동일한 종이 많을수록 band가 두껍고 진하게 관찰된다. 이 방법은 시간과 공간에 따른 군집의 변화를 간편하게 관찰할 수 있다는 장점이 있다. 또한 DGGE band로부터 직접 DNA를 회수하여 염기서열을 분석할 수 있기 때문에 클로닝(cloning)을 통한 염기서열분석에 대한 시간 및 경제적 손실을 최소화 할 수 있으며, 염기서열 분석을 통하여 대상 미생물간의 관계를 확인할 수 있다.

이러한 분자생물학적 미생물 분석법의 상세한 내용과 적용에 관해서는 17장에서 자세히 다루었다.

Applied Environment Microbiology

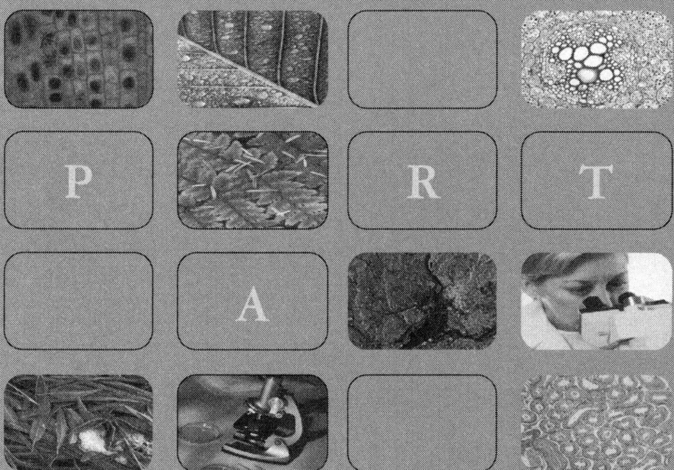

PART II

지구환경과 미생물

fatty acidcarboxyl group

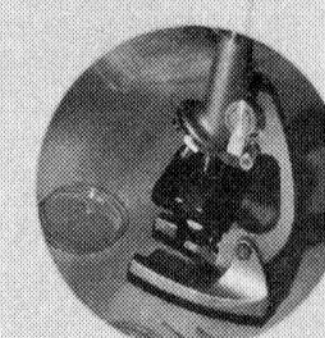

fatty acid

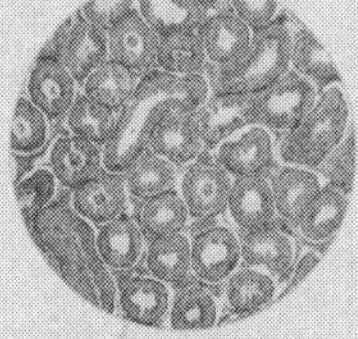

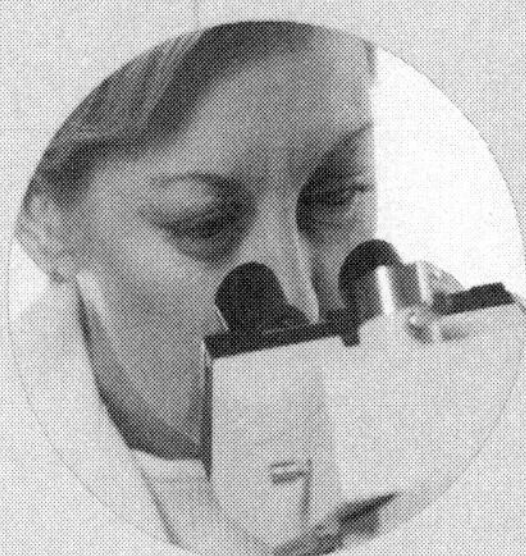

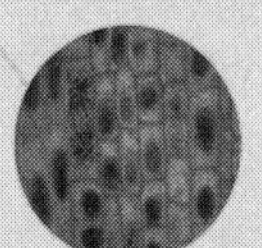

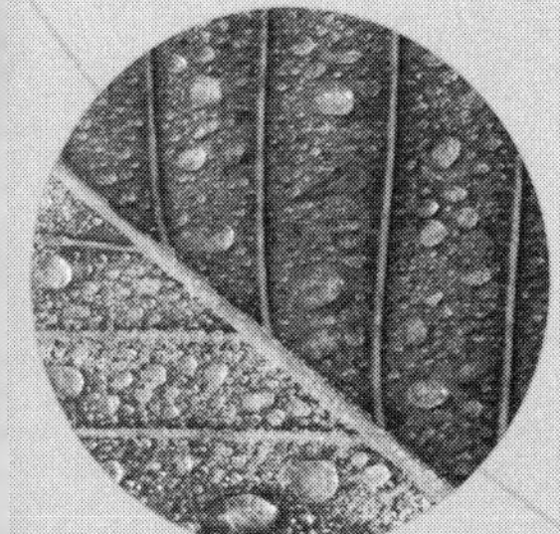

CHAPTER 6

서식환경과 미생물

6.1 대기환경과 미생물

대기권의 구조는 온도에 따른 대기층의 수직배열에 따라 대류권(troposphere), 성층권(stratosphere), 중간권(mesosphere) 및 열권(thermosphere)으로 구분된다.

대류권은 지구에 가장 가까운 지역으로, 수권(hydrosphere)과 암석권(lithosphere)에 모두 접한다. 대류권 위에 성층권이 있으며, 그 위에 중간권 및 열권이 있다.

대부분의 경우, 대기의 물리화학적 지표는 미생물의 생존과 생육에 좋지 않다. 대류권에 있어서 온도는 고도가 상승할수록 감소하여 대류권계면에서 −43℃~−83℃가 되는데, 이 범위의 온도는 대부분의 미생물 최저 생육온도 이하이다. 대기 중에서 고도가 높아질수록 기압은 감소하고, 가용산소의 분압이 호기성 호흡이 불가능한 수준까지 감소한다. 유기탄소의 농도도 매우 낮아서 종속영양생물의 성장을 유지하기에는 부족하다. 이용가능한 물도 희박하여 대기 중에 존재할 수 있는 미생물의 독립영양적 생육에도 제한적이다.

대기 중 미생물은 높은 강도의 빛에 노출되어 있다. 대기 중에서 고도가 높아지면 공기가 희박해 지고, 자외선으로부터의 여과 및 보호작용이 감소되어 자외선에 대한 노출이 증가하므로 미생물의 치명적인 변이나 사멸을 초래한다.

성층권에는 높은 농도의 오존층이 존재하는데, 오존층은 자외선을 흡수하여 지구의 표면을 과도한 자외선 조사로부터 보호해 준다. 오늘날에는 초음속 비행, 과도한 불화탄소의 사용, 증가하는 비료사용(미생물의 탈질작용으로 N_2O가 방출) 등 인간활동의 증가로 인하여 성층권에 있는 오존농도가 감소되었고, 결과적으로 지구표면에 도달하는 자외선의 양은 증가하게 된다. 이러한 자외선의 증가는 지상에 서식하는 생물의 생존에 유해하다.

성층권은 미생물이 대류권 안팎으로 이동하는데 있어서 장벽으로 작용하며, 가스가 천천히 혼합된다는 것이 특징이다. 그러므로 성층권에 있는 생물은 천천히 이동하며, 장기간 상존하는 오존 농도 및 높은 강도의 자외선에 노출된다. 따라서 성층권에는 이러한 조건으로부터 보호되는 미생물만이 – 아마도 우주선 안에 있는 미생물이라면 – 생존할 수 있을 것이다. 이러한 여러 가지 실제적인 이유로 대기 생태권은 대류권 이상의 고도에까지 걸치지는 않는다.

6.1.1 대기 중 미생물의 종류와 분포

대기환경은 미생물이 서식하기에 적합하지 않다. 왜냐하면, 대류권에서는 고도가 높아질수록 온도, 압력 및 산소 농도 등이 미생물의 생육에 부적합한 조건으로 되기 때문이다. 또한, 유기탄소의 농도와 수분함량이 매우 낮아 독립영양균의 생육도 매우 제한적이다. 특히, 성층권은 높은 농도의 오존(O_3)이 존재하여 미생물의 돌연변이원으로 작용하는 자외선을 흡수함으로써 미생물의 생존에는 치명적이다. 그러므로 성층권에 존재하는 미생물들은 장기간 상존하는 오존 및 높은 강도의 자외선에 견딜 수 있는 미생물만이 생존할 것이다. 이러한 미생물은 매우 희박한 것으로 본다.

비록 대기권이 미생물이 생육하기에 매우 열악한 환경이지만 대류권 하부에는 열적 경사가 있고, 공기가 빨리 혼합되기 때문에 상당수의 미생물이 존재한다. 이러한 미생물은 대기의 흐름에 따라 분산되고, 적응되는 방향으로 진화하였다. 대류권의 구름 등은 미생물의 일시적인 서식지를 제공한다. 구름층의 빛의 강도, 이산화탄소의 농도는 광합성 미생물의 영양원으로 제공된다. 특히, 공업화된 지역에서는 종속영양세균이 생육할 수 있는 유기화합물이 존재할 것이다. 그러나 이러한 사실은 실질적으로 입증된 바 없고, 추론될 뿐이다.

대기 중의 미생물은 수권이나 암석권에서 공중 전파된 것으로, 자생적인 대기미생물은 아직까지 알려진 바가 없다. 대기 중의 미생물 수는 토지의 성상, 동식물의 존재, 기후, 바람의 강도나 방향에 따라 크게 다르다. 대기 중에서 포자 상태로 존재하는 경우가 가장 많고, 영양세포로 존재하는 경우도 있다. 곰팡이 포자나 효모, 방선균 등이 생성하는 포자를 비롯해서 바이러스 등은 대기 중에서 대사활동을 거의 하지 않기 때문에 상당기간 생존할 수 있으며, 두꺼운 막으로 싸여 있거나 색소를 띠고 있어서 건조, 자외선 등으로부터 보호받을 수 있고, 작은 크기와 낮은 밀도로 인하여 오래 동안 대기 중에 머물 수 있다.

연구된 결과에 의하면, 지상 1.5 m의 대기에서는 *Penicillium, Aspergillus*가 주로 발견되며, 지상 25 m의 빌딩 옥상의 대기에서는 *Cladosporium, Alternaria*가 주로 발견된다. 세균은 일반적으로 *Bacillus, Micrococcus*가 수적으로 가장 많으며 *Pseudomonas, Flavobacterium, Achromobacter, Corynebacterium, Sarcina* 등이 발견된다. 대기 중 미생물의 수는 계절적으로 변동한다. 균류는 대체로 6~8월이 다른 시기보다 많으나 세균은 봄과 가을에 가장 많다고 보고되었다.

6.1.2 대기 중 미생물의 비산

대기 중에 존재하는 미생물은 그 자체가 오염물질이 될 수 있다. 오염미생물로는 세균, 바이러스, 균류나 지의류의 포자, 조류와 원생동물의 포낭(cyst) 등이 있다. 이 미생물들은 전염병이나 알레르기 반응을 일으킨다. 많은 전염병들이 대기를 통하여 전파되는데, 주로 호흡기 질환이 많으며, 독감, 감기, 홍역, 폐렴, 디프테리아 등이 대표적이다(표 6-1). 폐수에 존재하던 미생물들이 폐수처리 과정 중 에어로졸 상태로 대기 중으로 전파될 수 있으며, 이것들은 바람에 의하여 먼 거리까지 전파될 수 있다. 이런 경우, 폐수 내에 존재하던 장내세균과 같은 병원성 미생물들도 대기를 통하여 전파될 수 있다.

표 6-1. 호흡에 의하여 생기는 주요 질병들

질 병	병 원 체
독감	Influenza virus
감기	Rhinovirus, Coronavirus
홍역	Measles virus
폐결핵	*Mycobacterium tuberculosis*
탄저병	*Bacillus anthracis*
폐렴	*Streptococcus pneumoniae*
Q열	*Coxiella burnetii*
백일해	*Bordetella pertussis*
디프테리아	*Corynebacterium diphtheriae*
폐혹사병	*Yersinia pestis*

미생물은 대기로부터 다양한 방법에 의하여 제거된다. 중력에 의하여 떨어질 수도 있으며, 비나 다른 형태의 강우에 의해 제거될 수도 있다. 폭풍우 뒤에 대기 중 미생물의 농도는 전반적으로 감소된다. 미생물을 대기 중에서 제거하고 이동 중 생존성을 감소시키는 여러 요인에도 불구하고 어떤 미생물은 대기 중에서 상당히 멀리 이동한다. 많은 미생물이 어디에서든지 발견되는 것은 대개 대기에 의한 수송의 효율성 때문이다. 그렇지만 일부 미생물 개체군 분포에 있어서 지리적인 불연속성이 나타나는 이유는, 일차적으로 생육에 적합한 서식지의 분포 때문이다.

이러한 고체표면이나 액체 내 포함된 미생물이 대기 중으로 비산은 다음과 같은 몇 가지 유형으로 이루어진다.

1) 직접 비산

고체표면에 기류가 있을 때 미생물은 그것을 타고 날아 올라간다. 그러나 고체표면에 매우 가까울 때는 분자의 힘에 의하여 흐름이 정지하고, 미생물이 기류를 탈 수 있는 것은 소용돌이 같은 기류가 있어야만 한다.

2) 적극적 비산

어떤 종의 균류와 같이 포자를 비산시키는 것이 종의 보존에 유리한 경우, 종에 따라 특징적인 비산 기구가 있는 것으로 알려져 있다. 대부분은 바람에 의하여 수동적 비산이 이루어지며, 일부 곰팡이와 같이 포자를 공중에 분사시키는 기구를 갖춘 것도 있다.

3) 입자에 부착한 비산

세균은 토양입자나 동식물의 일부와 함께 공중에 날려 올라가는 것이 많다. 인체의 표면에는 크기가 30 μm, 두께 3~5 μm의 피부조각이 있으며, 여기에 미생물이 부착해서 서식하고 있으며, 의복과의 마찰 등으로 흩날리기도 한다. 또한 인체는 열을 발산하므로 주위에 상승기류가 생기고, 그 기류에 포함되는 미생물의 약 10%는 호흡할 때마다 빨려 들어간다.

4) 기계적 교란에 의한 비산

다량의 포자를 만드는 곰팡이나 방선균은 기계적인 충격에 의하여 비산된다. 자연계에서는 식물의 잎이나 줄기가 서로 스치고, 빗방울이 고체표면에 닿는 야외에서는 초기에 빗방울이 내릴 때 일시적으로 *Cladosporium*이나 녹병균의 포자가 증가하기도 하는데, 이것은 빗방울의 충격으로 마른 표면에 부착하고 있던 포자가 공중으로 비산되기 때문이라고 생각된다. 그러나 기계적 충격의 영향이 특히 큰 것은 인간의 활동에 의해서이다. 작물을 수확할 경우, 대형기계를 사용했을 때 또는 미생물의 집락 위를 자동차가 통과할 때 다량의 포자가 흩어져 올라가는 수가 있다.

5) 에어로졸에 의한 비산

미생물을 포함한 액체가 교란되면 에어로졸과 함께 비산한다. 에어로졸의 발생원은 상당히 많다. 예를 들어, 1회 재채기를 할 경우 100 μm 이하의 방울이 10^6개 발생한다. 기타 미생물 실험실, 하수 처리장, 가축 사육장, 에어콘 가온기, 수세식 화장실 등이 인체에 영향을 주는 에어로졸의 발생원이 된다. 10^{11}~10^{12}개의 세균을 함유한 수세식 화장실에 깨끗한 물을 흐르게 하면 에어로졸이 생성되어 공기 1 m^3당 약 12,000개의 세균을 함유하게 된다. 이때, 1.2 m의 높이에서는 700개 정도로 감소하며, 대부분의 에어로졸 입자는 직경 4 μm에서 평균 9.5개의 세균을 함유하고, 호흡에 의해서 폐로 침입한다.

6.1.3 대기 중 미생물의 생존

대기는 미생물의 생육에 부적당한 수분과 영양물질의 부족 및 환경이 쉽게 교란되는 대기 특성으로 인해 미생물은 대개 증식하지 못하고 주로 미생물의 이동 확산의 수단의 의미 이상을 가지지 못한다. 병원성 미생물에서는 대기 중으로 전파라는 전염의 경로가 되기도 한다.

대기 중에 있는 미생물의 형태는 주로 포자(spore), 포낭(cyst) 그리고 그람양성 구균처럼 비교적 건조에 잘 견디는 미생물구조를 지니고 있다.

6.1.4 대기오염과 미생물

대부분의 대기오염물질은 인간의 활동으로부터 직접적으로 발생한다. 그러나 어떤 오염물질은 미생물의 분해작용 결과로 또는 인간활동에 의해 생성된 폐기물의 미생물 분해결과 발생한다. 대기오염물질은 미생물의 활동에 의해 대기 중에서 청소되어 바다나 토양 중에 비활성 상태로 가라앉아서 제거될 수 있다.

1) 황산화물

혐기성 상태에서 유기물이 미생물에 의하여 분해되면 황화수소가 고농도로 발생한다. 해양 퇴적물로부터 매년 3,000만 톤의 황화수소가 발생하고, 죽은 식물의 분해로 6,800만 톤의 황화수소가 발생한다. 이와 비교하면, 대기오염물질로서 방출되는 황화수소는 단지 300만 톤에 지나지 않는 적은 양이다. 황화수소와 대조적으로 유황산화물의 배출은 거의 전적으로 인간에 의한 것이다. 미생물 활동에 의해 대기 중으로 방출되는 유황산화물의 양은 거의 의미가 없을 정도로 적은 양이다. 아황산 가스는 대기로부터 식물과 미생물에 의하여 흡수된다. 유황은 유황 아미노산과 다른 유황을 지니는 분자로서 생물조직에 고정된다. 생물은 오염물로 발생된 아황산 가스의 일부를 받아들이는 저장고로서 작용한다. 황화수소와 SO_2 둘 다 궁극적으로는 대기 중에서 SO_4^{2-}로 전환된다. 이 SO_4^{2-}의 대부분은 해수의 강한 용해능력으로 인해 바다에 재흡수된다. 대기, 육지 및 바다에서 유황의 복잡한 순환은 그림 6-1과 같다.

2) 질소산화물

질소산화물은 유기물의 질산화-탈질 반응에 의하여 미생물학적으로 생성된다. 토양 미생물은 연간 10억 톤의 N_2O를 생산하는 것으로 계산된다. N_2O는 식물과 미생물에 의하여 비슷한 양이 매년 흡수됨으로써 균형이 이루어진다. 이산화질소는 보통 오존과 일산화질소간의 반응에 의하여 대기 중에서 생성된다. NO는 탈질 과정에서 종종 생성된다. 그러나 지구상의 미생물에 의해 생산되는 NO에 대한 정량적인 자료는 거의 없다. 오염 발생원으로 볼 때, 자연적인 배출은 거의 의미가 없다. 이산화질소는 대기 중에서 화학적인 과정에 의해 제거된다. 의미있는 정도의 생물학적 변환은 감지되지 않는다.

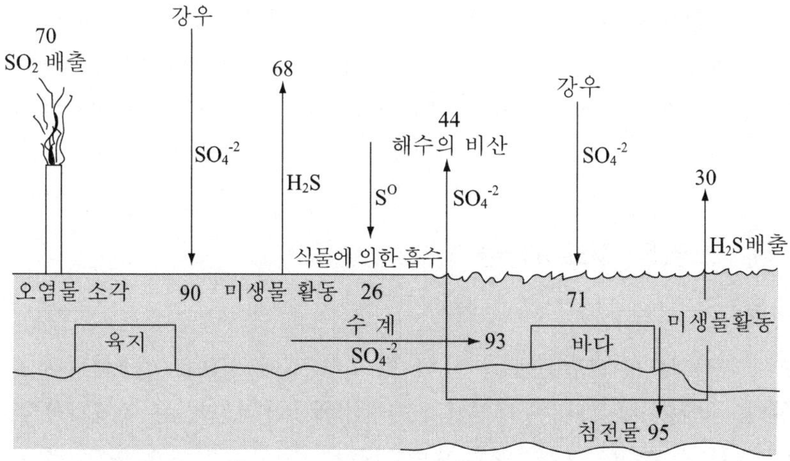

❖ **그림 6-1**. 대기, 육지, 바다 사이에서의 유황의 순환

3) 일산화탄소

바다는 1년에 300만~1,000만 톤의 일산화탄소를 생산한다. 발생원이 확인되지는 않았지만 해양세균 또는 해양조류인 것으로 추정된다. 이 값은 미국 내에서 자동차에 의하여 발생되는 6,600만 톤에 비하면 대단히 작다. 대기권 중에 일산화탄소의 농도가 높지 않다는 것은 효율적인 일산화탄소의 제거과정이 존재함을 시사한다. 많은 미생물이 탄소원으로 일산화탄소를 이용할 수가 있어 일산화탄소를 제거해 준다. 토양미생물이 오염과 자연적인 부하사이의 균형을 유지하기 위해 충분한 일산화탄소를 이용하는 것 같다.

4) 이산화탄소

지난 60년간 인간의 활동으로 인해 이산화탄소 방출량이 크게 증가하였다. 그러나 대기 중의 이산화탄소 농도는 아직 크게 증가하지 않았다. 그 이유는 바다가 이산화탄소의 저장고로서 작용하는 능력이 있기 때문이다. 대기 중의 이산화탄소는 바다에 용해되고, 또 이것은 해양조류에 의해 광합성에 이용된다. 조류 중에 들어있는 탄소 중 높은 비율이 궁극적으로는 바다의 바닥으로 가라앉게 되고 $CaCO_3$로서 영원히 움직이지 않게 된다. 바다는 대기 중의 이산화탄소를 높은 농도로 용해시킬 수 있는 능력이 있어서 이산화탄소 오염에 대하여 강한 완충작용을 제공할 수 있다.

5) 탄화수소

늪에서 혐기적인 과정에 의하여 다량의 메탄이 생성된다. 지구상의 늪이나 소택지의 메탄 배출량은 연간 약 20억 톤에 가깝다. 대기 중에서의 계산된 체류시간은 1~4년이다. 메탄을 이용하는 세균은 토양 중에 널리 존재하고, 대기 중의 메탄도 산화시키는 것으로 추정된다. 대기 중에서의 메탄의 체류시간은 이들 세균의 수와 활성을 반영해 준다고 할 수 있다.

6.1.5 대기오염의 지표미생물

1) 지의류

지의류는 녹색식물의 광합성에 대한 대기오염 물질의 영향을 연구하는데 좋은 도구로 이용된다. 지의류의 공생적인 성질은 스트레스에 대한 민감도를 증가시켜 준다. 녹색식물에게는 피해가 분명치 않은 낮은 오염도에서도 지의류는 나쁜 영향, 즉 사라질 수 있다. 지의류가 이처럼 오염된 공기에 대하여 예민한 반응을 나타내는 것은 빗물이나 공기로부터 흡수된 오염물질이 외부로 배설되지 못하고 농축되어 치사농도에 쉽게 이르기 때문인 것으로 추정된다. 지의류는 이산화황의 농도, 산성비, 중금속 오염원 등의 지표미생물로 이용된다. 스웨덴에서는 산성비에 의하여 *Lobaria scrobiculata*가 소멸됨을 확인하고, 산성비의 지표미생물로 이용하고 있다. 이산화황의 농도가 낮아지면 *Lecanora muralis*와 *Xanthoria elegans*가 암석 표면이나 지붕 위에 나타나므로 이들의 변화에 따라 오염도를 측정할 수 있다. 지의류는 고농도의 중금속을 축적할 수 있는 능력이 있어서 발전소, 제련소, 제철소 및 광산지역 등에서 좋은 지표 미생물로 여겨지고 있다.

2) 세균

많은 미생물들은 대기오염에 예민하게 반응한다. 이러한 미생물은 세포 피해에 대한 연구에 또는 지표 미생물로 이용될 수 있다. *Escherichia*는 오존과 탄화수소 사이의 광화학 반응으로 생성된 스모그에 매우 민감하다. 스모그 혼합물은 ppb 단위에서 이미 *E. coli*에 치명적이다. 오존만으로도 *E. coli*에게 독성이 있고, 세포 표면이 산화되면서 세포가 파괴되어 세포 내용물이 터져 나온다.

대기오염물질에 의하여 야기된 세포의 피해를 결정하는데 효과적인 도구로 사용되는 것이 발광세균이다. 발광세균은 어두운 곳에서 빛을 내기 때문에 이들 생물발광(bioluminescence)은 쉽게 판정될 수 있다. 부텐(butene)과 산화질소의 광화학 반응에 의하여 생성된 스모그는 세균의 생물발광을 상당히 감소시킨다. 생물발광을 하는 세균은 PAN에 특히 예민하다. 2 μL/L 이하의 낮은 농도에서도 PAN은 발광을 저해한다. 이런 정도의 낮은 스모그 농도에서는 안구의 자극을 느끼지 못한다. 이와 같은 미묘한 생리적인 영향을 낮은 대기오염 수준에서 더 고등한 생물에서도 볼 수 있다. 미생물을 이용한 생물분석(bioassay)으로 대기오염물질에 의하여 야기되는 세포피해의 성격과 정도를 꿰뚫어 보아야 한다. 다환 탄화수소는 일반적으로 발암성이 있는 대기오염물질이다. 이들은 세균의 세포 내에서 변이체의 생성을 자극한다. 이런 현상은 세포에 피해를 주는데 필요한 오염물질의 농도와 피해의 성격을 연구하는데 이용될 수 있다. *Bacillus cereus*를 발암성 물질인 3,4-벤조피렌으로 처리하면 대사활성이 증가하고, 비정상적인 거대세균이 생긴다. 미생물에 대한 벤조피렌의 독성은 자외선에 노출될 때 더욱 강화된다.

3) 원생동물

원생동물인 *Paramecium*은 탄화수소의 독성에 빛이 어떤 영향을 미치는가에 대한 연구에 이용된다. 발암성 물질이 비발암성 물질보다 훨씬 더 광역학적(photodynamic)인 반응을 보였다.

6.1.6 대기오염물질의 생물공학적 제어

다양한 산업체에서 많은 대기오염물질이 발생하고 있다. 이러한 대기오염물질을 제거하기 위해서는 대기오염물질이 배출되기 전에 발생원으로부터 제거하여 청정공기로 내보내는 것이 가장 바람직하다.

대기오염물질을 제어하기 위한 생물공학적 응용이란 산업체에서 발생하는 대기오염물질 중에서 가스상 물질, 악취 등을 생물공학적으로 미생물을 이용하여 분해처리하는 것을 말한다. 폐가스와 같은 환경오염물질들은 미생물에 의하여 덜 해롭거나 무해한 물질로 전환시킬 수 있는데, 미생물에 의한 폐가스 처리는 1957년 R. D. Pomeray가 '미생물 성장에 사용된 가스흐름의 탈취'로 미국 특허를 수여받았을 때부터라고 할 수 있다.

가스성분, 분진, 악취 등의 성분별 특성에 따른 각각의 미생물을 이용해야 한다. 대기중에는 먼지나 가스뿐만 아니라 세균, 진균, 포자 등도 포함되어 있다. 따라서 공기를 통해서 호흡기 전염병을 옮길 수 있으므로 이들의 제거도 중요하다.

무기 및 유기 환경오염물질들은 미생물에 의해 전환될 수 있고, 이러한 전환을 위하여 적당한 미생물을 찾을 수 있다. 특히, 유기성 오염물질을 분해처리할 때 미생물을 다양하게 이용할 수 있다. 미생물은 유기화합물을 산화하고, 이에 따라 세포물질, 이산화탄소와 물을 생성한다. 대기오염물질을 산소와 물로 전환해야 하므로 생물공학적 측면에서 폐가스를 처리하고자 할 때는 유기오염물질이 기체상에서 액체상으로 이동하면서 처리하거나 미생물학적 폐수처리를 하여야 한다. 이러한 탈취미생물로는 *Thiobacillus* sp., *Thiotrix* sp. 및 *Beggiatoa* 등과 같은 무색황산화세균, *Hyphomicrobium* 등과 같은 Methylotroph, *Chlorobium* sp., *Chromatium* sp., *Rhodobacter* sp. 및 *Ectothiorhodospira* sp.와 같은 광합성 미생물, *Xanthomonas* sp. 및 *Bacillus* sp.와 같은 종속영양세균 그리고 몇 종의 곰팡이가 알려져 있다.

가스상 오염물질은 액체, 즉 물 속으로 이동되면서 흡수 및 흡착에 의해 제거될 수 있는데, 흡착은 고체의 표면에 부착하는 매우 얇은 액막에서 일어난다. 폐가스 처리를 위한 생물공학적 연구는 단순한 기술적 장치에서도 수행될 수 있으며, 재래의 흡수와 흡착공정보다 복잡하지 않고 미생물에 의해 수행되는 재생공정이기 때문에 비용이 덜 드는 장점이 있다.

이러한 생물학적 탈취방법을 살펴보면,

① 생물처리공정 흡수(폭기조 탈취법)는, 가스를 살수여과상이나 활성슬러지법의 폭기조에 불어 넣으면 가스가 물속에 용해되고, 활성오니 미생물에 의해 분해되는 방법이다.

② 생물막 접촉법은, 탈취미생물을 고정화한 접촉여재(담체)를 채운탑(packed bed biofilter 방식)에 가스를 상향식 또는 하향식으로 통과시켜 미생물이 흡수·분해하는 것으로 휘발성 유기화합물(VOCs)에도 효과적이다.

③ 토양/퇴비상 여과탈취법은, 미생물이 토양이나 퇴비상에서의 미생물 반응 활성을 이용한 것으로, 가스를 토양이나 퇴비에 송기하면 가스가 토양/퇴비에 흡착되어 토양/퇴비미생물군이 이러한 가스상 물질을 분해하는 것으로, 함수비 및 온도조절이 필요하고 접촉시간은 15~30초 이상이고, 토양깊이는 3 m 이상이어야 한다. 압력손실이 커서 동력비가 많이 들고, 편류현상에 의한 처리효율이 급격히 떨어지는 단점이 있다.

자세한 내용은 8장의 악취와 미생물에서 다시 다루었다.

6.2 수환경과 미생물

수환경(hydrosphere)은 미생물의 생육에 있어서 대기보다 더 적합한 서식지이다. 수환경은 미생물의 대사에 필요한 물을 함유하고 있다. 대기와는 달리 수환경은 제한적이기는 하지만 어떤 일반적인 특성을 부여할 수 있는 토착 미생물상을 포함한다. 이들은 낮은 영양원 농도에서 생육할 수 있다. 대부분의 수서 미생물은 편모나 기타 기구에 의해 움직일 수 있다. 유병세균과 같은 일부 수서세균은 표면적 대 부피의 비율을 증가시키는 이상한 형태를 하고 있어서 낮은 농도의 가용 양양원이 존재하는 대부분의 담수에서 보다 효율적으로 영양원을 섭취할 수 있다.

수환경은 담수서식지, 기수서식지 및 해양서식지로 구분된다. 담수서식지에는 호소, 연못, 늪, 샘, 하천 등이 있다. 이러한 서식지를 총괄해서 육수적(limnetic)이라 하며, 이것을 연구하는 학문을 육수학이라고 한다. 해양서식지는 세계의 대양을 말하며, 기수서식지는 담수와 해양 생태계의 경계면에 존재하는 하구를 말한다.

6.2.1 담수환경

담수서식지는 물리화학적 특성에 따라 분류한다. 호수나 연못같이 고인 물은 정수적(lentic) 서식지라 하고, 흐르는 물은 유수적(lotic) 서식지라고 한다.

1) 표면미소층

수환경의 맨 바깥층은 수환경과 대기환경의 경계면에 위치한다. 이곳은 물과 가스가 서로 접하면서 발생하는 높은 표면장력이 특징이다. 안정된 조건하에서 미생물은 이곳에 표면미소층(neuston)이라고 알려진 표면막을 형성한다. 표면미소층은 광합성 독립영양 미생물에게 좋은 서식지가 되는데, 이는 1차생산자가 대기로부터의 이산화탄소와 빛의 복사에 무제한적으로 접촉할 수 있기 때문이다. 일부 광물질 영양원과 금속도 표면미소층에 풍부하게 존재한다. 2차생산자 역시 이곳에서 번성하는데, 이것은 표면장력층에 축적된 비극성 유기물과 대기로부터 공급되는 높은 농도의 산소를 이용할 수 있기 때문이다. 표면미소층에 존재하는 미생물의 수는 보통 그 밑의 수층에 존재하는 미생물의 수보다 10~100배 많다. 표면미소층을 통과하여 올라와 터지는 기포는 물로부터 대기로 세균과 바이러스를 이동시키는 데 중요한 역할을 한다. 독특한 토착성 표면미소층 미생물상은 조류, 세균, 원생동물로 구성된다. 대표적인 세균에는 *Pseudomonas, Caulobacter, Nevskia, Hyphomicrobium, Achromobacter, Flavobacterium, Alcaligenes, Brevibacterium, Micrococcus* 및 *Leptothrix*가 있다. 이들 세균은 그람양성 및 그람음성, 색소생산형 및 무색소형, 운동성 및 비운동성, 간균 및 구균, 가지 부착형(stalked form) 및 가지 미부착형(nonstalked form) 등 다양한 형태 및 생리적 특성을 가진다. 시아노박테리아(cyanobacteria)도 표면미소층에 존재한다. 표면미소층에 존재하는 전형적인 시아노박테리아에는 *Aphanizomenon, Anabaena* 및 *Microcystis*가 있다. 또한 균류인 *Cladosporium* 및 각종 효모가 표면미소층과 관련되어 있다. 표면미소층에서 발견되는 조류에는 *Chromulina, Botrydiopsis, Codosiga, Navicula, Nautococcus, Proterospongia, Sphaeroeca* 및 *Platychrisis*가 있다. 표면미소층에서 발견되는 원생동물에는 *Difflugia, Vorticella, Arcella, Acineta, Clathrulina, Stylonychia* 및 *Codonosigna*가 있다. 이러한 미생물들의 일부는 표면미소층 아래의 수층에서도 발견된다.

2) 늪 및 소택지

늪(swamp)과 소택지(bog)는 식물이 무성한 얕은 수환경이다. 늪은 다양한 기상조건하에서 잘 배수되지 않는 얕은 웅덩이에 형성되거나 호수가 천천히 침적토(silt)와 식생으로 채워져서 형성된다. 수표면은 대부분 *Phragmitis, Juncus* 및 기타 반침수성 식물로 덮여있다. 1차생산은 대체로 높은 반면, 수저지(sediment)의 혐기적 조건으로 인하여 유기물의 분해가 느리고, 결과적으로 다습한 식물성 물질인 이탄이 축적된다.

소택지는 한랭 습윤한 기후에서는 대체로 얕은 바위 저지(rock pan)에 형성된다. 소택지의 우점식물은 두꺼운 매트 모양을 형성하는 *Sphagnum* 이끼이다. *Sphagnum* 매트의 밑부분은 죽지만 혐기성 및 산성 조건으로 인하여 생물학적 분해는 제한되고 이탄이 축적된다. *Sphagnum* 매트는 모세관력에 의하여 대단히 효율적으로 수분을 보유하므로 소택지의 *Sphagnum*은 바위 低地의 가장자리보다 더 높이 자란다. 이것은 마치 얕은 접시나 그릇에 물이 흠뻑 밴 스폰지가 놓여있는 형상이다.

늪과 소택지는 모두 탄소순환이 제한되기 때문에 흥미로운 환경이 되고 있다. 이 제한된 탄소순환은 혐기성이고 산성인 조건에 일부 기인하는 것으로 추정된다. 식물조직의 불완전 분해에 의하여 생성되는 페놀계 및 폴리페놀계 물질도 낮은 탄소순환과 화석연료 축적에 기여하는 부가적인 요인이 된다.

3) 호수

호수는 빛의 투과도에 따라 3개의 지역으로 구분된다(그림 6-2). 대륙붕 지역까지의 연안대(littoral zone)와 천수대(limnetic zone)를 합한 진광대(euphotic zone)로 광합성을 하는 곳과 심수대(profundal zone)인데, 이 심수대는 수심이 깊은 지역으로 빛이 효과적으로 투과하지 못하는 곳이다. 이 지역은 얕은 못에서는 존재하지 않는다. 깊은 호수에 있어서 심수대는 광보상점에서 바닥까지 걸친다.

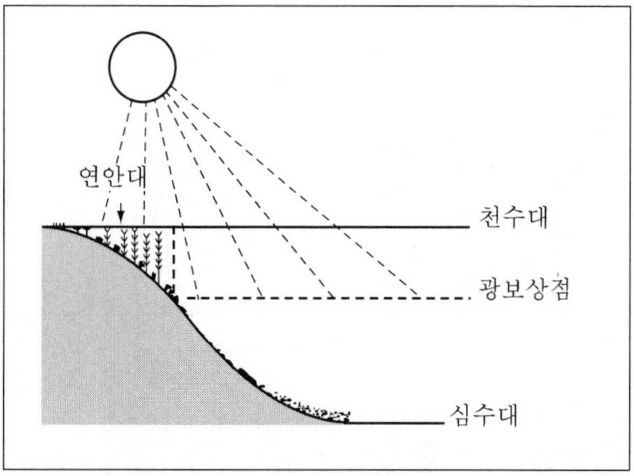

❖ **그림** 6-2. 빛의 투과도에 따른 호수의 구분

연안대는 호수의 바닥 까지 빛이 투과하는 지역이다. 이 지역은 물이 얕고, 보통 침수 또는 부분적으로 침수된 고등식물, 부착성 사상조류 및 외부착생조류가 우점종이다.

천수대는 물가에서 떨어진 트인 수역(open water area)으로서 광보상점 깊이까지 걸치며, 이곳의 주요 1차 생산자는 플랑크톤성 조류이다. 광보상점 깊이는 빛이 효과적으로 투과하는 가장 낮은 깊이로서, 광합성과 호흡활동이 균형을 이루는 지점이다. 대략적으로 전체 태양광선 강도의 1%가 광보상점 깊이에 도달한다. 광합성은 광보상점 이하에서도 일어나지만 대개 호흡에 의하여 소모되는 비율보다 낮다. 광합성을 하는 미생물은 각각 다른 파장의 빛을 이용하기 때문에 빛의 흡수 스펙트럼이 다르다(그림 6-3). 녹색 및 홍색 유황세균은 보통 수저지와 물의 경계면에서 생육하는데, 이곳은 혐기성 수층이며, 조류 및 시아노박테리아가 단파장의 빛을 흡수하며 생육하는 장소의 아래 지역이다. 이들은 위에서 살고 있는 식물성 플랑크톤이 흡수하지 않은 빛의 파장을 흡수하며 생육한다. 홍색 및 녹색 유황세균은 물을 광분해하는 광합성 독립영양생물보다 적은 에너지를 이용하여 H_2S로부터 환원성 전자를 얻는다. 따라서 광합성을 수행하는데 낮은 빛의 강도로도 충분하다.

호수의 바닥 또는 수저지는 수환경과 암석권(lithosphere)의 경계면이다. 한 호수의 암석권은 수저지(sediment)라고도 한다. 진광대의 조건은 광합성 독립영양생물의 생육에 적합하다. 심수대에 있는 생물은 대부분이 2차 생산자이며, 위에서 운반되는 유기물에 의존한다. 수저지는 미생물이 번성하기에 적합하다. 입자상 영양원은 중력에 의하여 가라앉아 수저지 표면에 농축된다. 수저지의 표면은 호기성으로 퇴적된 유기 영양원의 호기성 분해가 일어날 수도 있다. 산소가 고갈된 호수의 수저지 표면 아래에서는 일차적으로

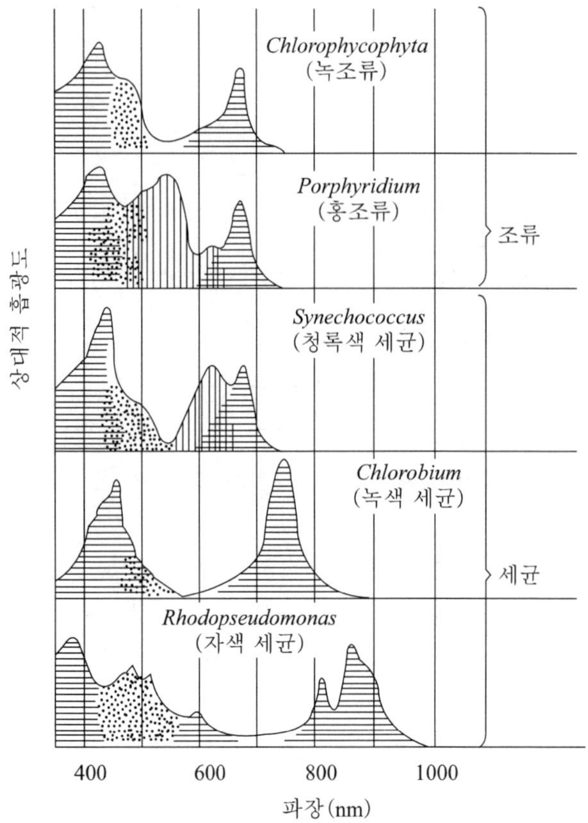

*Chlorobium*과 *Rhodopseudomonas*는 조류가 이용하지 않는 스펙트럼의 원적외선을 흡수함에 주의하라.
이러한 세균들은 조류가 존재하지 않는 층 아래에 서식하기 때문에, 이러한 능력은 생태학적 장점이 된다.

❖ **그림 6-3. 대표적인 광합성 미생물의 흡수 스펙트럼**

유기물의 혐기적 분해가 일어난다.

호수는 온도 특성에 따라서 지역이 구분되며, 이 지역은 계절적 변동을 겪는다. 많은 온대지방의 호수가 특히 여름에 열적 성층화(thermal stratification)를 보이며, 일부 호수는 여름뿐만 아니라 겨울에도 성층화를 보인다. 표수층(epilimnion)은 호수의 상부층으로서, 수온약층(thermocline) 위에 존재한다. 수온약층은 온도가 급격히 감소하는 층이며, 물의 혼합이 잘 이루어지지 않는 층이다. 표수층은 여름에는 대체로 따뜻하고, 산소가 풍부하다. 왕성한 광합성이 일어나면 이 층에 있는 광물질 영양원이 고갈된다. 심수층(hypolimnion)은 수온약층 아래에 있는 층으로서, 낮은 온도와 낮은 산소농도가 특징이다. 또한 투과하는 빛의 양이 적어 광합성이 제한되고, 호흡에 의해 산소가 고갈된다.

그러나 이곳에 있어서 광물질 영양원은 비교적 풍부한 경향이 있다.

생태학적으로 유용한 호수의 분류는 생산력과 영양원 농도에 기초한다. 빈영양호(oligotrophic lake)는 영양원의 농도가 낮은 호수를 말한다. 전형적으로 빈영양호는 수심이 깊고, 표수층보다 심수층이 더 크며 비교적 낮은 1차생산력을 가진다. 반면에 부영양호는 높은 영양원 농도를 가지며, 빈영양호보다 높은 1차생산력을 가진다. 부영양호의 산소 농도는 유기물의 분해로 인하여 대체로 낮다.

미생물에게 호수가 적합한 서식지가 되는가 아닌가는 많은 화학적 변수에 의하여 결정된다. 이미 언급한 유기물 및 산소의 농도는 중요한 인자가 된다. 부수적으로 무기물의 농도, 특히 질소와 인은 미생물의 생육 및 대사를 부양할 수 있는 서식지의 능력을 결정하는데 중요하다. 이러한 영양원의 농도는 종종 호수의 암석권과 물 사이의 물질교환 과정에 의하여 영향을 받으며, 필수 영양원의 가용성은 무기물을 격리시키거나 유동시키는 미생물의 활동에 따라 크게 좌우된다.

pH는 어떤 미생물이 어떤 호수에 서식하는가에 영향을 주는 또 하나의 중요한 인자이다. 어떤 호수는 알칼리성이며, 어떤 호수는 중성 또는 산성이다. 다른 조건이 동일하다면 높은 pH는 HCO_3^- 및 CO_3^{2-}의 형태로 이산화탄소의 가용성을 크게 높이므로 1차생산력의 증가에 좋은 조건이 된다. 염분 농도 또한 일부 호수의 독특한 토착성 미생물에 영향을 준다. 육지에 유출구가 없이 고인 호수는 대단히 높은 염분 농도를 가지고 있다. 미국 서부 Utah에 있는 Salt lake는 대양에서 발견되는 농도의 8배에 해당하는 약 28%의 염분을 함유한다.

4) 강

강은 호수와는 다른 몇 가지 중요한 차이점을 가지고 있다. 강은 흐르는 물이 특징이며, 물이 빠르게 흐르는 여울(rapids) 구역과 천천히 흐르는 못(淵, pool) 구역이 존재한다. 못 구역에서는 유속이 느리기 때문에 침적토가 퇴적하나 유속이 빠른 구역에서는 대체로 퇴적하지 않는다. 그러므로 유속이 빠른 구역의 하상은 단단한 암석으로 되어 있다. 강은 강둑을 따라 암석권과 광범위하게 경계면을 이루고 있으므로 암석권으로부터 흘러나온 빗물과 강둑의 침식을 통하여 암석권으로부터 다량의 화학물질이 들어간다.

강의 상부구간은 빠른 유속, 높은 산소화, 저온이 특징이다. 상부구간은 산림으로 그늘이 지기 때문에 1차생산력이 낮으며, 유기물은 주변 암석권으로부터 유입된다. 강의 중간구역은 감소된 유속, 보다 높은 온도와 그늘이 덜 지는 특성을 가지고 있으며, 상당량의 내부적 1차생산이 일어난다. 하부구간은 과도한 침적토의 퇴적과 조수(潮水)의 영향으로 협염내성(stenohaline) 미생물은 죽고, 대신 내염성 하구생물로 대체된다.

강에 있는 대부분의 미생물 및 대형생물은 침수된 암석 표면에 부착되어 있다. 용해성 영양원은 이러한 부착생물에 의하여 신속히 흡수되며, 이들이 죽어서 썩게 되면 근거리 하류에 위치하는 생물에 의하여 다시 흡수된다. 결과적으로 영양원은 물의 흐름과 같은 속도로 이동하는 것이 아니라 훨씬 더 천천히 이동한다. 강에서 영양원의 순환은 그 자리에서 일어나는 것이 아니라 하류로 얼마간 이동이 있어야 완성된다. 영양원의 이동경로는 원형이 아니라 나선형이며, 이것은 영양원 나선이동현상(nutrient spiralling)으로 알려져 있다.

강에는 종종 산업체와 도시 하수처리장으로부터 높은 농도의 처리수가 유입된다. 도시하수를 강에다 처분하면 강에 고농도의 유기물이 유입된다. 도시하수 방류지점 밑에서는 미생물이 유기물을 분해하는 동안에 가용산소를 소모하므로 산소가 고갈된다(그림 6-4). 더 이상의 지속적인 오염이 없을 경우 하류로 흐르면서 수환경내 자정작용(self-purification)으로 유기물은 분해되어 소멸되고, 용존산소는 풍부한 상태로 복원된다. 특히나 산업폐수는 중금속과 같은 독성 화합물을 함유할 수 있기 때문에 미생물의 활성과 생육에 해로운 영향을 끼친다. 또한 강은 토양에서 유출되는 농업용 화학물질이 유입되는데, 그 중 독성물질인 농약은 미생물 활성을 저해하며, 비료 등에 함유된 영양염류는 미생물을 극도로 증식시키기도 한다.

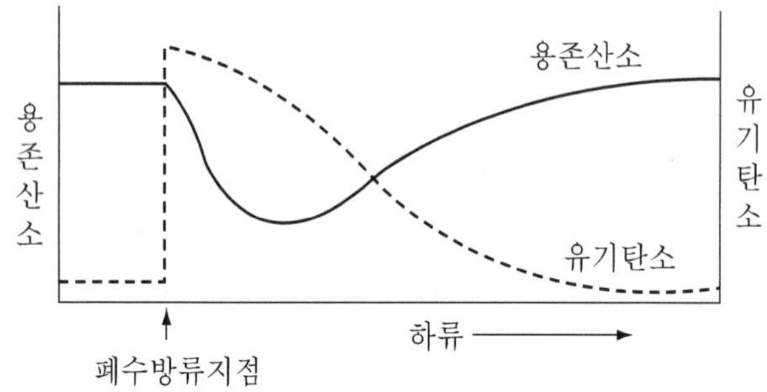

❖ **그림 6-4.** 강의 폐수 방류지점 상, 하류에 있어서 유기탄소와 용존산소와의 관계

6.2.2 담수 미생물군집의 조성과 활성

호수의 미생물 개체군에 관한 연구는 강보다 훨씬 더 많이 진행되었다. 그러나 양자는 많은 유사성이 있으며, 강은 그 성격상 많은 비율의 토착성 미생물을 함유하고 있다. 따라서 여기에서는 호수를 중심으로 서술하겠다.

호수에는 *Achromobacter, Flavobacterium, Brevibacterium, Micrococcus, Bacillus, Pseudomonas, Nocardia, Streptomyces, Micromonospora, Cytophaga, Spirillum* 및 *Vibrio* 속 등이 널리 분포하고 있다. 또한 *Caulobacter* 및 *Hypomicrobium*과 같은 유병세균(stalked bacteria) 등도 호수의 물에서 종종 발견된다.

독립영양 세균은 호수의 미생물상 중 토착성 미생물군을 형성하며, 보통 영양원의 순환에 매우 중요한 역할을 한다. 호수에서 일반적으로 발견되는 광합성 독립영양 세균에는 시아노박테리아, 홍색 및 녹색세균이 있다. 시아노박테리아에 속하는 *Mycrocystis, Anabaena* 및 *Aphanizomenon*이 담수 서식지에 있어서 우점 플랑크톤이 될 수 있다. 화학 독립영양 세균은 호수내의 질소, 황 및 철의 순환에 중요한 역할을 담당하며, *Nitrosomonas, Nitrobacter* 및 *Thiobacillus* 속 등이 담수 미생물군집 중 특히 중요하다.

호수 내의 세균 개체군의 수직분포를 보면 깊이에 따라 상당히 다른 분포를 보인다(그림 6-5). 이러한 분포의 차이는 수심에 따라 빛의 투과도, 온도 및 산소 농도와 같은 무생물적 인자의 차이가 있음을 나타낸다. 호수의 물에 토착성 미생물이라고 생각되는 것이 많은 경우 물 밑바닥에는 타지성인 것이 많다. 예를 들면, 시아노박테리아는 빛이 잘 투과하여 광합성 독립영양대사를 부양해 주는 표면 근처에서 많이 발견된다. 그러나 시아노박테리아가 광보상점 아래로 가라앉게 되면 다른 미생물과 경쟁할 수 없게 되어 광보상점 이하에서는 타지성 생물이 된다. *Chlorobiaceae* 및 *Chromatiaceae*에 속하는 독립영양생물은 산소분압이 감소되고, 충분한 양의 황화수소가 존재하지만 불충분한 양의 빛이 투과되는 담수의 심수층에서 토착성 미생물 군집의 구성종이 된다. *Rhodospirillaceae*는 비슷한 환경 중에 존재하나 황화합물 대신 환원형 유기 전자공여체에 의존한다. 종속영양세균 개체군은 수층에 수직적으로 분포되어 있으나 수온약층 부근과 가용 유기물 농도가 높은 바닥층 근처에서 최대 농도에 달한다.

담수호의 수저지에서 발견되는 미생물은 그 위 수층에서 발견되는 것과 다르다. 얕은 연못과 호수에서 혐기성 광합성 독립영양 세균은 수저지 표면에 존재하기 때문에 이러한 수체에 특징적 색깔을 띠게 한다. 균류는 수저지 표면에 퇴적되는 잔재물 위에서 발견된다. 이러한 균류 중에는 셀룰로오스를 분해하는 것도 있다. 혐기성 호흡을 할 수 있는 세균은 수저지 미생물의 중요한 구성원이며, 탈질능이 있는 *Pseudomonas* 속의 종들이 포함된다. 수저지 내에서는 절대 혐기성 세균이 중요한 지위를 차지한다. 이러한 세균에는 내생포자를 형성할 수 있는 *Clostridium* 속의 종, 메탄가스를 생산하는 메탄생성세균, 황화수소를 생산하는 *Desulfovibrio* 속의 종이 있다.

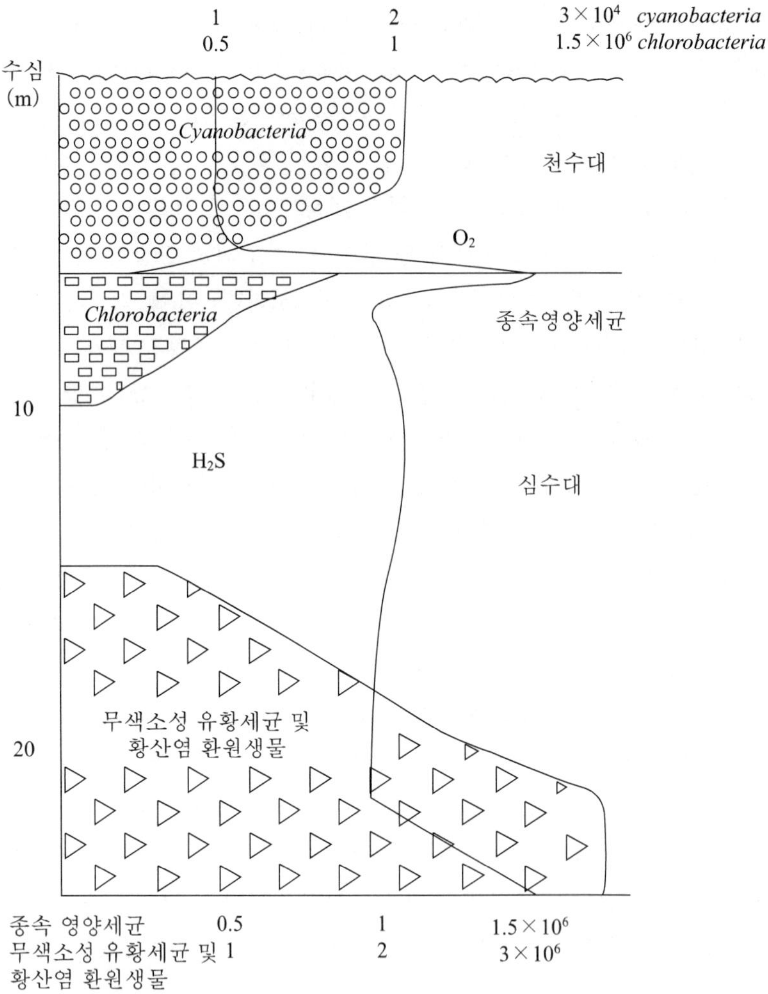

*Cyanobacteria*는 표수층에 많이 존재하고, 유황환원 세균은 심수층에 많이 존재한다.
독립영양 생물의 최대농도는 최대 광합성 생산지역 아래의 물과 수저지의 계면에 존재한다.

❖ 그림 6-5. 호수에 있어서 세균의 수직분포

담수 생태계에 존재하는 많은 균류는 외부의 유기물과 관련되어 있으므로 이러한 생태계의 타지성 구성원이라고 보아야 한다. 많은 자낭균류 및 불완전균류가 강 또는 호수 중의 나무 및 죽은 식물체 위에서 발견되며, 죽은 식물체가 썩어서 분해되면 여기에 서식하던 균류는 사라진다. 다시 외부 물질이 수계로 도입되면 이 과정이 반복된다. 효모도 많은 담수 생태계에서 발견된다. 가장 흔하게 발견되는 효모에는 발효성이 약한 *Torulopsis, Candida, Rhodotorula* 및 *Cryptococcus*가 있다.

조류는 담수 생태계의 중요한 토착성 구성원이다. 식물성 플랑크톤은 상당량의 유기탄소의 유입에 공헌하므로 담수 생태계에 있는 종속영양 생물의 성장을 조장한다. 담수 조류에는 *Chlorophycophyta, Euglenophycophyta, Phaeophycophyta, Crysophycophyta, Crytophycophyta* 및 *Pyrrophycophyta*가 있다. 녹조류, 쌍편모조류, 규조류 등도 담수 생태계에서 발견된다.

원생동물은 수중 생태계에서 식물성 플랑크톤 및 세균을 포식한다. 포식영양형 편모충류는 세균의 포식자로서 특히 중요하다. 아메바류, 섬모충류, 편모충류 원생동물이 하천, 강, 호수에서 발견된다. 수많은 속의 원생동물이 담수 생태계에서 발견되며, 이중 *Paramecium, Didinium, Vorticella, Stentor, Amoeba* 등이 흔하다. 편모충류 원생동물인 *Bodo*는 오염되어 용존산소가 낮은 물에 흔하게 존재한다.

토착성 미생물 개체군 외에도 토양의 침식과 토양 세척수에 의하여 많은 타지성 육상 미생물이 담수 생태계로 유입된다. 또한 타지성 미생물은 부근에 있는 식물체의 잎이 떨어져 수체로 들어오거나 유기물 농도가 높은 도시하수가 담수 생태계로 유입될 때도 투입된다. 많은 양의 유기물이 유입되는 지역에서는 종속영양 미생물의 개체수는 많고, 유입되는 유기물의 농도가 감소되면 종속영양 미생물의 수는 감소한다. 타지성 미생물은 대체로 담수 생태계의 토착성 미생물에 의하여 소모되면서 비교적 짧은 시간 내에 사라진다. 그러나 타지성 미생물이 수많은 공급원으로부터 유입되기 때문에 담수 생태계에서 발견되는 미생물은 종종 육상 미생물과 비슷하다.

미생물은 호수의 생산성과 유기물의 변화에 주된 역할을 담당한다. 그러나 개개의 담수 생태계에 있는 미생물의 활성은 계절적 및 일시적으로 크게 변동한다. 빈영양호에서 부영양호로 갈수록 생산력이 명백히 증가하는 경향이 있다.

미생물 특히 세균이 매우 낮은 농도의 용해성 유기물을 이용할 수 있는 능력은 가용 유기물의 농도가 낮은 빈영양호에서 중요하다. 포도당에 대한 조류와 세균의 섭취율을 비교해 보면 세균은 기질 농도가 낮을 때에 섭취속도가 더 커지며, 조류는 기질 농도가 높을 때에 높은 섭취율을 보인다. 세균 및 일부 미소 플랑크톤성 편모를 가진 원생동물이 낮은 농도의 유기물을 이용하는 능력은 고등생물의 성장을 조장하는 먹이망으로 용해성 유기탄소의 유입을 가능하게 한다.

담수 생태계의 조류 및 세균은 또한 타지성 유기물을 분해하는 주된 미생물이다. 이들은 잔재물 입자에 최초로 군락을 형성하는 생물이며, 잔재물에 함유된 유기물의 순환과정에서 생성되는 먹이망의 최초 형성자이다. 미생물은 타지성 유기탄소를 담수 생태계의 토착성 구성원의 세포 내 탄소로 전환시킨다. 또한 이들은 담수 서식지 내에 있는 수많은 다른 원소들의 변화와 순환에 주된 역할을 담당한다.

담수 환경에 있는 미생물들의 주된 생태학적 기능은 다음과 같이 요약할 수 있다.

① 죽은 유기물을 분해하여 1차생산에 필요한 무기물을 방출시킨다.
② 용해성 유기물을 동화하여 먹이망으로 재투입시킨다.
③ 광물질의 순환활동을 수행한다.
④ 1차 생산에 공헌한다.
⑤ 포식자들의 먹이원이 된다.

대부분의 호수바닥부분(湖床, lake floor)은 비광합성대(disphotic)이며, 고등식물이 없는 깊은 호수에는 플랑크톤성 미생물이 주된 1차생산자이다.

6.3 해양환경과 미생물

해양은 지구 표면의 71%를 차지하며, 해수의 총량은 1.46×10^9 km^3, 평균 깊이는 4,000 m, 최대수심은 약 11,000 m에 달한다. 대양에 존재하는 물은 지구의 기후 조절에 중요하며, 지구 물 순환에서 최종 저수지 및 수용지가 된다. 태양의 열에너지에 의하여 초래되는 물의 증발과 강우는 열을 적도에서 극지까지 분배시킨다. 투입되는 태양에너지의 50%가 대양, 담수 및 육상 표면으로부터의 증발에 의하여 소모되는 것으로 추정된다. 증발된 물은 결국에는 비와 눈으로 내려 저장되었던 열에너지를 방출한다. 강우는 대양에 직접적으로 내리거나 하천을 통하여 또는 표류수(runoff)에 의해 육상 환경으로부터 간접적으로 유입된다. 간접적 유입의 경우, 광물질은 대양에서 육지로 복귀속도보다 훨씬 더 빠른 속도로 대양에 유입된다. 결과적으로 대양은 모든 수용성 광물질의 최종 소멸지이며, 고온건조 기후대에 존재하는 유출구가 없는 호수와 같이 고농도의 염분을 가진 호수보다는 염분 농도가 낮지만 염분을 다량 함유한다.

6.3.1 하구

육상의 유출수는 강 및 지하수의 침출수 형태로 하구(estuaries)에서 해수와 접하며, 이 혼합수는 대양수나 유입되는 담수보다 생산력이 높은 특성을 가진다. 하구는 온도, 염도, pH, 유기물 부하 및 기타 환경인자들의 변화가 대단히 심한 지역이다. 하구는 담수와 해수가 혼합되는 지역으로, 유속이 빠른 강물에 의하여 운반된 영양물질이 바다 유입부 또는 삼각주지역에서 퇴적되므로 전형적으로 생산력이 높다. 하구는 조수의 영향을 받는데, 조수는 세척작용이 있다. 강에서 하구로 유입되는 물질은 조수에 따라 변동하면서 바다로 유입된다.

하구의 광합성은 거의 언제나 호흡활동을 능가한다. 하구의 많은 부분이 반쯤 침수된 고등식물로 무성히 덮여있다. 이중 특징적인 것은 온대지역 염수늪에서 자라는 화본과 *Spartina*의 다양한 종과 열대 하구의 망그로브(mangrove) 숲이다. 조수대평원(tide flat)의 온대지역은 뱀장어풀(*Zostera*), 열대지역은 거북풀(*Thalassia*)이 무성하게 자란다.

염수늪 하구는 대륙붕을 따라서 깊은 수심에서 솟아오르는 물로부터 영양물질을 받을 수 있다. 그러나 대부분의 영양물질은 인접한 육상에서 유출수 형태로 유입된다. 하구의 물리적 구조는 하구로 유입되거나 하구 내에서 생성된 영양물질을 포집하는 경향이 있다. 염수늪 하구는 깊은 대양에 비해서 비교적 영양물질의 큰 손실없이 신속하게 순환시키는 경향이 있다.

이상적인 하구에서 염도의 기울기는 〈 5‰에서부터 강어귀의 최대치 〉25‰에까지 이른다(그림 6-6). 이러한 전이대에서 토착성 생물과 타지성 생물을 구분하기는 어렵다. 이러한 서식지에서 계속적으로 생존할 수 있는 생물은 많은 환경인자에 대해 광역 내성(eurytolerant)이 있어야 한다. 진정한 담수 및 진정한 해수생물은 하구에서 단지 전이적인 구성원에 불과하다.

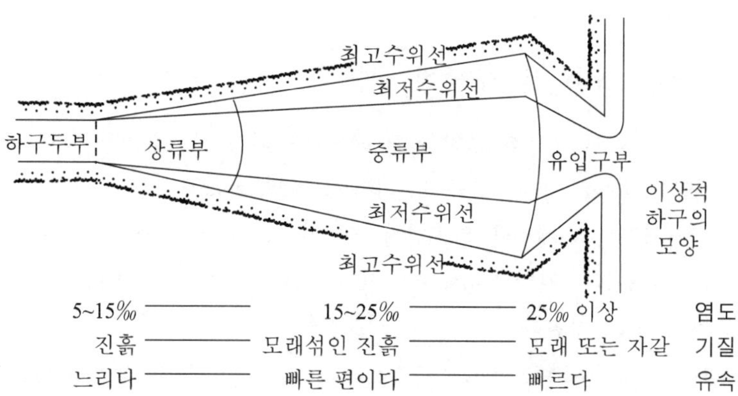

하구는 상부의 낮은 염도에서부터 강어귀의 높은 염도까지 염도경사를 보인다.

❖ 그림 6-6. 하구의 주된 환경적 특성

6.3.2 대양의 특성과 성층화

대부분의 경우, 해양 생태계의 환경조건은 대단히 균일하다. 이렇게 높은 균일성은 조수의 운동, 조류, 열염류 순환(thermohaline circulation) 등의 각종 혼합 기전에 의하여 초래된다. 달과 태양의 인력에 의하여 생성되는 조수는 대략 12½ 시간의 주기를 갖는다. 대부분의 지역에서 만조와 간조가 하루에 2번씩 있게 된다. 만조와 간조의 수위차는 매 2주일마다 일어나는 사리(spring tide)때 가장 크고, 역시 매 2주일마다 교대로 일어나는 조금(neap tide)때에 가장 작다. 해류는 대양표면 위로 부는 바람의 마찰력과 지구의 회전에 의하여 발생한다. 지구의 회전력과 토지 장애물에 의해서 대형의 회전 해류 체계가 발생한다. 깊이 흐르는 해류는 온도와 염도의 차이에 의해 발생하며, 이에 의하여 물의 밀도가 달라진다. 이러한 물의 밀도는 물의 수직적 혼합을 달성하는 열염류(熱鹽流)를 발생시킨다.

대양은 자연적으로 존재하는 모든 화학원소를 거의 모두 함유하나 대부분은 대단히 낮은 농도로 존재한다. 해수 중의 수소와 산소를 제외하면 나트륨, 염소, 마그네슘, 황산염, 칼슘, 칼륨이 주된 원소이고, 탄소, 브롬, 스트론튬, 붕소, 규소, 불소는 미량원소이다. 미생물의 생육에 필수적인 질소, 인, 철은 해수 중에 1 ppm보다 적은 흔적량으로 존재한다.

바다 서식지의 염도는 보통 33~37‰로, 평균 35‰이다. 100 m 이하의 수심에서의 수온은 0~5℃이다. 어떤 지점이든지 수온의 계절적 변동은 20℃를 넘지 않으며, 전 대양에서 수온의 변동은 35℃ 미만이다.

6.3.3 해양환경의 수직 및 수평적 구분

비록 대양의 환경조건이 대단히 균일하기는 하지만 해양에는 분명한 수역 구분이 있다(그림 6-7). 연안대(littoral zone) 또는 조간대(intertidal zone)는 해양 생태계와 해안지역에 있는 암석권 사이의 경계면에 위치한다. 이 지역은 만조와 간조에 따라서 침수와 배수가 반복되는 지역이다. 원연안대(sublittoral zone)는 최저 간조선(low tide mark)에서부터 대륙붕의 끝까지 미친다.

또한 이 지역은 근해대(neritic zone 또는 nearshore zone)라고도 알려져 있으며, 평균 수심은 200 m 이하이다.

대양권은 대륙붕의 끝에서 바다쪽으로 연장된다. 외양적(pelagic)이란 말은 트인 바다 또는 먼 바다를 가리키며, 근해대와 전대양권을 포함한다.

해저대는 그 위에 어떠한 수역이 존재함을 막론하고 바다 밑바닥을 말한다. 해저대는 조간대(intertidal zone)에서 시작하여 밑으로 연장된다. 대륙붕은 육지에서 바다쪽으로 뻗치는 경사가 완만한 해저대를 말한다. 대륙붕의 끝에서 경사도는 크게 증가한다. 대륙

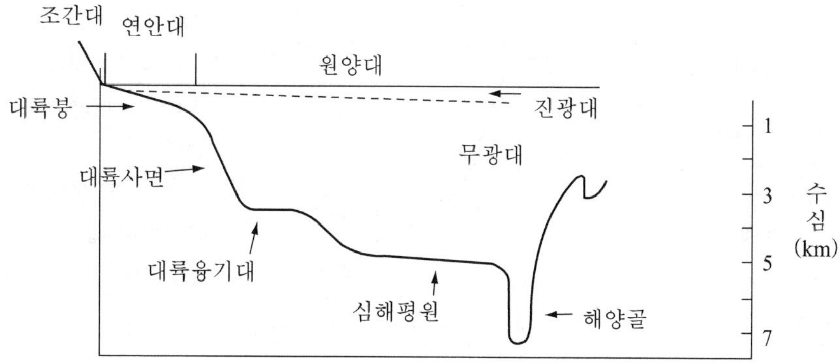

❖ **그림** 6-7. 해양의 수평적 구분

사면(continental slope)은 급사지(bathyl region)라고도 하는데, 해저평지(sea floor)까지 급격한 경사를 이루고 있다. 심해평지는 심해평원(abyssal plain)이라고도 하며, 보통 4,000 m의 수심에 위치한다. 심해평원은 평탄치 않으며, 심해협곡과 해저능선을 가지고 있다. 심해협곡은 초심해저대(hadal region)라고도 하며, 수심 11,000 m에 달하는 곳도 있다.

담수 환경과 같이 해양 생태계의 맨 바깥층은 표면장력층으로서, 해양 생태계와 대기권의 경계면에 위치한다. 해수와 대기의 경계면은 세균 및 조류를 비롯한 해표면 미소층(pleuston) 생물의 서식지이며, 담수에서 표면미소층(neuston) 생물의 서식지에 해당한다. 이곳에는 *Pseudomonas*와 색소생산 세균이 주된 세균 개체군이다. 시아노박테리아(*Trichodesmium*), 규조류(*Rhizosolenia*) 및 부유성 Phaeophycophyta (*Sargassum*)을 비롯한 1차 생산자 개체군이 때때로 해표면 미소층에서 발견된다. 이 해표면 미소층에는 담수 표면 미소층의 *Nautococcus*와 같이 해표면 미소층에 특별히 적응된 조류는 존재하지 않는 것으로 추정된다. 해표면 미소층에는 각종 대형 무척추동물을 비롯하여 대표적인 균류 및 원생동물이 가끔 발견된다.

해양 생태계도 수직적으로 수역을 구분할 수 있다(그림 6-8). 진광대(euphotic zone)는 광보상점까지의 깊이로 빛이 효과적으로 투과하는 수역이다. 진광대 아래에 무광대(disphotic zone 또는 aphotic zone)가 존재한다. 원양대(pelagic zone)는 수심 0~200 m의 전형적으로 진광성이고 따뜻한 표층 원양대이고, 수심 200~6,000 m의 무광성이고 차가운 중간 심수층(bathypelagic zone)과 수심 6,000 m 이하의 수온이 차고 극도의 수압이 존재하는 초심해저대(hadal zone)로 구분된다. 대양에서 빛의 강도는 대부분이 탁도에

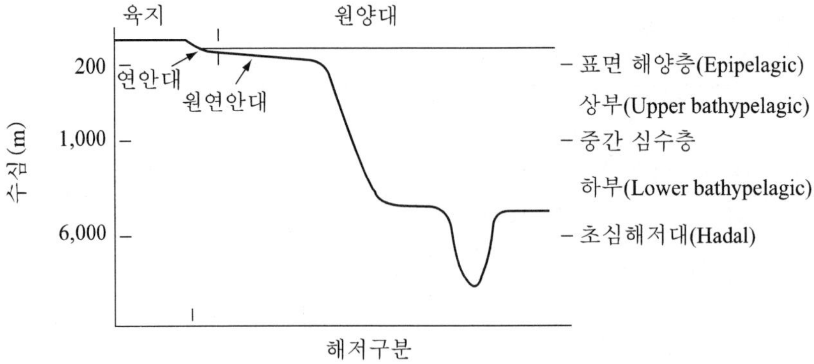

❖ **그림 6-8.** 해양의 수직적 구분

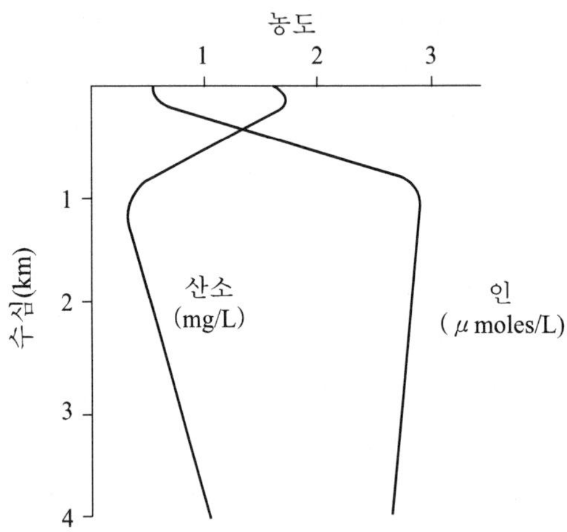

❖ **그림 6-9.** 해양 종단면에 있어서 산소와 인의 수직적 분포

좌우된다. 어떤 경우를 막론하고 25 m 이하의 수심에는 대단히 적은 양의 빛이 투과한다. 수온은 보통 수심 50 m까지는 급격히 감소하고, 50 m 이하에는 대체로 10℃ 이하가 된다. 해수 중에 존재하는 염분의 농도로 인하여 해수의 정상적인 빙점은 −1.8℃이다. 용존산소의 농도는 대체로 해표면에서부터 감소하여 수심 1,000 m에서 최소에 달하고, 수심 1,000~4,000 m에서 거의 해표면 농도에 가깝게 서서히 증가한다(그림 6-9). 인의 농도는 수심 1,000 m에서 최대에 달하고, 수심 4,000 m까지는 일정한 농도를 보인다. 원양 환경에서 광물질 영양원의 회전은 매우 느리다. 진광성 표층 원양대(epipelagic zone)에서 죽은 생물은 훨씬 더 깊은 중간 심수층으로 가라앉고, 결국에는 해저대에 도달한다. 죽은 생물들은 질소와 인을 주축으로 하는 필수 영양원을 함께 운반하며, 이것

은 심해의 영원한 암흑속에서 생물의 부패에 의하여 방출된다. 이러한 영양원은 이곳에서 용출류(upwelling current)에 의하여 매우 느린 속도로 표면수층으로 돌아온다. 광물질 영양원 분자가 따뜻한 진광대의 표면수층으로 돌아오는데는 수 천년이 걸린다. 원양환경에서 진광대의 1차 생산은 광물질 영양원의 결핍으로 크게 제한된다. 반면 영양원이 풍부한 심층해수는 1차 생산에 필요한 빛에너지가 없다. 따라서 대양의 95% 이상은 생산성이 매우 낮은 것이 특징이다. 트인 바다에서 1차 생산자는 거의 모두가 매우 작은 플랑크톤성 조류이다. 이러한 조건으로 인하여 원양의 먹이연쇄는 길고, 비효율적이며 단위부피의 해수 당 불과 몇 마리의 물고기를 부양할 수 있을 뿐이다.

실제로 모든 상업적 어업은 대양의 5% 미만 지역에 국한되는데, 주로 해안지역과 특정 용출류가 발생하는 지역이다. 이 지역에 있는 영양원이 풍부한 해수는 높은 1차 생산을 가능하게 한다. 이러한 지역의 생산자는 좀더 큰 플랑크톤성 생물이며, 먹이연쇄는 짧고 효율적이다. 용출현상은 종종 대륙사면에서 일어난다. 이 현상은 해안에서 바다쪽으로 빨리 흐르는 표면류와 함께 이를 보충하려는 심층수가 상승함으로써 발생한다.

6.3.4 해양미생물 군집의 조성과 활성

원양 서식지는 미생물은 물론 대형생물에게도 독특한 환경이다. 이곳에는 고등식물이 전혀 없으며, 모든 1차 생산은 현미경적 조류와 세균에 의하여 수행된다. 연안, 용출대 및 하구의 해수에서 미생물의 수는 비교적 높지만 원양 해수에는 1~100개체/mL까지 낮게 감소한다. 이 지역에 존재하는 종속영양 세균은 조류 및 잔재물 입자의 표면에 부착되어 있다. 비교적 많은 수의 미생물이 해양 수저지 표면아래 수cm에서 존재하며(10^7~10^8/g), 밑으로 내려갈수록 수는 감소한다. 이러한 이유는 혐기성 조건에 있다기보다는 가용 영양원이 고갈되기 때문인 것으로 추정되고 있다. 해수 중 미생물의 생물량은 표면 근처에서 가장 높고, 수심이 깊어질수록 감소한다.

1) 해양미생물 개체군의 특성

해양환경 중의 토착성 미생물은 일정한 특성을 가지고 있다. 해양미생물은 염도가 20~40‰에서 생육할 수 있어야 하며, 진정한 해양미생물의 생육에 최적인 염분 농도는 33~35‰이다. 진정한 해양세균은 소금이 없으면 생육하지 않는다. 즉, 해양세균은 막기능을 적절하게 유지하기 위하여 해수 중에 존재하는 이온들을 요구하는데, 예를 들면 능동수송을 위하여 나트륨과 염소 이온을 요구한다. 일부 해양세균은 세포를 둘러싸는 다중막을 가진다. 이러한 세균이 담수에 노출되면 다중막이 파괴되어 세균은 죽게된다.

해양세균은 해양에서 발견되는 저농도의 영양원에서 생육할 수 있어야 한다. 그러나 많은 해양세균이 잔재물 입자의 표면에 부착되어 국지적으로 영양원이 풍부한 조건에서 잘 생육한다. 해양환경의 90~95%가 5℃ 이하이기 때문에 해양세균은 저온에서 생육할 수 있어야 한다. 그러므로 적도의 해수표면에 서식하는 세균을 제외한 대부분의 해양세균은 저온성(psychrophilic)이거나 저온섭식성(psychrotrophic)이다. 심해 협곡에서 발견되는 세균은 큰 수압에 노출된다. 이러한 지역에는 내압성이 있는 세균이 토착성 군집의 중요한 구성원이다.

대부분의 해양세균은 그람음성이고, 운동성이다. 해양세균은 대체로 호기성이거나 통성 혐기성이며, 비교적 적은 수의 절대혐기성 세균이 해수에서 발견된다. 담수나 토양서식지에 비하여 해양서식지에는 단백질 분해능을 가진 세균의 비율이 비교적 높다. 많은 세균이 해양에서 발견된다. *Pseudomonas* 또는 *Vibrio*가 해양환경에서 우점종이며, *Flavobacterium*도 비교적 많이 존재한다. 또한 *Spirillum, Alcaligenes, Hypomicrobium, Cytophaga* 및 방선균도 해양에서 종종 발견된다.

각종 그람음성 세균 외에도 *Bacillus*와 같은 그람양성 세균도 해양 수저지에서 발견된다. 해양 수저지 표면 아래에서는 혐기성 세균이 토착성 미생물이 된다. 그 위의 수층으로부터 유기물이 침전 및 퇴적되므로 종속영양 미생물의 생육에 좋은 환경이다. 혐기성인 *Desulfovibrio*가 해양 수저지에서 발견되며, 여기에서 황산염을 황화수소로 환원시킨다. 혐기성인 메탄생성 세균은 보통 가용 황산염층 아래의 수저지에서 발견된다.

해수 중에 질소순환에 관여하는 중요한 화학독립영양세균군이 존재하는데, *Nitrosococcus, Nitrosomonas, Nitrospina, Nitrococcus* 및 *Nitrobacter*가 속한다.

해양 생태계에서 균류 개체군은 과거에는 간과되었던 것이었지만 현재에는 해양에 존재하는 균류에 대한 논문이 집대성되었다. 해양 생태계에서 발견되는 어떤 균류는 생육에 소금을 필요로 하며, 어떤 균류는 염분내성이 있는 것도 있다. 그물모양의 원형질체(net plasmodium)를 형성하는 *Labyrinthula*는 해양에서 발견되는 대표적인 점균류(slime mold)이다. 이들은 보통 해양조류 및 식물과 관련되어 존재한다. 효모도 해수에서 빈번히 발견되는데, 가장 흔하게 발견되는 효모는 *Candida, Torulopsis, Cryptococcus, Trichosporon, Saccharomyces*이며, *Rhodotorula, Rhodosporidium* 및 담자균류와 유사한 효모도 발견된다. 그러나 사상형 담자균류는 해양 생태계에서 희귀하다.

해양조류는 해양생태계에 필수적인 탄소 공급원이 된다. 해양조류에는 녹조류(Chlorophycophyta), 유글레나류(Euglenophycophyta), 갈조류(Phaeophycophyta), 황록조류(Chrysophycophyta), 은편모조류(Crytophycophyta), 황적조류(Pyrrophycophyta) 및 홍조류(Rhodophycophyta)가 있다. 갈조류는 거의 대부분이 해양성이며, 1,500종이 넘는 바다 갈조류는 열대지역의 깨끗한 해수의 상부 연안대로부터 수심 220 m의 원연안대에 걸치는 조수 발생대의 현저한 구성원이 된다. 녹조류와 황록조류의 구성원이 우점 플랑크톤이다. 해양 플랑크톤은 보통 수심 0～50 m의 해양 상층부에서 최대농도가 발견된다. 매우 깨끗한 열대지역의 해수는 빛의 투과심도가 깊기 때문에 식물성 플랑크톤의 최대농도는 표면이 아닌 10～15 m 깊이에서 발견된다. 녹조류는 대개 표면에서 최대농도로 발견되고, 수심 30 m 이상에서는 발견되지 않는다. 홍조류 및 금갈조류는 이보다 더 깊은 수역에서 발견된다.

플랑크톤성 규조류에는 세 가지 유형이 있는데, 1형은 완전 플랑크톤성(holoplanktonic)으로 원양성 또는 연안성이고, 해수에만 존재한다. 제2형은 일시적 플랑크톤성(meroplanktonic)으로 생활사중 일시적으로 원양성이 되나 대부분의 기간을 바닥에서 지낸다. 제3형은 완전부착성(tychopelagic)으로 생활사의 대부분을 고정된 기질에 부착하여 지낸다.

해수에서 황적조류는 가끔 수화(水華, bloom)를 일으킬 수 있다. 쌍편모조류(Dinoflagellate)는 해수 중에 그 농도가 높아지면 바다를 적갈색으로 물들여 이른바 적조현상을 일으키며, 그 범위는 수 km에 달하는 경우도 있다. 이러한 쌍편모조류의 일부 종에 의하여 생성되는 독소는 물고기와 다른 해양생물을 죽인다. 적조를 일으키는 쌍편모조류 수화의 원인은 심해류의 용출에 의한 영양원의 표수층으로의 이동과 관련이 있는 것으로 추정되고 있다.

원생동물도 해양 동물성 플랑크톤의 중요한 구성원이다. 해양성 원생동물은 염분에 적응하는데, 어떤 것은 10% NaCl에도 내성을 보인다. 해양성 원생동물에는 편모충류, 근족류(rhizopods) 및 섬모충류가 있으며, 편모충류인 *Coccolithophoridae*는 해양에서 가장 작은 플랑크톤성 원생동물로서 해양 플랑크톤의 주된 구성원이다. *Radiolaria* 및 *Acantharia*에 속하는 종들도 해양 플랑크톤의 중요 구성원이다. *Titinnidium* 속의 종은 해수의 상층부에서 번성하는 해양성 섬모충류이다. 해양성 원생동물 및 미소갑각류는 세균, 식물성 플랑크톤, 소형 동물성플랑크톤을 채식한다. 동물성플랑크톤의 채식은 해양 먹이망의 미소한 1차생산자와 상위 영양수준에 있는 생물 사이를 연결해 주는 중요한 수단이 된다.

6.4 토양환경과 미생물

토양생물은 그들이 살고 있는 서식지의 형성에 참여한다. 그들은 전체 생물군, 특히 고등식물들과 함께 토양 형성과정에서 상호작용하는 다섯 요소 중의 하나이다. 나머지 네

요소는 기후, 지형, 모재(parent material), 시간이다. 물리화학적 분쇄에 의해 커다란 암석은 부피에 비하여 표면적이 큰 작은 입자들로 나누어지고, 식물 영양소가 분비됨에 따라 토양형성 과정이 시작된다(그림 6-10). 토양형성 초기 과정에서 부족한 두 가지 주요 영양소는 탄소와 질소이다. 그러므로 토양 모재의 초기 이주생물은 보통 광합성과 질소고정을 모두 할 수 있는 생물이다. 이것에는 남조류로 알려진 시아노박테리아가 우세하게 나타난다. 고등식물이 들어서게 된 다음에도 토양 형성과정은 계속된다. 토양 형성과정을 통해서 살아있는 세포와 죽은 세포, 토양 유기물, 토양특성과 긴밀한 관계가 있는 콜로이드성 물질들이 상호작용하기에 충분히 작은 무기입자들의 역동적인 혼합물이 생산된다.

토양의 근대적인 정의는 식물 뿌리에 의해서 이용되는 지구 표면층과 관계가 있다. 미생물의 생육은 상당히 깊은 곳에서도 일어난다. 바위 한가운데 있는 유전에서 표면 환경이 보호되어 수백만 년 동안 살아있는 생물이 발견된다. 활발한 탈질 작용은 탄소원이 NO_3^-와 함께 침투한다면 뿌리 깊이보다 상당히 아래인 지하층에서도 일어난다. 활동 중인 화산을 예외로 하면, 지구표면에서 미생물이 존재하지 않는 지역은 알려져 있지 않다. 미생물은 온도의 일교차가 50℃에 이르는 고비사막에도, −50℃에 달하는 극지방의 빙산에도, 90℃에 이르는 온천에도 존재한다. 살아있는 세균은 또한 바닷물의 거대한 압력과 고온 아래에 있는 Galapagos 해구에서도 발견된다고 알려져 있다.

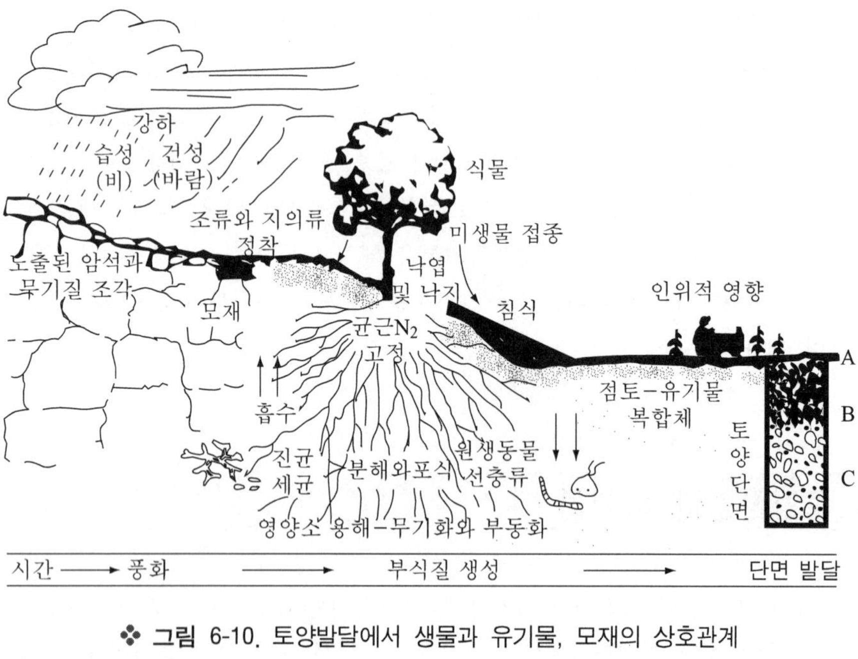

❖ **그림** 6-10. 토양발달에서 생물과 유기물, 모재의 상호관계

6.4.1 토양의 형성과정

커다란 암석이 오랜 세월에 걸쳐 기온, 바람, 물, 화학적 분해와 같은 물리화학적 풍화작용과 토양생물 등에 의한 생물학적 풍화작용을 거치면서 작은 입자로 나누어져 토양 모재가 형성됨으로써 토양 형성이 시작된다. 토양형성 과정이 성숙되어 가면서 토양은 그림 6-11과 같이 층단면이 발달하게 된다.

토양의 표면에서는 식물들에 의하여 축적되는 낙엽과 동물의 배설물로부터 유래된 분해되지 않은 유기물의 최상층(surface litter; O층)이 형성되고, 다양한 개체군, 즉 동물, 곰팡이, 세균 포식자와 기생충을 위한 영양원을 제공한다. 이 층 바로 아래의 표토층에는 낙엽이 분해되어 생긴 검은 색의 부식토가 형성된다(top soil; A층). 부식토는 유기물과 무기물 입자의 다공성 혼합물로서, 식물의 성장에 필요한 영양원을 제공하고, 공기 유통과 수분 보유를 좋게 한다. 유기물의 분해산물은 화학적 작용을 통하여 토양입자로부터 수용성 무기물의 용탈을 촉진시키고, 용탈된 무기물은 배수되는 물에 용해되어 하층으로 이동되어 축적된다(subsoil; B층). 이 층에는 토양 내 대부분의 무기물을 함유하

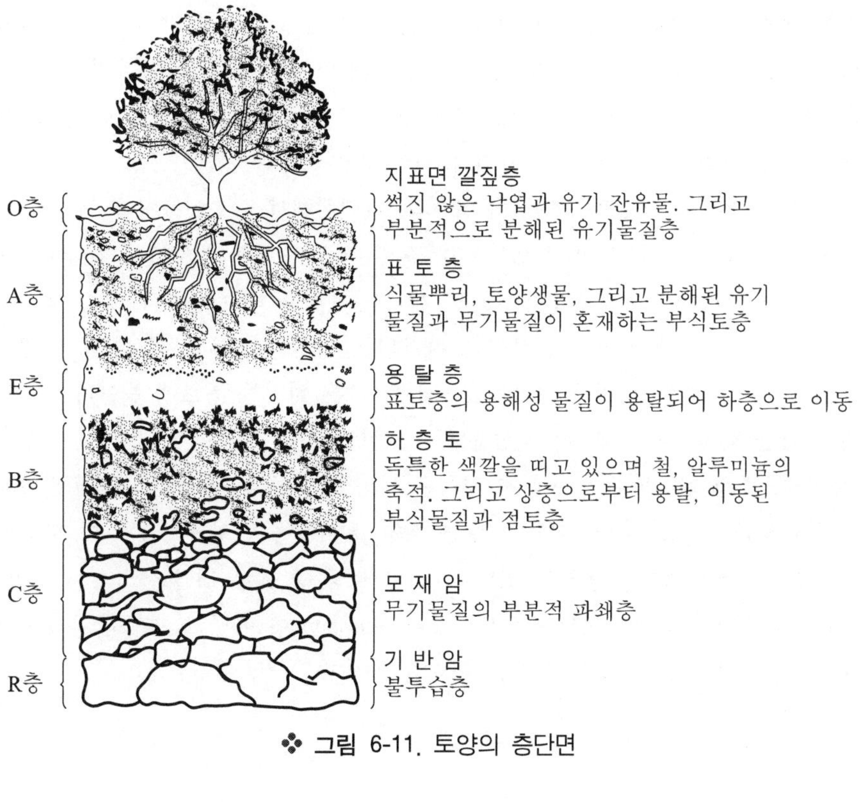

❖ 그림 6-11. 토양의 층단면

고 있으며, 모래, 침적토, 점토와 자갈의 다양한 혼합물의 형태로 존재한다. 그 아래에 토양의 모재(parent material; C층)가 되는 층이 있고, 맨 아래쪽에는 기반암층(bed rock; R층)이 있다.

6.4.2 토양의 구조와 구성요소

1) 토양의 구조

토양은 살아있는 식물의 뿌리, 살아있는 토양 개체군, 여러 가지 분해단계에 있는 유기물과 함께 다양한 크기와 모양, 그리고 화학적 특성을 가진 무기입자들로 이루어진다. 토양기체, 토양수와 용해된 무기물들이 토양 서식지를 이룬다. 토양 짜임새에 대한 이해는 공간적인 배열에 대한 지식을 필요로 한다. 이것은 구성요소들의 크기와 모양에 관계가 있다. 토양바탕(soil matrix)을 이루는 구성요소들의 상대적인 크기는 대형입단(macroaggregate)과 같이 직경 2 mm 이상에서, 세균 및 콜로이드성 입자와 같이 마이크로미터 단위를 가지는 범위에 분포한다(그림 6-12). 효소 및 다른 분자수준의 반응들은 적어도 10배 이상 작은 크기에서 일어난다.

유기물 복합체의 형성과 점토, 미사와 모래들이 입단으로 안정화되는 과정은 대부분 토양의 뚜렷한 구조적 특징이다. 점토는 입단형성에 있어 기본이 된다. 토양학자는 점토입자를 직경이 2 μm 이하이고, 콜로이드성인 것으로 간주한다. 화학적으로, 콜로이드는 분산과 넓은 표면적을 가지는 특징이 있다. 점토입자는 화학자들이 알고 있는 콜로이드성 물질들보다 더 크지만 그 표면적이 넓어서 자연계에서 콜로이드처럼 행동한다.

대부분의 점토는 음전하를 띠고 있다. 미생물들 역시 대부분의 토양 유기물처럼 중성 pH에서 음으로 하전된다. 정상적으로는 두 개의 음전하를 띤 단위는 서로를 멀리할 것이다. 음전하를 띤 단위들 사이의 부착은 다가의 양이온을 통한 이온결합에 의해 가능하다. 결합손 중의 하나는 미생물이나 유기물에, 다른 하나는 점토에 붙는다. 미생물의 다당류와 강한 접착성을 가진 가는 섬유질들 또한 토양입자들을 서로 묶는다. 많은 열대성 토양들, 특히 화산암에서 유래된 것들은 다양한 전하를 띤 allophane(무정형의 알루미늄 규산염)인 점토들이다. 이들 점토는 토양 유기물을 안정화시키는 데 도움이 되는 철과 알루미늄을 많이 함유하고 있다. 그러한 토양 중 많은 것들은 양호한 토양구조를 가지며, 비슷한 기후조건에서 발달되었으나 allophane이 아닌 모재에서 유래된 토양들보다 2~3배 정도 많은 토양 유기물 함량을 보인다.

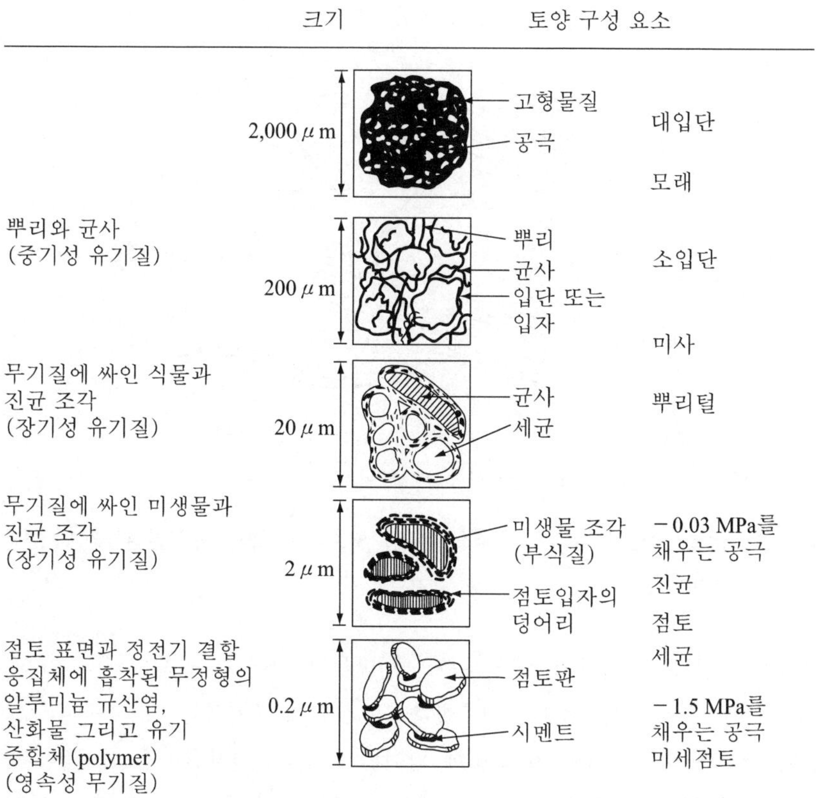

❖ **그림 6-12.** 구성분자들의 상대적인 크기와 주요 결합요인들을 보여주는 토양 입단체계 모형

토양 입단 생성은 미생물의 활동과 토양 유기물 대사회전을 조절하는 가장 중요한 요소들 중 하나이다. 입단 생성은 점토들을 연결하여 유기물-무기물 복합체를 형성하게 하는 사상체들과 다당류를 미생물군과 뿌리들이 생산할 때 시작된다. 물리적인 힘(건조, 수축-팽창, 결빙-해빙, 뿌리 성장, 동물운동, 압축)에 의하여 토양 입단이 만들어질 때 토양구조가 생겨난다. 그림 6-13은 하나의 입단 안에 있는 미생물들을 보여준다. 이 그림은 단순화되어 있고 크기도 다소 차이가 있겠지만, 토양 공극의 크기가 입자들 간의 거리에 따라 어떻게 달라지는지, 유기물들이 어떻게 보호될 수 있는지를 보여준다. 입단의 일부를 이루는 유기물은 미생물과 효소로부터 물리적으로 분리된다면 무기화되지 않을 것이다.

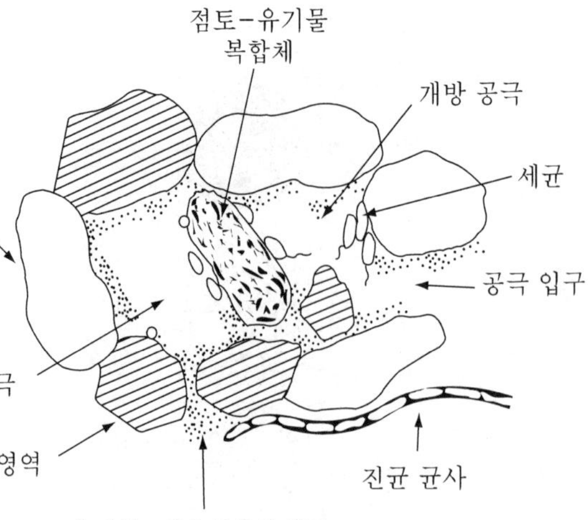

❖ **그림** 6-13. 굴을 만들어 생물의 공격으로부터 보호되고 있는 유기물을 보여주는 토양 입단모형

대부분의 미생물들은 입단의 바깥 부분과 입단들 사이에 있는 작은 공극 안에 존재한다. 비교적 적은 수가 입단 내부에 거주한다. 입단 안에 존재하는 미생물들은 보통 입단이 형성될 때부터 파손될 때까지 그곳에 남아있게 된다. 전자현미경 사진을 통하여 미생물 밀도를 계산해 볼 때, 미생물이 전체 이용가능한 공극의 1% 미만을 차지한다는 것을 알 수 있다. 입단 내부 구멍 입구의 크기에 따라 그 공극 내로 들어올 수 있는 생물크기, 즉 생물의 종류가 결정된다. 어떤 생물이 들어오느냐는 또한 공극 안의 수분 함량에 따라서도 달라진다. 직경이 수 μm 정도 크기이고, 물이 채워져 있는 공극들은 일반적으로 세균에게 적합하다. 진균은 어느 정도 더 큰 공극으로 들어간다. 공극의 크기는 동물이 움직일 수 있는 능력을 제한한다. 또한, 이것은 토양미생물을 잡아먹는 행위에도 영향을 미친다. 소형 입단(microaggregate, 50～250 μm)들은 큰 틈새가 있는 대형입단(macroaggregate, 〉2 mm)의 하부 단위이다. 대형입단에 있는 큰 공극은 미소동물들의 피난처를 제공하여 몸집이 큰 육식동물들로부터 미소동물을 보호한다.

토양입단과 그 구성 점토는 효소와 기질의 상호작용에 영향을 준다. 커다란 외부 및 내부 표면적을 가지는 점토입자는, 요소 분해효소(urease)와 단백질 분해효소(protease) 등의 효소들을 흡착할 수 있다. 점토에 흡착된 효소 또는 부식성분들과 얽혀있는 효소들은 다른 효소들에 의한 가수분해로부터 보호된다. 흡착은 또한 촉매 부위의 이용도를 감소시킨다. 요소와 같이 작은 분자는 요소 가수분해효소가 있는 지소로 곧장 확산되어 거기서 분해될 수 있다. 단백질과 같이 큰 분자는 단백질 분해효소가 있는 지소로 곧장 확산되지 않으며, 결과적으로 요소보다 매우 느린 속도로 분해될 것이다.

2) 토양 공기

토양 공기 속에 포함된 주요 기체 형태는 대기에 있는 N_2, O_2, CO_2 등이다. 때때로 질소 산화물같이 생물활동으로 생겨나는 기체 형태도 존재한다. 이런 기체는 토양 구성 요소와의 반응성이 매우 높고, 생물활동에 의하여 변형되기도 쉽기 때문에 보통 일시적으로 존재한다. 통기가 원활한 토양에서 O_2 농도는 18~20% 이하로 내려가는 경우가 거의 없으며, CO_2는 1~2% 이상으로 올라가는 경우가 거의 없다. 그러나 점토질 토성과 높은 수분 함량을 가지면서 미생물 활동이 활발할 경우, 토양 공기의 CO_2 농도는 10%에 달하기도 한다.

토양에서 공기의 확산은 다음과 같이 기체의 운동을 토양의 특성, 토양에서 기체의 농도 및 깊이와 관련시키는 Fick의 법칙에 따라 설명될 수 있다.

$$q_1 = D_{\mathrm{sa},\,1}\frac{dc_1}{dz}$$

여기서 q_1 : 기체의 확산속도($g \cdot cm^{-2} \cdot sec^{-2}$)

$D_{\mathrm{sa},\,1}$: 토양에서 확산상수($cm^2 \cdot sec^{-1}$)

c_1 : 토양 공기에서 기체의 농도($g \cdot cm^{-3}$)

z : 깊이(cm)를 나타낸다.

물에서 기체 용해도는 기체의 종류, 온도, 염류의 농도, 그 기체의 대기분압에 따라 달라진다. 가장 용해되기 쉬운 기체는 물에서 이온화되는 CO_2, NH_3, H_2S 등이다. 산소는 매우 낮은 용해도를 가지며, 질소 기체의 용해도는 더욱 낮다. 대기의 80%가 N_2이지만 물에서 N_2는 매우 낮은 확산속도를 가지기 때문에 질소고정에 있어 제한요인이 될 수 있다. 통기가 잘 되지 않는 지소에서 N_2의 낮은 확산 속도는 아세틸렌(C_2H_2) 환원기법을 이용하여 질소고정을 측정할 때 영향을 준다. 아세틸렌은 물에 용해되기 쉽기 때문에 같은 토심에서 N_2보다 훨씬 이용도가 높다. 따라서 반응속도의 지표로서 아세틸렌 환원을 이용할 때 N_2 고정을 실제보다 높게 예측하는 오류를 초래할 수 있다. 벼, 습지식물 등은 공기를 물에 잠겨있는 토양 저층으로 확산시킬 수 있는 특수한 뿌리 통로를 가진다. 벼는 보리보다 토양 저층으로의 공기 확산을 4배나 크게 한다. 그리하여 물에 잠겨있는 조건에서 혐기성이 될 수밖에 없는 뿌리 주변을 호기성 미소환경으로 만든다.

토양에서 통기정도는 물의 함량에 의하여 추정될 수 있다. 무기입자들은 보통 2.65 gcm^{-3}의 비중을 가진다. 표면 토양의 용적밀도는 일반적으로 0.9~1.3 gcm^{-3}에 이른다.

그러므로 무기토양은 보통 50~60% 부피의 공극을 갖는다고 할 수 있다. −0.01 MPa, 즉 포장 용수량(field capacity)에서 토양수분 함량은 사질토양의 경우 15~30%, 점토질 토양의 경우 40~50% 정도이다. 전체 공극량과 수분함량의 차이만큼이 공기로 채워진 공간이라고 할 수 있다.

호기성에서 혐기성 대사과정으로의 전환은 1% 미만의 O_2 농도에서 일어나는 것으로 확인되고 있다. 토양전체의 통기는 흙덩이 하나 하나와 입단의 통기만큼 중요하지 않다. 반경이 3 mm보다 크고 물이 포화된 흙덩이는 중심부에 O_2가 없는 것으로 계산된다.

탈질작용과 황산염 환원과 같은 혐기성 과정들이 대부분의 토양에서 일어난다는 사실은 혐기성 미소환경들이 매우 흔하게 생긴다는 것을 시사한다. 혐기성 미소환경들이 존재한다는 것은 토양의 상층부에 *Clostridium* 등의 혐기성 세균이 흔히 나타난다는 점에서도 유추될 수 있다. 토양의 상층 수 cm에 있는 혐기성 세균의 개체군수는 더 깊은 곳에서보다 10배 정도나 더 많을 수 있다는 것이 몇몇 연구에서 나타나고 있다. 호기성 세균은 혐기성 세균들을 위한 환경을 만들어 주는 역할을 한다. 미소환경 내에서 호기성 세균의 초기 생육은 저장된 O_2를 소모하며, 따라서 혐기성 미생물의 발달을 허용하게 된다.

혐기성 미생물은 O_2가 없는 상태에서 에너지를 생성시키고 생육할 수 있는 능력을 가지고 있다. 절대 혐기성 미생물은 산소가 존재할 때 그 독성으로 죽는다. 이와 같은 저해작용은 독성 중간물질의 생산때문에 일어난다. 산소에 민감하지 않은 생물들은 독성 중간물질을 제거하는 효소들을 함유한다. 독성 중간물질들은 전자전달동안에 생산되기 때문에 저해작용은 전자공여체가 있을 때에만 나타난다. 절대 혐기성 생물들은 생육을 위한 적당한 기질이 없으면 호기성 토양환경에서도 오랜 기간 견딜 수 있다. 토양에서 이런 경우는 흔하다.

어떤 토양생물들은 오랜 지질학적 기간에 토양 공기내의 높은 이산화탄소 농도에 적응하게 되었다. 어떤 진균은 10~20 cm의 토양 깊이를 선호한다. 질산균도 지면의 농도보다 더 높은 이산화탄소 수준을 선호한다. 밀폐된 용기에서 공기의 이산화탄소를 실험적으로 조절하여 질산화 작용을 보았을 때, 토양에 존재하는 이산화탄소 수준인 0.07~0.23%에 비하여 대기수준의 이산화탄소 농도인 0.035%에서 질산화 작용은 거의 일어나지 않는다.

지표 가까이에 지하수면이 있는 토양에서 이산화탄소 농도를 수직적으로 보면, 뿌리가 존재하고 미생물 호흡이 일어나는 지표 부근에서 가장 높다. 뿌리 호흡은 토양에서 생기는 이산화탄소의 20~50%를 공급한다(표 6-2). 그 나머지 50~80%에 이르는 더 큰 몫이 미생물에 의한 것임을 알 수 있다.

표 6-2. 토양호흡에서 뿌리 호흡의 기여도

	뿌리의 호흡(전체 토양호흡에 대한 백분율, %)
귀리	30
밀	20
초원 풀	19
참나무	40

3) 토양수

토양수는 생물이 이용할 수 있는 수분뿐만 아니라 토양의 통기 상태, 가용성 물질의 질과 양, 삼투압, 토양 용액의 pH에 영향을 미친다. HOH 각도가 105°인 물 분자의 모양 때문에 산소는 음의 성질을, 수소는 양의 성질을 가진다. 이것은 물리화학적 반응들과 관련된 물 분자의 특성을 많은 부분 설명한다. 이것은 왜 물이 전하를 띤 이온들을 잡아당기는지 설명한다. Na^+, K^+, Ca^{2+} 같은 양이온들은 물 분자의 음전하를 띤 산소 끝에 끌리기 때문에 수화된다. 물의 극성은 물에 의해서 왜 수소결합이 형성되는지 설명한다. 각 물 분자의 다른 물 분자와 또는 다른 생물학적 구성요소들과의 결합이 수용액의 특성들, 점도, 높은 비열을 설명한다(그림 6-14). 물이 수소결합과 양극성의 상호작용에 의해서 강하게 표면에 흡착된다는 사실은 토양계에서와 마찬가지로 미생물 세포 내에서도 특히 중요한 의미를 가진다. 흡착된 얇은 수막은 0℃에서 얼지 않은 채로 남아있고, 가열하여 그것을 제거하고자 할 때는 105℃까지 요구된다. 이 결합수는 결합되어 있지 않은 물과 상당히 다른 특성을 가진다.

토양수는 보통 세 가지 형태, 즉 중력수(gravitational water), 모세관수(capillary water), 흡습수(hydroscopic water)로 존재한다. 중력수는 중력에 의해서 토양을 통하여 배수된다. 이것은 관개하거나 호우가 지나간 다음 일어날 것이다. 중력수가 빠져나간 직후의 토양수를 포장 용수량이라고 한다. 이때에도 미세 또는 모세공극들은 여전히 식물과 미생물의 생장에 이용가능한 물로 채워져 있다. 이 물의 matrix potential은 −0.01과 0.03 MPa 사이에 있을 것이다. 증발 또는 증산에 의해서 이러한 물이 토양으로부터 손실되어 많이 부족해지면 식물은 밤과 낮에 모두 팽팽한 상태를 유지할 수 없고, 시들게 될 것이다. 이것은 보통 −1.5 MPa 정도에서 일어나는데, 위조점(willting point)이라고 한다. 흡습수는 높은 상대습도를 가지는 대기로부터 건조한 토양에 흡수되는 물, 공기 중에서 말린 토양 속에 남아있는 물 또는 특정 상대습도와 온도(보통 98% 상대습도와 25℃)에서 평형을 이루고 있을 때 토양에 의해 보유되는 수분 등 여러 가지로 정의된다.

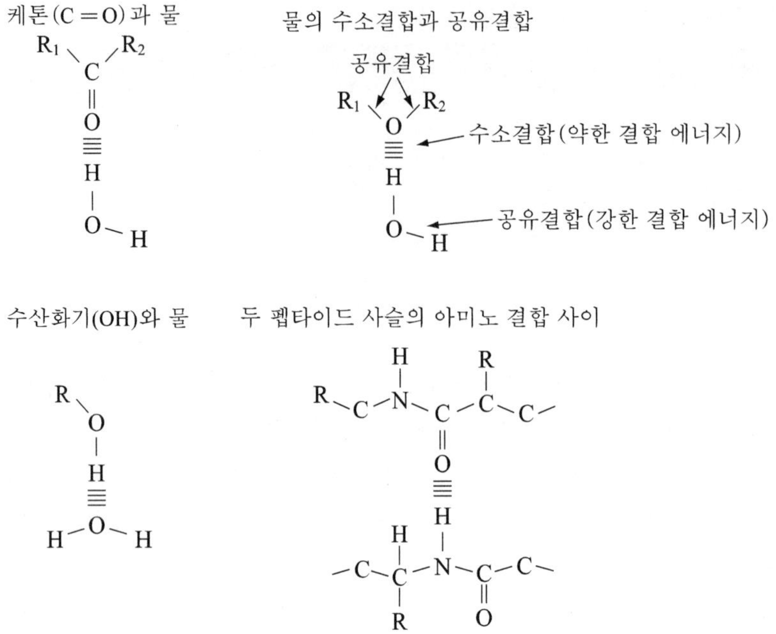

❖ 그림 6-14. 토양의 생물학적 물질 및 유기물의 구조에 중요한 수소결합들

토양수의 matrix potential과 삼투력의 합은 생물이 물을 얻기 위해서 거슬러 이겨내야 하는 스트레스이다. 일반적으로 토양에서 미생물 활동은 −0.01 MPa에서 최적이고, 토양이 물에 잠겨 0의 포텐셜에 가까워지거나, 반대로 더욱 건조해져 더 큰 음의 포텐셜을 가지는 값이 됨에 따라서 미생물 활동은 감소한다. 진균은 일반적으로 세균보다 높은 수분 포텐셜(더 큰 수분 결핍)에서 견딘다. *Nitrosomonas*같이 전형적인 질산화 세균은 *Clostridium*과 *Penicillium*같이 전형적인 암모니아화 세균보다 스트레스에 약하다. 때때로 건조한 토양의 표면층에서 관찰되는 NO_3^-의 높은 함량은 질산화작용때문이 아니라 NO_3^-를 포함한 모세관수의 상승때문일 것이다. 토양 표면에서 물이 증발되면서 NO_3^-가 남게 된다.

물은 영양물질의 확산과 질량 흐름(mass flow), 농도에 영향을 미쳐 미생물과 식물 모두에 영향을 준다. 수분이 많아 수분 자체가 제한요인이 아닌 경우에 영양물질의 확산이 매우 느려 제한요소가 될 수 있다. 질량 흐름에 의해 NO_3^-같은 영양물질은 적절히 식물 뿌리에 공급된다. 그러나 인은 물과 함께 바로 이동하지 않는다. 인이 흡수되기 위해서는 확산과 뿌리의 확장이 필요하다.

4) 토양 pH

세계 도처에서 토양은 비료의 과다 사용과 산성비로 인해 지나치게 산성화되어 있으며, 점점 악화되고 있다. 생물적 질소고정 역시, 고정하는 동안 수소이온을 생산함으로서 토양 산도를 증가시킨다. 토양 pH의 측정은 미생물 반응을 뒷받침할 수 있는 토양능력을 예측하는데 중요한 기준이 된다. 토양 용액의 pH 측정은 용이하다. 그러나 음전하를 띤 점토질은 그들을 잡아당기는 양전하를 띤 이온층을 가진다. 점토질이나 음전하를 띠는 유기입자를 둘러싸고 있는 이중막 내에는 양이온 농도가 증가되어 있기 때문에 이러한 표면에서 pH는 토양용액보다 수배나 높은 산성일 수 있다.

NH_4^+에서 NO_3^-로 생물학적 변환(질산화)은 pH에 가장 예민한 반응 중의 하나이다. 이중막 이론으로 설명되는 pH 차이의 개념은 질산화 반응에 최적인 pH나 최소한의 pH가 왜 실험실 용액과 토양에서 서로 다른지 그 이유를 설명하는데 사용되고 있다. 질산화 반응이 배양용액에서는 pH 6 이하에서 일어나지 않는 반면, 삼림토양에서 질산화 과정은 pH 4 이하에서도 일어날 수 있다. 이 수수께끼는 질소가 풍부한 물질이 분해되는 미소환경이 토양에서 만들어지기 때문인 것으로 설명될 수 있다. 암모니아의 분비는 미소환경 내의 pH를 토양용액의 pH보다 더 높게 만든다. 더 일반적으로 받아들여지고 있는 또 다른 설명은 산성토양에서 질산화 작용은 독립영양 질산균보다 산도에 내성이 큰 종속영양 질산균에 의해서 일어난다는 것이다.

특수한 지소에서 pH 값에 대한 개념은 미생물의 크기와 미생물 수준에서 나타나는 효소의 다중성과 관련시켜야 한다. 하나의 세균 세포는 약 1,000 종류의 효소를 가지고 있다. 이중 많은 효소가 pH 의존적이고, 세포막과 같은 세포구성물질에 붙어있다. 효소의 최적 pH는 흡착현상에 의해서 영향을 받는다. 토양 매체에서 토양 부식산에 효소가 흡착되면 최적 pH는 더 높아진다.

5) 토양온도

온도는 세포의 생리적인 반응속도뿐만 아니라 환경의 물리화학적인 특성들 대부분에 영향을 미친다. 이러한 특성의 예는 토양부피, 압력, 산화환원전위, 확산, 브라운 운동, 점성, 표면장력, 물의 구조 등이 있다. 다른 생물들과 마찬가지로 미생물 세포의 활동은 열역학 법칙에 따른다. 그러므로 온도 변화가 미생물 활동에 뚜렷한 영향을 주는 것은 놀랄 일이 아니다.

상층부의 온도가 일정하게 유지되는 토양은 거의 없다. 온도변화는 계절에 따라, 하루의 시간에 따라 일어난다. 물의 비열이 높기 때문에 젖은 토양은 마른 토양보다 하루 동안 온도변화가 적다. 태양열의 강도와 반사에 영향을 주는 요소들 중에는 토양의 방위(남 또는 북의 경사방향 등), 경사도, 음영정도, 지표를 덮은 정도(식생 등) 등이 있다. 1일 동안의 온도변화는 토양 깊이에 따라 작아진다. 한여름 주어진 지소의 깊이 5, 10, 30 cm에서 온도는 각각 15～18℃, 8～10℃ 및 1～2℃의 변동을 보인다.

6.4.3 토양에 서식하는 미생물

토양은 대체로 미생물의 생육에 적합한 서식지이며, 미소한 집락이 토양 입자 위에 형성된다. 토양에서 발견되는 미생물의 수는 담수나 바다보다 많다. 토양 중에는 전형적으로 10^6～10^9cells/g의 세균이 발견된다. 토양에서 발견되는 미생물에는 바이러스, 세균, 균류, 조류, 원생동물 등이 있다. 토양 중에는 유기물의 농도가 비교적 높기 때문에 종속영양 미생물의 생육에 유리하다.

위노그라드스키(Winogradsky)는 난분해성인 부식질을 이용하는 토양미생물을 토착성 또는 자생적(authochthonous) 미생물이라고 규정하였다. 느리지만 지속적인 활동이 이 미생물군의 특징이며, 대부분이 그람음성 간균 및 방선균이다.

이러한 토착성 미생물에 대비되는 미생물로 위노그라드스키는 발효적(zymogenous) 또는 기회적(apportunistic) 미생물을 들었다. 후자는 대체로 부식질을 이용하지 못하지만 식물 잔재물, 동물의 배설물, 동물의 시체 등 쉽게 이용할 수 있는 기질을 이용하여 높은 수준의 활성과 빠른 성장을 보이는 미생물군이다. 이들의 특징은 불활성 휴지기를 가지며, 간헐적인 활동을 한다는 것이다. *Pseudomonas, Bacillus, Penicillium, Aspergillus, Mucor* 등이 전형적인 발효적 미생물에 속한다.

발효적이라는 말은 타지성(allochthonous)이란 말과 같은 뜻이 아니다. 발효적 미생물은 비록 간헐적인 활동을 하지만 토양의 진정한 토착성 미생물이며, 타지성 미생물은 토양 중에서 적합한 생육조건을 발견할 수 없는 인간 및 동물 병원균 등을 지칭한다.

토양에 토착적인 미생물상의 일반적 적응 특성을 묘사하기는 곤란하다. 토양에는 많은 미소서식지가 존재하고 특정한 장소에는 각종 토착성 미생물에게 유리한 미소환경이 존재하기 때문이다. 토양 표면의 잔재물이 풍부한 층에서 토착성 미생물은 높은 유기물 농도에 견디며 생육한다. 토양에는 절대호기성, 통성혐기성, 미호기성, 절대혐기성 세균이 모두 존재한다. 개개의 토양은 특정한 대사유형을 가진 미생물 개체군에게만 유리하게 작용할 수 있다. 예를 들면, 침수된 토양의 혐기적 조건은 통성혐기성 및 절대혐기성 세균의 생육을 유리하게 한다.

비록 토착성 토양세균의 일반적 특성을 묘사하기에는 부족하지만 일부 토양의 비생물적 변수는 그 토양에서 서식할 수 있는 미생물 개체군의 발달을 억제한다. 예를 들면,

어떤 토양은 높은 알칼리성 pH를 가지며, 어떤 토양은 극도로 산성이다. 이러한 토양의 토착성 미생물 개체군은 이곳에서 자랄 수 있는 적응적 특성을 가져야만 한다. 극지의 토양은 연중 대부분이 얼어있기 때문에, 이러한 토양에 토착적인 미생물은 저온성(psychrophilic) 또는 저온영양성(psychrotrophic)이다. 사막 토양은 대개 뜨겁고 건조하기 때문에, 이곳에 토착적인 미생물은 긴 건조기간과 높은 온도에 견딜 수 있어야 한다. 적응특성으로서 내생포자를 형성하는 *Bacillus*는 간헐적인 경우, 강우가 생육에 충분한 물을 공급해 줄 때까지 포자상태로 존재할 수 있어서 사막 토양에서의 생존에 잘 적응된 미생물이다.

토양에서는 해양이나 담수보다 그람양성세균의 비율이 높다. 그러나 절대수에 있어서는 그람음성세균이 토양의 우점세균이다. 토양에서는 수권보다 토착성 토양세균이 더 많은 비율로 존재하며, 탄수화물과 같은 기질을 이용한다. 토양에서 흔히 발견되는 세균에는 *Acinetobacter, Agrobacterium, Alcaligenes, Achromobacter, Bacillus, Brevibacterium, Caulobacter, Cellulomonas, Clostridium, Corynebacterium, Flavobacterium, Micrococcus, Mycobacterium, Pseudomonas, Staphylococcus, Streptococcus, Xanthomonas* 등이 있다. 그러나 토양에서 발견되는 개개 세균의 상대적인 비율에는 상당한 차이가 있다(표 6-3).

방선균은 토양미생물 중 10~33%를 차지한다. *Streptomyces*와 *Nocardia*는 토양에 가장 많이 존재하는 방선균이다. *Micromonospora, Actinomyces* 및 기타 많은 방선균은 토양에 자생하는 세균이지만 출현빈도는 적다. 방선균은 비교적 건조에 강하며, 사막 토양의

표 6-3. 토양에서 발견되는 호기성, 통성혐기성 세균 속의 상대적 비율

미생물(속)	상대적 비율(%)
Arthrobacter	5~60
Bacillus	7~67
Pseudomonas	3~15
Agrobacterium	1~20
Alcaligenes	1~20
Flavobacterium	2~12
Corynebacterium	2~10
Micrococcus	〈 5
Staphylococcus	〈 5
Xanthomonas	〈 5
Mycobacterium	〈 5

한발에서도 생존할 수 있다. 이들은 알칼리성이나 중성 pH를 좋아하고, 산성에 약하다. Myxobacteria도 토양 및 삼림 잔재물에서 발견된다. 토양에서 발견되는 Myxobacteria의 대표적인 속은 *Myxococcus, Chondrococcus, Archangium* 및 *Polyangium*이다.

토양에서 발견되는 중요한 광합성 독립영양세균인 시아노박테리아로는 *Anabaena, Calothrix, Chroococcus, Cylindrospermum, Lyngbya, Microcoleus, Nodularia, Nostoc, Oscillatoria* 등이 있다. 이들 중 *Nostoc* 같은 몇몇 종은 토양 중에 고정화된 질소화합물과 유기탄소를 공급한다. 고정된 형태의 질소는 토양 중에서 미생물의 활동과 고등식물의 성장에 중요한 제한인자이다. 시아노박테리아는 식물이 자라지 않는 토양에 표면껍질(surface crust)을 형성하며, 토양의 안정화에 공헌한다. *Azotobacter*는 대기 중 질소를 고정화태 질소로 전환시키는 중요한 자유생활형 종속영양세균이다. 일부 혐기성 *Clostridium*도 토양 중에서 질소를 고정한다. *Rhizobium*과 생육속도가 느린 *Bradyrhizobium*은 일부 식물의 뿌리혹 속에서 대기 중 질소를 고정한다. 일부 화학 독립영양세균은 토양 비옥도의 유지에 필수적인 무기물의 변화를 수행한다.

토양에서 발견되는 타지성 미생물군의 원천은 여러 가지가 있다. 타지성 미생물은 대기나 수권으로부터 또는 동식물로부터 토양으로 들어간다. 예를 들면, 일부 식물병원균은 병에 걸린 식물조직과 함께 토양으로 들어온다. *Agrobacterium, Corynebacterium, Erwinia, Pseudomonas, Xanthomonas* 속의 종들은 흔히 감염된 식물조직과 함께 토양으로 들어온다. 일부 타지성 미생물은 동물 배설물이나 폐수를 통하여 토양으로 들어온다. 이러한 세균의 일부는 병원균이다. 예를 들면, 분변 연쇄상구균과 *Salmonella* 종은 폐수로 오염된 토양에서 발견된다. 이러한 타지성세균은 통상 토양생태계로부터 신속하게 소멸된다. 그러나 어떤 경우에는 타지성미생물이 토양 중에서 오랜 기간 동안 생존할 수 있다. 내생포자 및 미생물의 기타 내구성 형태(cyst)는 건조한 토양에서는 휴면상태로 존재할 수 있다.

토양 중에서 균류는 전체 미생물 생물량 중 높은 비율을 차지한다. 토착성이든 타지성이든 대부분의 균류가 토양에서 발견된다. 토양 균류는 자유생활형일 수도 있고, 식물뿌리와 연관된 균근으로 존재할 수도 있다. 균류는 주로 토양의 상부 10 cm 깊이에서 발견되며, 30 cm 깊이 이하에서는 드물다. 이들은 통기가 잘되는 토양에 가장 많다. 토양에서 흔히 분리되는 균류는 *Aspergillus, Geotrichum, Penicillium, Trichoderma*와 같은 불완전 균류이다.

효모는 대부분의 토양에서 발견된다. 사상균류와 같이 토양에 토착적인 대부분의 효모는 불완전 균류이다. *Candida, Rhodotorula, Cryptococcus* 속의 종이 아마도 토양에서 가장 많이 존재하는 토착성 효모일 것이다. 토양에서만 분리되는 효모에는 *Lipomyces,*

Schwanniomyces, Kluyveromyces, Schizoblastosporion, Hansenula, Candida, Cryptococcus 속들의 종들이 있다. 이러한 미생물이 토양에서만 발견된다는 사실은 토양이 이들의 자연적 서식지임을 의미한다. 그러나 이것은 입증된 사실을 아니다. 이 외에도 토양에는 종종 식물질을 통해서 들어오는 많은 타지성 효모가 있다.

수많은 조류가 토양표면이나 토양내부에 서식한다. 토양에서 발견되는 조류에는 녹조류, 홍조류, 유글레나류, 금갈조류 등이 있다. 대부분의 토양 조류는 토양표면이나 토양 상부의 수 mm에서 발견되며, 어떤 때는 토양 1 g당 10^6개의 조류 세포가 존재하기도 한다. 토양표면에 토착성인 조류는 하부 토양으로 이동할 수 있다. 그러면 이들은 그곳에서는 타지성 미생물이 되어 다른 생물에게 포식당하기도 한다.

자유생활형 원생동물들은 대부분의 토양시료에서 발견된다. 토양 원생동물은 수중환경에 비하여 크기가 작고, 다양도가 낮다. 하나의 원생동물이 토양서식형으로 분류되려면 먼저 영양성장 단계의 유충형이 토양에서 발견되어야 한다. 토양 원생동물이 아닌 원생동물의 포낭(cyst)이 가끔 토양으로 들어온다. 토양 중 원생동물의 수는 토양 1 g당 10^4~10^5 개체이다. 원생동물은 대체로 토양 상부로부터 깊이 15 cm 미만의 토양 표면 근처에서 가장 많이 발견된다. 대부분의 원생동물은 비교적 높은 산소농도를 요구한다. 그러므로 이것이 토양층 안에서 이들의 분포를 제한시킨다. 원생동물은 토양세균과 조류의 중요한 포식자이다.

수중환경에서와 같이 토양중의 미생물은 생물 분해와 광물질 재순환의 담당자이다. 셀룰로오스 및 리그닌과 같은 중요한 식물성 중합체는 거의 전부가 미생물의 활동에 의하여 재순환된다. 토양은 영양분이 풍부한 환경이므로 종속영양 미생물, 특히 세균과 균류의 수와 다양성은 매우 높다. 이중 매우 중요한 것은 질소를 고정하며, 미생물과 고등식물간의 균근 관계(mycorrhizal association)이다. 고등식물이 우점한 토양환경에는 미생물이 1차 생산의 부차적인 역할을 할 뿐이다.

6.4.4 토양오염과 미생물

토양은 식물을 포함한 여러 생물체들의 성장을 가능하게 하는 중요한 역할을 하는데, 토양의 구성요소인 생물적 요소나 무생물적 요소들이 변화하면 토양 생태계는 파괴될 수 있으며, 토양이 지탱하고 있는 수많은 생물의 종류와 양에 상당한 영향을 미친다. 토양으로 오염물질이 유입되면 1차적으로 물리화학적 및 생물학적 기구를 통하여 오염물질이 감소되는 자정작용이 일어난다. 그러나 토양의 자정능력을 초과하는 오염물질이 유입되면 오염이 발생하게 된다. 토양 오염물질은 제거가 곤란하여 지속적으로 가중되는 축적성이 있으며, 농작물에서부터 시작하여 먹이사슬의 최종 단계까지 도달하는 간접오염의 특성을 가지고 있다. 즉, 토양오염이 발생하면 오염물질은 토양의 물리성과 화학성을 변화시켜서 토양의 질을 저하시키게 된다. 이렇게 저하된 토양의 질은 다시 토양의 생산력을 감소시키면서 동시에 토양의 정상적 기능을 방해한다. 결국 토양오염으로 인하여 그 곳에서 자라는 식물체내에 유해물질이 축적되고, 영양단계를 거치면서 마지막에는 이것을 섭취하는 인간까지 해를 끼치게 된다. 토양 오염물질로는 하폐수의 슬러지, 과다한 영양물질, 농약, 유해 화학물질, 중금속 등이 있다.

1) 하수 슬러지

금속을 함유하는 하수 슬러지(sludge)의 살포로 농경지와 농작물은 심각하게 오염될 수 있다. 하수 슬러지는 대개 도시 하수의 2차 처리 산물인데, 질소와 인을 포함하는 고농도의 부식 유기물을 포함하고 있기 때문에 좋은 토양 개선제로 사용될 수 있다. 하수처리 시설을 갖추고 있는 산업화된 나라에서는 흔히 이러한 슬러지의 40% 정도를 농경지에 살포하여 처리하고 있다.

하수 슬러지에 포함되어 있는 금속의 종류와 농도는 하수의 종류에 따라 다양한데 Ag, As, Ba, Cd, Co, Cr, Cu, Mn, Mo, Ni, Pb, Sn, V, Zn 등이 함유되어 있으며, 이들 원소가운데 특히 Cd, Ni, Co, Zn을 포함하는 슬러지가 농토에 살포되었을 때 식물에 대하여 독성을 나타낸다. 이러한 슬러지가 살포된 토양에서 자란 농작물의 조직 내에는 다량의 금속원소가 축적되어 먹이연쇄 과정을 거쳐 직접 및 간접적으로 사람의 체내로 유입되어 건강을 위협하게 된다. 따라서 하수 슬러지가 농토에 살포 처리되기 위해서는 슬러지의 독성원소의 종류와 양의 규제가 이루어져야 하며, 일단 슬러지가 살포된 토양으로부터 생산되는 농작물은 인체 유해여부를 위하여 수시로 측정하는 등의 감독 규정이 있어야 한다.

2) 영양물질

토양오염을 초래하는 영양물질로는 높은 농도의 질소와 인이 해당된다. 질소는 생물권내 식물과 동물의 중요한 구성성분으로, 질소순환이라는 일련의 생화학적 반응을 통하여 전환되는 특성이 있으며, 대기와 토양간의 질소 분포는 균형을 이루고 있다. 자연상태에서 토양 내로 질소 유입은 대기에서의 침전, 생물학적 질소고정, 풍화와 분해작용을 통하여 이루어진다. 그러나 인구증가에 따른 현대문명의 도시화와 산업화는 토양 교란을 초래하였으며, 농작물 생산량을 증가시키기 위하여 추가적인 질소 공급이 이루어졌다. 추가적인 질소 공급원으로 대표적인 무기 질소원은 화학비료이며, 유기 질소원은 동물분뇨, 도시하수 슬러지 등이다. 이러한 각종 공급원에 의한 질소유입으로 인하여 자연적인 질소균형이 파괴되고, 지역적으로 질소가 편중됨으로서 질소 과잉문제가 야기되었다.

인간과 동물 건강에 피해를 미치는 질소는 질산염이다. 인간은 45 mg/L 이상, 가축은 180 mg/L 이상의 질산염이 함유된 물을 마시게 되면 소화기관에서 질산염이 아질산염으로 환원되어 유아나 가축에 청색증(blue baby syndrome)을 초래한다. 또한 N_2O_3는 강산성에서 nitrosoamine을 형성하는데, 이 물질은 발암성 물질이다.

또한 토양에서 유출된 질소나 인은 하천수나 호수에 유입되어 조류나 수중생물이 급속히 성장하여 용존산소 고갈, 탁도 증가 등의 수질악화를 야기하는 부영양화를 발생시킨다.

3) 농약

농약은 잡초, 곤충, 식물성 병원체, 거미, 다족류와 같은 절지동물을 구제할 목적으로 사용되는 화합물로서 금세기 들어 사용량이 급격히 증가하였다. 농약이 환경적으로 관심을 끄는 이유는 농약의 분해가 매우 느리게 일어나며, 생물체 내에 들어오면 배설되지 않고 축적되는 특성 때문이다.

식물병원성 진균류의 방제를 위하여 여러 가지 수은함유 농약을 사용하며, 종자의 발아전이나 직후에 곰팡이에 의한 질병으로부터 씨앗을 보호하기 위하여 씨앗표면 처리제로서 유기 수은제를 사용함으로써 수은에 의한 농경지의 오염이 이루어져 왔다. 예를 들어, 골프장의 표토에서 24~120 ppm의 수은이 보고되기도 하였다. 이와 같이 여러 가지 목적으로 농경지에 살포된 농약은 토양에 침적되어 토양의 오염을 가속화시킨다.

4) 토양의 산성화

자연적인 토양의 산성화는 토양에 존재하는 Ca, Mg, K 등의 염기성 원소가 식물체내로 동화되는 비율이 재순환되는 비율보다 크거나 또는 농작물의 수확으로 식물 생체량을 인위적으로 제거함으로써 일어난다. 그러나 최근 들어 더욱 우려되는 토양의 산성화는 인위적인 재순환의 방해에 의한 것으로, 농약의 과다사용과 산업폐기물의 투기, 쓰레기 매립으로 인한 침출수의 누출, 산업체와 자동차 배기가스로부터 유래하는 대기오염에 의한 산성비 등에 의하여 가속화되고 있다. 토양의 영양원이 되는 교질층은 음(−)이온 charge을 대개 띠고 있는데, 여기에 식물이 필요로 하는 양(+)이온 금속이 결합되어 있다. 산성비에 의해 결합되어 있는 양이온이 용출되고, 필요한 금속이온이 H^+으로 교체되어 토양의 산도가 증가한다. 따라서 서식환경에 악영향을 미쳐 토양미생물이나 원생생물과 같은 생물체의 활동성을 악화시켜 토양의 영양분과 영양염의 함량을 떨어뜨리고 토양이 점차 딱딱해지는 라테라이트화가 진행되기도 한다.

이러한 토양의 산도는 여러 가지 물리화학적 및 생물학적 전환과정에 의하여 영향을 받는데, 산도에 영향을 미치는 요인에는 다음과 같은 것들이 있다.

① 식물 뿌리에 의한 호흡으로 생성되는 H_2CO_3에 의한 pH의 감소
② 식물체에 의한 NH_4^+의 흡수와 H^+의 방출
③ 화학무기 영양생물에 의한 황화합물의 산화과정으로부터의 H^+의 형성 및 대기로부터 황산염의 직접적인 유입
④ SO_4^{2-}와 NO_3^-의 전기화학적 중화에 기여하는 Ca, Mg, K 등 양이온의 용출
⑤ 알루미늄과 같은 금속원자에 의한 이온화와 가수분해

$$Al^{3+} + 3H_2O \rightarrow Al(OH)_3 + 3H^+$$

5) 중금속

중금속에 의한 토양오염은 광산, 제련소, 화학공장, 금속공장, 전기부품 공장 등에서 나오는 산업 폐기물과 납, 바나듐 등을 포함하는 배기가스 이외에도 주석, 아연, 티탄, 바륨, 구리, 수은, 카드뮴, 납 등을 들 수 있다. 화학비료에도 망간이 들어있고, 농약에도 비소, 구리, 주석, 망간, 아연, 수은 등의 유해 중금속이 많이 함유되어 있다. 이들 중금속이 토양에 직접 투기되지 않고 하천에 미량으로 존재한다고 할지라도 관개용수에 의해서 토양에 유입되면서 대부분이 토양에 축적된다. 중금속은 토양생물에 의한 분해작용이 쉽게 이루어지지 않을 뿐만 아니라 불용성이 강하기 때문에 침투수에 쉽게 용탈되지 않는 잔류성의 특성을 보이지만 토양의 산성화는 중금속을 급격히 용해시키게 된다. 용해된 중금속은 농작물에 축적되어 인체에 유입되고, 각종 대사과정을 저해하여 치명적인 피해를 입히게 된다.

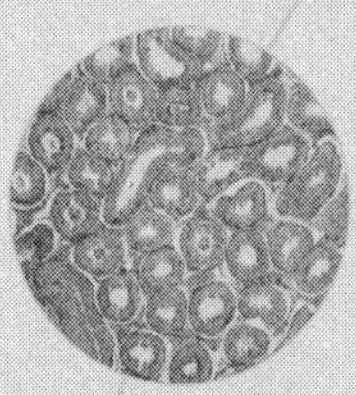

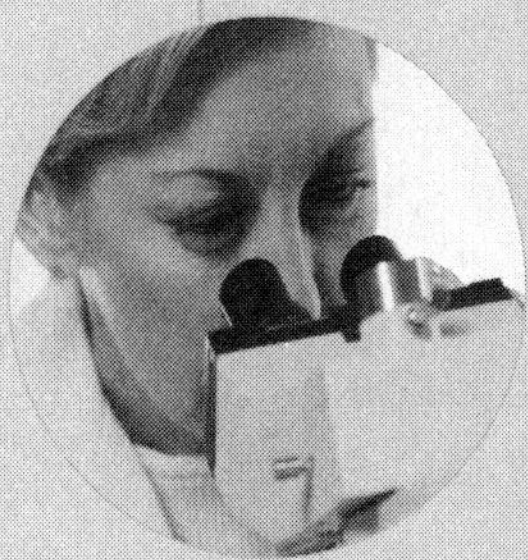

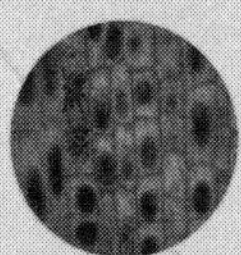

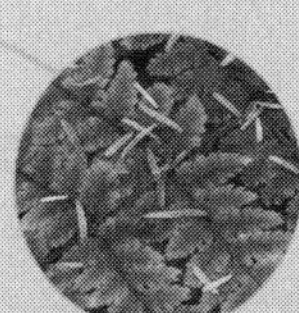

CHAPTER 7

생물지구화학적 물질순환

환경에 있어 미생물의 가장 중요한 역할은 광합성 미생물에 의해 각종 유기물의 생산과 그 과정에서 태양에너지를 이용하여 탄산가스를 환원하고, 또 물을 분해하여 산소를 발생시켜 산소의 균형을 유지시킴으로서 생태계의 정상상태를 가능하게 하는 것이다. 이와 같이 생물과 환경이 어우러져 구성된 생태계에서는 생물체의 생명활동을 통해 생물체와 환경과의 사이에 물질의 순환, 즉 생체구성 원소나 생태계 내 분해자인 미생물 활성에 의해 영향을 받는 화학원소들이 생태계 내에서 특정한 경로를 따라 전환되는 생물지구화학적 순환(biogeochemical cycle)이 일어나게 된다.

이러한 생물지구화학적 순환은 태양에너지에 의해 직·간접적으로 이루어지며, 에너지는 흡수된 후, 다른 형태의 에너지로 생태계 내에 일시 저장되다가 결국 소멸하는 흐름을 가진다. 에너지가 생태계를 통하여 흐르는 반면, 물질은 순환적으로 변환하면서 생태계 내에 보존되는 경향을 가지는데 생태계 내 각종 원소의 순환속도는 생물체의 구성성분과 상호관계를 갖고 있다. 즉 생물체의 주요 구성성분원소(C, H, O, N, P, S)의 경우에는 순환속도가 빠르며, 미량원소(Mg, K, Na, 할로겐족)와 희소원소(Al, B, Co, Cr, Mo, Ni, Se, V, Zn 등)의 경우에는 비교적 순환속도가 느린 편이지만 Fe, Mn, Ca, Si 등의 희소원소의 경우 상대적으로 순환속도가 빠른 편이다.

이처럼 지구상에 물질순환이 일어나는 원소는 30~40가지이고, 그 중 산소, 탄소, 수소, 질소와 같이 대기나 해양이 주된 저장소가 되어 순환율이 빠른 기체형 순환(gaseous type cycle)과 인, 황, 철 등과 같이 지각이 주저장소가 되어 순환율이 낮은 퇴적형 순환(sedimentary type cycle)으로 구별된다.

7.1 탄소의 순환

탄소의 순환은 지구표층(대기권, 수권, 생물권, 지표층)에서 비교적 단기간(수 년~수백 년)에 일어나는 순환과 지각의 맨틀에서의 대류까지 포함하는 100만 년을 넘는 장기적인 순환이 있다.

지구의 탄소저장소는 대기, 해양 그리고 육상에 널리 존재하며, 가장 큰 탄소저장소는 지구의 퇴적토이지만 순환하는 탄소화합물의 형태는 주로 이산화탄소(CO_2)와 탄수화물$(CH_2O)_n$의 형태이므로 지구의 퇴적토보다 훨씬 작은 저장소인 대기 중의 이산화탄소와 생물체가 탄소순환의 중심적 역할을 하면서 아주 활발하게 순환하고 있다.

탄소는 대기 중에 이산화탄소로서 0.033% 존재하고, 녹색식물(조류, 시아노박테리아

포함)이 영위하는 광합성에 의해 유기물로 합성되어 생물고정이 된다. 그 유기물을 동물이 먹거나 호흡할 때, 이산화탄소로 방출한다. 그리고 야간에는 이 녹색식물이 호흡을 통해 이산화탄소를 배출하는데, 그 양은 주간에 비해 소량이다. 종속영양 미생물(heterotroph)은 식물이 생성한 유기물을 분해·흡수하여 물질대사 경로인 TCA cycle과 호흡을 통해 물과 이산화탄소로 방출되어 순환에 참여한다. 한편, 발효의 경우에는 이산화탄소와 저분자의 유기물로 전환(아세트산, 에탄올 등)되는데, 그 과정 중에 수소(H_2) 가스가 생긴다. 또한 메탄 생성균(*Methanobacterium formicum, Methanobrebibacter arboriphilus*)에 의해 대기 중에 연간 약 5~8억 톤의 메탄(CH_4)이 방출되는데, 이는 광합성 유기물 생성량의 0.5%에 해당한다. 화학무기영양 미생물(chemolithotroph)은 빛이 있거나 없거나 이산화탄소를 이용하여 유기물을 만들고, 에너지의 획득과정은 암모니아, 황화수소 같은 무기화합물의 산화과정을 통하기에 이산화탄소를 방출하지 않는다.

광합성 또는 유기물질의 분해에 의해 모든 생물지구화학적 순환계가 움직여지므로 탄소의 순환은 생물지구화학적 순환계의 중심을 차지하고 있다. 최근의 산업발달에 따른 화석연료의 과다이용, 벌목 등은 해양에 의해 대기 중 이산화탄소의 일부가 흡수되어 제거된다고 할지라도 그 범위를 넘어 온실효과(greenhouse effect)를 초래하는 주요인이 되고 있다. 이러한 현상은 메탄, 염화불화탄소(chlorofluorocarbons; CFCs), 아산화질소(NO)와 함께 지구의 온난화(global warming)를 가속시킴으로써 심각한 기상 이변을 초래하는 원인이 되고 있다.

7.1.1 탄소고정

탄소는 생화학성분의 골격을 이루는 원소로서 1차생산자(primary producer)에 의해서 광합성이라 불리는 과정에 의해 대기상의 이산화탄소가 빛에너지를 이용하여 유기탄소를 형성하면서 화학에너지로 고정된다. 일차생산자로 불리는 광합성생물은 육상환경에서는 대부분을 고등 식물이 차지하나 연안지역을 제외한 대부분의 해양에서의 일차생산은 미생물에 의해 이루어지는데 이러한 생물에는 조류(algae), 시아노박테리아, 녹색 및 홍색 광합성세균, 일부 원생동물이 있다.

7.1.2 탄소호흡과 이차생산

일차 생산자에 의해 고정된 유기물의 일부는 호흡에 의해 이산화탄소의 형태로 재순환되고, 나머지 고정된 빛에너지(유기 탄소, 화학에너지)는 먹이사슬을 통해 한 생물로부터 다른 생물로 이전하며, 이 이전은 단계를 형성하고 이것의 상호관계에 의해 먹이망이

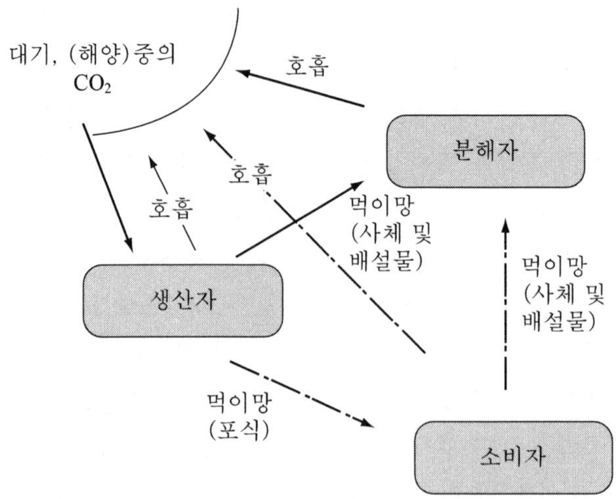

❖ **그림** 7-1. 먹이망에 근거한 단순화된 탄소순환 모델

형성된다. 탄소화합물의 형태로 이전된 고정된 에너지의 대부분은 호흡을 통해 소실된다. 대부분의 호흡 최종산물은 이산화탄소와 새로운 세포 생체량이다(그림 7-1).

방대한 양의 탄소변환은 호기적 조건에서 일어난다. 호흡대사는 발효대사보다 더 많은 에너지를 생산할 수 있기 때문인데, 이것은 호기적인 서식지에서는 호흡대사가 발효대사보다 우세함을 의미한다. 완벽한 호흡은 유기탄소로부터 이산화탄소로의 변환이라고 한다면, 발효는 저분자량의 유기알코올이나 산을 발효 최종산물로서 생성한다.

혐기적 순환과정은 지구 초창기에 우세하였던 순환과정이기는 하지만, 오늘날에도 탄소 순환의 중요한 부분으로 남아 있다. 즉 일부 세포성분, 특히 세포 지질과 같은 성분들은 다른 것에 비해 분해가 잘 되지 않아 지구의 지질연대를 거치면서 퇴적층에 묻혀 현재와 같은 화석연료를 이루었다. 또 다른 혐기성 과정의 산물로서 메탄과 같은 C1 화합물의 환원된 형태를 들 수 있는데, 다시 에너지원이나 탄소원으로 이용되어진다(그림 7-2).

한편, 토양이나 수계의 먹이사슬에 있어서 배설물 및 사체 유기물은 종속영양 미생물에 의해 분해되면서 미생물의 생체량(biomass)으로 전환됨으로써 먹이망의 재순환에 아주 중요한 몫을 차지하게 된다. 즉, 자연환경에 아주 낮은 상태로 존재하는 유기물이 생물체 내에 농축되고, 결과적으로 직접 이용할 수 없는 낮은 농도의 유기물이 미생물이라는 먹이형태로 변환되어 재생산의 형태로 물질순환에 유입된다. 이것을 미생물의 2차 생산(heterotrophic 또는 secondary production)이라 하며, 이차생산은 토양의 영양분 상태와 비교할 때 상대적으로 아주 낮은 농도의 용존 유기물이 존재하고 있는 수 환경에서

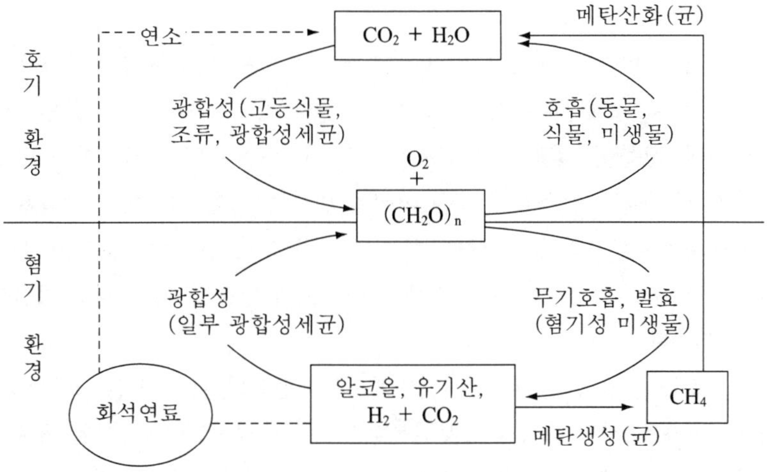

❖ **그림** 7-2. 탄소순환 경로

특히 중요한 의미를 갖게 된다.

토양환경에서 탄소는 그 주요 구성성분이 섬유소(cellulose)와 xylan, mannan과 같은 hemicellulose 및 lignin 등의 유기성 탄소 중합체들로 된 식물 잔재물과 부식질 등이다. 이들은 *Baciilus, Arthrobacter, Flavobacteria, Micrococcus, Pseudomonas, Actinomycetes, Clostridium* 속 세균 또는 *Agaricus, Fomes, Trichoderma*와 같은 균류 등에 의해 glucose, xylose, mannose 및 각종 방향족 유기산, 알코올, 기타 물질 등으로 생물학적 전환(biotransformation)이 되기도 한다.

그러나 최근 토양 및 수계환경에서는 인간으로부터 비롯되는 비토착성 유기물질의 이입에 따라 탄소 순환에 급격한 변화가 초래되어 토양환경 오염 또는 부영양화(eutrophication)와 같은 원활하고 유익한 생물지구화학적 순환에 이상을 유발시키기도 한다.

7.2 수소의 순환

지구상의 가장 큰 수소저장소는 물이다. 이 저장소는 광합성과 호흡과 연계되어 활발하게 순환하지만 저장소의 규모가 아주 큰 것에 비해 순환속도는 느린 편이다. 또한 상당량의 비활성 수소저장소는 액상과 가스상의 화석으로 된 탄화수소 내부인데, 총량적으로 볼 때 그 비율은 적지만 살아있거나 죽은 유기체 내 수소성분이 활발하게 순환되는 저장소라고 할 수 있다.

수소의 생산과 소비는 수계환경 및 토양환경에서 모두 발생하지만 해양에서의 막대한 순생산량은 토양에 매장되어진다. 하지만 수계의 막대한 순생산은 물의 광분해와도 연관성이 있는데, 광분해 결과로 생성된 산소가 대기 중의 21%라는 산소 비율의 거의 대부분을 차지하는 동안 수소의 거동은 어떻게 변하는 것인지에 대한 해답은 현재까지 명확하지 못한 편이다. 그러나 상당량의 수소가 우주로 빠져나갔을 것으로 예상되며, 수소와 메탄을 이용하는 미생물은 수소의 대기 중으로의 방출을 어느 정도 지연시키고 있는 것으로 여겨진다.

가스상의 수소는 생물학적으로 혐기발효에 의해 생성되기도 하며, 시아노박테리아와 뿌리혹 박테리아와 연계된 광합성의 부산물로서도 생성되어진다. 생성된 대부분의 수소는 수소산화세균, 혹은 NO_3^-, SO_4^{2-}, Fe^{3+}, Mn^{4+}를 환원하는데 관여하는 균에 의해, 혹은 메탄생성 세균(methanogens)에 의해 이용되어진다. 수소세균은 통성 무기영양균(faculative chemolithotrophs)으로서, 수소를 산화시키거나 통성적으로는 유기물질만을 먹고 자라는 화학합성 종속영양균으로 분류된다. 가장 효율적인 수소세균은 *Alcaligenes* 속에 속한다. 이들 세균들은 가용성의 NAD와 결합된 막결합 hydrogenase를 소유하고 있는데 *Pseudomonas, Paracoccus, Xanthobacter, Nocardia*에 속하는 다수의 세균도 막결합 hydrogenase를 가지고 있어 수소세균처럼 느린 속도로 성장할 수 있다. 수소 순환의 상당 부분은 서로 다른 대사능력을 갖는 미생물 간의 수소이전에 의해 진행된다.

7.3 산소의 순환

원시 지구 바다 속의 시아노박테리아는 희박한 영양환경으로부터 광합성에 의해 영양분을 얻는 기작을 획득하였는데, 이들의 광합성 결과로 인해 발생된 산소가 물 속에 포화되고, 대기 중으로 방출 및 축적되어 오늘날 대기의 20% 이상을 차지하게 되었다. 이러한 산소함유 대기권의 확립은 지구상의 생물구조에도 큰 변화를 가져와 산소 호흡형 생물의 출현을 가능하게 하였다. 광합성 유래의 산소는 대기조성의 변화뿐 만 아니라 ferrous ion(Fe^{2+})과 sulfide와 같은 환원형 무기물의 대형 풀(pool)을 산화시켰다. 하지만 산화형 광물에 존재하는 산소는 그 저장소의 규모는 크지만 순환율이 매우 낮다. 비교적 순환율이 높은 저장소로는 대기와 수중의 용존산소, 그리고 CO_2와 H_2O라고 할 수 있다.

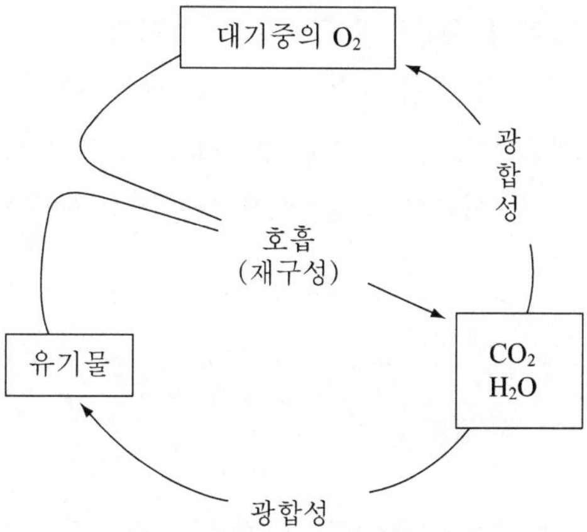

❖ **그림** 7-3. 산소의 순환

대기 중의 산소는 광합성에 의해 생성되고, 호흡에 의해 소모된다. 이 과정에서 산소는 CO_2와 H_2O로 재구성된다. 이렇게 재구성된 CO_2는 식물에 의해 사용되어 순환된다. 그러나 산소는 무산소성 광합성세균에 의해서는 생성되지는 않는다(그림 7-3).

이렇듯 산소의 순환은 탄소와 물의 순환과 큰 연관성을 가지고 있는데, 이 세 가지 물질은 모두 광합성과 호흡이라는 균형된 과정에 의해 순환되지만 각각의 저장소 크기가 달라 회전율에 차이를 가진다. 일반적으로 지구 내 광합성율과 호흡률의 변화는 대기 중의 산소나 물보다는 대기 중 작은 저장소를 가진 이산화탄소의 농도에 더 심각한 영향을 미친다.

분자상의 산소 유무는 어떤 서식지의 대사양식을 결정하는 아주 중요한 단서이다. 산소는 엄격한 혐기성을 요구하는 생물을 배제할 것이며, 혐기성과 호기성의 두 조건에서 생육할 수 있는 세균의 경우에는 산소를 최종 전자수용체로 우선적으로 사용할 것이다. 그것은 혐기조건에서의 발효는 호기적인 완전산화에 비해 현저한 에너지 효율 저하를 보여주기 때문이다. 해수의 저층이나 침수 토양 등과 같은 서식지, 그리고 유기물의 신속한 분해 등으로 산소 소모율이 산소의 확산율보다 느려 산소의 고갈이 발생한 일부의 환경에서는 NO_3^-, SO_4^{2-}, Fe^{3+}, Mn^{4+}의 환원이 일어나거나 다른 발효대사 및 메탄생성대사가 선택되어질 수 있다. 이렇게 형성된 혐기적 환경 내에서는 벌레의 흙뒤집기, 저수지 및 토양내 자생하는 동물들의 굴파기 및 광합성에 의해 산소가 확산될 수 있다.

대기층 상부의 산소는 자외선에 의해서 분해된 후, 오존층을 만든다. 이 오존은 입사되는 자외선을 막아주는 역할을 함으로써 지구상에 자외선의 피해없이 생물체가 자유롭게 살 수 있도록 보호해준다. 그러나 대기 중의 소량의 오존은 인간 활동 및 탈질이나 메탄 생성과 같은 지구화학적 순환과정에 교란을 초래할 수 있다.

결론적으로 산소는 광합성과 호흡을 통해서 주로 육상식물과 육상동물 사이의 순환에 관여하는데, 그 저장소로서는 대기, 물(강물, 바다, 수증기, 구름, 비, 눈으로 순환), 암석 성분으로서 그리고 동, 식물의 구성성분으로서 지구 내에서 순환하고 있다.

7.4 질소의 순환

지구상 대기의 78%는 질소(N_2) 가스이다. 대기상의 질소 가스는 안정한 물질로 존재하지만, 소수의 세균과 남조류라 불리는 시아노박테리아(cyanobacteria)에 의하여 암모니아로 환원되어 유기질소로 전환되는데, 전 지구적으로 생물학적 질소고정은 연간 2×10^8톤이다. 이처럼 미생물들이 환경에서 질소 순환의 주된 역할을 하는데, 이 순환은 그림 7-4에서 보는 것처럼, 질소고정(nitrogen fixation), 동화(assimilation), 무기화(mineralization = ammonification), 질화(nitrification), 탈질화(denitrification)의 5 단계가 있다.

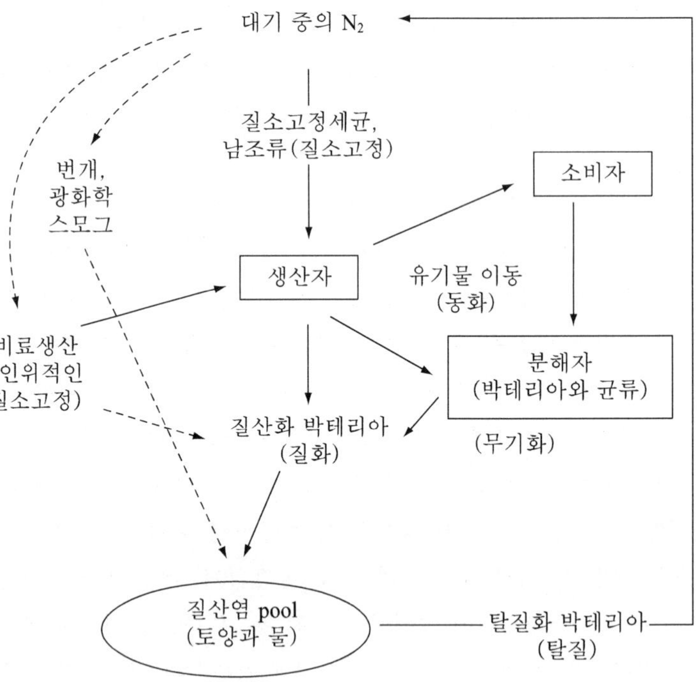

❖ 그림 7-4. 질소의 순환

7.4.1 질소고정

질소의 생물학적 환원에는 소수의 독립영양세균인 *Azotobacter, Erwinia, Clostridium, Desulfovibrio*에 의한 비공생적 질소고정과 콩과식물-*Rhizobium, Anabaena-Azolla*(그림 7-5) 그리고 흰개미-*Enterobacter* 등의 공생적 질소고정이 있다.

질소고정은 니트로게나제(nitrogenase)라는 질소고정효소에 의해 일어나는데(그림 7-6), 삼중결합분자인 N_2를 NH_4^+로 환원시키는 능력이 있으며, Mg^{2+}와 ATP 형태의 에너지(15~20 ATP/N_2)를 요구하고, 산소에 민감하다.

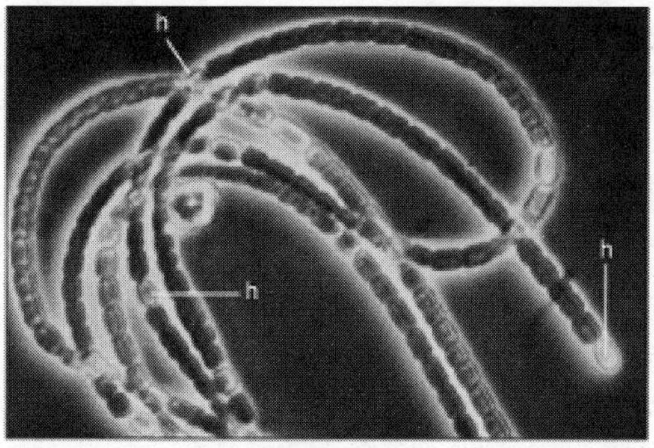

❖ 그림 7-5. 질소고정 조류인 *Anabaena*(h, heterocyst)

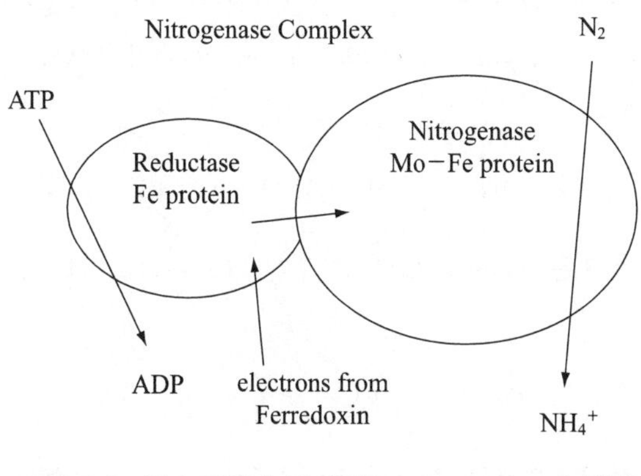

❖ 그림 7-6. 질소고정에 관여하는 nitrogenase 복합효소

7.4.2 동화

종속영양과 독립영양미생물들은 NH_4^+와 NO_3^-를 흡수하여 세포구성성분으로 동화한

다. 동화는 탄소가 100이 동화될 때 약 10의 질소를 요구하는 관계(C/N ratio = 10)로, 폐수처리장에서 일부의 질소 처리에 관여된다.

7.4.3 질소무기화(암모니아화)

암모니아화는 유기질소 화합물이 암모니아성 질소(NH_4-N)로 전환되는 과정이다. 이 과정은 세균, 방선균, 균류 등 매우 다양한 미생물들에 의해 수행된다.

단백질은 다음과 같은 순서에 의해 암모니아로 무기화된다.

$$\text{단백질(protein)} \xrightarrow[\text{가수분해(hydrolysis)}]{} \text{아미노산(amono acid)} \xrightarrow[\text{탈아미노(deamination)}]{} \text{암모니아성 질소} \quad (1)$$

7.4.4 질화작용

질화작용은 암모니아가 질산염으로 전환되는 과정으로, 2가지 종류의 미생물에 의해 수행된다.

$$NH_4^+ \xrightarrow[\textit{Nitrosomonas}]{} NO_2^- \xrightarrow[\textit{Nitrobacter}]{} NO_3^- \quad (2)$$

NH_4^+에서 NO_2^-로의 전환은 독립영양세균으로서 암모니아를 hydroxylamine (NH_2OH)를 거쳐 아질산염(NO_2^-)으로 산화시킨다. 다른 종류의 산화세균으로는 *Nitrosospira, Nitrosococcus, Nitrosolobus*와 *Nitrosovibrio*가 있다.

$$NH_4^+ + O_2 \rightarrow 2NH_2OH + 2H^+ \quad (3)$$

$$NH_4^+ + 1.5O_2 \rightarrow NO_2^- + 2H^+ + H_2O + 2.75\ kJ \quad (4)$$

NO_2^-에서 NO_3^- 전환은 *Nitrobacter*가 아질산염(nitrite)을 질산염(nitrate)으로 전환시킨다(그림 7-7).

$$NO_2^- + 1.5O_2 \rightarrow NO_3^- + 75\ kJ \quad (5)$$

다른 아질산염 산화세균으로는 *Nitrospira*와 *Nitrococcus*가 있다.

이 산화반응은 에너지 생성반응으로, 이 에너지를 이용하여 이산화탄소를 동화하며, 호기성 조건에서 잘 일어나고, 산화과정 시 생성되는 수소이온을 중화시키기 위해 충분한 알칼리도를 선호하게 된다. 이론적인 산소요구량은 1 mg의 암모니아성 질소가 질산염으로 산화되는데 4.6 mg의 산소가 필요하고, 질산화 최적 pH는 7.2~7.8이다.

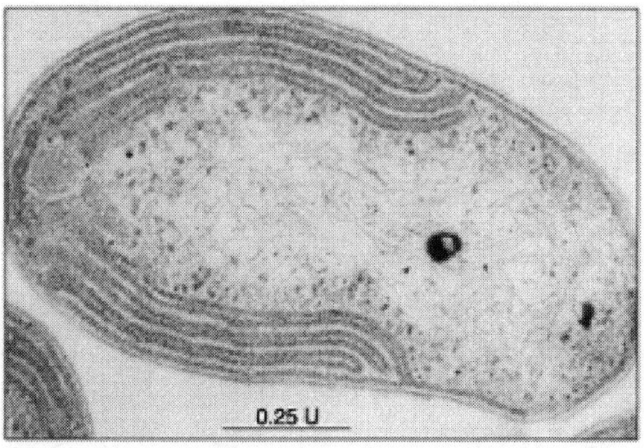

❖ 그림 7-7. *Nitrobacter*의 TEM 사진
(세포질 내막이 세포의 말단에 존재하고 있음)

7.4.5 탈질화 작용

생물학적 질산염의 환원의 주요한 2가지 기작으로 수행되는데, 동화적 혹은 이화적 질산염 환원이다.

먼저 동화적 질산염 환원(assimilatory nitrate reduction)으로 식물과 미생물들은 이 기작에 의해 질산염을 흡수하여 아질산염을 거쳐 암모니아로 전환한다. 이 암모니아는 단백질과 핵산의 구성요소가 된다.

둘째, 이화적 질산염 환원(dissimilatory nitrate reduction)으로 혐기성 호흡에서 질산염은 전자수용체로 작용한다.

$$NO_3^- \rightarrow NO_2^- \rightarrow NO \rightarrow N_2O \rightarrow N_2 \quad (6)$$

질산염은 nitrous oxide(N_2O)를 거쳐 질소로 환원되는데, 질소기체의 방출은 낮은 기체 용해도로 인해 이 기포가 빠져 공기 중으로 솟아 올라감으로 폐수처리장의 침전조에서 슬러지의 침강을 방해하는 경우도 있다. 수행하는 미생물은 *Pseudomonas, Bacillus, Spirillum, Hyphomicrobium, Agrobacterium, Corynebacterium, Rhizobium, Acinetobacter, Propionibacterium, Thiobacillus, Cytophaga, Alcaligenes* 등이다. 이중 대표적인 것은 *Pseudomonas*와 *Alcaligenes*로, 토양과 폐수에서 흔히 발견된다.

그 외 질산염 호흡인 호기성 탈질이 관찰되는데, 이 호흡은 주변세포질성 공간(periplasmic space)에 있는 질산염 환원효소에 의해 진행된다. 이 과정을 수행하는 미생물은 *Paracoccus, Thiosphaera, Pseudomonas* 그리고 *Magnetospirillum* 등의 종속영양 미생물들로서, 토양과 퇴적토에서 발견된다. 호기성 탈질은 쉽게 생분해되는 유기물질의 존재 하에서 발견되고, N_2와 N_2O가 같은 당량으로 검출되는 것으로 보고되고 있다. 자세한 호흡대사경로는 아직 연구 단계이다. 이상의 질소변환에 관한 전체 개요를 표 7-1에 나타내었다.

표 7-1. 질소순환에 관여하는 반응

분 류	반 응 식	산소조건
질소고정 (nitrogen fixation)	N_2 ---→ NH_4^+	혐기
질산화 (nitrification) 아질산화 (nitritation) 질산화 (nitratation)	 NH_4^+ ---→ NO_2^- NO_2^- ---→ NO_3^-	호기
질산염환원 (nitrate reduction) 동화적 (assimilary NR) 이화적 (dissimilary NR): 탈질	 NO_3^- ---→ NH_4^+와 아미노기 NO_3^-→NO_2^-→ NO ---→ N_2O → N_2	 호기, 무산소 무산소
혐기적 암모늄산화 (anaerobic ammonium oxidation)	NH_4^+ + NO_2^- ---→ N_2	무산소
암모니아화 (ammonification)	단백질의 아미노기 ---→ NH_4^+	호기, 혐기

7.4.6 암모니아의 혐기적 분해(anaerobic ammonium oxidation)

혐기적인 조건하에서 아질산염을 전자수용체로 이용하여 암모니아를 산화시켜 탈질을 유도하는 혐기성 암모늄산화(anaerobic ammonium oxidation, anammox)가 최근 네덜랜드 연구팀에 의해 발표되었다. 그 후 해양 환경에서의 질소제거의 약 50%가 anammox에 의해 수행된다는 보고와 함께 지구생태계 내에서의 질소순환에 있어 anammox이 기여도가 재인식되어지고 있다. 또한 오폐수공정에서의 탈질공정으로서 응용은 기존 질소처리공정에 비해 질산화과정에서 소비되는 산소를 60% 이상 절감할 뿐만 아니라 탈질과정에 요구되는 탄소원의 추가적인 첨가를 요구하지 않기 때문에 운전비용을 극도로 줄일 수 있는 경제적인 질소제거공정을 가능하게 할 수 있다는 기대감에 이와 관련한 연구가 진행중이다. Anammox는 *Plantomycetes*속에 속하는 독립영양균에 의해 수행된다고 알려져 있으며 그 주 반응식은 아래와 같다.

$$NH_4^+ + 1.32NO_2^- + 0.066HCO_3^- + 0.13H^+$$
$$\rightarrow 1.02N_2 + 0.26NO_3^- + 0.066CH_2O_{0.5}N_{0.15} + 2.03H_2O$$

7.5 인의 순환

인은 생체 내에서 고에너지화합물(ATP)로서 뿐만 아니라 인지질(phospholipid)과 핵산물질(nucleotide)을 형성하는데 필수적인 원소이다. 세포 중에서 탄소와 인의 비는 약 100:1이고, 질소와는 23:1이다. 인은 질소나 탄소처럼 자연계에서 활발하게 순환하지 않고, 중성~알칼리성 pH 조건과 2가 금속이온(Ca^{2+}, Mg^{2+}) 및 3가 철(Fe^{3+})의 존재 하에서 침전되어 바다 밑에 퇴적하여 있기 때문에 그 가용성이 제한되는 퇴적형 순환물질이다. 작지만 활발히 순환하는 인의 저장고는 토양 및 물에 존재하는 용해성 인과 살아있거나 죽은 유기물질에 존재하는 인산염이다.

인은 주로 인광석[apatite, $3Ca(PO_4) \cdot Ca(FeCl_2)$]으로 존재하는데, 비료산업에 의해 채광되어 가용된다. 불용성인의 가용화에는 *Pseudomonas, Mycobacterium, Micrococcus, Bacillus, Flavobacterium* 속 등의 세균과 *Penicillum, Selerrotium, Aspergillus* 속 등의 사상균이 관여한다.

지구상에서의 인 순환은 그림 7-8에서 보는 것처럼 식물체는 용해성 무기인산염(주로 ortho-phosphate 이온인 $H_2PO_4^-$나 HPO_4^{2-})의 형태로 대사과정에 이용된 후, 먹이사슬을 통하여 타가영양체들에 전달되어 불용성 유기인으로 된다. 동식물 기원의 유기물질이 미생물에 의하여 분해되는 과정 중에 토양에 인산염으로 유리되면 다시 식물체들이

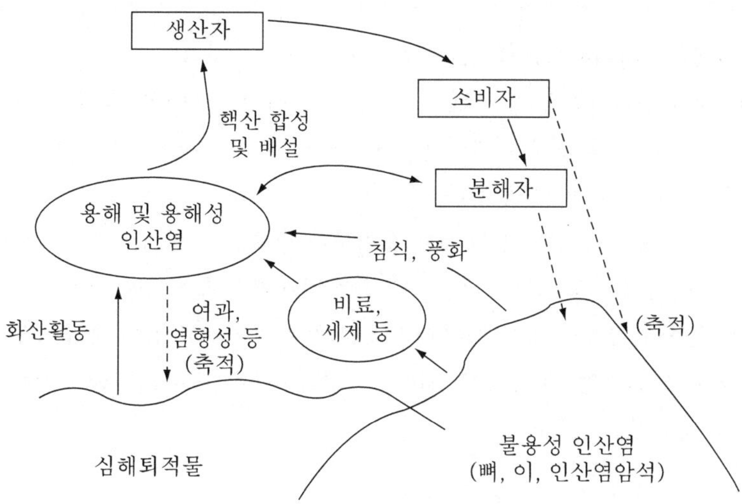

❖ 그림 7-8. 인의 순환

흡수한다.

인산은 가스상의 순환이 없다. 그러나 공기 중에 작은 입자상으로 존재하기도 한다. 물에 용해되는 인산염은 수서 생태계에서 이용되며, 심해저로 침전되어 순환과정을 벗어나 손실이 되는 경우도 있는데, 심해저에 퇴적된 인의 순환과정은 아직도 정확히 알고 있지 못하다. 그러나 다수의 인은 조류의 배설물(구아노), 어류의 배설물과 죽은 어류의 형태로 육상으로 되돌아오기도 한다.

7.6 황의 순환

황은 생명체의 필수영양원 중의 하나이며, 자연계에 풍부히 존재한다. 세포 내에서는 단백질 구조의 안정화와 산화환원(Redox) 대사에서 효소에 의한 수소전달에 주요한 기능을 한다. 일부 원핵생물에서 황의 환원된 형태가 에너지원으로 혹은 환원력 공급원으로 작용한다. 일부 원핵생물에서는 산화된 황산염뿐 만 아니라 황도 전자수용체로 작용한다. 예를 들면, *Desulfovibrio desulfuricans*는 다음 반응식과 같이 SO_4^{2-}를 유기산화물에서 전자수용체로 이용하여 H_2S를 생성한다.

$$SO_4^{2-} + 2(CH_2O) + 2H^+ \rightarrow H_2S + 2CO_2 + 2H_2O \qquad (7)$$

이들 세균은 대사과정에서 황산을 집적시키기도 하며, 이런 과정은 혐기적 분해로 인한 H_2S 발생은 악취라는 대기오염을 일으키기도 한다. 또 논의 환원층에서 *Desulfovibrio desulfuricans*에 의한 H_2S 생성은 벼농사에 치명적인 피해를 주기도 한다.

이러한 산화/환원적 황 순환에 관여하는 황 순환은 그림 7-9에 나타내었고, 황 전환과 미생물은 표 7-2에서 보는 바와 같다.

한편, 생활환경 중 콘크리트관 내에서 유기물과 단백질의 혐기부패에 의하여 생성된 H_2S가 공기 중에서 *Thiobacillus* 등에 의해 산화되어 SO_2나 SO_3로 된 후, 콘크리트 상부 공기층의 수분에 녹아서 황산이온이 된다. 이것은 콘크리트관 내에 함유된 칼슘, 철, 알루미늄 등과 반응하여 황산염이 되어, 콘크리트관을 부식시키는 관정부식(crown corrosion) 현상을 일으킨다.

$$H_2S + 2O_2 \xrightarrow{Thiobacillus} H_2SO_4 \qquad (8)$$

황의 산화에 관여하는 기타 미생물은 *Beggiatoa, Thiotrix, Thioplaca* 등이 있다.

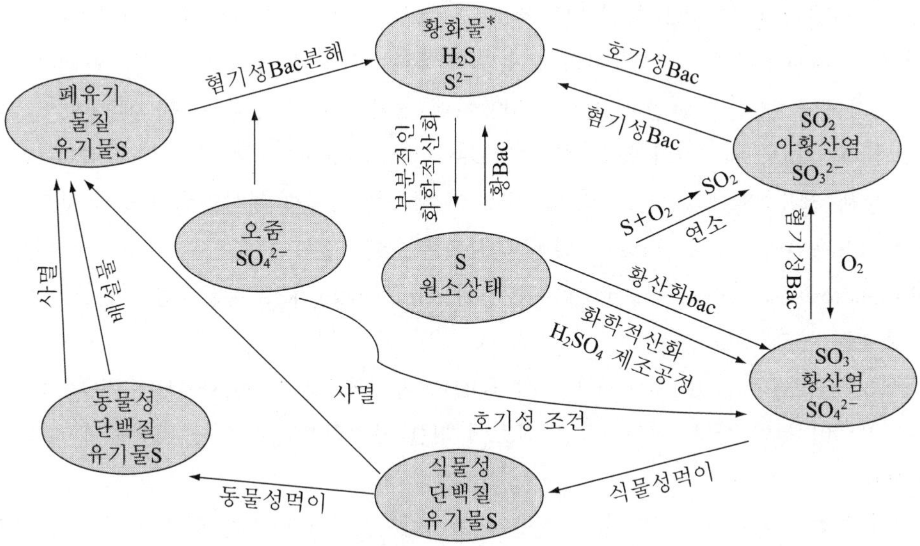

* 황화합물 : H_2S, Dimethyl sulfide, Dimethyl disulfide, Methyl mercaptan

❖ 그림 7-9. 황의 순환 cycle

◎ 표 7-2. 황 전환과 미생물

구 분	변 화 반 응	미 생 물	비 고
산화적 유황전환	$H_2S+1/2O_2 \rightarrow S+H_2O+\Delta E$	*Beggiatoa, Thiothrix,*	미소호기성세균
	$S+3/2O_2+H_2O \rightarrow H_2SO_4+\Delta E$	*Thermothrix,*	호기성산성세균(사상균)
	$3S+4NO_3^- \rightarrow 3SO_4^{2-}+2N_2$	*Thioballus denitrificans*	무산소
환원적 유황전환	$4H_2+SO_4^{2-} \rightarrow H_2S+2H_2O+2OH^-$	*Desulfovibrio*	절대혐기성균
		Desulfuromonas	
	$CH_3COOH+4S+2H_2O \rightarrow 2CO_2+4H_2S$	*Acetoxidans*	100℃ 이상
	$H_2+S \rightarrow H_2S$	호열성 원시세균	(105℃)

7.7 철의 순환

철은 지각 내에 네 번째로 풍부한 원소이기는 하지만 난용성이기 때문에 생물지구화학적 순환계 내에서는 적은 양이 순환되고 있다. 철의 순환은 주로 제1철(Fe^{2+}, ferrous ion), 제2철(Fe^{3+}, ferric ion) 간의 산화환원반응이며, 이 두 화합물의 용해특성은 현저하다. 즉, 알칼리성~중성의 조건에서 제1철은 제2철로 쉽게 산화되어 수산화철로 되어 불용성의 침전물을 형성한다. 따라서 토양 침수에 의해 환원조건이 형성되면 제1철이 축적되기 좋은 조건인 반면에 배수가 양호하여 호기적 환경인 경우에는 제2철이 잘 발견된다. 유기성분 내에서의 철은 킬레이트화되어 cytochrome과 같이 철의 산화-환원 변환을 통해 전자전달에 관여함으로써 대부분의 생물체 내에서 대사관련 효소의 보조효소로서 작용을 하고 있다. 따라서 일부의 균들은 낮은 철의 흡수력을 보상하기 위하여 siderophores라고 불리는 특수한 체계를 통해 ferric-siderophore 복합체를 이룸으로써 철의 흡수를 돕고 있다.

자연계 내 철의 주요 형태는 FeS, $Fe(OH)_3$, 황철광(FeS_2), jarosite($HFe_3(SO_4)_2(OH)_6$) 등이 있으며 철의 산화, 환원반응은 산소에 의한 자연적이거나 또는 미생물에 의해 일어난다.

철의 산화에 관여하는 미생물은 철을 산화시킴으로써 에너지를 얻는데, 중성과 알칼리성이면서 호기적인 조건에서는 제1철이 불안정하여 자연적으로 제2철로 변환되는 철의 산화가 진행되기 때문에 대부분의 철산화 세균이 철의 산화를 통해 에너지를 얻는 것이 제한된다. 그러나 산성의 조건에서는 호산성 세균의 일종인 *Thiobacillus ferrooxidans*, *Leptospirillum ferrooxidans* 등에 의해서 화학독립영양적으로 철의 산화가 일어난다. 특히, 호기성 세균의 일종인 *T. ferrooxidans*은 혐기적인 조건에서 황을 전자공여체로 하고, 제2철을 전자수용체로 이용할 수 있음으로써 황 대사와 철 대사의 연관성을 보여주기도 한다. 이렇게 철산화 세균에 의해 생성된 제2철 침전물은 생태계에 특이한 형태로 드러나기도 하는데, 대표적인 것으로는 지하수가 스며나오는 곳의 $Fe(OH)_3$의 암적색 침적, 늪지의 소철(沼鐵, bog-iron) 광산 등이 있으나 때로는 *T. ferrooxidans*와 같은 철세균이 역청탄을 채굴하는 광산에서 함께 채굴되는 황철광에 작용하여 황산염을 생성시킴으로써 심각한 수계 환경오염을 유발하기도 한다. 비호산성 철산화 균에는 *Hyphomicrobium, Pedomicrobium, Planctomyces*, 사상성 *Sphaerotilus* 균주들이 있다.

한편, 산소의 확산이 제한되거나 종속영양 세균의 왕성한 분해활동에 의해 호수의 저수층이나 침수 토양이나 수계 침전토 또는 장내에는 혐기조건이 형성되기도 하여 철의 환원반응이 일어날 수 있다. 이러한 철의 환원에는 *Bacillus, Pseudomonas, Proteus, Alcaligenes, Clostridium,* 장내세균과 같은 종속영양세균이 관여하는 것으로 보고되었는데, 그 환원기작은 명확하지는 않다. 제2철의 제1철로의 환원은 혐기 수계에서는 아주 중요한 반응인데, 이러한 반응에는 황산염환원 세균이 관여하는 것으로 알려져, 철과 황산염의 환원이 일부 생태계 내에서는 상당히 밀착되어 있는 것으로 사료된다.

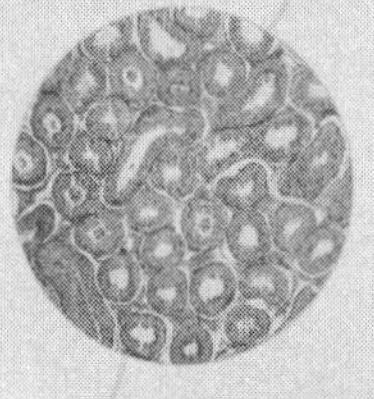

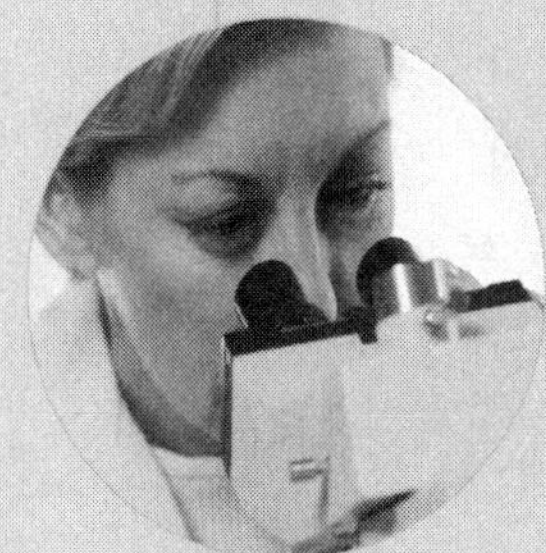

Applied Environment Microbiology

CHAPTER 8

환경오염물질과 미생물

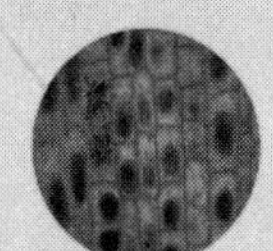

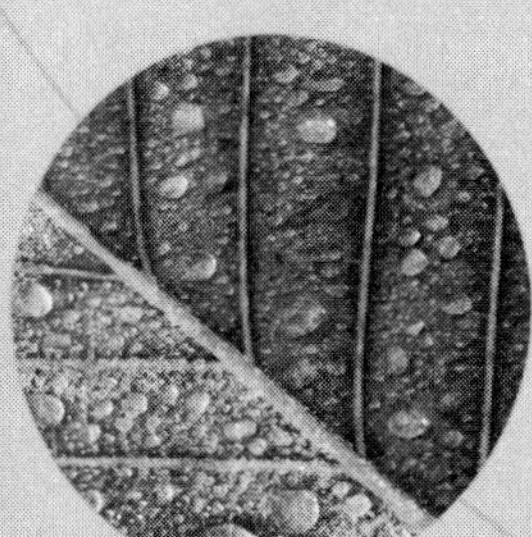

8.1 유기물 오염과 미생물

토양이나 물속으로 유기물이 끊임없이 유입되고 있다. 이러한 탄소를 함유한 유기물은 식물과 광합성 미생물의 광합성에 의해 생산된 것이 생물의 먹이망(food web)에 의한 동화와 고에너지 화합물, 열 등의 에너지로 사용, 그리고 잉여의 2차 생산물을 낳는다. 이 각 영양단계 생물들의 사체나 분비물이 미생물에 의해 생분해되어 저분자 물질과 영양염류화 되어 생태계와 에너지 순환에 기여하고 있다. 또한 인간의 생활에 의한 오수나 산업체에서의 유기물의 발생으로 자연의 정화능력을 초과하는 수 환경에서는 수질악화에 따른 호기성 생물 활성저해나 사멸을 일으키고, 혐기화되면 부패성 미생물의 작용으로 대기 중에 저분자 유기산이나 메탄 등이 발생하여 악취나 온실가스로 대기오염을 유발시킨다.

8.1.1 발생원

자연발생원은 생물의 사체와 배설물이고, 인공적 발생원은 도시 하폐수와 산업폐수 혹은 폐기물이다.

이러한 유기물질의 대표적인 배출원은 식품처리 및 가공공장, 제지공장, 가축사육장 및 도시의 폐수이다. 이중 환경문제가 되는 것은, 유기성 산업폐수에 의한 수질오염, 화학산업에서 발생하는 난분해성 화합물에 의한 생태독성, 축산농가에 의한 배설물과 인간의 분뇨에 의한 하천오염과 해양오염을 들 수 있다.

8.1.2 미생물의 유기물 변환작용

자연계에서는 분해와 합성반응이 끊이지 않고 반복된다. 대기 중에는 약 20%의 분자상태 산소가 포함되어 있고, 이 산소와 미생물 증식과의 관계는 그림 8-1과 같다. 산소를 이용한 화학 반응에서 에너지를 얻는 호기성균, 산소 농도가 높아지면 증식이 불가능해서 사멸되는 혐기성균과 산소 유무에 관계없이 생존, 증식하는 통성혐기성균 등의 3가지 그룹이 있다.

호기성균은 산소 호흡(유기 호흡)을 하는 세균으로서 이것에 의한 호기성 분해는 탄수화물, 단백질, 지방 등의 유기물이 탄산가스, 물, 질소, 메탄 등으로 변화되어 저분자화와 가스화를 촉진한다.

혐기성 미생물은 무기호흡(분해 호흡)을 하는 세균으로서 유기물질을 환원 분해한다.

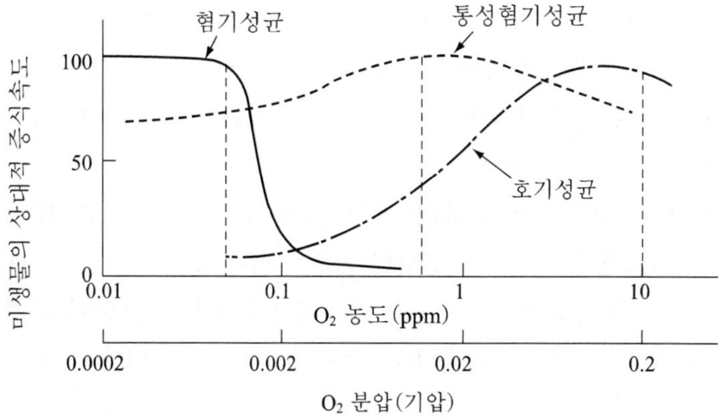

❖ 그림 8-1. 산소농도(또는 분압)와 미생물 증식

여러 가지 효소 작용에 의해 기질을 분해하고, 물로부터 에너지를 얻는 것으로서 부패, 발효 작용을 일으킨다. 호기성 분해와 비교할 때 에너지 발생량은 대략 1/25 이하로 작은 편이다.

통성혐기성균은 산소가 적거나 혹은 없는 환경에서 생존하는 세균으로 자연계에서 종류가 가장 많다. 대장균, 포도상구균, 적리균, 티푸스균 등과 같은 병원균도 이것에 속한다. 생태계에서의 호기성, 혐기성 분해 작용을 도식화하면 그림 8-2와 같다.

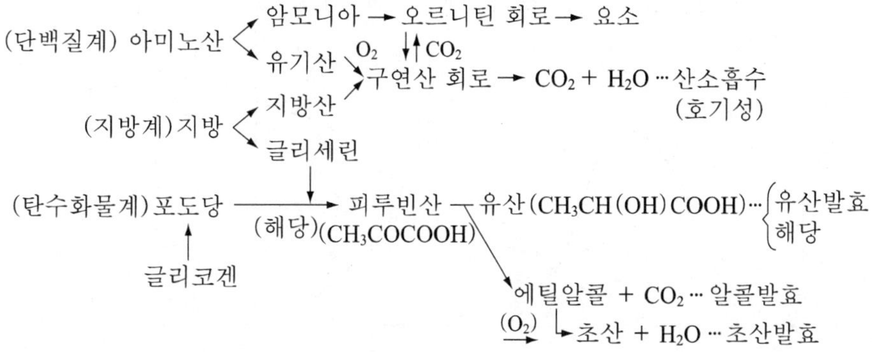

❖ 그림 8-2. 호기성과 혐기성 상태에서의 유기물 분해

8.1.3 수중에서의 자정작용

하천이나 호소가 하수, 공장폐수 등에 오염 되어도 상당기간 동안 방치하면 자연의 복원력에 의해 원래의 깨끗한 상태로 된다. 이런 현상을 물의 자정작용(self-purification)

이라 한다. 이처럼 하천에 BOD 물질이 유입되면 호기성 미생물의 분해작용으로 물속의 용존산소가 소모되어 용존산소 부족이 되는 부족량의 단면도를 나타내는데, 그 모양은 스푼모양(spoon-shaped)으로 나타낸다. 또한 하천이 정화되어 가는 자정단계를 Whipple은 4지대로 구분하였다(그림 8-3).

① 초기분해지대(zone of degradation)는 DO 포화도가 45% 정도로 감소하고, 고등생물의 수가 감소하고 내오수성 곰팡이가 번식하고 세균수가 증가한다.

② 활발한 분해지대(zone of active degradation)는 DO가 거의 없어 부패상태가 되어 화장실 냄새나 H_2S 가스발생에 따라 달걀 썩는 냄새가 난다. 혐기성세균이 호기성세균과 곰팡이를 교체한다.

③ 회복지대(zone of recovery)는 DO가 포화될 정도로 회복하고 수중의 질소 중 아질산이나 질산염의 농도가 증가한다. 세균류가 감소하는 대신 원생동물, 윤충류(Rotifer), 갑각류(Crustacea)가 번식하고 곰팡이도 약간 번식하기 시작한다. 맑은 물에 사는 담수어가 서식하기 시작한다.

④ 정수지대(zone of clear water)는 DO는 포화상태로 완전히 회복되고, 하천은 오염되지 않는 자연수처럼 보이고, 많은 종류의 물고기가 번식하기 시작한다. 대장균과 같은 병원성 미생물이 많이 줄지만 한번 오염된 물은 적당한 정수처리를 하여야 먹을 수 있다.

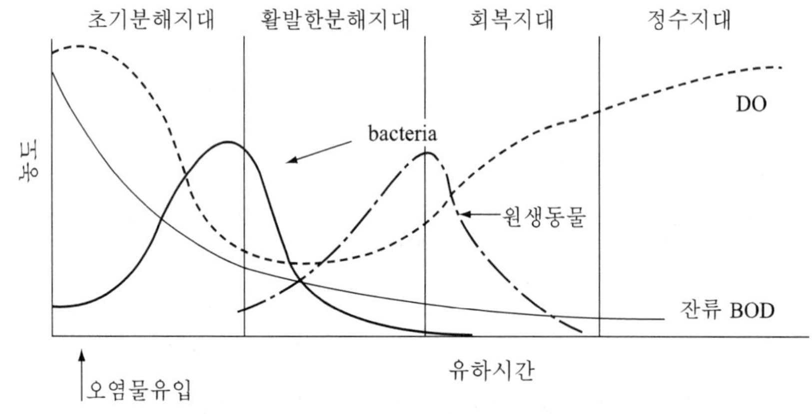

❖ 그림 8-3. 자정단계

하천의 자정작용 인자는 pH, 온도, 일광, 용존산소, 수심, 유속 등이 있고, 자정작용이 일어나는 물리·화학·생물학적 작용은 다음과 같다.

1) 물리적 작용

오염물질이 희석, 확산, 혼합, 침전, 여과, 흡착 등으로 농도가 감소한다.

2) 화학적 작용

오염물질이 산화, 환원, 중화, 응집 등에 의해 농도가 감소한다.

3) 생물학적 작용

주로 호기성 미생물에 의한 유기성물질의 분해(산화)작용으로 하천 정화작용의 주요 역할이며, 가장 큰 비중을 차지한다. 그 외 수중식물에 의한 정화와 먹이연쇄를 통한 오염물질의 순차적인 제거가 진행된다.

오염이 심한 환경에서는 미생물의 작용과 화학적인 반응으로 산소가 완전히 소비되고, 산소를 이용하던 수중생물이 사라지고 산소와 무관한 혐기성 미생물이 남은 유기물을 불완전하게 소화하여 유독한 냄새와 독성이 있는 H_2S 또는 메탄을 생성한다. 이런 환경이 지속되면 혐기성 미생물도 잔류할 수 없게 되어 환경은 황폐화되어 방치될 수밖에 없다.

8.1.4 생물·화학적 지표

유기영양물질의 오염정도를 파악하기 위해 생물·화학적 지표가 이용된다. 그중 대표적인 것은,

첫째, 현재 물 속에 녹아 있는 용존산소를 측정하는 것으로, 대기압, 20℃에서 순수 중의 용존산소 포화도는 8.84 mg/L이다. 용존산소는 수중생물의 생육과 밀접한 관계가 있으며, 물고기의 생존 용존산소 허용한계농도는 5 mg/L이고, 해양 환경에서는 염분도(‰)에 대해 보정하여 용존산소를 측정하여야 한다.

둘째, 물속의 유기물질을 산화제(과망간산이나 중크롬산)와 반응시켜 이산화탄소와 물로 산화되는데 소모되는 물 속의 용존산소의 양을 측정한 것으로 화학적 산소요구량(chemical oxygen demand, COD)이 있다. COD 분석의 주 한계는 생물학적으로 산화 가능한 유기물질과 생물학적 산화가 불가능한 물질을 구분할 수 없다는 것이며, 장점은 약 3시간이라는 단시간에 측정이 가능하다는 것이다.

셋째, 미생물에 의하여 20℃에서 5일 동안 암실에서 유기물의 분해에 소비된 산소를 측정한 것으로 생물화학적 산소요구량(biochemical oxygen demand, BOD)이 있다. 물 속에 요구되는 산소의 양은 다음과 같은 식으로 표현된다.

$$C_nH_aO_bN_c + (n + a/4 - b/2 - 3/4c)O_2 \rightarrow nCO_2 + (a/2 - 3/2c)H_2O + cNH_3$$

이 식을 기초로, 산화 중에 소모된 산소량은 물론, BOD 자료를 유기물질로 해석하는 것이 가능하다.

8.1.5 유기물과 BOD의 반응관계

BOD 반응, 즉 시료 내의 유기물들이 측정기간 동안 미생물에 의해 분해되는 반응속도는 대개 1차 반응으로 알려져 있다. 즉 반응속도는 미생물의 수(population)에 의해서도 영향을 받으나 그것 보다는 유기물의 양에 비례하여 달라지게 된다.

BOD 반응속도를 수식으로 나타내고 정리하면 아래와 같이 된다.

$$dL/dt = -kL \tag{1}$$

여기서 L : 최종 BOD(Ultimate BOD, BOD_U)
k : 탈산소계수
t : 시간

이 식을 $1/L\ dL = kdt$로 정리하고 적분하면

$$L_t = Le^{-kt} \text{ 또는 } L_t = L\ 10^{-Kt} \tag{2}$$

여기서 L_t : t시간 후 분해되지 않고 남아 있는 유기물
K : 상용로그 탈산소계수(자연로그 탈산소계수 k를 보정한 값인 $0.434k$)

실제 우리에게 관심이 있는 것은 일정시간 후까지 소모된 유기물 양인 L에서 t 시간 후의 잔존 유기물인 L_t를 뺀 값인 y, 즉 BOD이다.

$$y = L - Lt = L(1 - e^{-kt}) = L(1 - 10^{-Kt}) \tag{3}$$

여기서 y : t시간 후 분해된 유기물질(BOD)

이 식을 이용하면 BOD_5와 최종 BOD의 비율이라든지 특정시간에서의 BOD값을 계산할 수 있으므로 매우 중요한 의미를 갖는다.

이상의 내용을 시간에 따른 산소소모량의 관계로 나타낸 것이 그림 8-4이며, 이를 BOD 반응곡선이라 한다. 이 곡선은 처음 8~9일 동안에는 산화된 유기물질 변화곡선과 비슷한 곡선을 나타낸다. 이것은 탄소화합물을 분해시키는 과정으로 탄소계 BOD (carbonaceous BOD; CBOD)라 한다. 다음 단계에서는 곡선이 갑자기 증가하게 되는데, 이것은 질소계 화합물의 산화과정인 질산화(nitrification)가 이루어지는 것으로, 이를 질소계 BOD(nitrogenenous BOD; NBOD)라 한다. 이 질산화균에 의한 영향을 배제하기

위하여 1차 반응적 관계를 지닌 5일간의 BOD, 즉 BOD_5를 측정한다.

그리고 Monod 식에 의한 미생물 비증식 속도와 기질농도의 그림은 8-5와 같고, 그 관계식은 다음과 같다.

$$\mu = \mu_{max} \times S/(Ks + S) \tag{4}$$

여기서 μ_{max} : 미생물최대성장율, h^{-1}

S : 기질농도, mg/L

Ks : 반포화속도 상수, mg/L, 즉 μ : $1/2\mu_{max}$ 에서의 기질농도

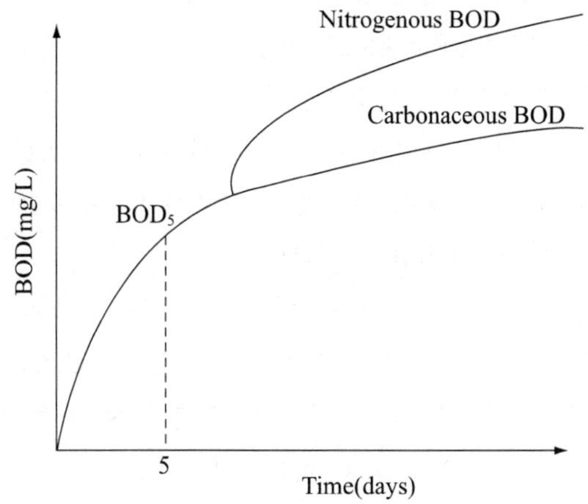

❖ 그림 8-4. BOD 곡선.
BOD_5, 유기물질 산화에 대한 정상곡선; Nitrogenous BOD, 질화작용의 영향곡선

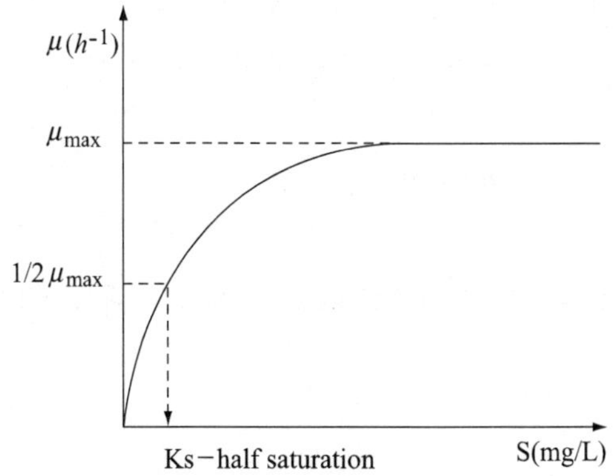

❖ 그림 8-5. Monod 곡선

기질의 농도가 $S \gg Ks$ 이면, $\mu = \mu_{max}$ 이므로 미생물 비성장율은 기질농도와 관계없는 0차 반응이 되고, $S \ll Ks$ 이면, $\mu = \mu_{max} \times S/Ks$ 이므로 기질농도에 대한 1차 반응으로 나타난다.

8.1.6 유기물의 산화와 미생물균체 합성

폐수중의 유기물은 미생물에 의해 2가지 과정을 거쳐 물에서 제거된다.

첫째, 미생물에 의한 생화학적 산화반응을 통해 유기물이 CO_2, H_2O 등으로 산화되는 과정이다. 이 과정에서 고분자의 유기물이 저분자의 CO_2와 H_2O로 산화될 때 생성되는 에너지는 미생물이 활동하고, 생명을 유지하는데 필요한 에너지로 이용되고 또 새로운 미생물을 합성하는 데 필요한 에너지로도 이용된다.

폐수의 종류에 따라 또 폐수처리 환경조건에 따라 산화에 의한 유기물 제거율이 달라지게 된다. 가정오수, 양조폐수, 제약폐수 등은 이 산화과정에 의한 유기물 제거율이 약 50% 정도되는데 비해 석유정제폐수, 화학폐수, 석유화학폐수 등은 이 산화과정이 30~80%, 펄프제지폐수는 약 65~80%를 차지한다.

둘째, 폐수처리에 관여하는 미생물의 증식 즉, 폐수처리 과정에서 새로운 미생물 세포가 합성되는데 폐수 내 유기물이 생체 합성의 탄소원으로 소요되어 제거되는 과정이다. 이 과정에서 생산된 미생물세포는 잉여슬러지로서 침전, 농축되어 폐수처리계를 떠나게 되며 슬러지처리 과정을 거쳐 최종 처분된다.

이 과정을 거쳐 제거되는 유기물의 양도 폐수의 종류 및 처리환경조건에 따라 차이가 있겠지만 가정오수의 경우, 이 과정에 의한 유기물 제거량은 전체 제거유기물량의 약 70%를 차지한다. 일반적으로 석유화학폐수 등 유기성이 약한 폐수일수록 미생물 세포의 합성수율이 저하되어 이 과정에 의한 유기물 제거가 20~40% 정도로 낮은 경우가 많다.

산화과정에 의한 유기물의 제거율과 생체 합성 수율의 보기를 표 8-1에 나타내었다.

여기서,

a = MLSS 생성량(kg)/총 BOD 제거량(kg)
단위 : 없음

b = 자기산화에 의한 MLVSS 감소량(kg/day)/폭기조 내의 MLVSS량(kg)
단위 : day^{-1}

◎ 표 8-1. 산화에 의한 유기물 제거율과 생체합성 수율

폐수	a	b	a'	b'	k
가정하수	0.73	0.075	0.52	0.106	0.017 - 0.03
석유정제	0.49~0.62	0.10~0.16	0.40~0.77	0.142~0.227	0.074
화학, 석유화학	0.31~0.72	0.05~0.18	0.31~0.76	0.071~0.255	0.0027~0.018
양조	0.56	0.10	0.48	0.142	-
제약	0.72~0.77	-	0.46	-	0.018
Kraft 펄프	0.5	0.08	0.65 ~ 0.8	0.114	-

a'= 에너지 생산에 소비된 BOD량(kg)/총 BOD 제거량(kg)

단위 : 없음

b'= 균체 내생호흡에 소비된 산소 소비량(kg/day)/폭기조 내의 MLVSS량(kg)

단위 : day^{-1}

위 표의 b'값은 $b'=1.42b$로부터 계산된 값임

k = BOD 제거속도정수(단위: day^{-1})

$$(S_o - S_e)/X_v \cdot t = kSe$$

(S_o : 유입폐수의 BOD, S_e : 유출수의 BOD, X_v : 폭기조 MLVSS,
t : 수리학적 체류시간)

8.2 난분해성 유기물 오염과 미생물

산업이 발달하면서 인간에게 필요한 여러 가지 종류의 유기 화합물들이 대량생산되고 있다. 이들 화합물들은 미생물에 의하여 에너지원 및 세포구조 물질로 이용된다. 현재 사용되고 있는 합성 유기 화합물의 종류는 약 70,000종 이상이지만 이중 극히 일부만이 사람의 건강 및 환경에 미치는 영향에 대한 시험을 거쳤다. 과거에 널리 사용되었던 물질 중 환경 및 건강에 악영향을 미치는 것으로 알려진 것들은 현재 상업적인 생산이 금지되었다. 매년 악영향을 미치는 합성 화학물질들이 새로 개발되고 있으며, 악영향을 감소시킬 수 있는 대체 물질을 만들거나 안전한 농도를 설정하기 위한 노력이 진행되고 있다.

이러한 새로운 합성화합물을 인공합성 화합물(xenobiotics)이라고 한다. 자연계로 유출된 인공합성 화합물은 할로겐화 탄화수소, 할로겐화 방향족 화합물, 농약, PCB 등을

포함하는데, 이들 중 상당수가 난분해성 물질이다. 또한 이러한 화합물들은 돌연변이를 유발하거나 발암성으로서 생물체에 유해하며, 생물체에 농축되기도 한다.

자연환경에는 많은 생물이 서식하고 있다. 자연환경으로 유출된 유기화합물은 생물이 관여하는 생물적 반응과 생물이 관여하지 않는 비생물적 반응에 의하여 분해된다. 생물적 반응은 일반적으로 미생물에 의한 분해를 지칭하며, 비생물적 반응은 주로 광화학적 분해에 의한 것이다. 미생물에 의한 유기화합물의 분해는 이산화탄소와 물로 분해되는 완전분해(mineralization)와 화합물의 구조가 일부분 변화하는 부분분해로 구분된다. 일반적으로 완전분해에 관여하는 미생물은 유기화합물의 탄소를 이용하여 세포구성 성분을 합성하는 동시에 에너지를 획득하기 때문에 세포증식을 동반한다. 반면, 부분분해의 경우 미생물이 부분적으로 분해하는 물질을 유일한 에너지원으로 이용하지 않는다. 이러한 대사를 공동대사(cometabolism)이라고 한다.

표 8-2. 환경에서 인공화합물의 운명을 조절하는 요소

요소	결과
화학적 요소	
분자량의 크기	제한된 능동수송
중합체의 성질	세포의 물질대사 요구
방향성	산소요구성 효소(호기성 조건하에서)
할로겐 원소의 치환	할로겐화 효소의 결핍
용해성	효소저해
독성	세포손상
환경적 요소	
용존산소	산소민감성 또는 산소요구성 효소
온도	중온성 최적조건
pH	근접한 pH 최적조건
용존탄소	생육을 위한 유기/오염물 복합체의 농도 의존성
미립자, 표면적	기질에 대한 흡착 경쟁
빛	광화학적 증대
영양원 및 미량원소	생육과 효소합성의 제한
생물학적 요소	
효소의 편재성	분해종의 낮은 분포
효소의 특이성	물질대사가 되지 않는 유사물질
플라스미드에 암호화된 효소	분해종의 낮은 분포
효소조절	이화작용 효소합성 억제
경쟁	낮은 밀도 개체수 사멸
서식지 선택	분해 개체수의 형성 결핍

생물학적, 화학적 및 환경적 요소들이 환경에서의 난분해성 화합물의 운명에 영향을 미친다. 표 8-2는 이들 요소에 관하여 자세하게 설명해 준다. 일부 할로겐화 인공화합물은 미생물 작용에 상당히 저항적이어서 이들의 난분해성을 설명하기 위한 몇 가지 원인들이 제안되어 왔다. 생분해에 대한 화합물의 저항성은 다음의 이유로 설명될 수 있다.

① 분자구조상 염소 또는 다른 할로겐으로 치환
② 적절한 투과효소의 부재로 화합물의 세포내 침투 실패
③ 화합물의 불용성에 의해 화합물이 미생물 작용에 유용하지 않음
④ 적절한 전자수용체의 결핍
⑤ 온도, 빛, 산소, pH 또는 산화환원전위 등의 불리한 환경조건
⑥ 미생물이 필요로 하는 생육인자와 영양원의 결핍
⑦ 화합물의 독성이 미생물의 생분해 잠재력에 영향을 미치고, 생분해의 결과 형성된 대사물질의 일부가 원래 화합물보다 더 유해하다.
⑧ 저농도의 기질이 미생물의 생분해에 영향을 미친다.

8.2.1 합성세제

비누는 합성세제가 개발될 때까지 약 20년 동안 중요한 세척제로서 사용되었다. 합성세제는 매우 강한 계면활성능을 가지고 있으므로 비누보다 훨씬 효과적이다. 비누는 생물학적으로 연성이기 때문에 미생물에 의하여 쉽게 분해된다. 그러나 초기에 사용된 세제는 경성이었다. 이들은 하천수나 하수처리 공정에서도 계면활성능을 계속 지니고 있기 때문에 대량의 거품을 발생시킨다.

Alkylbenzene sulfonate(ABS)는 1940년대에 가정용 합성세제로서 처음으로 사용되었다. ABS는 비누보다 제조가 간단하고, 세척능력이 우수하나 생분해가 어렵고, 이를 포함하는 폐수가 하천에 유입되면 많은 거품을 일으킨다. 이러한 문제를 극복하기 위하여 linear alkylbenzene sulfonate(LAS)가 1960년대에 개발되었다(그림 8-6). ABS는 자연수에서 800시간 이상 유지되지만 LAS는 매우 짧은 시간만 유지되고 쉽게 생분해된다. *Nocardia*와 *Pseudomonas*는 합성세제를 분해시키는 능력이 뛰어나며, 대개 하수처리장이나 자연수에 존재한다.

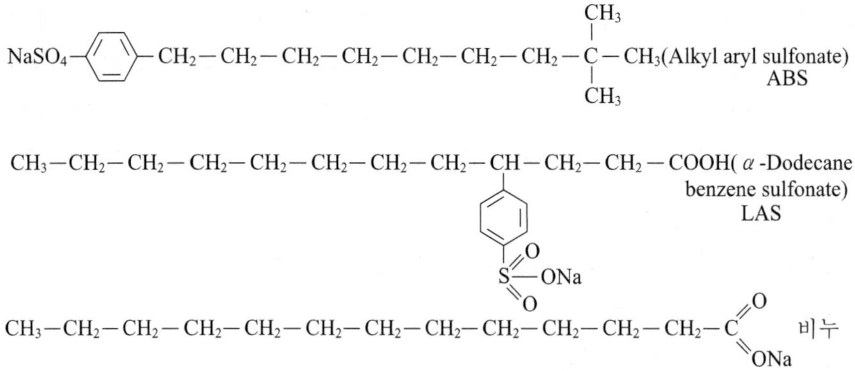

❖ 그림 8-6. 경성 및 연성세제의 화학적 구조

8.2.2 농약

농약은 질병을 일으키는 병원체나 매개체로부터 인간, 농작물 및 가축을 보호하기 위하여 사용되는 물질이다. 농약은 구제대상에 따라서 살충제, 살균제, 살조제, 살서제 및 제초제 등으로 구분된다. 농약 사용으로 인하여 비약적인 농업 생산성의 향상을 가져왔으나 무분별하고, 만성적인 살포로 여러 가지 환경오염 문제에 직면하게 되었다.

1) 생분해

미생물에 의한 농약의 분해율은 농약의 구조에 의하여 결정된다. 토양과 물에서 제초제인 2,4-D와 2,4,5-T의 미생물 분해율을 비교한 것을 그림 8-4에 나타내었다. 분자구조상의 5번 탄소에 염소원자의 추가는 분해시간을 14일에서 200일로 변화시키는 것으로 보아 2,4,5-T는 토양과 물의 종속영양 미생물에게 매우 난분해성인 물질이다(그림 8-7).

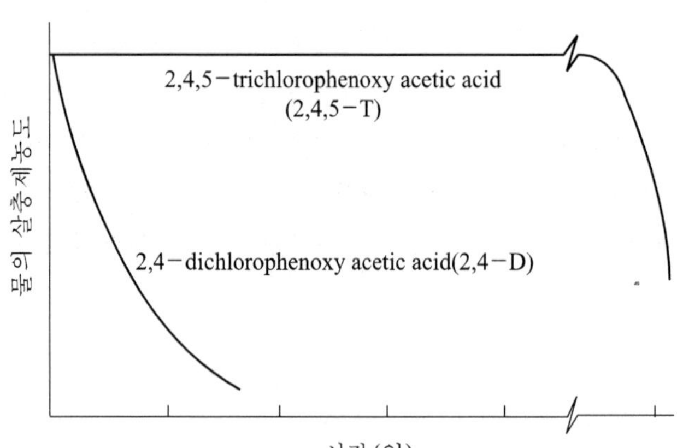

❖ 그림 8-7. 자연수에서 2,4-D와 2,4,5-T의 미생물 분해율의 비교

농약의 난분해성에 분자구조가 미치는 영향을 살펴볼 수 있는 중요한 또 하나의 예는, 지방족 측쇄를 가진 페녹시 농약의 미생물 분해율 비교에서 볼 수 있다. 표 8-3은 농약의 지방족 측쇄의 길이가 증가함에 따라 미생물 분해에 더욱 민감함을 보여준다. 또한 벤젠에 치환되는 화학반응기의 위치는 분해과정에서 매우 중요한 영향을 미친다. 카르복시기와 페닐기에 의해 치환된 벤젠은 미생물에 의하여 쉽게 분해된다. 그러나 염소기가 치환되어 있는 염화벤젠과 이염화벤젠은 미생물 분해에 대한 저항성이 매우 강하다.

표 8-3. 토양에서 몇몇 phenoxyalkyl 카르복시산 제초제의 생분해율에 미치는 체인길이의 효과

제 초 제	지방족 체인	토양에서 완전분해에 요구되는 시간(일)
2-Chlorophenoxyacetate	acetate(C_2)	205
2-(4-Chlorophenoxypropionate)	propionate(C_3)	205
2-(4-Chlorophenoxyvalerate)	valerate(C_5)	81
2-(4-Chlorophenoxycaproate)	caproate(C_6)	11

2) 난분해성과 구조

농약의 난분해성은 분자구조를 근거하여 예측할 수 있다. 분자구조를 함수로 하여 미생물 분해에 대한 저항성을 비교한 대체적인 결과를 최소 저항성 물질부터 아래에 나타내었다.

aliphatic acids
organo phosphates
long-chain phenoxyaliphatic acids
short-chain phenoxyaliphatic acids
monosubstituted phenoxyaliphatic acids
disubstituted phenoxyaliphatic acids
trisubstituted phenoxyaliphatic acids
dinitrobenzene
dichlorinated hydrocarbons(DDT)

↓ 생물분해에 대한 저항

특별한 농약 분해 미생물은 없다. 단지 이 물질들의 분해능력은 적당한 효소를 합성할 수 있는 미생물의 능력에 의존할 뿐이다. 종종 분해는 연속적으로 활동하는 둘 또는 그 이상의 미생물에 의존한다. 대표적인 농약 분해세균은 *Pseudomonas* 속이 있으며, 이 외에도 *Bacillus* 속, *Flavobacterium* 속, *Achromobacter* 속, *Alcaligenes* 속 등이 있다.

*Nocardia*는 일반적인 농약 분해 방선균이고, *Aspergillus*는 농약 분해활성이 있는 일반적인 곰팡이이다. *Arthrobacter*에 의한 2,4-D의 분해경로를 그림 8-8에 나타내었다.

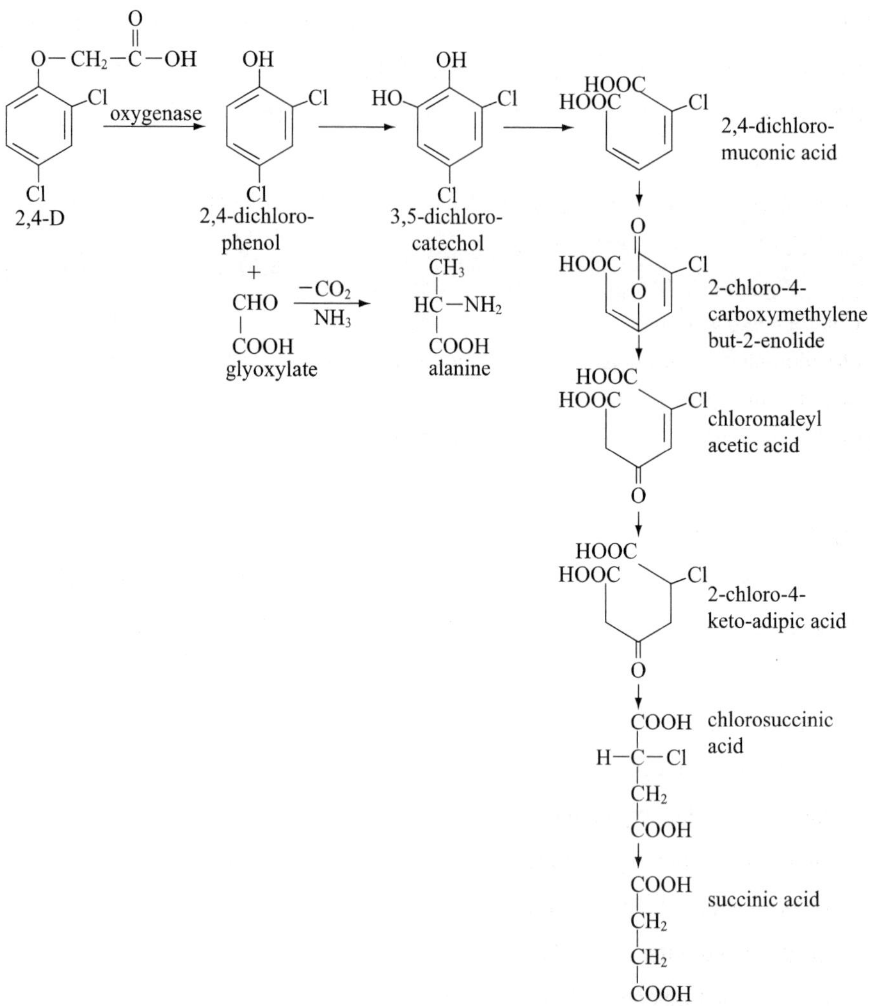

❖ 그림 8-8. *Arthrobacter*에 의한 2,4-D의 분해경로

3) 환경조건

농약의 분해는 온도, 토질, 경작된 정도 등 환경조건에 의하여 크게 지배된다. 온도의 효과는 aldrin과 dieldrin을 토양에 살포하여 7℃, 4주 후, 92%는 잔존하고 있으나 46℃로 유지된 토양에서는 40%만이 잔존하고 있다는 관찰에서 쉽게 알 수 있다. 토양 유기물의 농도는 농약 비활성화율을 지배한다. 유기물이 풍부한 토양은 많은 양의 살충제를

흡수하여 표면수에 유출되는 것을 방지한다. 반대로 사질토양은 농약 수용능력이 거의 없으므로 표면수로 빠르게 유출된다. 농약 분해에 토양 경작은 강한 효과가 있어서 비경작 토양보다 경작 토양에서 더욱 빠르게 분해된다. 증가된 분해속도는 토양보다 식물 뿌리 부근에서 훨씬 빠르다.

8.2.3 지방족 탄화수소

지방족 탄화수소의 생분해는 *n*-heptane의 *Pseudomonas aeruginosa*에 의한 대사가 최초이다. 가장 보편적인 포화 지방족 탄화수소인 알칸의 생분해는 분자상의 산소가 monooxygenase의 존재 하에서 말단의 메틸기를 알콜기로 산화시킴으로서 시작된다. 산화된 알콜기는 알데하이드기와 카르복실기로 전환되어 지방산을 형성한다. 지방산은 생물체의 물질대사에서 보편적인 에너지원으로서 β-산화에 의하여 대사된다(그림 8-9). 그 결과 생성되는 C_2 단위의 화합물(acetyl-CoA)은 TCA 회로를 통하여 이산화탄소와 물로 대사된다.

불포화 지방족 탄화수소의 생분해는 불포화 이중결합의 dihydroxylation, 불포화 결합의 에폭시화, 말단의 포화 메틸기의 산화 등에 의하여 진행된다.

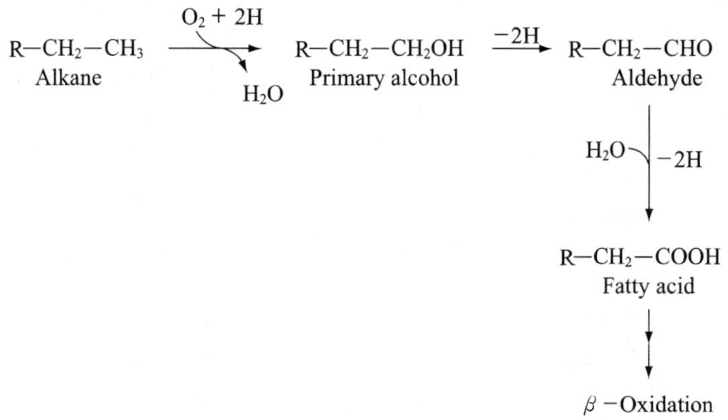

❖ 그림 8-9. 지방족 탄화수소의 생분해 경로

8.2.4 방향족 탄화수소

방향족 탄화수소는 자연계에서 생성될 뿐 아니라 인공적인 산업공정에서도 합성된다. 인공적으로 합성되는 방향족 고리를 갖는 화합물들은 구조가 복잡하여 분해가 어렵다. 방향족의 고리 구조는 hydroxylation과 고리 개환 기작에 의하여 대사된다. 방향족 고리상의 치환기는 이러한 전환반응이 이루어지기 전에 완전히 또는 부분적으로 제거된다. 치환기로는 할로겐기, 니트로기, 술폰기 등 자연계에서 흔치 않은 기가 보편적이며, 이들 치환기가 난분해성의 원인이 되기도 한다. 몇 가지 방향족 탄화수소의 생분해 과정을 그림 8-10에 나타내었다.

벤젠과 관련 화합물들은 화석연료의 성분으로서 자연계에서 발견되며, 유기물을 고온으로 가열하는 동안 생성된다. 대부분의 이들 화합물들은 벤젠(benzene), 톨루엔(toluene), 자일렌(xylene) 등의 용매와 농약의 합성을 위한 전구물질로 사용되는데, 이들 중 많은 화합물과 그들의 중간산물은 발암성이다.

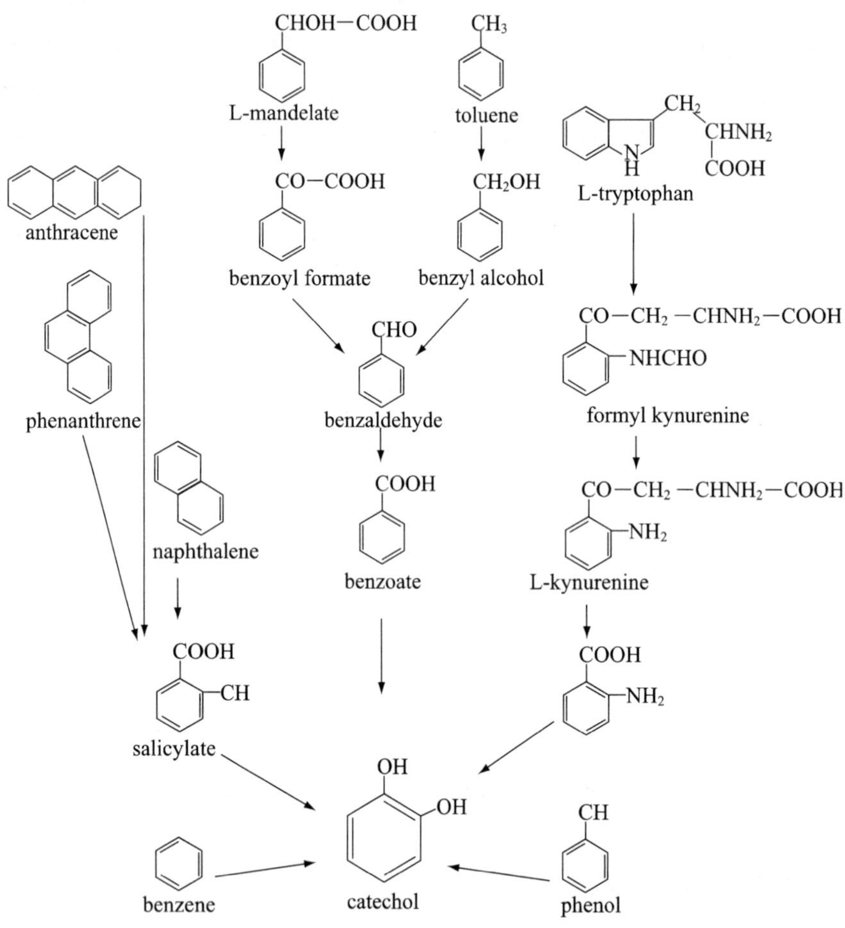

❖ 그림 8-10. 방향족 탄화수소의 생분해 경로

단일 탄소원으로 벤젠, 톨루엔, 자일렌 또는 다른 휘발성 방향족 화합물을 이용할 수 있는 미생물은 쉽게 농화되고 분리될 수 있다. 벤젠을 분해하는 세균은 적당한 하수나 슬러지 시료에 기체상의 벤젠을 첨가하여 선택적으로 자라게 할 수 있다.

세균에 의한 벤젠의 호기적 분해경로에서 첫 번째 단계는 dioxygenase 존재 하에 벤젠은 산소와 반응하고, 다음 단계로 이 화합물은 카테콜(catechol)로 전환된다. 카테콜은 세균과 곰팡이의 종류에 따라 두 가지 방법으로 산화적인 분해경로를 거치게 된다. 오르소 개환(*ortho* cleavage)은 카테콜의 두 수산기 사이를 공격하여 뮤콘산(*cis, cis*-muconic acid)을 형성한다. 메타개환(*meta* cleavage)은 수산기의 인접한 위치를 공격하여 2-hydroxymuconicsemialdehyde를 형성한다. 이들 중간 대사산물들은 계속 분해되어 최종적으로 미생물이 생육에 이용할 수 있는 탄소원을 형성한다. 벤젠의 분해경로는 그림 8-11에 나타내었다. 유전학적인 연구에 의하면, 메타 위치에서 분해할 수 있는 능력은 세균의 염색체에 암호화되어 있는 것이 아니라 플라스미드에 암호화되어 있는 것으로 밝혀졌다. 따라서 메타 개환을 위한 능력은 플라스미드의 제거에 의해서 소실된다. 반면, 세균에 플라스미드를 전달시키면 메타 개환능을 가지게 된다. 이러한 발견은 분해능을 가진 미생물의 플라스미드를 집중적으로 연구하게 하는 계기가 되었다.

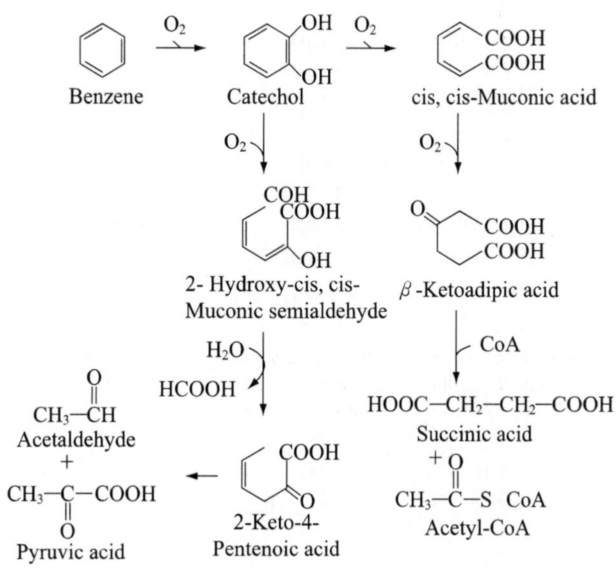

❖ 그림 8-11. 벤젠의 생분해 경로

톨루엔이 미생물학적으로 분해되는 몇 가지 경로가 알려져 있다. 톨루엔의 곁사슬은 산화되어 중간 대사산물인 benzyl alcohol과 benzaldehyde를 경유하여 benzoic acid을 형성하며, 벤조산은 여러 가지 경로를 통하여 계속 분해된다.

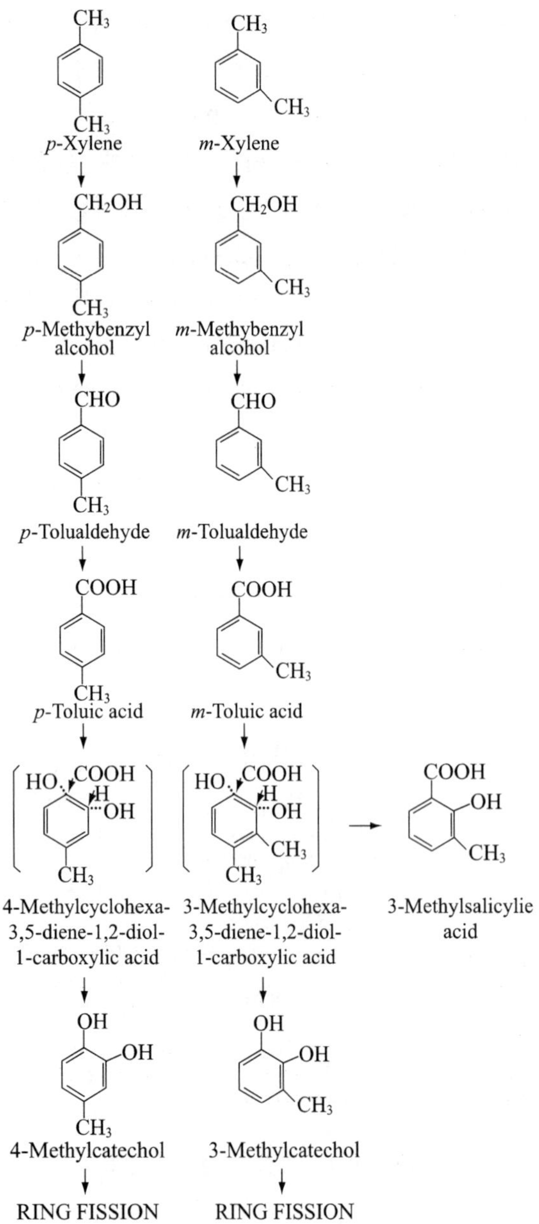

❖ 그림 8-12. 자일렌의 생분해 경로

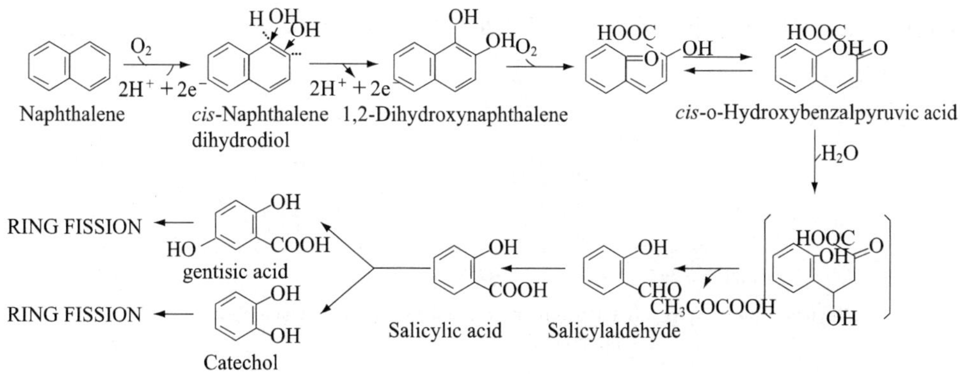

❖ 그림 8-13. 나프탈렌의 생분해 경로

자일렌은 미생물에 의해서 dimethyl catechol 유도체로 전환되는데, *m*-xylene과 *p*-xylene의 한 개의 메틸기는 산화되어 상응하는 메틸기로 치환된 벤조산을 형성한다. 계속된 산화로 이 화합물은 monomethylcatechol을 형성하고 고리가 분해된다(그림 8-12). 가장 잘 알려진 벤조산의 분해경로는 1,2-dioxygenase에 의한 공격으로 시작한다. 생성된 산물은 dioldehydrogenase에 의하여 이산화탄소가 제거되고 카테콜로 전환된다.

세균은 dioxygenase의 존재 하에서 나프탈렌(naphtalene)을 분해하여 중간대사산물인 1,2-dihydroxynaphthalene을 형성하고, 기부 부근에서 메타 개환을 통하여 *cis-ortho*-hydroxybenzylpyruvic acid를 형성한다. 이 화합물은 가수분해되어 salicylaldehyde와 피루브산으로 분해된다. 살리실알데하이드는 salicyilc acid으로 산화되어 카테콜로 전환된다(그림 8-13).

페난스렌(phenanthrene)도 그림 8-14에서 볼 수 있는 바와 같이 동일한 규칙의 산화적인 분해방식이 적용된다. 고리가 산화적으로 공격을 받아서 결국 1-hydroxy-2-naphthaldehyde와 피루브산이 형성된다. 알데하이드로부터 형성된 1-hydroxy-2-naphthoic acid는 phthalic acid로 전환되거나 이미 서술된 나프탈렌의 분해경로로 들어갈 수 있는 1,2-dihydroxynaphthalene을 형성한다.

안스라센(anthracene)은 용해도가 낮기 때문에 매우 서서히 분해되는데, 분해는 그림 8-15에 서술된 원리에 의하여 일어나며, 그 결과 2-hydroxy-3-naphthoic acid를 생성한다. 이 화합물의 자세한 분해경로는 아직 규명되지 않고 있다.

비페닐(biphenyl)은 염화비페닐(chlorinated biphenyl)의 근원이 되는 화합물이다. Dioxygenase, dioldehydrogenase, *meta*-catechase 등의 효소에 의한 연속적인 공격으로 고리가 열린 중간대사산물이 형성되며, 이는 결국 벤조산과 불포화화합물(2-hydroxypenta-2,

4-dienoic acid)로 분해되어 미생물의 탄소원으로 이용될 수 있는 피루브산과 알데하이드를 형성한다.

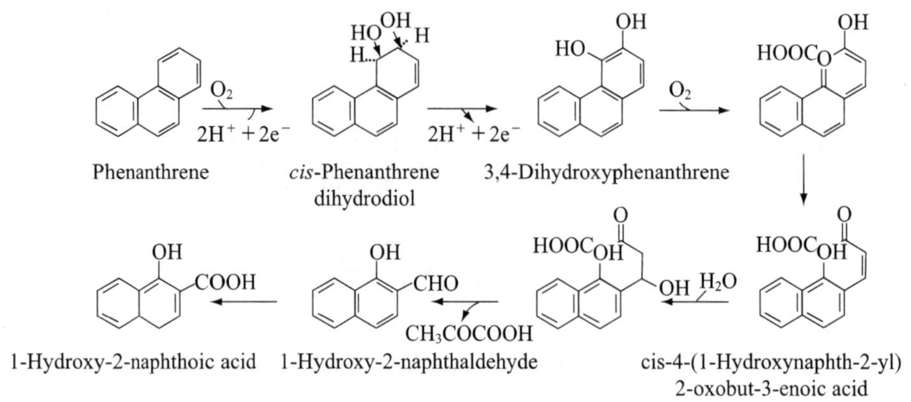

❖ **그림** 8-14. 페난스렌의 생분해 경로

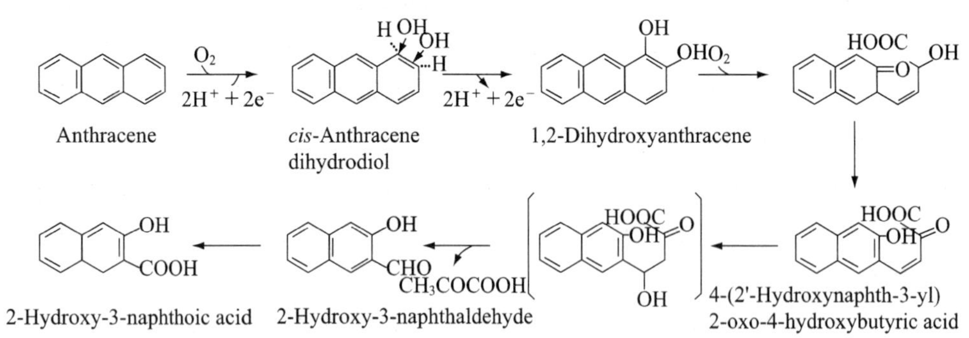

❖ **그림** 8-15. 안스라센의 생분해 경로

방향족 염소화합물의 분해에서, 염소는 일차반응에서 곧 방향족 고리 화합물로부터 제거되나 나중 단계인 지방족 화합물의 수준에서 자발적 또는 효소학적 반응에 의해서도 떨어져 나간다. 중요한 것은 할로겐-탄소 결합의 절단이며, 여기에는 몇 가지 규칙이 있다(그림 8-16).

다환성 또는 다핵방향족 탄화수소(polycyclic or polynuclear aromatic hydrocarbon, PAH)는 3개 이상의 고리 구조를 갖는 방향족 탄화수소를 말하는 것으로, 이들 화합물들은 석유화학 공업이나 자동차의 배기가스 또는 플라스틱 등 화학제품의 불완전 연소로부터 생성되며, 수질오염이나 대기오염을 일으킨다. 최근, 다환성 방향족 탄화수소에

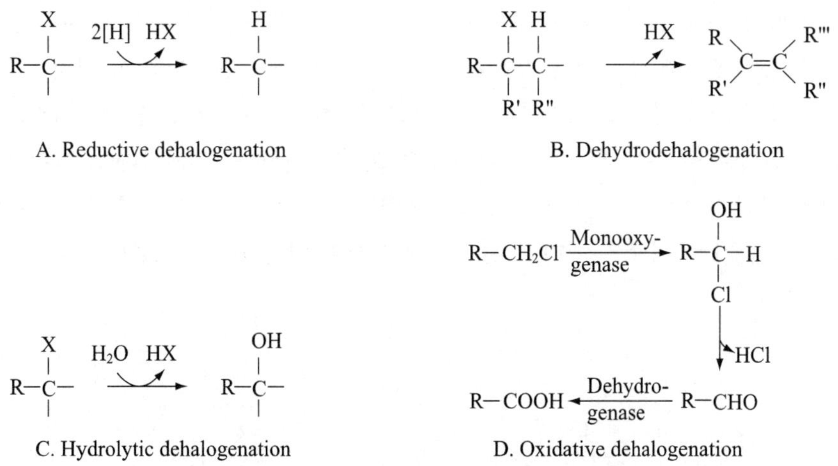

A. 염소는 수소화 반응(hydrogenation)에 의하여 환원적으로 제거된다.
B. 염소는 동일분자로부터 수소와 함께 제거된다.
(탈수소탈할로겐화 반응 : dehydrodehalogenation).
C. 염소는 가수분해동안 물의 수산기에 의하여 대치된다.
D. 염소는 공기중의 산소에 의해서 산화되어 제거된다.

❖ **그림** 8-16. 미생물에 의한 할로겐화 방향족 화합물로부터의 탈할로겐화 반응

속하는 pyrene, benz(o)pyrene, benz(o)anthracene, fluorene, fluoranthracene 등의 미생물학적인 분해가 보고되고 있다.

다이옥신류는 비록 시장에 상품으로 판매되고 있지는 않지만 환경적으로 매우 중요한 물질이다. 다이옥신류는 살충제 제조, 소각, 염소표백 및 소독, 먼지 및 퇴적물 조절시 원하지 않는 부산물로 생성된다. 다이옥신은 많은 종류가 있지만 그 중 가장 독성이 강한 것이 2,3,7,8-테트라클로로벤조-*p*-다이옥신(TCDD, 그림 8-17)으로, 이것은 가장 독성이 강한 합성 유기물로 추정된다. 다이옥신과 연관된 물질로는 dibenzofuran 및 diphenyl ether가 있다(그림 8-17). 돌연변이성 및 발암성과 같은 다이옥신의 생물학적 영향은 종, 성별 그리고 노출경로 등에 따라 변한다. 인간에 미치는 영향으로는 만성피로, 체중감소, 불면증, 간기능 장애, 자연유산 및 발암성 등을 들 수 있다. 다이옥신의 각 종류별 독성은 매우 낮은 것에서부터 극단적으로 높은 것까지 매우 다양하다. 그러므로 독성영향을 분석하기 위해서는 각 종류별 분석부터 수행하여야 한다.

다이옥신으로 오염된 토양을 처리하는 방법의 하나는 굴착 후, 소각하는 것이지만 그 비용이 매우 높다. 생분해는 바람직한 대안이기는 하지만 다이옥신과 관련된 물질들은 생분해에 대한 저항성이 매우 크다. 그럼에도 불구하고 미생물들은 다이옥신을 호기성 및 혐기성 조건하에서 변환시킬 수 있다. 그러나 다이옥신으로 오염된 현장의 정화를

위한 생물학적 분해의 장점이 현실화 될 지는 앞으로 계속 연구해야 할 사항이다.

많은 호기성 생분해 연구에서 제한된 다이옥신의 변환이 관찰되었다. 이것은 일반적으로 산소화 효소가 산소를 첨가하여 모노 또는 디히드록시 유사물을 생성시키는 것을 포함하는데, 이들 물질은 더 이상 분해되지 않고 축적되려는 경향이 높다. 그러나 에테르 결합을 가진 탄소와 인근 비치환 탄소에 동시에 −OH기를 치환할 수 있는 선택적인 dioxygenase를 가진 세균은 에테르 결합을 파괴시켜 광물화를 유도한다.

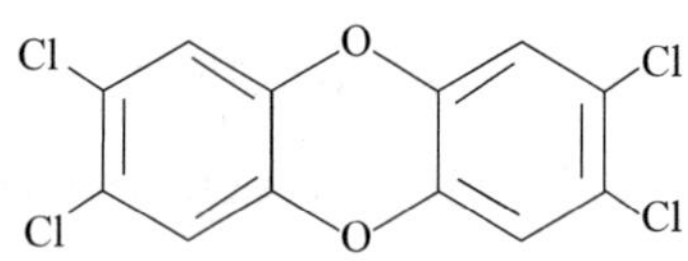

2,3,7,8−Tetrachlorobibenzo−*p*−dioxin(TCDD)

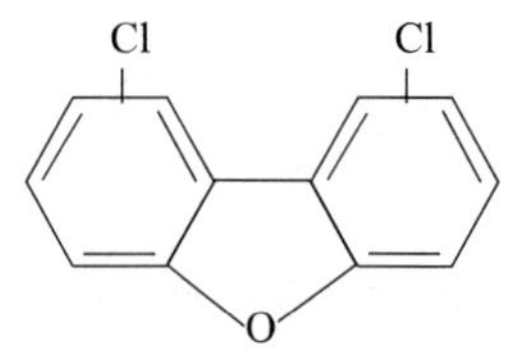

Dichlorodibenzofuran

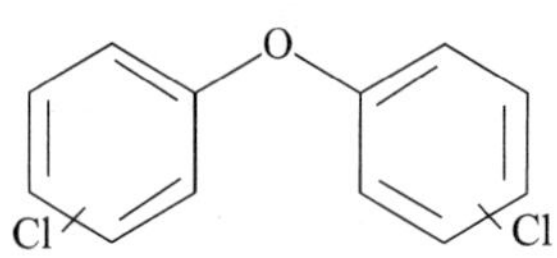

Dichlorodiphenyl ether

❖ **그림 8-17. 염화 다이옥신과 관련된 화합물의 구조**

8.3 부영양화와 미생물

8.3.1 정의 및 원인

정상적인 상태에서 호소(湖沼)와 연못과 같은 정수 생태계에 유입되는 무기영양소의 양은 적으나 벌목, 경작지 조성, 생활하수, 산업폐수 등의 유입으로 호수, 하천, 해수연안에 영양염류의 양이 많아져서 농도가 정상 이상으로 증가되는 현상을 부영양화(eutrophication)라 한다.

8.3.2 부영양화의 영향

1) 천이 초래

모든 수계에 부영양화가 일어나는 것이 아니라 수심이 낮고, 물의 흐름이 정지하거나 유속이 낮고, 침전물이 많은 수계에 영양염류가 축적되면 조류가 급격히 증식함으로써 부영양화가 발생한다. 수중생물 또한 번성하게 되어 정체 현상이 가속화되고, 장기간에 걸쳐 늪으로 발전하고, 그 다음 육지로 변화되는 천이(succession)현상을 초래한다(그림 8-18).

❖ **그림** 8-18. 유 · 무기영양소와 침전에 의한 천이

2) 생태계 악화

수역의 부영양화는 조류의 번성(bloom)과 동 · 식물플랑크톤의 개체수의 증가를 일으키고, 이로 인하여 물속의 부유 및 현탁물질의 증가로 투명도의 저하가 따르고, 대형 수중식물의 생육, 미생물과 수중생물에 의하여 유기물 분해과정에서 생산된 유기산과 냄새, pH의 상승, 하상(河床) 용존산소의 저하로 유기산의 불완전한 무기화 및 메탄가스 발생과 질산염 및 황산염 환원, 침강물질과 함께 니층(泥層) 형성 등으로 생태계는 악화된다.

3) 수질악화

정상적으로 빈영양을 나타내어 청정하던 수역(水域)이 영양염류에 의하여 오염되면 자정작용의 한계까지는 무난하게 지탱할 수 있으나 그 정도를 지나치면 부영양화되어 수질이 악화된다.

지표수를 상수로 이용하는 수도 사업은 부영양화로 인하여 많은 영향을 받게 되는데 그 예를 들면, ① 물의 처리에서 응집, 여과, 염소소독을 원활하게 하기 위하여 사전 염소처리를 할 경우, *Microcystis*가 분비한 산물과의 반응으로 발암성의 trihalomethane의 생성 가능성이 있고, ② 현탁물질 및 부유물을 제거하기 위하여 응집제인 3가철 이온 및 aluminum을 다량으로 사용해야 하거나, 조류의 대사산물이 킬레이트 작용을 가지면 응집이 어렵고, ③ 표층의 남조류는 침전되지 않고 플록(floc)을 형성하거나 규조류 및 기타 조류에 의한 여과지가 막히는 폐색현상을 나타내고, ④ 암모늄 이온 또는 아미노 화합물은 염소소독과정에 chloramine을 형성하여 소독효과를 없애거나, ⑤ 정수과정 중 암모니아성 질소가 불완전하게 질화되어 아질산이온이 형성되어 유아에 대해 청색증(methaemoglobinemia)을 일으킬 수 있고, ⑥ 조류의 증식으로 인한 각종 냄새 및 죽은 조류를 미생물이 분해하면서 생산한 물질에 의해 냄새가 나고, ⑦ 환경여건의 악화로 죽어 침강한 수중생물의 사체가 바닥에서 분해되면서 산소결핍에 도달하면 니층의 철 및 망간의 용출이 일어나 상수 중에 오염되어 상수의 맛, 변색, 관 내부의 스케일(scale)화 등을 일으킨다. ⑧ 기타 막대한 처리비용, 기계 및 계기의 고장, 점성물질(slime) 생성으로 열효율 저하, 부식, 공업생산 효율감소 등을 야기한다.

4) 농 · 수산업 피해

부영양화된 물을 관개용수로 이용할 때 질소 농도가 큰 영향을 미친다. 질소 농도 5 ppm 이상에서 벼의 웃자람, 병충해의 빈발 등으로 수확량이 감소되고, 남조류의 대사과정에서 생산된 독성물질 및 산소부족으로 생성된 황화물(H_2S)은 어류 및 그 물을 마신 육상동물에게도 피해를 준다. 그러나 부영양화가 심하지 않은 초기단계에는 조류의 증식으로 어류의 먹이가 증가하여 어획고를 높이기도 한다.

기타 수환경에서 탁도, 냄새, 이물질로 인한 혐오감, 남 · 녹색 또는 갈색으로 인한 미관상 문제, 레크리에이션(recreation)에 미치는 영향이 자연에 대한 친근감을 상실하게 한다.

8.3.3 부영양화의 판정

1) 부영양화 판정

부영양화의 판정항목과 기준은 정성적 판정과 정량적 판정으로 구분할 수 있고, 판정항목별 정량화 된 수치로서 전체를 정성화할 수 있다.

2) 부영양화 판정기준

① 이화학적 및 생물학적 평가

지표수에서 전혀 생물 생산이 없는 20℃의 순수한 물의 용존산소의 양은 약 8.8 mg/L이며 부영양화되면 서서히 감소한다. 대체로 용존산소 포화도가 10% 이하(약 0.9 mg/L)이고, 투명도는 약 2 m 이하일 때로 한다. 그러나 용존산소 및 투명도에 대한 기준은 명확히 공인된 것이 없이 정성적으로 판정하고 있을 뿐이다.

OECD에서 얻어진 비연속계의 정량적 기준을 예로 들면 다음 표 8-4와 같다.

표 8-4. 호소의 부영양화 분류기준(비연속계, OECD)

형	총인 연평균 농도 (mg/m^3)	chlorophyll a 연평균 최대농도 (mg/m^3)		투명도 연평균 최소 (m)	
극빈영양	≤4.0	≤1.0	≤2.5	≥12.0	≥6.0
빈영양	≤10.0	≤2.5	≤8.0	≥6.0	≥3.0
중등영양	10~35	2.5~8	8~25	6~3	3~2.5
부영양	35~100	8~25	25~75	3~1.5	1.5~0.7
과영양	≥100	≥25	≥75	≤1.5	≤0.7

② 인산 부영양화에 의한 평가

인의 물질수지 관계식의 모델을 이용하는데, 대개 "Vollenweider" 모델이 많이 사용된다.

③ 영양상태지수에 의한 평가

영양상태지수는, 이화학적, 생물학적 수질 조사자료로부터 그 부영양화도지수(Trophic State Index; TSI)를 계산하여 평가하는 것으로, 1977년 Kent State 대학의 Calson에 의해 개발되었으며, 투명도(SD, m), 엽록소농도(Chl., $\mu g/L$), 총인농도(TP, $\mu g/L$) 등의 함수식에 의해 구해진 수는 1~100까지의 연속적인 수치로 나타낸다.

$$\begin{aligned} TSI &= 60 - 14{,}41 \ln SD \\ &= 9.81 \ln CA + 30.6 \\ &= 14.42 \ln TP + 4.5 \end{aligned}$$

여기서 SD : 투명도(m)
TP : 총인(mg/L)
CA : Chl.-a($\mu g/L$)

이 Calson의 식으로 산출된 TSI에 의한 영양상태 구분은, TSI < 40 : 빈영양, 40 < TSI < 50 : 중영양, TSI > 50 : 부영양 상태로 구분한다.

④ 조류잠재력(Algal growth potential; AGP)에 의한 평가

AGP는 물이 가지고 있는 잠재적인 조류의 증식능력을 나타내며, 조사대상이 되는 특정 호수나 유입 하천수에 특정 조류(예 : *Selenastrum capricornutum*)을 접종하여 일정

한 조건하에 조류의 증식이 최대농도(보통 조류농도 증가율이 1일 5% 이하, 1~2주 이내)에 도달하기까지 배양하여, 그 증식량을 건조중량(dry W·mg/L)으로 나타낸 값을 말한다.

AGP 측정값으로 보면, 빈~중영양호에서는 1 mg/L 이하, 중~부영양호는 1~50 mg/L 정도로 조사되었다. AGP의 활용은,

가. 유기오염의 지표로서 BOD처럼 영양염류에 의한 오염의 지표
나. 부영양화 미연 방지를 위한 조류예보제의 발령기준
다. 제한 영양염의 추정, 탈질과 탈인 등의 처리효과, 유입오수의 영향, 조류의 이용 가능한 영양염류 및 저해물질의 유무평가에 사용한다.

8.3.4 부영양화와 미생물

1) 녹조(綠潮; water-bloom, 물꽃, 水華)

지표수의 표면에 플랑크톤성 남조류가 집적하여 나타나는 현상을 뜻하지만 일반적으로 남조류 이외에 규조류, 원생동물, 녹조류 등이 이상 증식하여 수면에 얇은 막 또는 덩어리를 형성하여 떠돌아다니는 상태도 포함된다. 주로 남조류 *Microcystis*의 구상 또는 부정형의 젤라틴성 집락이 여름에서 가을에 걸쳐 형성되어, 냄새와 미관이 현저하게 떨어지고, 이로 인하여 가축이 폐사하기도 한다. *Oscillatoria, Anabena* 등은 사상의 집락을 형성한다.

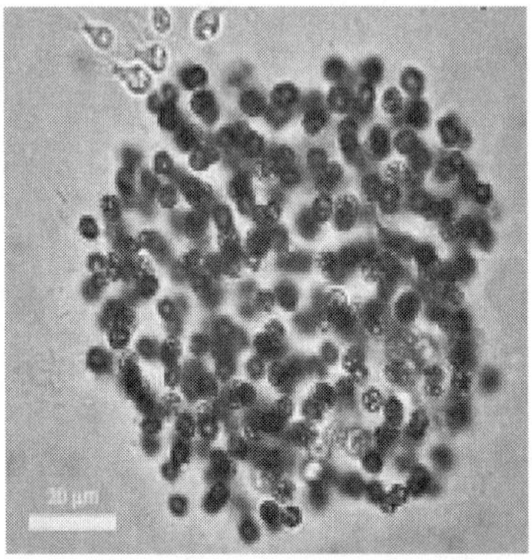

(a)

(b)

❖ 그림 8-19. *Anacystis(Microcystis)* sp.(a)와 남조류가 번성(water-bloom)하여 매트(mat)화된 모양(b)

*Microcystis*의 water-bloom은 ① 표면에 집적할 때 매트(mat) 형상을 나타내며(그림 8-19), ② 표면에 부상한 균체는 활발한 광합성을 하고, 광합성 결과 생성된 유기물에 의하여 팽압이 상승하면 가스포(gas vesicle)는 파괴되어 세포비중을 견디지 못하고 침강한다. 침강한 매트는 일정한 시간이 지나면 가스포가 다시 생성되어 부상하는 부상 및 침강의 수직이동을 반복한다, ③ 25℃가 되면 증식속도가 급격하게 높아지고 20℃ 이하 또는 40℃에서는 낮아진다, ④ 낮은 조도, 높은 pH, 낮은 용존산소, 다른 조류에 비하여 적은 인 및 질소 양으로도 증식이 활발하고, ⑤ microcystin이라는 독소를 생산하여 다른 수중 생물에 영향을 미치므로 다른 조류보다 우점할 수 있는 특징을 가진다.

2) 적조(Red tide, 赤潮)

① 적조생물

해수 중의 특정 조류가 이상 증식하여 해수의 색이 일정한 지역에 걸쳐 변한 현상을 말하며 담수생태계의 water bloom과 유사하다. 적조생물에는 조류, 세균, 원생동물, 하등의 갑각류도 포함되지만 일반적으로 조류에 의한 적조를 의미한다. 적조를 일으키는 생물은 약 260여종이지만 그 중 식물성 편모조류(phytoflagellates)가 약 48%를 차지한다. 적조가 발생하여도 해수의 색이 반드시 붉은 것만이 아니라 원인 생물의 종류에 따라 적, 황, 녹, 갈색 등의 다양한 색을 나타낸다.

② 적조발생

기록에 의하면 적조는 고대로부터 이어져 왔고, 우리나라에서도 조선실록에 기록될 정도로 오랜 역사를 가진 것으로 알려져 있다. 근래에 적조가 문제시되는 것은 발생빈도가 높고, 일단 발생하면 광역화되고, 연안 수산양식업에 막대한 피해를 주고, 해양오염의 결과라는 점이 중요하다. 일본은 *Chattonella*에 의한 적조로 피해를 보고 있으며, 이때에는 다른 조류의 번식을 거의 볼 수 없다. 연안 수역에서 자주 발생하는 *Skeletonema*(규조)는 대량 증식하여 수면이 갈색을 띠지만 규조류에 의한 적조가 어업 피해로 이어지는 경우는 적다. 일반적으로 해수 1리터 중 조류 1~2백만 개체가 되면 적조를 일으키지만 피해는 종류에 따라 그보다 적어도 일으킬 수 있는데, 노르웨이의 Oslo 만의 적조에서는 17억 개의 개체수를 나타낸 적도 있다.

온대지방의 적조는 일반적으로 여름철의 연안에서 발생하며, 대체로 규조류의 대대적인 번식 후 표층의 무기영양염류는 상대적으로 낮으나 온난화로 인하여 안정도가 높아지면 발생하고, 열대지방에서는 영양염이 풍부한 저층에서 발달하여 표층으로 이동되며 계절적인 폭우가 있은 후 즉시 발생한다.

③ 적조의 피해

쌍편모조류(dinoflagellates)의 대대적인 번식 이후 한정된 수역에서 강하게 결집되었던 세포들이 죽은 후 세균에 의해 분해될 때 높은 산소요구량(BOD)을 나타내고, 주변 수역은 산소가 고갈되어 어류와 조류의 대규모 치사를 초래한다.

특정 쌍편모조류는 대량 번식 때 비록 주변 환경의 산소농도가 높아도 방출되는 독소로 인하여 어류 또는 패류의 치사를 일으킨다. *Phycodiscus brevis*는 해수 1리터에 1~2십 만 개체에 이르면 주변 어류가 죽어간다(그림 8-20). *Gymnodinium* 또한 어류의 치사와 관련이 있으며, *Gymnodinium simplex*는 독소없이 굴 유생의 정착을 방해하는 것으로 알려져 있다. 대표적인 조류와 독성을 표시하면 아래와 같다.

Alexandrium – 마비성 패류독

*Dinophysis*와 *Prorocentrum* – 설사성 패류독

Gymnodinium – 신경장애

Cochlodinium – 어류에 맹독과 아가미에 질식현상 초래

연체동물과 갑각류는 자신의 독소에 대한 면역기구에 의하여 *Gonyaulax*의 saxitoxin에 사멸되지 않고, 이 독소를 축적하여 상위 포식자에게 간접적으로 피해를 입힌다.

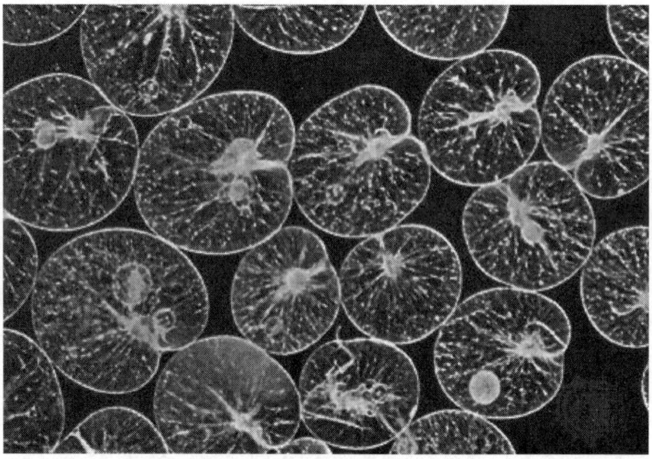

❖ 그림 8-20. 쌍편모조류(*Noctiluca scintillans*)의 형태

8.3.5 부영양화의 제어

1) 발생원 대책

부영양화를 제어하기 위하여 가장 기본적인 것은 영양염류를 제한하는 것이다. 발생원 대책은 수역에 유입되는 영양염류를 그 발생지에서 제거 또는 감소시키는 방법, 일차생산을 억제하는 방법 등을 포함한다. 공공하수, 농업 및 공업배수 등 한 지점에서 배출되는 점원은 그 제어가 비교적 용이할 것 같으나, 산재된 비점원은 그 제어가 용이하지 않다.

① 유입하수의 인 및 질소처리

일반 폐수처리는 유기물의 제거에 중점을 두고 있으므로 활성오니법과 같은 생물처리에 의한 인 및 질소 제거는 약 40%에 그친다. 그러므로 방류수에 포함된 영양염 부하를 줄이기 위해서는 고도처리가 필요하며, 미네소타의 Shagawa lake와 스웨덴의 Boren lake가 성공사례로 유명하다.

② 유로(流路)변경

오염물질이 대상 호소에 유입되지 않도록 물의 흐름을 변경시키는 방법으로 일명 계외방류(系外放流)라고 한다. 1963년 유로변경을 실시한 Washington lake는 성공한 예이지만, 1968년의 Sammamish lake는 철의 농도가 높고, 이전에 유입된 많은 인이 철과 함께 침전해 있어서 수질은 거의 회복되지 않았다.

2) 비점원 대책

① 토지이용 및 축산업 관리

강우 및 토양침식에 따른 비료의 유실을 줄일 수 있는 토지이용, 또한 심각한 문제를 일으키는 양돈 및 양계 등의 축산업에서 가축배설물의 관리를 철저하게 하면 부하를 대폭 줄일 수 있다.

② 수역 및 양식업 관리

호수주변의 오염 가능한 활동의 억제와 아울러 양식 사료의 개발로 호수에 잔류하여 부영양화의 원인이 되는 염류를 줄이는 방법이다.

③ 유입수 처리

호수에 유입되는 물의 처리로 점원 대책과 마찬가지로 고도처리 또는 trench 처리 및 전(前) 저수(貯水)처리로 유입량을 감소시키는 방법이다.

3) 발생량 감소

영양염의 발생자체를 관리하는 방법이다. 가정의 폐수 중 합성세제에 포함된 인의 비율이 총 인부하의 약 20%로 추산(비점원 부하 제외)되고 있으므로 합성세제 사용의 억제와 대체 세제의 개발과 같은 노력에 의하여 부영양화를 예방하는 방법으로, 시간과 노력뿐 아니라 많은 사람의 인식과 협조가 필요한 사항이다.

4) 호내(湖內) 대책

발생량 감소는 원칙적이고 기본적이지만 환경에 알게 모르게 유입되거나 이미 축적되어 유입 감소 및 발생량 감소로도 수질의 회복이 여의치 않은 경우, 호내 대책이 이용된다. 이 호내 대책에는 영양염 농도의 감소와 직접 식물성 플랑크톤의 증식을 억제하는 방법이 있다.

① 약품첨가

약품을 투입하여 호수의 인을 응집시켜 침전시킨다. 응집제로 쓰이는 약품은 철염, aluminium염, zirconium염 등을 이용할 수 있으나 성공한 예(Braakman lake)도 있고, 성공하지 못한 예(Barenplaat lake)도 있으므로 완전하다고 할 수 없다.

② 희석

유입수의 체류시간이 짧으면 일차생산자인 부착성 조류가 주류를 이루고 식물성 플랑크톤의 양은 감소한다. 이 원리에 입각하여 희석용수로 희석하고 체류시간을 단축하는 효과를 얻는 것이다.

③ 준설(浚渫)

저층에 있는 오니(sludge)의 준설은 수심을 깊게 하며, 영양염의 용출을 방지하는 효과를 갖는다. 스웨덴의 Trummen lake의 저니의 영양염 농도는 1 m에서 현저하게 높았으므로 상층 50 cm를 준설한 결과, 총 인이 600 mg에서 70~100 mg/m^{3}으로, 투명도 23 cm에서 75 cm로, 남조류 *Oscillatoria agardii*의 water bloom도 없고, 식물성 플랑크톤의 Shannon 다양성지수도 1.6에서 3.0으로 증가하였다.

④ 저니 처리

오니로부터 영양염의 용출을 막는 수단이며, 철, aluminum, zirconium염 등의 약품을 살포, 흙(土砂) 또는 비산재(飛散灰, fly ash)를 오니층 상부에 살포하는 방법이다.

⑤ 폭기 및 순환(Aeration, circulation)

용존산소의 감소를 막고 호기상태를 유지하여 각 종 가스의 생산도 방지하고 영양염류의 용출방지에도 유효한 것으로 알려졌다.

⑥ 심층수 방류

심층의 영양염 농도가 높고 산소가 부족한 물을 제거하고, 식물성 플랑크톤은 표층으로 방출하는 방법도 제안되고 있다.

⑦ 플랑크톤 및 수중식물 제거

수중식물 및 플랑크톤은 영양염류를 섭취하여 세포 및 체내에 함유하고 있으므로 이 세포 및 식물체를 제거하여 순환하는 염류의 양을 감소시키는 방법이다.

⑧ 식물연쇄를 이용하는 자정능력 강화(생물제어)

먹이연쇄와 기생관계를 통해 다른 생물을 사용하여 조류를 제거하는 방법이다. 초어를 이용한 수초 제거와 동물성 플랑크톤을 이용한 조류의 제거 등이 있다. 그러나 새로운 종을 이식할 때에는 사전에 충분한 검토가 있어야 한다.

8.4 중금속 오염과 미생물

이 장의 전반부에서 서술한 오염문제는 대부분 미생물들이 일정한 부류의 유기물을 효과적으로 무기물화시키지 못함으로서 발생한 것이다. 이에 비하여 아래에서 서술할 오염문제는 미생물의 정상적인 생물지구화학적 순환의 결과에서 오는 것이다. 미생물의 작용으로 순환하는 무기물 풀(pool)이 공업화된 사회의 활동에 의하여 우발적으로 증가하였을 때 오염이 발생한다. 본래의 무기물은 비교적 무해할지도 모르나 미생물에 의해 전환된 산물은 그렇지 않을 수도 있다. 각종 농업 및 산업 활동이 환경에 미치는 영향을 예측하려면 이러한 활동에 관련된 미생물학적 순환에 관한 지식이 필요하다. 아래의 사례들은 이러한 이유를 보여준다.

8.4.1 금속 화합물과 미생물

미생물에 의한 유해한 금속 화합물의 변화는 환경오염이나 환경정화에서 매우 중요한 위치를 차지한다. 금속 화합물 중 수은에 대한 미생물학적 변환과 관련된 많은 연구가 이루어졌으나 기타 금속에 대해서는 아직도 그 연구가 미비한 실정이다.

미생물의 금속 화합물에 대한 작용은 효소작용을 동반하는 직접작용과 미생물의 생산물에 의한 간접작용, 흡착 및 농축 등 3가지로 구분된다.

1) 직접작용

① 산화

철산화 세균에 의한 Fe^{2+}의 Fe^{3+}로의 산화가 대표적이다.

② 환원

수은 내성균에 의한 Hg^{2+}의 Hg^{0}로의 환원이 대표적이다.

③ 메틸화

*Penicillium brevicaule*에 의한 아비산염으로부터 트리메틸알루신의 생성이 대표적이다.

2) 간접작용

미생물은 대사산물로서 황화수소, 황산, 황산철(III), 이산화탄소, 산소, 암모니아, 유기산 및 킬레이트 작용을 가진 물질을 생성하기 때문에 이러한 물질에 의해서 금속 화합물은 변환된다. 또한 금속을 함유한 유기물이 분해되면 금속의 방출이 발생한다.

① 황화수소

혐기적인 조건에서 황산염과 수소(환원물질)의 공급이 있을 때, 황산 환원균에 의해서 황산염이 환원되어 황화수소가 발생한다. 자연계에서는 황산염의 공급이 쉽게 일어나고, 황산 환원균의 분포도 넓기 때문에 이 반응은 보편적으로 관찰된다. 특히, 유기물이 많을 때에는 혐기적 상태가 되기 쉬우므로 유기물의 혐기적 분해에 의한 수소의 공급도 일어나기 쉽다.

이 환원반응은 황산염이 호흡계의 최종 수소 수용체가 되는 혐기적 호흡반응이기 때문에 황산호흡이라도 한다. 황산 환원균의 균체탄소는 대부분이 유기물에서 섭취되기 때문에 이 세균은 종속영양균이다. 이렇게 생성된 황화수소에 의하여 대부분의 금속은 황화물이 된다. 예를 들면, 철은 다음과 같이 반응하여 황화철로 된다.

$$Fe^{3+} + SO_4^{2-} + 8H^+ + e^- \rightarrow FeS + 4H_2O$$

자연계에서는 대부분의 금속, 예를 들면 Fe, Cu, Ag, Zn, Pb, Co, Ni, Mo, As, Cd, Hg 등이 황화물로 존재하고 있다. 이러한 황화물의 생성 원인에 대해서는 비생물적인 반응의 결과라고 추정되며, 철의 경우에는 생물적인 요인의 결과라고 추정된다.

② 황산

황을 산화하는 미생물은 i) *Thiobacillus*; ii) 종속영양 세균, 곰팡이 및 방선균; iii) *Beggiatoa, Thiothrix* 및 *Thioplaca*; iv) 광합성 녹색세균(Chlorobacteriaceae) 등 4개의 그룹으로 구분된다. 이들 세균에 의하여 황(S)이 산화되어 최종적으로 황산이 된다. 예를 들면, 호기적 환경에서 *Thiobacillus*에 의하여 황이나 티오황산은 황산으로 전환된다.

$$2S + 3O_2 + 2H_2O \rightarrow 2H_2SO_4$$

$$Na_2S_2O_3 + 2O_2 + H_2O \rightarrow Na_2SO_4 + H_2SO_4$$

황산이 금속 화합물에 작용하면 금속을 용해시킨다. 단, $CaCO_3$에 작용하면 $CaSO_4$가 생성되어 침전물이 생긴다.

$$H_2SO_4 + CaCO_3 \rightarrow CaSO_4 + H_2O + CO_2$$

③ 황산철(Ⅲ)

철산화 세균인 *Ferrobacillus ferroxidans*나 *Thiobacillus ferroxidans*는 산성의 호기적 환경에서 $FeSO_4$를 $Fe_2(SO_4)_3$로 산화한다.

$$4FeSO_4 + O_2 + 2H_2SO_4 \rightarrow 2Fe_2(SO_4)_3 + 2H_2O$$

이 $Fe_2(SO_4)_3$가 다른 금속 화합물, 예를 들면 CuS에 작용하면 CuS는 화학적으로 $CuSO_4$로 환원된다. 여기에서 생긴 $FeSO_4$는 철산화 세균의 에너지원으로 이용되어 다시 $Fe_2(SO_4)_3$로 산화되어서 CuS에 작용한다. 이와 같은 반응이 연속적으로 일어나면, 불용성의 CuS는 가용성 $CuSO_4$로 전환되어 구리의 용출이 일어나게 된다. 이것이 미생물 제련(bacterial leaching)의 간접작용의 원리이다. 용출된 금속의 회수가 행해지지 않을 때는 그 금속에 의한 환경오염이 일어난다.

④ 이산화탄소

호흡시 생성되는 이산화탄소는 $Ca(HCO_3)_2$가 되어서 용해된다. 유기 질소화합물이 미생물에 의하여 분해되고 암모니아가 생성되어 pH가 알칼리성으로 되는 환경에서는 탄산염이 가라앉게 된다.

⑤ 암모니아

미생물의 대사산물로서 암모니아가 생성되면 용액의 pH가 상승하고, 그 결과 Cu^{2+}와 같은 중금속 이온은 $Cu(OH)_2$가 되어서 가라앉게 된다.

⑥ 유기산

*Penicillium simplicissimum*에 의해서 구연산이 생성되면 현무암에서 Si, Fe, Al, Mg 등이 용출되는데, 이것은 암석풍화의 한 원인이 되기도 한다.

⑦ 킬레이트 화합물

미생물 중에는 킬레이트 화합물을 생성하는 것도 있다. 킬레이트 화합물이 생성되면 금속은 이들 물질과 복합체를 형성한다.

⑧ 금속 복합체의 분해

금속 복합체를 함유하는 유기물이 미생물에 의하여 분해되면 금속이온의 방출이 일어난다.

8.4.2 수은화합물의 전환과 미생물

유기수은은 탄소와 수은이 직접 결합하여 C-Hg 결합을 형성한 화합물을 말한다. 대표적인 것으로 초산페닐 수은(phenylmercuric acetate; PMA)과 염화메틸 수은(methylmercuric chloride; MMC)이 있다. PMA는 도열병 방제를 위하여 우리 나라에서 1952년부터 1968년까지 논에 다량으로 살포된 적이 있다. MMC는 미나마타병의 원인 물질로서, 황산수은을 촉매로 하는 아세트알데하이드 제조 공정에 있어서 부산물로 생성된다. 무기수은에는 Hg^{2+}, Hg^{+}, Hg^{0} 및 물에 불용성인 HgS 등이 있다.

수은 화합물에 대한 미생물 작용에는 미생물 균체에 수은의 흡착, 수은이온의 환원, 유기수은의 분해, 수은의 메틸화, 황화수은의 생성 등이 있다. 최근, 수은이온의 환원, 유기수은의 분해 및 황화수은의 생성이 세균의 플라스미드에 의해서 지배되고 있는 경우가 확인되었다. 이로 인하여 플라스미드는 환경정화에 큰 역할을 하는 것으로 추정되고 있다.

1) 미생물 균체에 수은의 흡착

수은 화합물은 SH 화합물과 특이적으로 결합하며, Hg^{2+}는 암모니아, 아민, 아미노산의 아미노기, 카르복시기 및 이미다졸기, 퓨린 및 피리미딘 염기 등과 잘 결합한다. 이로 인하여 미생물 균체(예를 들면, 수은 내성균인 *Pseudomonas* sp. K62)와 수은 화합물을 접촉시키면 수은은 다량으로 균체에 결합한다.

일반적으로 어떤 물질과 결합한 수은은 그 물질보다 친화성이 높은 제2의 물질이 접근하면 최초 물질과의 결합이 끊어지고, 제2의 물질과 결합한다. 예를 들면, 유기수은은 SH 화합물과 결합하여 R′-Hg-SR을 생성한다. 수은과 친화성이 보다 강한 R-SH가 주어지면, 다음과 같은 반응이 일어나게 된다.

$$R' - Hg - HR - SH \quad \leftrightarrow \quad R' - Hg - SR + R - SH$$

이 반응은 Hg-S의 결합이 보다 강하게 되는 방향으로 반응이 진행된다는 것을 의미한다. 따라서, R-SH가 생체에 중요한 물질이라면 이 반응은 유독한 반응이 되고, 반대로 해독제 같은 물질이라면 생체성분과 결합하고 있던 수은이 생체에서 배제되는 결과가 된다.

2) 수은이온의 금속 수은으로 환원

금속 수은은 26℃에서 0.002 mmHg의 증기압을 가지며, 기화되기 쉬운 물질이다. 수은 증기는 대부분 단원자 기체의 상태라고 추정된다. 수은이온은 환원성 물질의 존재하에 용이하게 환원되어 금속 수은이 되면서 기화한다. 이 환원 반응은 수은 환원효소에 의하여 촉진되며, 수은 내성균인 *Pseudomonas* sp. K62에서 최초로 발견되었으며, 그 후 Hg^{2+}에 내성인 *E. coli, Staphylococcus, Pseudomonas aeruginosa* 등에서도 이 효소가 발견되었다. *Pseudomonas* sp. K62의 수은 환원효소는 기질로 Hg^{2+}를 필요로 하는 분자량 약 70,000의 효소로서, 조효소로 FAD를 그리고 전자공여체로서 NADPH를 요구하고, 반응 최적 pH는 8.0이다.

3) 유기수은의 분해

유기수은에 내성이 있는 *Pseudomonas* sp. K62를 수 ppm의 수은을 함유한 배지에 배양하면, 수은화합물은 다음과 같이 환원적으로 분해된다.

$$\underset{\text{메틸수은}}{CH_3 \cdot Hg^+} \rightarrow \underset{\text{금속수은}}{Hg^0} + \underset{\text{메탄}}{CH_4}$$

$$\underset{\text{메틸수은}}{C_2H_5 \cdot Hg^+} \rightarrow Hg + \underset{\text{에탄}}{C_2H_6}$$

$$\underset{\text{페닐수은}}{C_6H_5 \cdot Hg^+} \rightarrow Hg^0 + \underset{\text{벤젠}}{C_6H_6}$$

$$\underset{\text{안식향산수은}}{HOOC \cdot C_6H_4 \cdot Hg^+} \rightarrow Hg^0 + \underset{\text{안식향산}}{C_6H_5 \cdot COOH}$$

$$Hg^{2+} \rightarrow Hg^0$$

유기수은의 환원적 분해반응을 촉매하는 효소로서 본 균의 세포추출액 중에는 유기수은 분해효소(C-Hg 결합을 절단하는 효소, Splitting enzyme, S 효소)와 앞에서 서술한 수은 환원효소가 발견되어, 그림 8-21과 같은 기전에 의하여 유기수은이 분해되는 것이 분명하게 되었다. 효소적인 분해에는 과잉의 SH 화합물(시스테인이나 2-메르캅토에탄올 등)의 첨가가 필요하기 때문에 우선 유기수은(페닐수은)은 반응액 중의 SH 화합물과 메르캅티드 결합을 만든다. 여기에 S 효소가 작용하면 벤젠이 생성되고-글루코오스 탈수소효소가 공역되면-글루코오스의 산화에 의하여 생성된 NAD(P)H의 수소는 FAD를 조효소로 하는 수은 환원효소로 옮겨지고, 수은은 Hg^0로 환원된다.

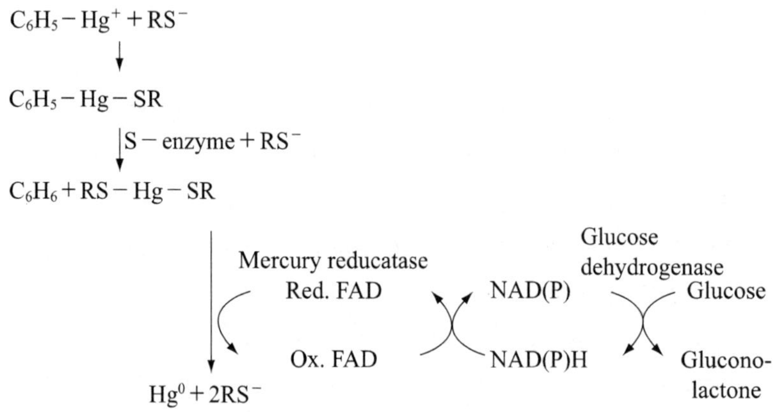

-RS는 SH 화합물, 유기수은은 페닐수은으로 표시됨.

❖ 그림 8-21. 유기수은 화합물의 환원적 분해기구

4) 수은의 메틸화

메틸수은을 사용하지 않는 스웨덴에서도 새나 어류체내에서 메틸수은이 검출되었고, 이러한 현상으로부터 자연계에서 무기수은화가 일어나고 있음이 추정되었다. 양어장이나 호수 바닥에 가라앉은 물질과 승홍을 함께 두면 메틸수은이 생성되나 가라앉은 물질을 가열하여 살균하면 메틸수은이 생성되지 않으므로 수은의 메틸화는 미생물에 의한 것임을 알 수 있다.

수은의 생물 메틸화가 1969년에 처음으로 보고된 이후, 많은 세균(*Pseudomonas fluorescens, E. coli, Clostridium cochlearium* T-2)과 진균(*Aspergillus oryzae, Saccharomyces cerevisiae*)이 2가 수은을 메틸수은으로 메틸화시킴이 밝혀졌다. 비타민 B_{12}는 미생물에 의한 메틸수은의 생산을 촉진한다.

$$Hg^{2+} \rightarrow Hg^+-CH_3 \rightarrow Hg(CH_3)_2$$

메틸수은은 혐기성 조건에서 축적되며, 호기성 조건에서 분해된다. 황산염 환원세균 또한 수은을 메틸화시킬 수 있다. 황산염 환원세균의 저해제인 molybdate는 산소결핍 환경에서 수은의 메틸화를 95% 이상 감소시킨다. 또한, 미생물은 2가 수은 및 유기수은 화합물(메틸수은, 페놀성 수은 아세트산, 에틸 수은성 인산)을 휘발성 수은(Hg^0)으로 전환시킬 수 있다. 수은의 휘발성화는 무독화 기전으로서, 그 유전자가 밝혀져 있다. 즉, 플라스미드가 수은이나 카드뮴과 같은 금속에 대한 저항성을 암호화한다. 수은에 대한 저항성은 일련의 유전자들(*mer*A, *mer*C, *mer*D, *mer*R, *mer*T)로 구성된 *mer* 오페론에 의하여 수행된다. *mer*A 유전자는 Hg^{2+}를 Hg^0로 전환시키는 수은 환원효소(mercuric reductase)의 합성에 관여한다.

5) 황화수은의 생성

Hg^{2+}는 H_2S와 반응하여 HgS가 된다. HgS는 물에 난용성이고, HgS로부터 메틸수은이 생성되지 않기 때문에 가장 안정된 수은 화합물이다. H_2S는 황산 환원균에 의하여 황산염으로 생성되는 것 외에도 많은 미생물에 의해서 황(S)이 함유된 유기물에서도 생성된다.

이상에서와 같은 대기, 호기적 수 생태계 및 혐기적 침전 지역에서의 수은의 변환과 고정과정을 그림 8-22에 나타내었다.

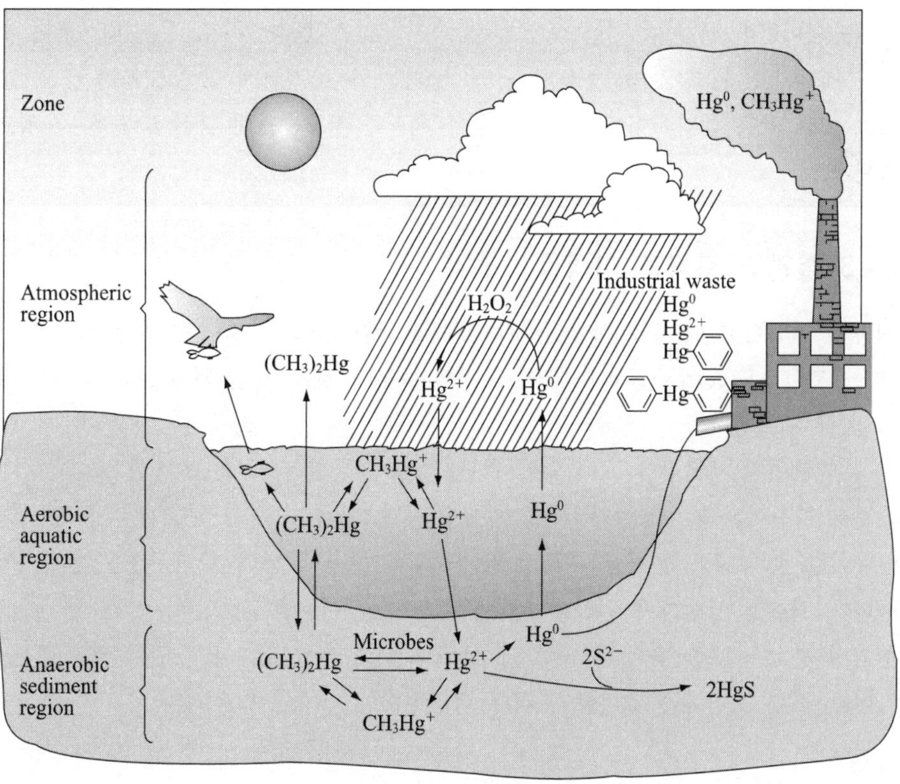

❖ 그림 8-22. 수은의 순환회로

6) 수은내성을 지배하는 플라스미드와 환경정화

수은내성 *E. coli, Salmonella, Staphylococcus aureus, Pseudomonas aeruginosa* 등을

대상으로 Hg^{2+}에 대한 내성인자를 연구한 결과, 수은 환원효소가 플라스미드에 의해서 지배되고 있다는 것이 밝혀졌다. 유기수은에 내성인 *E. coli*에서는 유기수은 분해효소도 플라스미드에 의하여 지배된다는 것이 보고되었다. 앞에서 설명한 메틸수은 생성균 *Clostridium cochlearium* T-2에서는, 이 세균에 메틸수은의 분해와 황화수소의 발생을 지배하는 플라스미드가 전달되면 생성된 메틸수은이 분리되어 황화수은이 생성된다. 이 플라스미드가 없어지면 다시 메틸수은이 생성된다. 수은내성 유전자 *mer*는 *mer*R(조절유전자), 오퍼레이터, 프로모터, *mer*T(수은의 혼잡으로 관계하는 유전자) 및 *mer*A(수은 환원 효소의 구조유전자)로 구성된다. *mer*를 가진 플라스미드에는 전달성인 것과 비전달성인 것이 있는데, *Pseudomonas aeruginosa*의 비전달성 플라스미드 pVSI에서 *mer*은 트란스포손(Tn 501)의 형태로 유전자 사이를 전이한다는 것이 밝혀졌다.

이와 같은 사실은 자연계에 존재하는 많은 세균이 수은에 대해서 내성을 가지고 있다는 것을 의미한다. 수은에 의한 오염이 일어나지 않은 환경에서도 수은 내성균이 고빈도로 분리되므로 환경에서의 수은내성균의 증가는 수은 정화에 많은 도움을 주고 있다. 앞으로 이와 같은 플라스미드의 이용기술이 환경을 정화하는데 많은 도움을 줄 것으로 예측된다.

8.4.3 철관의 부식과 미생물

지하에 매립된 철관(iron pipe)은 부식이 일어난다. 산소가 결핍된 조건이 되면 세균에 의한 부식세포(corrosion cell)가 철관 위에 생긴다. 배수가 잘 되지 않는 토양은 특히 부식을 잘 일으킨다.

부식에 관련된 세균들을 표 8-5에 나타내었다. 황산환원세균은 호흡할 때 최종 전자수용체로 황산이온을 이용한다. 이들 미생물은 탄소원으로 무기 탄소를 사용하는 독립영양균이다. 에너지는 분자상 수소나 유기물내의 수소에 의해 황산이온을 환원시켜서 획득한다. H_2S를 생성하기 위하여 분자상의 수소를 이용할 수 있다.

혐기성 부식은 보통 음극의 소극(depolarization)에 의한 결과로서 일어난다. 또한, 미생물이 수소를 소비하는 결과로 부식은 촉진된다.

양극

$$8H_2O \rightleftarrows 8H^+ + 8OH^-$$

$$4Fe \rightleftarrows 4Fe^{2+} + 8e^-$$

음극의 소극

$$SO_4^{2-} + 8H^+ \rightleftarrows H_2S + 2H_2O + 2OH^-$$

부식 생성물

$$Fe^{2+} + H_2S \rightleftarrows FeS + 2H^+$$

$$3F^{2+} + 6OH^- \rightleftarrows 3Fe(OH)_2$$

알짜 변화는 양극부위에서부터 철이 계속 제거되어 움푹 패이는 부식이 일어난다. 전체반응은

$$4Fe + SO_4^{2-} + 4H_2O \rightarrow FeS + 2Fe(OH)_2 + 2OH^-$$

FeS는 금속 철에 대해서 음극이고, 이것의 존재는 부식을 가속화시킨다. 위 반응은 산화환원전위가 400 mV 미만의 혐기적 장소 및 pH가 5.5보다 높고, 황산염이 존재해야만 일어난다. 이러한 조건에서 3 mm 두께의 철관은 5~7년 내에 부식될 수 있다. 혐기성 부식은 자연에서 가장 경비를 많이 들게 하는 미생물 반응중의 하나이다. 즉, 땅에 묻힌 철관은 보호받지 않는 한 계속 교체해야 함을 의미한다. 보호조치는 관을 따라 아스팔트와 플라스틱 물질로 조심스럽게 싸거나, 반쪽전지 전극 형성으로 부식이 시발되지 않도록 약한 전류의 흐름을 유지하여(음극보호) 이루어진다.

*Thiobacillus thiooxidans*과 같은 세균은 대사에너지를 획득하기 위하여 H_2S를 산화시킬 수 있다.

$$2H_2S + O_2 \rightarrow 2S + 2H_2O$$

$$2S + 3O_2 + 2H_2O \rightarrow 2H_2SO_4$$

이때 생성된 황산은 부식성이 매우 크고, 공격을 더욱 가속화시키는 양극 농도전지를 형성한다. 이 반응의 pH는 0.2 이하의 낮은 pH도 기록되었다.

철세균인 *Sphaerotilus, Gallionella*와 *Crenothrix*는 산화 제1철을 수산화 제2철로 전환하는 과정에서 생성된 에너지를 이용한다. 수산화 제2철은 미생물 표면에 피복을 만들고, 이것이 관의 벽에 쌓여서 수산화 제2철로 덮인 작은 표면을 이룬다. 이러한 표면에서 혐기적 조건이 존재하면 황산 환원균의 생육에 적합한 환경이 된다. 이들에 의한 부식은 혐기성 부식만큼 경제적으로 중요하지 않다.

표 8-5. 부식과정에 관여하는 세균

세 균	산소요구	무기성분	최 종 대사산물	서식지	최적범위	
					온도	pH
황산염 환원 *Desulfovibrio desulfuricans*	혐기성	황산염, 티오황산염	황화수소	토양, 진흙, 저유탱크, 물	25~30℃	6~7.5
황산화 *Thiobacillus thiooxidans*	호기성	황, 티오황산염	황산	토양, 물	28~30℃	2~4
티오황산염 산화 *Thiobacillus thioparus*	호기성	황, 티오황산염	황, 황산	토양, 물, 진흙, 하수	28~30℃	7
철세균 *Crenothrix, Leptothrix, Gallionella*	호기성	철, 망간	철 또는 망간 산화물	물	25℃	8
질산염 환원 *Thiobacillus denitrificans*	조건적	황, 황화물, 티오황산염	황산염	토양, 진흙, 이탄, 물	30℃	7~9
수소 이용 *Hydrogenomonas*	미호기성	수소	물	토양, 물	28~30℃	7

8.4.4 산성광산배수와 미생물

석탄 및 각종 금속 광석은 환원조건에서 오랜 시간동안 밀폐되어 생성된 것이다. 특히, 석탄은 종종 황철광(FeS_2)과 관련되어 있다. 채광에 의하여 이러한 물질이 공기 중 산소에 노출되면 자가산화 및 미생물이 수행하는 철 및 황 산화의 복합작용에 의하여 다량의 산이 생성된다. 철분이 풍부한 산성광산배수(acid mine drainage)는 수중생물을 죽이고, 이것으로 오염된 하천은 상수용수나 위락용으로 부적합하게 된다.

일부 산성광산배수는 지하광산에서 물이 유입되어 또는 폐광석 더미, 광석 및 석탄더미, 석탄을 운반하기 전에 상위등급의 석탄으로부터 하위등급의 석탄을 분리하여 쌓아둔 더미 위에 빗물이 흘러내려 생성된다. 이러한 문제는 한정적이며, 비교적 쉽게 제어할 수 있다. 지하탄광의 경우, 석탄을 파낸 후의 빈 공간에 찌꺼기를 메우거나 땅을 가라앉게 한다. 이렇게 하면 한 번에 한정된 양의 석탄만이 산화작용에 노출하게 된다. 이에 비해 노천광산은 위에서부터 깎아 내리고 다공성의 석탄 부스러기가 남게 되어 산소와 침투수에 노출된다. 철과 황이 산화되는 결과로 pH가 급격히 하강하며, 결과적으로 석탄 부스러기를 산소로부터 차단하여 줄 식생과 안정된 토양피복이 자리잡지 못하게 된다. 노천채광 지역은 대부분의 황화수소염이 산화되어 용탈될 때까지 산성광산배수의 생성이 계속된다. 이리하여 토지가 회복되는데 50~150년이 걸릴 수 있다.

황철광의 산화기구는 꽤 복잡하다(그림 8-23). 중성 pH에서는 공기 중 산소에 의하여 산화가 자연적으로 신속하게 일어나지만 pH 4.5 이하에서는 자가산화는 급격하게 감소한다. pH 3.5~4.5에서는 유병 철세균인 *Metallogenium*이 산화반응을 수행한다. pH가 3.5 이하로 떨어지면 호산성 세균인 *Thiobacillus*가 이어받는다. 이 단계에 있어서는 미생물이 수행하는 산화작용은 자연적인 산화작용보다 수백 배 높다. 그러므로 황철광의 산화는 자연적으로 시작되지만 미생물은 이러한 산화반응을 높은 수준으로 유지하는데 있어서 결정적인 역할을 한다.

*Thiobacillus thiooxidans*와 자가산화에 의해 황철광으로부터 황산염과 수소이온이 생성된다.

$$2FeS_2 + 7O_2 + 2H_2O \rightarrow 2Fe^{2+} + 4SO_4^{2-} + 4H^+ \quad (1)$$

용해된 Fe^{2+} 이온은 *T. ferrooxidans*에 의하여 산화되어 Fe^{3+} 이온으로 된다.

$$2Fe^{2+} + \frac{1}{2}O_2 + 2H^+ \rightarrow 2Fe^{3+} + H_2O \quad (2)$$

두 번째 반응이 율속반응이므로 산화과정에서 가장 중요한 단계이다. 생산된 Fe^{3+} 이온은 무생물적 반응에 의하여 남아있는 황화수소염을 황산염으로 산화시킬 수 있다.

$$8Fe^{3+} + S^{2-} + 4H_2O \rightarrow 8Fe^{2+} + SO_4^{2-} + 8H^+ \quad (3)$$

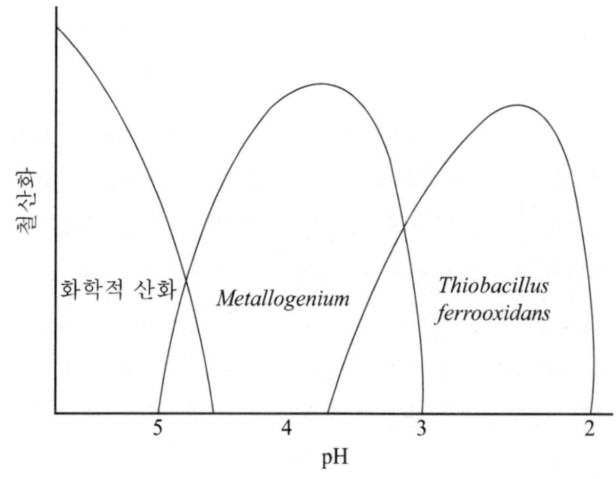

❖ **그림** 8-23. 산성광산 배수의 생성을 이끄는 생태학적 천이

(3)번 반응에 있어서, Fe^{3+} 이온은 Fe^{2+} 이온으로 다시 환원되며, 이것은 다시 (2)번 반응에서 산화에 이용될 수 있다. 이와는 달리 (2)번 반응에서 생성된 Fe^{3+} 이온은 수산화철로 침전하며, (2)번 반응에 소비되는 수소이온 및 이보다 많은 여분의 수소이온을 생성할 수 있다.

$$2Fe^{3+} + 6H_2O \rightarrow 2Fe(OH)_3 + 6H^+ \qquad (4)$$

황철광의 전체적인 산화반응은 다음과 같이 요약된다.

$$2FeS_2 + 7\tfrac{1}{2}O_2 + 7H_2O \rightarrow 2Fe(OH)_3 + 4H_2SO_4 \qquad (5)$$

생성된 황산은 높은 산도의 원인이 되며, 침전된 수산화철은 배출수가 진한 갈색으로 되는 원인이 된다.

재래식 수처리 기법은 유기물 오염을 방지하기 위한 것이며, 산성광산배수에 의한 오염에는 비효과적이다. 종종 버려진 지하 광산을 덮어서 황철광의 산화에 필요한 산소를 차단하거나 산소의 이용력을 제한하는 것이 가능하다. 노천 채광의 경우에 산성광산 배수 문제는 토지를 신속하게 개간함으로써 효과적으로 제어할 수 있다. 광석 부스러기 위에 표토를 살포하고 식생이 자라서 상부를 덮도록 해준다. 이와 동일한 기법이 광석 부스러기 더미에도 효과적이다.

황철광의 광물들을 산소와의 접촉으로부터 차단할 수 없을 때에는 철산화 세균 및 황산화 세균의 활동을 억제함으로써 적어도 이론상 산성광산배수를 제어할 수 있다. 광범위 살균제(germicide)는 그 자체가 위험한 오염물질이므로 이러한 목적에 사용될 수 없다. 실험실에서는 낮은 농도의 몇몇 카르복시산과 알파케토산으로 철산화 세균 및 황산화 세균을 제어할 수 있다. 이러한 화합물들은 다른 생물에게 유해하지 않다고 알려져 있다.

Desulfovibrio 및 *Desulfotomaculum*의 활동을 이용하여 산성광산배수를 처리하는 새로운 기법이 실험실 규모에서 증명되었다. 먼저 산성광산배수를 톱밥과 같은 다량의 유기성 폐기물과 혼합한다. 이렇게 되면 호기성 및 통성 혐기성 셀룰로오스 분해미생물의 활동에 의하여 산화환원전위가 낮아지며, 황산염 환원세균이 이용할 수 있는 중간 대사산물을 생성한다. 발생된 황화수소는 Fe^{3+}을 Fe^{2+}로 환원시킨 후 Fe^{2+}를 FeS로 침전시킨다. 이 과정을 통하여 pH가 중성으로 회복되고, 광산배수로부터 철과 유황이 제거되나 이 제안된 공정의 경제성 및 환경적 실현성은 아직 더 연구되어야 한다.

8.4.5 미생물에 의한 중금속 및 방사성 핵종의 축적

수은 외에도 주석, 코발트, 니켈, 카드뮴 및 탈륨을 비롯한 각종 중금속이 금속합금용 또는 촉매로서 사용된다. 이들의 채광, 용융 및 최종처분이 이루어지는 동안에 중금속 오염이 발생한다. 이러한 금속들은 모두 식물, 동물 및 많은 미생물에게 상당한 독성이 있다.

환경오염물질로서의 방사성 핵종(radionuclide)은 핵무기의 대기 중 실험, 우라늄 채광 및 가공, 핵폐기물의 처분, 핵발전소의 일상적 가동 및 이러한 설비에서 발생하는 사고에 의하여 발생한다. 현재까지 대기 중 핵실험이 가장 중요한 방사성 핵종의 오염원이 되어 왔으나 방사성 핵종 폐기물이 축적되어 점점 문제가 되고 있으며, 이에 대해 아직까지 만족할 만한 해결책이 없다.

미생물은 표면적 대 체적 비율의 차이가 크고, 대사능력이 높기 때문에 중금속과 방사성 핵종 오염물질을 먹이망으로 투입시켜 주는 중요한 매개생물이다. 중성 내지 알칼리성 pH에서 토양 및 저니에 있는 중금속은 침전되거나 또는 진흙내 광물질의 양이온 교환부위에 흡착됨으로서 부동화되는 경향이 있다. 미생물에 의해 산 및 착화물이 생산되면 흡착된 것을 탈착시킬 수 있으며, 독성 금속을 유동화시킨다. 금속을 착화시킬 수 있는 미생물의 대사산물에는 몇몇 enterochelin, ferrioxamine류, dicarboxylic acids, tricarboxylic acids, pyrocatechol, 방향족 hydroxy acids 및 poluols 등이 있다.

유동화 후에는 미생물과 식물뿌리에 의하여 중금속이 섭취되어 세포 내에 축적된다. 이러한 일부 독성 금속이 왜 미생물에 의해 섭취되어 축적되는가 하는 것은 완전히 규명되어 있지 않지만 이러한 물질들이 세포 내에 축적되어도 일부 세균에 있어서 중금속에 대해 저항성을 가지는 것 같다. 사상균류는 균사를 통하여 중금속과 방사성 핵종을 운반한다고 밝혀졌다. 이것은 균근형 균류가 이러한 오염물질을 고등식물로 전파시킬 수 있는 잠재적인 역할과 관련이 있다. 미생물에 의한 산의 생성 및 착화에 의해 유동화된 중금속을 식물의 뿌리가 직접적으로 흡수하는 것도 또 하나의 대안적 가능성이다.

중금속 카드뮴에 대한 염려도 이러한 견지에서 생긴다. 카드뮴은 독성이 강하며, 극히 느리게 배출되므로 매우 낮은 농도에 노출되더라도 축적되는 경향이 있다. 사람에 있어서 카드뮴의 반감기는 10년으로 추정된다. 사람이 저농도의 카드뮴에 만성적으로 노출되면 심각한 손상을 받는다. 일본에서는 공업 활동으로 오염된 논에서 자란 쌀을 통해 사람이 높은 농도의 카드뮴에 노출되었고, 그 결과 뼈와 관절에 이상 현상이 초래되는 이타이 이타이 병이 발생하였다. 불행하게도 카드뮴은 일부 인산염 암석에 낮은 농도로 존재하며, 이 때문에 농지에 살포되는 인산염 비료 속에도 또한 존재한다.

카드뮴과 기타 중금속의 또 다른 잠재적 원천은 폐수 슬러지이다. 이러한 슬러지는 토양 개량제로 사용된다. 슬러지 중의 상당 부분이 미생물의 생물량(biomass)으로부터 오며, 이 속에 중금속의 농도가 비교적 높다는 것은 미생물이 이러한 오염물질들을 농축시킬 수 있음을 의미한다. 따라서, 농지에 폐수 슬러지를 대규모로 사용하려면 이전에 농용 토양에 있어서 중금속의 전체적인 유동성, 작물에 의한 이들의 흡수 및 이러한 과정에 있어서 토양미생물의 역할 등이 분명히 밝혀져야 한다.

사람의 건강과 분명히 관련되어 있는 방사성 핵종이 미생물적 작용에 의하여 축적되는 현상은 일부 극지방에서 증명되었다. 지의류는 대기 중의 낙진으로부터 ^{90}Sr, ^{137}Cs와 같은 방사성 핵종을 매우 효율적으로 농축시킨다. 눈이 덮여 있어서 지의류가 직접적인 낙진으로부터 차단되는 기간에는 방사성 핵종의 농축이 증가된다. 지의류 → caribou 사슴 → 사람과 같은 먹이연쇄에 있어서는 지의류가 1차 생산자이므로 이렇게 농축된 원소들은 먹이연쇄의 상위 구성자에게 효율적으로 이전된다. 이러한 방사성 핵종이 뼈 조직에 축적되면 골수의 혈액합성 세포에 영향을 주어 백혈병을 일으킬 수 있다.

8.5 악취와 미생물

8.5.1 악취물질과 미생물적 탈취

1) 악취물질과 규제

하수관거, 하수슬러지 혐기처리시설, 축산·분뇨처리시설, 쓰레기 매립장 등의 환경위생기초시설 운영, 축산업과 공장 등 산업 활동에 따라 발생되는 악취물질에 관한 관리는 악취방지법에 정해져 규제를 받고 있다. 그 법에 의해 규제의 대상이 되고 있는 우리나라의 복합취와 지정악취물질 17종을 표 8-6에 나타내었다. 악취물질은 주로 황화수소(H_2S), 황화메틸 등의 황화합물, 암모니아 등의 질소화합물, 알데하이드(aldehyde)와 유기용제 등의 휘발성탄소화합물(VOCs)들이다.

2) 악취물질의 미생물에 의한 생성

악취물질인 산과 질소·황화합물은 미생물이 생성의 원인이 되는 경우가 많다. 특히 하수처리장, 분뇨처리장, 각종 배수처리시설, 음식물쓰레기처리장, 동물사육사 등에서 문제가 되고 있는 악취는 미생물의 활동에 의해 생성된 암모니아와 황화수소가 주성분이다. 암모니아는 질산을 산화력으로 이용하고, 유기물을 산화시켜 에너지를 얻는 *Bacillus*

표 8-6. 배출허용기준 및 엄격한 배출허용기준의 설정범위(제8조제1항관련)

1. 복합악취

구분	배출허용기준(희석배수)		엄격한 배출허용기준의 범위(희석배수)	
	공업지역	기타지역	공업지역	기타지역
배출구	1000 이하	500 이하	500~1000	300~500
부지경계선	20 이하	15 이하	15~20	10~15

2. 지정악취물질

구분		배출허용기준(ppm)		엄격한 배출허용 기준의 범위(ppm)	적용시기
		공업지역	기타지역	공업지역	
1	암모니아	2 이하	1 이하	1~2	2005년 2월 10일부터
2	메틸머캅탄	0.004 이하	0.002 이하	0.002~0.004	
3	황화수소	0.06 이하	0.02 이하	0.02~0.06	
4	다이메틸설파이드	0.05 이하	0.01 이하	0.01~0.05	
5	다이메틸디설파이드	0.03 이하	0.009 이하	0.009~0.03	
6	트리메틸아민	0.02 이하	0.005 이하	0.005~0.02	
7	아세트알데하이드	0.1 이하	0.05 이하	0.05~0.1	
8	스타이렌	0.8 이하	0.4 이하	0.4~0.8	
9	프로피온알데하이드	0.1 이하	0.05 이하	0.05~0.1	
10	뷰티르알데하이드	0.1 이하	0.029 이하	0.029~0.1	
11	*n*-발레르알데하이드	0.02 이하	0.009 이하	0.009~0.02	
12	*i*-발레르알데하이드	0.006 이하	0.003 이하	0.003~0.006	
13	톨루엔	30 이하	10 이하	10~30	2008년 1월 1일부터
14	자일렌	2 이하	1 이하	1~2	
15	메틸에틸케톤	35 이하	13 이하	13~35	
16	메틸아이소뷰티르케톤	3 이하	1 이하	1~3	
17	뷰티르아세테이트	4 이하	1 이하	1~4	
18	프로피온산	0.07 이하	0.03 이하	0.03~0.07	2010년 1월 1일부터
19	*n*-뷰티르산	0.002 이하	0.001 이하	0.001~0.002	
20	*n*-발레르산	0.002 이하	0.0009 이하	0.0009~0.002	
21	*i*-발레르산	0.004 이하	0.001 이하	0.001~0.004	
22	*i*-뷰티르알콜	4.0 이하	0.9 이하	0.9~4.0	

비고

1. "복합악취"라 함은 두 가지 이상의 악취물질이 복합적으로 존재하면서 사람의 후각을 자극하여 불쾌

감과 혐오감을 주는 냄새를 말한다.

2. 배출허용기준의 측정은 복합악취를 측정하는 것을 원칙으로 한다. 다만, 사업자의 악취물질 배출 여부를 확인할 필요가 있는 경우에는 지정악취물질을 측정할 수 있다. 이 경우 어느 하나의 측정방법에 의하여 기준을 초과한 때에는 배출허용기준을 초과한 것으로 본다.
3. 복합악취의 측정은 「환경분야 시험·검사 등에 관한 법률」 제6조제1항제4호에 따른 환경오염공정시험기준의 공기희석관능법(空氣稀釋官能法)을 적용하며, 지정악취물질의 측정은 기기분석법(機器分析法)을 적용한다.
4. 복합악취의 시료채취는 다음과 같이 구분하여 실시한다.
   가. 사업장 안에 높이 5 m 이상의 일정한 악취배출구와 다른 악취발생원이 혼재한 경우에는 부지경계선 및 배출구에서 각각 채취한다
   나. 사업장 안에 높이 5 m 이상의 일정한 악취배출구 외 다른 악취발생원이 없는 경우에는 일정한 배출구에서 채취한다.
   다. 가목 및 나목 외의 경우에는 부지경계선에서 채취한다.
5. 지정악취물질의 시료는 부지경계선에서 채취한다.
6. "희석배수"라 함은 채취한 시료를 냄새가 없는 공기로 단계적으로 희석시켜 냄새를 느낄 수 없을 때까지 최대로 희석한 배수를 말한다.
7. "배출구"라 함은 악취를 송풍기 등 기계장치 등을 통하여 강제로 배출하는 통로(자연환기가 되는 창문·통기관 등을 제외한다)를 말한다.
8. "공업지역"이라 함은 다음 각 호의 어느 하나에 해당하는 지역을 말한다.
   가. 「산업입지 및 개발에 관한 법률」제6조·제7조·제7조의2 및 제8조의 규정에 의하여 지정된 국가산업단지·일반지방산업단지·도시첨단산업단지 및 농공단지
   나. 「국토의 계획 및 이용에 관한 법률 시행령」제30조제3호 가목의 규정에 의한 전용공업지역
   다. 「국토의 계획 및 이용에 관한 법률 시행령」제30조제3호 나목의 규정에 의한 일반공업지역(「자유무역지역의 지정 및 운영에 관한 법률」제4조의 규정에 의한 자유무역지역에 한한다)

속 세균 등에 의해 생성된다. 황화수소도 황산의 산화력으로 이용하여 유기물을 산화시키고 에너지를 얻는 황산 환원균에 의해 생성된다. 이러한 세균은 혐기적인 환경에 생육하기 때문에 호기성의 미생물이 대량의 유기물을 대사함으로서 산소가 전부 소모되어서 혐기적인 환경이 조성된 폐수처리조의 내부, 쌓아 올린 음식물 찌꺼기 내부 등에서 생육해서 악취를 발생시키게 된다. 그 외에 유기물이 물리화학적 분해되어 생기기도 하고, 황 화합물의 경우에는 황산을 이용하는 제지공정에서 생성되는 것으로 알려져 있다(이 공정에 의해서 만들어지는 산성지 등이 열화되기 쉬운 것이기에 최근에는 중성지가 주류로 되고 있다.)

3) 악취물질의 제거

탈취 방법에는 물리화학적 탈취와 생물적 탈취가 있다. 물리화학적 탈취는 악취물질

을 활성탄 등에 흡착, 산·알카리에 의한 세정과 연소에 의한 방법이 있고, 생물적 탈취는 악취물질을 분해하는 미생물을 이용하는 방법이 있다. 이런 생물적 탈취는,

· 유지관리비가 저렴하다.
· 탈취효율이 높다.
· 2차오염이 없다.

등의 장점이 있고, 탈취의 수단으로 널리 보급되어 있다.

8.5.2 미생물적 탈취

1) 미생물 탈취의 원리

생물적 탈취로 악취의 원인이 되는 물질을 제거하는 것은, 주로 그 물질을 분해 혹은 변환시키는 미생물을 이용하는 방법이다. 그렇기에 탄소를 함유한 황 화합물의 제거에는 함유된 탄소를 탄소원으로 하여 생육하지만, 탄소를 함유하지 않은 암모니아와 황화수소를 제거하는 데에는 이러한 것을 산화시켜 에너지를 획득하는 것이 가능한 화학합성독립영양세균이 중심으로 되어 있다고 추측된다. 그래서 통상 미생물 탈취에는 한 종류의 미생물을 이용하지 않고, 미생물집단(consortia)을 이용한다. 어떤 물질의 분해력을 지닌 미생물집단을 많이 함유한 토양 등의 시료를 미생물이 살 수 있는 담체에 부착시키고, 그곳에 제거하고자 하는 물질을 연속으로 투여해준다. 그러면 우선 악취물질을 직접 분해 및 이용하는 미생물이 생육한다. 또한 이들의 생육을 돕는 미생물의 생육이 수반되고, 이러한 작용이 악취물질을 이용하는 미생물이 생육을 부양함으로서 consortia 내에는 복잡한 미생물의 공동체 형성이 가능하다고 생각된다.

2) 악취물질 분해의 중심이 되는 미생물

미생물 탈취가 효율적인 것은 산류와, 알데하이드의 분해, 황 화합물과 질소 화합물의 분해의 경우가 있다. 특히 현재 실제로 응용되고 있는 미생물의 탈취 제거에 대해 주로 다루어지는 것은 암모니아와 황화수소, 메틸메르캅탄(methylmercaptan), 황화메틸(Dimethyl sulfide; DMS), 이황화메틸(Dimethyl disulfide; DMDS)의 황화합물이다. 이러한 화합물의 구조는 그림 8-24에 나타내었다.

악취유발물질은 이처럼 분자량이 작고, 휘발성이 높으며, 환원적인 화합물로 되어있고, 뻘과 같은 저니 중이나 오수처리조의 내부의 환원적인(혐기적인) 환경에서 생성된다. 이러한 화합물이 미생물에 의해서 산화되면, 물에 녹기 쉬운 악취를 발생하지 않는 황산이랑 질산이 생긴다.

NH_3	H_2S	CH_3-SH
암모니아	황화수소	Methylmercaptan

CH_3-S-CH_3	$CH_3-S-S-CH_3$
Dimethyl sulfide(DMS)	Dimethyl disulfide(DMDS)

❖ 그림 8-24. 악취물질의 화학분자식

① 암모니아의 변환

암모니아는 식물, 조류, 곰팡이, 세균 등에 의해 흡수되고, 핵산 및 단백질의 원료로 사용된다. 이처럼 흡수된 질소를 이용하여 생체 구성물질을 합성하는 과정을 질소의 동화라고 한다. 한편, 세균 중에는 암모니아를 산화시켜 질산을 생성하고, 그 때 발생한 에너지를 이용하여 생육하는 것도 있다. 이러한 세균에 의해 암모니아가 질산까지 산화되는 것을 질산화(nitrification)라고 한다. 질산화는 암모니아를 아질산까지 산화를 하는 아질산세균과 아질산에서 질산까지의 산화를 행하는 질산세균에 의해 일어난다(그림 8-25). 아질산세균과 질산세균을 아울러서 질산화세균이라고 부른다. 아질산세균과 질산세균은 통상 같은 장소에 생육하고 있기 때문에 암모니아는 아질산을 거쳐 질산으로 산화된다. 이러한 질산화세균을 생육시킨 바이오필터(biofilter) 등에 악취 기체를 통과시키는 것으로 암모니아에 의한 악취를 제거할 수 있다.

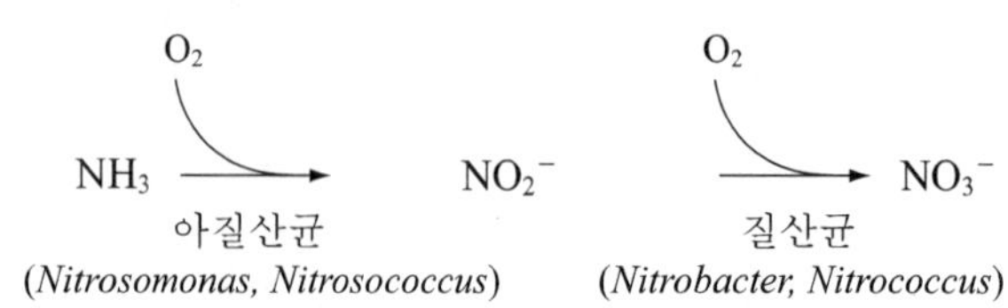

❖ 그림 8-25. 질산화 세균에 의한 암모니아의 산화

② 황 화합물의 변환

악취의 원인이 되는 황 화합물(황화수소, methylmercaptan, 황화메틸, 이황화메틸 등) 중 황화수소이외의 황 화합물들은 탄소를 함유하고는 있지만, 화합물 내에 C-C의 결합은 없다. 이러한 화합물은 포도당과 초산처럼, C-C 결합을 가진 화합물의 대사경로(TCA cycle 등)로 대사하는 것이 불가능하다.

그렇기 때문에 이러한 황 화합물을 탄소원으로 이용할 수 있는 것은, C1 화합물 자화균에 한해서이다. 그 외, 황화수소의 산화에 의해 얻어지는 에너지를 이용하여 생육하는 세균(유황세균)과 광합성의 전자공여체(산화환원반응 시의 환원력)로 황화수소를 이용하는 세균(광합성 유황세균)이 있다. 그리고 공산화(에너지원이 되는 화합물의 산화에 있어서 함께 산화를 행하지만, 그 산화 자체로는 에너지가 생성되지 않는 반응)에 의하여 황화메틸의 변환을 수행하는 세균 및 유황원으로서 황화메틸을 이용할 수 있는 세균 등이 보고되어 있다. C1 화합물 자화균은 주로 *Hyphomicrobium*속 세균과 *Thiobacillus*속 세균의 2가지가 알려져 있다.

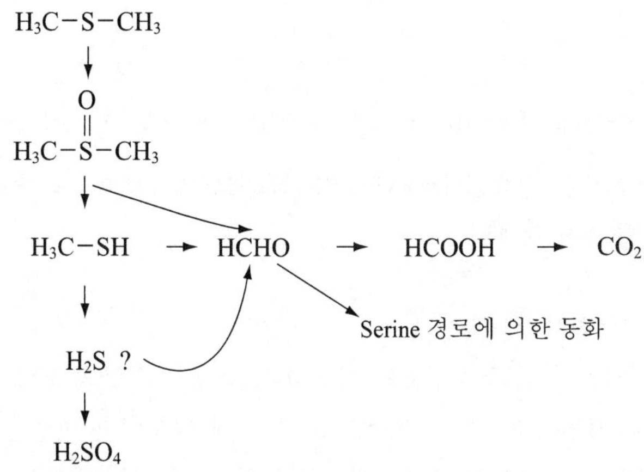

❖ 그림 8-26. *Hyphomicrobium*속 세균에 의한 황화메틸의 분해

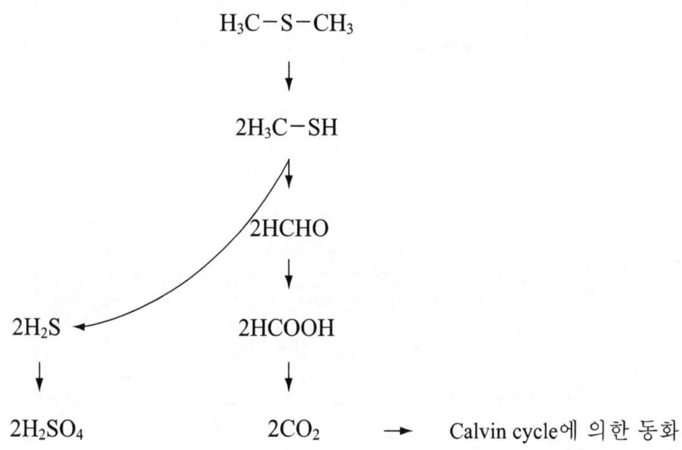

❖ 그림 8-27. *Thiobacillus*속 세균에 의한 이황화디메틸의 분해

이러한 황화메틸 등의 분해경로를 그림 8-26과 8-27에 나타내었다. *Hyphomicrobium* 속 세균과 *Thiobacillus*속 세균은 황화수소, 메틸메르캅탄, 황화메틸, 이황화디메틸 등 모두 분해가능하다. 또 광합성 세균, 종속영양 세균에 의해 황화디메틸이 산화되고, 종속영양 세균에는 황산이온까지 산화하는 것도 있다(그림 8-28).

$$H_3C-S-CH_3 \rightarrow H_3C-\overset{\overset{\displaystyle O}{\|}}{S}-CH_3 \qquad (a)$$

광합성, 공산화

$$H_3C-S-CH_3 \rightarrow H_3C-\overset{\overset{\displaystyle O}{\|}}{S}-CH_3 \rightarrow H_3C-\overset{O\ \ O}{\overset{\diagdown\diagup}{S}}-CH_3 \rightarrow H_3C-\overset{O\ \ O}{\overset{\diagdown\diagup}{S}}-OH \rightarrow SO_4^{2-} \qquad (b)$$

❖ **그림** 8-28. 광합성세균, 종속영양세균에 의한 황화메틸의 산화(a) 및 종속영양세균에 의한 황화메틸의 분해(b)

3) 미생물 탈취장치(Biofilter)

유기물에서 발생하는 악취의 주성분인 암모니아, 유황 화합물의 분해균에 관해서 언급하였고, 나아가 미생물탈취장치에는 악취가스 각 각에 맞추어진 미생물집단이 이용된다. 각 각의 악취물질에 적응·유도된 미생물집단은 악취물질을 연속적으로 투입하는 데서 얻어지고, 미생물 탈취장치의 주장치는 이러한 미생물이 상주하는 생물 탈취탑에 있다. 그림 8-29에 나타낸 것처럼 하부에서 주입된 가스가 담체층을 통과할 때, 미생물에 의해 악취물질이 산화분해와 자화로 처리되고, 악취가 없는 기체가 탑 상부로 배출된다.

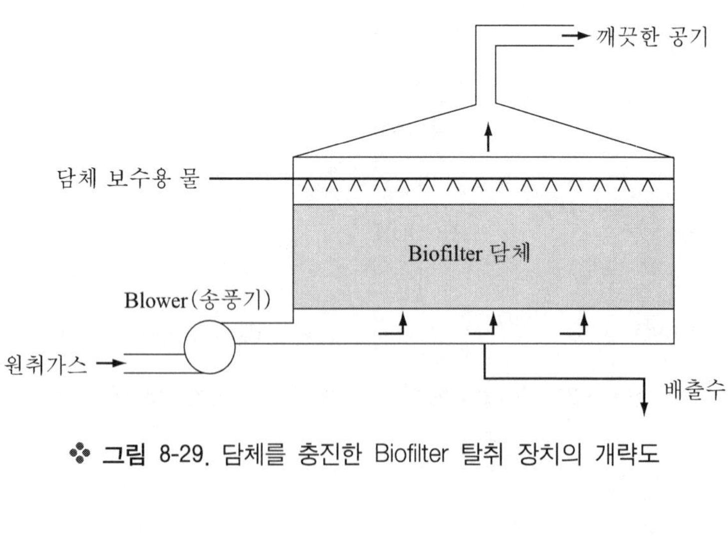

❖ **그림** 8-29. 담체를 충진한 Biofilter 탈취 장치의 개략도

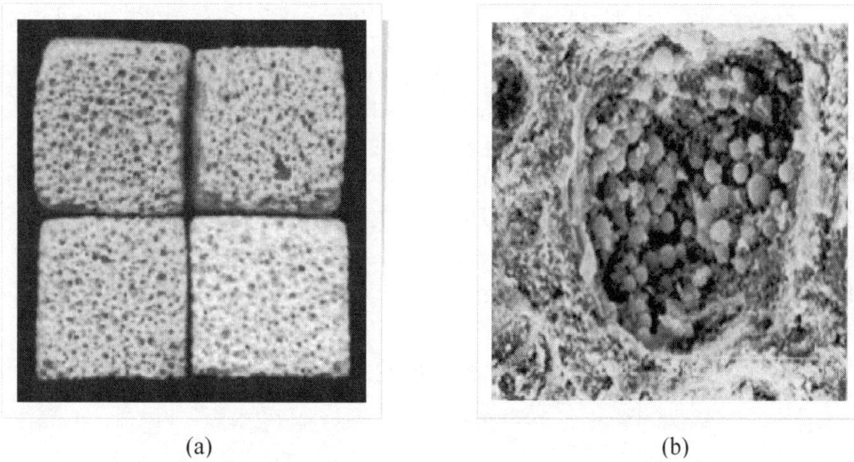

❖ 그림 8-30. 큐빅형 담체(기공 크기 1mm, 기공율 75%) (a) 및 담체(media)의 내부기공에 서식하는 미생물군집 SEM 사진 (b)

미생물은 악취물질을 분해하여 생육하기 때문에 생물탑 내부의 담체에 부착된 상태로 생육하고 있다(그림 8-30).

담체는 미생물이 거주하는 집과 같은 것이기에 미생물이 거주하기에 좋은 다공질의 보수성이 높은 물질이 사용된다. 대형의 미생물탈취장치에 사용되는 담체로 생물기원의 피트(peat)나 목탄 등이 대개 사용된다. 이 경우, 담체를 소각하여 폐기해도 2차 오염의 염려가 없는 장점이 있다.

효율이 좋은 미생물 탈취에는 담체층의 미생물활성을 잘 유지시켜야 하는데, 이때 적당한 수분을 유지하여야 한다. 수분은 미생물의 생육에 필수적인 것 외에 악취물질을 흡수하여 용해하는 기능도 가지고 있다. 수분공급은 탈취탑의 상부에서 하부로 하는 방법이 많지만, 모세관 현상을 이용하여 하부에서 공급하는 방법도 있다. 살수의 경우에는 아래에 배수설비가 필요하지만, 악취물질의 분해에 의해 생성된 물질(황산 등 축적되면 미생물의 생육을 저해하는 성질이 있는 물질)을 씻어 내리는 장점이 있다. 한편 모세관 현상을 이용하는 경우에는 살수·배수설비를 할 필요가 없는 장점이 있다.

표 8-7은 오수 처리장의 수처리 계통에서 발생하는 대표적 가스 성분을 보여준다. 농축조 슬러지와 생오니 저류조에서 발생하는 고농도 슬러지는 혐기 부패가 심하여 황화수소와 메틸메르캅탄이 농도가 높게 검출되었다. 탈취법은 악취물의 농도나 발생량(Nm^3/min) 그리고 부지 등 제반 여건에 따라 약액 세정법, 토양 트랜치법, 바이오필터법, 활성탄 흡착법 등 적합한 방법을 선택하여 사용하여야 한다.

표 8-7. 오수처리계통에서 발생하는 대표적 지정악취물질 농도와 주요 탈취방법(단위 : ppm)

항목 \ 구분	폭기조	침사지	잉여슬러지	고농도 슬러지
황화수소	0.2	0.6	0.7	30
메틸메르캅탄	0.01	0.07	0.03	3
황화메틸	0.2	0.04	0.8	0.4
이황화메틸	0.1	0.005	0.3	0.4
암모니아	3.0	0.4	3.0	2
트리메틸아민	0.07	-	0.2	-
복합취	1,000~2,000	1,000~2,000	< 10,000	<100,000
주요 탈취법	약액세정탈취, 토양탈취, 생물탈취, 활성탄탈취 기타	약액세정탈취, 토양탈취, 생물탈취, 활성탄탈취 기타	약액세정탈취, 생물탈취, 기타	약액세정탈취, 생물탈취+활성탄탈취 기타

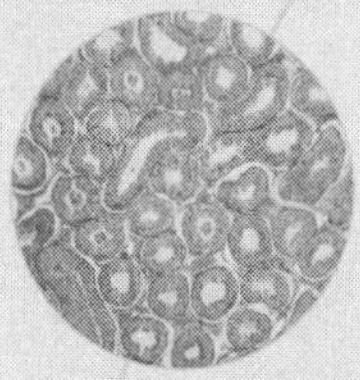

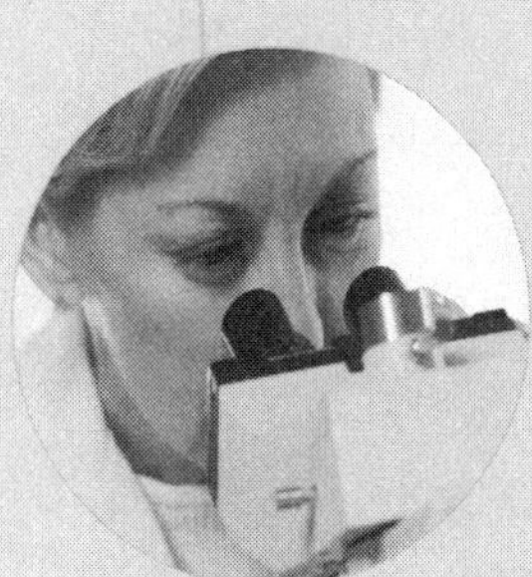

Applied Environment Microbiology

CHAPTER 9

공중보건과 미생물

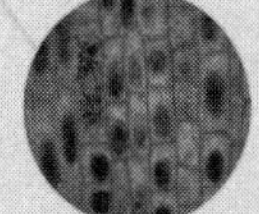

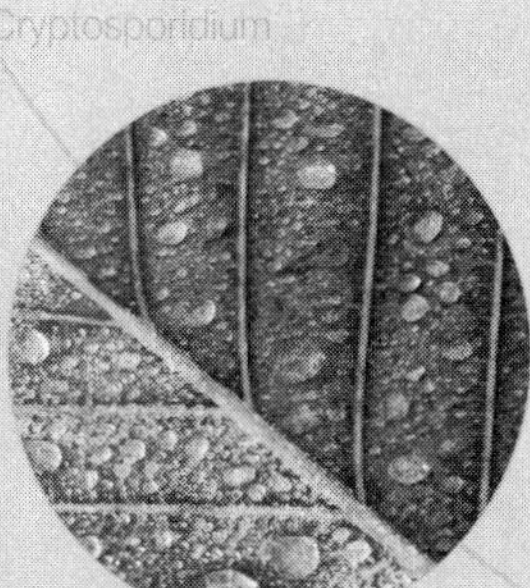

상수와 식품은 특정 미생물의 오염과 증식에 따라 독특한 미생물군이 형성된다. 어떤 환경에서 한 식품의 미생물군을 그 식품의 미생물 균총(food microflora)이라 하고, 이 균총의 형성과정을 천이(succession)라 하며, 그 결과 한 종 또는 여러 종이 상수나 식품의 미생물군을 지배한다.

상수 또는 식품의 미생물군 형성에 영향을 미치는 미생물 상호작용으로 길항과 공생이 있으며, 식품 요인으로는 영양, pH, 산화환원전위, 수분활성, 항생물질 등이 있다. 또한 외부 환경 요인으로 온도, 습도, 기체 조성이 있으며, 인위적 요인으로 발효, 가공, 저장법 등이 있다. 이상의 요인들은 미생물의 환경에서 자세히 언급된 바 있다.

역학(疫學, epidemiology)에서 식수와 식품을 전염병 생성과정 중 전파(transmission) 수단에 포함시키고, 그 중 비활성전파체(inanimate vehicle)의 범주에 포함시키고 있다. 이것은 식품 자체가 미생물의 증식에 적합한 영양을 가지고 있어서 환경조건이 좋으면 미생물이 활발하게 대사하고 증식할 수 있으나 자신만의 노력으로 미생물을 오염시키지도 또 질병을 전파시킬 수 없고 자연, 인간 또는 동물에 의하여 오염되고 전파될 뿐이라는 의미를 가진다. 미생물이 식품에 오염되는 경로는 강우, 바람 등의 자연적인 것과 취급자, 기계나 기구, 고의 또는 부지불식간에 식품에 혼입되는 인위적인 것으로 나눌 수 있다. 자연적인 것과 인위적인 것 모두가 우리의 노력으로 방지할 수 있고 개선될 수 있으나 때에 따라서 무지하거나 태만으로 인하여 심각한 문제에 봉착하기도 한다.

9.1 병원성 미생물

일반적으로 병원체는 소화기계, 호흡기계, 피부 및 점막, 비뇨기계, 기계적인 경로를 통해 감염되며, 대부분이 침입경로에 감염을 일으키지만 부분적으로 침입경로 외의 다른 부위에서 감염을 일으키기도 한다.

식수와 식품으로 인하여 전파될 수 있는 전염병 중 중요한 것은 경구 전염병과 인축공통 전염병이다. 이 중 세균에 의한 것은 이질, 장티푸스, 콜레라 등이며, 바이러스에 의한 것은 급성회백수염(소아마비), 유행성 간염, 전염성 설사 등이다. 인축공통 전염병은 결핵, 탄저병, 브루셀라증(brucellosis) 등이 있다.

9.1.1 수인성 미생물 질병

물은 모든 사람들이 공통으로 음용하거나 조리에 사용하기에 병원균이 퍼질 수 있는 좋은 수단이며, 전염병을 급속히 퍼트려 최악의 상황을 만들기도 한다.

물을 이용해 전파되는 미생물들은 주로 장 속에서 성장하며, 대변을 통해 배출된다. 따라서 배설물에 의해 물이 오염될 수 있다. 식수는 일반적으로 소독을 실시하므로 병원균이 함유되기 어려우나 부적절한 관리로 전염이 가능하다.

수인성 전염병의 특징은,

가. 폭발적이고,

나. 동시에 발생하고,

다. 급수지역과 일치하며,

라. 성 · 연령 · 직업 · 빈부에 관계없이 발생하고,

마. 잠복기가 길고, 2차 감염이 적고,

바. 계절과 가족 집적성이 없는 것이 특징이다.

사람에게 질병을 일으키는 수인성 병원체로 병원성 세균, 원생동물, 바이러스, 기생충을 들 수 있다.

1) 이질

이질균에 오염된 식수 또는 음식물은 세균성 이질(bacillary dysentery, *Shigella dysenteriae*)을 전염시킨다. 이 균은 주로 환자의 분변과 연관되며, 포자를 형성하지 않고, 비운동성, Gram 음성, 간균, 최적온도 37℃, 호기성이고, 젖당을 발효하지 못하며, 영양배지에서 잘 자란다. 이 균은 자연수에서 증식하지 못하고, 10일 이내에 사멸한다. 설사를 주 증세로 하며, 잉글랜드와 웨일즈 지방에서 지난 60년 동안 끊임없이 증가해왔다. 이질(dysentery)을 근절시킬 수 있는 방법은 물 또는 음식물이 배설물로부터 오염되는 것을 막을 수 있는 위생관리를 철저히 하는 것이다.

2) 장티푸스

*Salmonella*에 오염된 물 또는 식품은 장티푸스(typhoid fever)의 원인이 될 수 있다. *S. typhi*는 포자를 형성하지 않고, 운동성이 있고, Gram 음성, 간균이며, 호기성이고, 최적온도는 37℃이고, 열에 약하여 60℃에서 30분 처리로 살균되고, 영양배지에서 잘 자라고, 포도당을 이용하여 산과 가스를 생산하지 않는다. 균은 일반적인 자연환경에서 오래 생존할 수 없어 7일 이내에 사멸하지만 찬 흙과 물 속에서 오랜 기간 살아있을 수 있다. 상수의 살균과 하수처리가 보급되지 않았던 과거에는 서유럽과 북미주에서 사망의 주요한 원인이었다. 선진국에서는 거의 사라졌으나 개발도상국 및 고장난 처리시설로 인하여 인구밀집지역에 만연할 위험은 항상 있으므로 적절한 위생시설과 함께 철저

한 관리가 필요하다.

3) 콜레라

콜레라는 Gram 음성, 간균인 *Vibrio cholerae*(comma bacillus)의 오염이 원인이다. 이 균은 운동성이 있고, 포자를 형성하지 않고, 호기성, 최적온도 37℃, 영양배지에서 잘 자란다. 배설에 오염된 물 또는 음식물의 섭취로 인하여 감염되며, 빠르고 심각한 탈수 현상과 무기물질 소실로 높은 사망률을 나타낸다. 아시아 특히 인도의 풍토병이고, 1947년 이집트에서 발생한 유행은 20,000명 이상의 사망자를 발생케 했다. 면역방법이 개발되어 있으나 개인차가 뚜렷하며, 그 효력기간이 6개월에 한정된다.

4) 지아르디아증과 크립토스포리디아증

지아르디아증(Giardiasis)와 크립토스포르디아증(Cryptosporidiosis)은 각각 원생동물인 *Giardia intestinalis*(그림 9-1)와 *Cryptosporidium parvum*(그림 9-2)에 의해 유발된다.

휴면기에 형성되는 *Giardia*의 포낭(cyst)은 소독 등에 대해 내성이 있기 때문에 정수처리 후에도 생존하며, 섭취를 통해 장에 도달하여 발아한 후, 장에 흡착하여 지아르디아증을 유발한다. 증상은 폭발적으로 발생하고, 구정물 냄새를 풍기는 묽은 설사, 장 복통, 장에 가스 참, 메스꺼움 그리고 불안감 등이 있다. 야외에서 하천이나 호수의 물을 먹을 경우에 감염될 확률이 높다. 예방은 여과한 후 끓여 먹는 방법이 가장 안전하다.

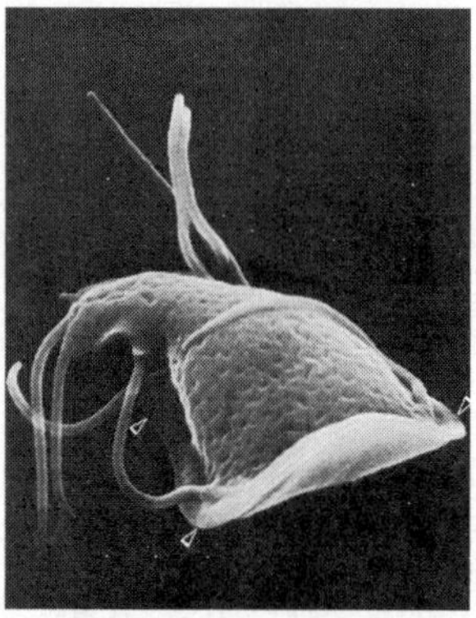

❖ **그림 9-1**. 기생성 원생동물인 *Giardia*의 주사전자현미경 사진

크립토스포르디아(Cryptosporidia)는 다양한 온혈동물에 기생한다. 감염된 온혈동물의 배설물로 오염된 음용수나 여가용 물의 음용을 통해 위와 장의 점막 상피세포에 침투해서 서식한다. 이 원생동물은 두꺼운 외투를 갖고 있어 염소에 내성이 있고, 감염성이 있

는 낭포체(oocyst)로 물을 통해 전파된다. 건강한 사람에게 감염 시, 경미한 설사증상을 보이나 면역력이 취약한 사람이나 어린이와 노인에게는 심각한 합병증을 유발하기도 한다. 이 원생동물은 여과와 침전에 의한 정수과정에서 제거된다. 대규모 급수체계에서 문제가 발생하는 경우, 재앙적인 결과를 가져올 수 있다는 것을 보여준다.

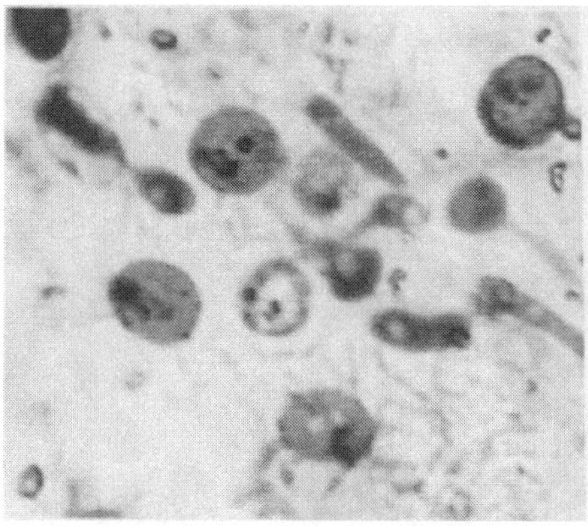

❖ **그림** 9-2. 항산성(acid-fast) 염색된 *Cryptosporium*의 낭포체 사진

5) 레지오넬라증(레지오넬라병)

레지오넬라증은 *Legionella pneumophila*라는 병원성 세균에 의해, 여가용 물이나 음용수에 의한 전파보다는 일반적으로 에어로졸을 통해 전파된다. *L. pneumophila*는 가는 모양의 그람음성의 호기성 간균이다(그림 9-3).

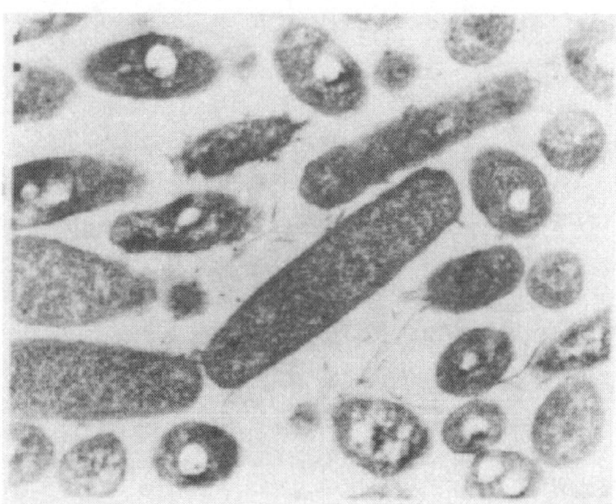

❖ **그림** 9-3. *Legionella pneumophila*의 투과전자현미경 사진
(화살표 부분은 탄소저장물질인 β-hydroxybutyyric acid의 중합체임)

하천이나 호수에 소량 분포하고, 열과 염소에 내성이 있고, 대형 에어컨의 냉각탑이나 증발응축기에서 많이 발견된다. 이 병원균은 물에서 성장하여 습한 에어로졸 상태로 공기를 통해 전파된다. 따라서 여름철 에어컨을 많이 사용하는 시기에 창궐하는 경향이 있다.

허파의 폐포에 존재하는 식세포와 단핵세포에 침입해 그 내부에서 성장한다. 감염 시에 특별한 증상은 없지만 경미한 기침, 목의 통증, 경미한 두통과 열을 동반하기도 한다. 본인에 한정된 경미한 증상은 폰티악열(pontiac fever)이라고도 불리며, 면역력이 약한 노인이나 감염이 심한 경우 폐렴으로 진척되기도 한다.

감염시 치료는 항생제인 리팜핀의 복용이나 혈관에 에리트로마이신 주사를 맞는 것이 효과적이다.

6) 간염

① 전염성 간염(Infectious hepatitis)

간염 바이러스는 현재까지 알려진 수인성 바이러스로 입증되어 있고, 식수원과 패류양식장이 배설물에 오염되었을 때 발생하는 것으로 알려졌다. 이 바이러스는 조직배양이 어려워 그 동정은 피부황달, 간의 비대, 구토, 복통 등의 증상에 의존할 수밖에 없고, 잘 알려지지 않아 많은 연구가 진행 중인 바이러스이다.

이 병은 세계적인 풍토병이고, 미국은 매년 60,000명 정도가 이 병에 이환되고, 1955년 인도 뉴델리(New Delhi)의 유행은 최대 200,000명이 이환된 것으로 보고되었다. 이 바이러스는 질병 또는 활동 기간이 끝나면 대변 및 소변으로 배출된다. 이 병의 예방을 위하여 하수와 상수의 적절한 처리가 필요하며, 세균보다 염소소독에 저항이 강하므로 부적절한 염소처리가 화근이 될 수 있다.

② 장내 바이러스(Enterovirus)

이 바이러스는 picorna virus에 포함되고, 크기가 매우 작고, 핵산의 형은 RNA이며, 장내에 존재하며, picorna group에는 소아마비(polio) 바이러스, coxackie virus, echo virus가 포함된다. 소아마비 바이러스의 전파체가 물이라는 명백한 근거는 없다. 그러나 사람의 배설물에서 coxacki 및 echo virus가 일반적으로 발견되고, 처리되지 않은 물에서 오랫동안 존재한다는 것은 분명하다.

7) 뇌척수막염(Menigo-encephalitis)

원인균 *Naegleria gruberi*가 호수 또는 웅덩이에서 수영한 사람에게 감염되어 치명적인 뇌척수막염을 일으키는 것으로 알려지고, 사람을 선택적 숙주로 삼을 수 있다는 가능성이 알려진 후 많은 연구가 수행되고 있다. 세계적으로 100여 회의 웅덩이 사고의 보고가 플로리다, 호주, 체코, South Africa 등에서 있었다.

8) 아메바성 이질(Amoebic dysentery)

*Entameba histoytica*에 의하여 일어나는 소화기계 질환으로, 이 균에 오염된 물 또는 음식을 섭취하므로 감염을 일으키고, 가벼운 설사 또는 만성이질로 나타난다. 이 균은 포낭을 만들어 자연수에서 6개월 정도 생존할 수 있으나 염소에 대한 저항이 없으므로 처리된 식수로 인한 발병사례는 거의 없다.

9) 결핵

결핵은 신체 거의 모든 부위에 침범할 수 있는 전염병으로, 특히 폐에 많이 감염되는 세균성 전염병이다. 병원체는 *Mycobacterium tuberculosis*이며 사람의 결핵은 주로 인형 결핵균에 의해서 일어나지만, 소에서 결핵을 일으키는 우형 결핵균이 병에 걸린 소의 우유나 유제품을 거쳐 사람에게 경구적으로 감염되기도 한다. 예방은 정기적인 건강진단이 필요하고, tuberculin 반응을 실시하여 결핵 감염 여부를 조기에 발견하는 것이 중요하다. BCG 또는 우형 결핵균의 약독 생균이 결핵 예방을 위해 경구적으로 쓰이고 있다. 우유에 의한 감염을 막기 위해서는 우유의 살균을 철저히 하여야 한다.

9.1.2 식품오염에 의한 식중독

지구상의 모든 환경에 미생물이 존재하므로 어떤 경로를 경유하든 식품에 미생물이 부착하면, 식품자체가 영양소이므로 미생물의 증식이 가능하고 어느 환경요인보다 생존이 용이하다. 이들 미생물은 사람에게 유해한 것, 유용한 것, 사람에게는 무해무익 할지라도 환경학적 측면에서 분해자의 기능을 행하는 것으로 나눌 수 있다. 사람과 미생물과의 관계는 문명이 발달할수록 이미 있어왔던 것보다 더욱 복잡하게 전개될 것이다.

식품에 오염된 미생물 중 분해와 관계된 미생물에 의하여 식품의 분해 또는 부패가 진행된다. 이 때 불완전한 분해로 인하여 생성된 중간 대사산물에 의하여 식품성분의 변질과 변색, 바람직하지 못한 냄새를 풍기기 때문에 육안 또는 감각에 의하여 분별할 수 있게 된다. 그러나 질병과 식중독을 일으키는 대부분의 미생물은 식품에 오염된 것을 알 수 없고, 냄새와 식품의 가치적 변화도 없고, 미생물이 수적으로 증가한 것도 육안 및 다른 감각기관에 의한 판별이 어려우므로 피해가 커질 수 있다.

식품에 오염된 미생물은 그 종류에 따라 각각 다른 영향을 사람과 생물에게 미치게 된다. 병원성을 띠는 미생물에 의한 전염병 발생, 식중독의 원인이 되는 미생물에 의한 식중독이 있고, 미생물에 의한 식중독은 미생물 자체가 독성을 가지고 영향을 미치는 감염형 식중독, 미생물의 대사결과 생산한 독성 화학물질에 의한 독소형 식중독, 식품 저장 시 오염된 진균에 의하여 생산되어 식품에 잔류한 진균독(mycotoxin)에 의한 식중독(mycotoxicosis) 등으로 구분된다.

1) 감염형 식중독

① *Salmonella*균 식중독(Salmonellosis)

*Salmonella*에 오염된 물 또는 식품은 급성위장염(gastroenteritis, food poisoning)의 원인이 될 수 있다. *Salmonella*의 대부분이 물 또는 식품에 오염되어 체내에 들어오면 식중독을 일으키는 원인이 된다. 식중독의 주 증세는 발열을 수반하고 잦은 설사와 복통, 구토를 나타내는 급성위장염 증세를 나타내지만 치명율은 낮고 예후도 비교적 좋다. 예방은 식품 및 식사와 관련된 모든 것의 철저한 열처리가 중요하다.

② 장염비브리오 식중독

장염 비브리오 식중독은 호염균인 *Vibrio parahaemolyticus*에 오염된 식품의 생식으로 일어나는 감염형 식중독이다. 해수 세균의 일종으로 Gram 음성, 무아포 간균, 편모로 운동하며, 최적조건에서 세포분열에 요하는 시간이 10~12분, 3~5%의 식염농도에서 잘 발육하고 10% 이상의 식염 농도에서는 성장이 정지되고 열에 약하여 60℃, 30분이면 사멸된다. 복통, 설사, 구토를 주 증상으로 하는 전형적인 급성위장염을 일으키고 발생 시기는 5월에서 11월에 걸쳐 해안을 따라 발생한다. 어패류의 생식이 주된 감염원이기 때문에 여름철에는 어패류의 생식을 금해야 한다. 이 균은 열처리하면 예방이 가능하지만 회를 즐기는 사람들에게는 쉽지 않다. 생선의 피부 또는 아가미에 부착되어 있고 건전한 육질 중에는 없기 때문에 물로 충분히 씻어서 먹으면 어느 정도의 예방 효과가 있다.

③ 병원성대장균 식중독

포유류의 장내에 존재하지 않는 대장균이 장내에 감염되면 설사 등 급성장염을 일으키는 일련의 대장균을 말한다. 1945년 영국 Middlesex시의 사망률이 높은 유아 설사증은 *Bacterium coli* var *neapolitanum*에 의한 것으로 밝혀진 후, Kauffmann에 의한 대장균의 혈청형에 의하여 O1~160형으로 구분되는 약 20여 종이 보고되어 있고, O-157은 이미 잘 알려져 있다(그림 9-4).

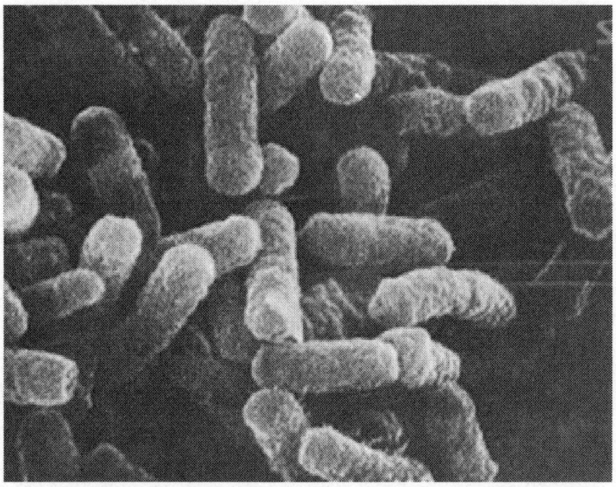

❖ 그림 9-4. 병원성 대장균(O-157)의 SEM 사진

2) 독소형 식중독

① 황색포도상구균 식중독

이 식중독은 1914년 Barber에 의하여 필리핀의 한 농가에서 우유로 인하여 발생한 급성위장염의 보고에 의하여 최초로 보고되었다. 이는 *Staphylococcus aureus*가 식품 중에 증식하여 생성된 enterotoxin을 경구 섭취하여 일어나는 독소형 식중독이다. 실온(25~30℃)에서 5시간이면 식중독을 일으키는데 필요한 양의 독소를 생산할 수 있게 되므로 봄 또는 가을 소풍 도시락에 이 균이 오염되면 점심때까지 충분한 독소를 생산하여 중독을 일으킬 수 있다. 자연계에는 여러 종류의 포도상구균이 있으나 원인독소인 enterotoxin을 생산하는 균은 황색포도상구균에 한정된다. 이 균은 자연계에 널리 분포하며 건조에 저항이 강하기 때문에 사람과 동물에서는 피부 및 비강점막과 장관 내 등 거의 모든 조직이나 기관에 침투하며 특히 사람에게 감염, 괴사 또는 화농성염증을 유발한다. *S. aureus*에 의한 증상은 구토, 설사와 심한 복통을 유발하는 급성위장염을 일으키며 치사율은 낮아 사망하는 경우는 거의 없고 24~48시간 내에 회복된다. 예방법은 식품에 이 균의 오염을 방지하는 것과 오염예방에 실패하였더라도 저온유지로 독소생산을 방지하는 것이 중요하다. 왜냐하면 일단 생성된 독소는 열처리 등으로 파괴되지 않고 발병하기 때문이다.

② 보툴리누스균 식중독(Botulism)

이 식중독은 유럽에서 중세이전부터 알려진 것이었으나 소시지로 인한 신경마비증상이 보고되고, 1800년 독일의 Kerner가 botulism(소시지 중독)이라는 용어를 처음 사용하면서 명확해 졌다. *Clostridium botulinum*이 생산하는 균체외 독소(exotoxin)에 의해서

식중독이 일어나는데 이 독소는 신경독(neurotoxin)이다. 이 독소는 A, B, D, C, E, F의 6가지 유형이 있는데 사람에게 식중독을 일으키는 것은 주로 A, B, E 등 3가지이다. 주 증상은 오심, 구토, 복통, 설사, 시력장애, 안검하수, 복시, 두통, 연하곤란, 언어곤란, 핍뇨, 변비, 신경장애, 운동장애 등이 나타나며 발열은 없다. 심하면 호흡 부전에 의해서 사망한다. 원인식품은 통조림, 소시지 등과 야채, 과일, 식육, 어육, 유제품 등이 혐기적 조건이 되면 문제가 된다. A형 아포는 100℃, 6시간 이하 가열로는 파괴되지 않으나, E형 아포는 100℃, 5분간 가열로 파괴되므로 충분히 가열하고 식품을 4℃ 이하로 보관하여 독소생산을 예방할 필요가 있다. 이들 독소는 80℃, 30분 가열로 파괴되므로 식사 전에 가열처리하면 독소를 파괴시켜 그 피해를 예방할 수 있다.

③ 독버섯 식중독

각종 유독성분을 함유하여 신경계 및 뇌장애, 환각, 치사 등 독성효과를 나타낸다.

가. Muscarine($C_9H_{20}NO_2$)

광대버섯(*Amanita mucaria*) 등이 생산하며, 유연, 최루, 발한, 오심, 구토, 설사, 축동, 서맥, 순환쇼크 등을 나타내고, 진행되면 경련, 혼수, 수 시간 이내 사망한다(그림 9-5). 독소 3~5 mg의 피하주사 또는 0.5 g의 경구투여로 생명을 잃는다.

❖ **그림** 9-5. 광대버섯

나. Amanitin group

알광대버섯(*A. phalloides*) 등이 생산하는 일련의 독소로서 유연, 구토, 혈변, 청람증, 근육연축, 경련, 치명할 수도 있다. 사람에 대한 α-amanitin의 치사량은 0.1 mg/kg이다.

다. 환각성 물질

끈적버섯(*Psilocybe mexicana*)에 환각성의 psilocin($C_{12}H_{16}N_2O$)와 psilocybin ($C_{12}H_{17}N_2O_4P$)이 알려져 있다(그림 9-6).

❖ 그림 9-6. 검은 털 끈적버섯

라. 뇌장애

웃음버섯에서 분비되는 유독물질과 muscarine도 뇌장애를 일으킨다.

※ 독버섯 감별법

일반적인 독버섯 감별은 i) 줄기가 가로로 갈라지는 것은 유독(알광대버섯은 세로로 갈라진다), ii) 악취가 있는 것은 유독(알광대버섯은 악취 없고, 식용도 부패하면 악취가 발생한다), iii) 색이 선명한 것은 유독(식용의 알버섯도 상당히 선명), 균륜(菌輪)이 달린 것은 유독(양송이는 균륜이 있다), iv) silver spoon test로 H_2S가 은수저 표면의 반응으로 흑변하면 유독(H_2S를 생산하지 않는 독버섯도 있다)하다.

3) 진균독 식중독

식품보존 중 오염된 진균의 대사산물과 진균독(mycotoxin)이 사람 및 동물에게 미치는 질병 또는 이상 생리현상(mycotoxicosis)으로 aflatoxicosis, 맥각중독(ergot poisoning)과 황변미중독(yellowed rice poisoning) 등이 있고, 그 장애는 진균독의 친화성 조직에 따라 간 기능, 신장 기능, 뇌신경에 미치는 영향으로 크게 대별된다.

① Aflatoxicosis

*Aspergillus flavus*와 *A. parasiticus*의 특정 균주에 의해 생성된 대사산물에 의한 급성 간장 장애를 일으키는 독소를 aflatoxin이라 한다(그림 9-7). Aflatoxin 생성의 최적조건

은 탄수화물이 풍부한 쌀, 보리, 옥수수, 땅콩 등의 견과류를 주요 기질로 하고 온도 25~30℃, 상대습도 80% 이상, 기질수분 16% 이상이다. 그러므로 농산물을 수확직후 건조하여 수분함량을 낮추고 저장고의 상대습도를 70% 이하로 하여 aflatoxin 생성균의 생육을 억제시켜 피해를 방지해야 한다. 이 독소의 섭취로 인하여 나타나는 증상은 간의 조직변화로서 염소를 제외한 대부분의 가축은 담관 비후 증상이 나타나고, 또한 대부분의 가축에서 간세포의 종양증상, 간암을 일으킨다.

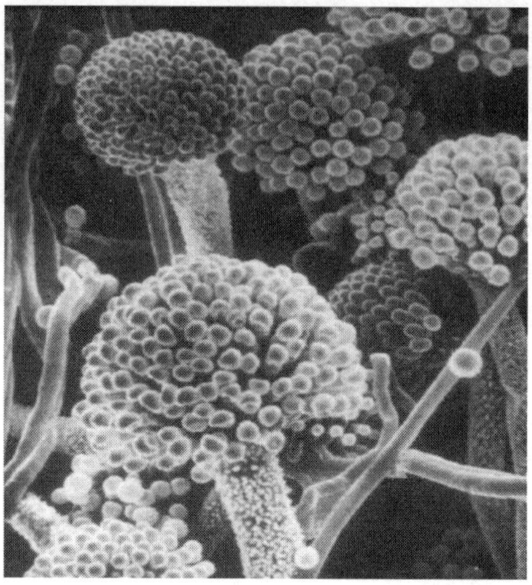

❖ **그림** 9-7. *Aspergillus flavus*의 광학현미경 사진

② 맥각중독(Ergot poisoning)

호밀, 보리 등이 *Claviceps purpurea*란 곰팡이에 의해 보리는 흑청색으로 변하며, 이 속에는 곰팡이의 균핵(菌核; sclerotium)이 존재하는데, 이것을 맥각(麥角; ergot)이라 한다(그림 9-8). 맥각이 곡물 중에 0.25~0.5% 정도 혼입되어 있으면 유독하고, 7% 이상이면 치사량이 된다. 맥각의 생리적 작용은 교감신경 마비와 자궁근육 수축 및 혈관확장 작용이 있으며, 산부인과에서 분만촉진용 의약품으로 사용하고 있다. 주 증상은 급성중독이면 구토, 복통, 설사 등의 소화기계통의 장애와 두통, 무기력이 오며, 중증일 때는 지각이상 등이 일어나 사망하게 되고, 임산부의 경우 유산이나 조산의 원인이 되기도 한다. 만성일 경우에는 사지, 코끝, 귓밥 등에 심한 통증(괴저형)이 오고, 사지의 근육위축과 정신장애(경련형)가 온다. 맥각의 알칼로이드 작용은 수확 전이 가장 심하고, 저장기간이 길면 서서히 상실된다.

(a) (b)

❖ **그림 9-8.** 보리의 맥각병(a)과 건강한 보리와 섞여 있는 균핵(b)

③ 황변미중독(Yellowed rice poisoning)

수분을 14~15% 이상 함유한 저장 쌀에서 곰팡이(*Penicillium citreoviridae, P. citirinin, P. terreus, P. islandicum*)가 증식하여 그들이 생산하는 대사산물(citreoviridin, citrinin, luteoskyrin, islanditoxin, cyclochlorotin)에 의해 쌀이 황색으로 변하며, 이로 인한 중독 작용을 황변미(黃變米; yellowed rice)에 의한 중독이라 한다. Citreoviridin은 신경독성으로 상행성 마비, 호흡장해, 혈액순환 이상, 경련, 호흡 마비를 일으키며, citrinin은 신장독성으로 급성 또는 만성 nephrosis를 일으킨다. Luteoskyrin은 지용성이며, 간장독성과 DNA 합성을 저해하며, islanditoxin은 환상의 peptide로서 강력한 발암성 간장독성을 나타낸다. Cyclochlorotin은 수용성의 환상 pentapeptide로서, luteoskyrin보다 다 강한 간장독성을 나타낸다.

일반적으로 병원체는 소화기계, 호흡기계, 피부 및 점막, 비뇨기계, 기계적인 경로를 밟아 감염되며, 대부분이 침입경로에 감염을 일으키지만 부분적으로 침입경로 외의 다른 부위에서 감염을 일으키기도 한다.

9.2 먹는 물 처리와 미생물

세계에서 가장 오래된 수도는 기원전 312년에 만들어진 고대 로마의 아피아거리에 설치됐던 것으로, 로마 주변의 샘물과 호수의 물을 관을 통해 끌어와 공동 목욕탕이나 분수대로 공급했다고 한다. 로마시대의 수도시설은 그 기술의 우수성이나 규모의 웅대

함에 있어서 지금 생각해도 경탄할 만한 것이다. 우리나라에서 수돗물을 마시기 시작한 것은 1886년 부산 보수천의 물을 대나무관을 통해 끌어 들여 사용한 것이 그 효시라고 한다. 이처럼 사람이 물을 처리하여 사용하는 역사는 오래되었다.

물과 건강이 밀접한 연관이 있었음에도 불구하고, 19세기 이전의 물 처리는 가정에서 단순한 침전이나 여과의 수준을 벗어나지 못하였다. 19세기 이전에 물을 공급하는 시설은 자연상태의 물을 처리하지 않은 상태로 지표수원인 계곡물과 강물을 직접 퍼서 사용하거나 혹은 이를 수로를 통해 공급받았고, 또 지하수원인 우물이나 복류수를 사용하였다. 물을 여과해서 공급하였더니 소화기계 전염병이 감소하는 현상을 1893년 메사추세츠주의 Mills와 함부르그주의 Reincke가 확인하여 Mills-Reincke 현상으로 불리게 되었다. 이로써 물이 전염병의 주요한 매개 요인이 될 수 있음을 증명하였으며, 음료수의 정화가 수인성 전염병(waterborne disease)을 감소시킬 수 있음을 보여주었다.

이처럼 수도수를 식수로 이용하는 상수의 수원은 주로 강이고, 그 외 강변 여과수나 다목적댐을 조성하여 물을 취수하고 계통화된 정수과정을 거쳐 공급한다.

상수처리는 일반적으로 상수원의 물을 취수(取水, 集水; water intake) → 도수(導水; conveyance of water) → 정수(淨水; water purification → 송수(送水; water transmission) → 배수(排水; water distribution) → 급수(給水; water supply) 과정을 거쳐 사용자에게 분배한다(그림 9-9).

❖ **그림 9-9.** 물 정제시설[미국 Kentucky 주 Louisville에 있는 물처리 시설의 항공사진 (화살표는 시설내 물이 흐르는 방향)과 일반적인 물 정화 시스템의 개략도].

여기에서는 세균, 원생동물과 바이러스로 인해 위생상의 문제를 유발시키는 상수도 미생물을 제거하거나 살균하는 정수과정(침전, 여과, 응집)과 소독을 다루고, 또 급수과정에서의 급수관에 출현하거나 상재하는 미생물을 중심으로 서술하고자 한다.

9.2.1 정수처리(Water purification)

정수과정을 통해 물의 사용목적에 따라 요구되는 양질의 물을 얻게 되고, 이처럼 수처리의 목적에 맞게 적합하게 수질을 개선하는 것을 정수처리 또는 수처리(water treatment)라 한다. 그러나 원수가 사용목적에 합치되는 정도에 따라 정수과정 일부를 생략할 수 있다. 그림 9-9에 물 정제 시설의 개략도를 나타내었다.

1) 부유물질의 제거

지표수원에서 취수설비(취수문, 취수탑, 취수구와 취수관)를 통해 취수된 물이 침사지에 도착하면 자연중력 침강에 의해 모래, 자갈, 거대입자가 제거된다. 그 후, 약품 혼화지를 거쳐 침전지와 여과지에서 정수처리에 문제가 되는 10 μm 이하의 미세한 부유물질을 침전과 여과공정을 통해 제거한다.

① 침전(Sedimentation)

물보다 무거운 수중 고형물을 중력에 의해서 침강시켜서 물로부터 고체와 액체를 분리하는 공정으로, 원수의 고형물 농도가 희박한 경우 미생물 플록(floc) 형성을 이용하는 보통침전(plain sedimentation)과 현탁물의 농도가 높아 상시 탁도가 30 이상인 경우 화학적 응집제를 이용하는 약품침전(chemical sedimentation)을 실시한다.

보통침전은 시간이 많이 걸리지만 무기 부유물질과 세균의 개체를 감소시킬 수 있다.

약품침전은 보통침전에서 침전이 곤란한 콜로이드(colloid)와 같은 미세입자와 용해질 등을 제거할 수 있고, 시간을 단축시킬 수 있어서 많은 용량을 처리하는 도시지역에서 많이 이용한다. 사용되는 응집제는 폴리염화알루미늄(poly aluminium chloride; PAC), 황산알루미늄[$(NH_4)_2SO_4 \cdot Al_2(SO_4)_3 \cdot 2H_2O$; 백반], 염화 제2철(ferric chloride, $FeCl_3 \cdot 6H_2O$) 및 황산 제1철(ferrous sulfate, $FeSO_4 \cdot 7H_2O$; 녹반), 황산 제2철(ferric sulfate, $Fe_2(SO_4)_3$)을 사용한다.

② 여과(Filtration)

원수를 두꺼운 인공 사층(sand column)에 여과시키면 모래층 표면에 오염물질에 의한 콜로이드성의 치밀한 얇은 막이 형성되고, 이 막을 통과한 무색의 투명한 물은 염소 소독을 한 후, 상수로 이용할 수 있다. 모래 표면에 형성된 막은 진흙(mud), 점토(clay) 및 미생물을 함유한다. 여과에 소요되는 시간에 따라 완속여과와 급속여과로 구분된다.

가. 완속여과

1829년 영국의 템즈(Thames)강의 물 처리를 위하여 만들어진 후 20세기 전반까지 널리 이용된 방법이다. 모래층과 그 표면에 증식한 미생물군에 의하여 수중의 불순물을 포착하여 산화 분해하는 방법에 의존하는 정수법이다. 원수의 수질이 비교적 양호하며, 대장균군은 1,000(100 mL, MPN) 이하, BOD 2 mg/L 이하, 탁도 10도 이하인 경우 완속여과 방식(그림 9-10)으로 처리할 수 있다.

여과지는 자갈로 받친 두께 70～90 cm, 유효입경(effective size) 0.3～0.45 mm의 모래층과 그 모래층을 지지하는 40～60 cm의 자갈층이 필요하다. 이 방법은 미생물의 제거에 효과적이지만 넓은 공간과 많은 인력이 필요하다. 일정기간 후, 모래층 처리는 물을 뺀 다음 모래층을 긁어내고 대체한다.

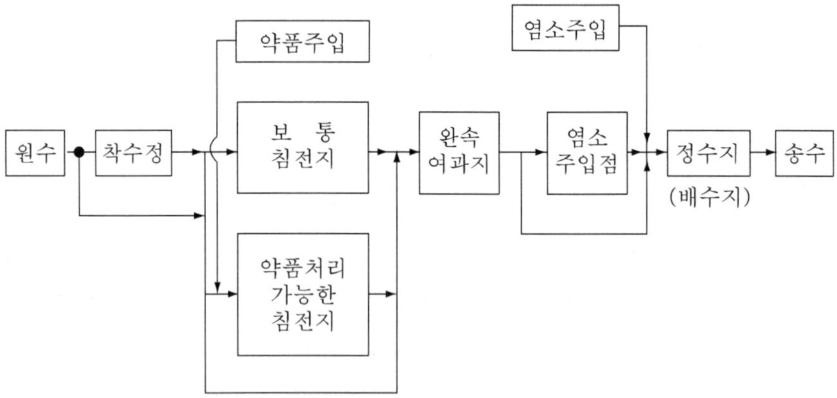

❖ 그림 9-10. 완속여과 방식의 공정도

나. 급속여과

1893년 미국에서 개발되었으며, 원수 중의 현탁물질이 응집약품에 의하여 입자들끼리 상호작용하여 거대한 입자를 형성하는데, 이 과정을 응집(flocculation)이라 한다. 이 플록(floc)이라 불리는 거대한 응집물질은 미생물을 포집하고, 부유물과 퇴적물을 흡착하여 중력에 의하여 가라앉는다. 이 약품 침전물의 상등수를 분리하고 여과시키는 방법이다(그림 9-11).

약품침전 후, 배출된 탁도 10 정도의 물을 유효입경 0.4～0.8 mm, 균등계수 1.7 이하, 두께 50～76 mm의 모래로 된 여과조 위에 균등 분배한다. 여과속도는 120～150 m/day

로 최적 여과속도는 120 m/day이다. 여과지의 막힘 현상이 나타나면 역류세정(back washing)하여 청소한다. 이 방법의 특징은 약품으로 응집, 침전하므로 빠른 여과속도를 유지하며, 탁도 및 색도가 높고 조류와 철분이 많은 물 처리에 적당하고, 추운 지방 또는 대도시에 이용하기 적당하다.

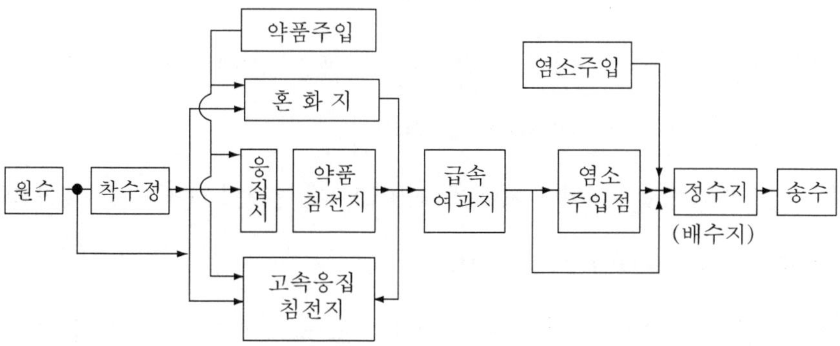

❖ 그림 9-11. 급속여과 방식의 공정도

2) 살균

원수 중의 병원균, 대장균, 일반세균 등은 침전과 여과에 의해 상당히 제거되나 완전히 제거되지는 않는다. 따라서 세균의 효과적인 제거법인 살균(소독)법은 염소 등 살균제로 직접 살균하는 방법이다.

살균은 소독과 같은 의미로 수중의 세균, 바이러스 및 원생동물 등의 단세포 미생물을 사멸시켜 무해화하는 것으로, 1897년 영국 Madison 수도에서 수돗물 살균에 처음으로 채용(장티푸스 유행시 표백분 사용)하였고, 1910년 런던 수돗물에 현재와 같은 염소가스 소독이 시행되었다. 또 원수에 유기물오염과 세균오염이 심한 경우에는 침전이나 모래여과를 하기 전에 전처리용 염소를 첨가하여 제거하기도 한다.

① 염소소독(chlorination)

상수소독에 가장 많이 쓰이는 방법이 염소소독이다. 염소는 강한 산화력에 의한 살균력을 가지고, 취급과 조작이 용이하며, 경제적이므로 많이 이용되고 있다. 염소는 유기물과 환원성 물질에 접촉하면 살균력이 떨어지기 때문에 지속적인 소독효과를 유지하기 위하여 잔류염소(residual chlorine)가 필요하다. 물에 주입되는 염소는 유기물이 산화할 때 소모되므로 잔류량이 감소하거나 일정 수준을 유지하다가 산화가 끝나면 증가하게 되는 전환점을 불연속점(break point)이라 한다. 불연속점 이전에 이용된 염소를 결합잔류염소(combined residual chlorine)라 하고, 그 후에 유리상태로 잔류하는 Cl_2, HOCl과 OCl^-은 모두 살균에 유효하며 이를 유리잔류염소(free residual chlorine)라고 한다. 산화반응에 소모된 염소의 양을 염소요구량이라 한다.

염소요구량은 아래의 식에서 구하여 염소소독 투입량을 결정한다.

염소요구량 = 주입염소량 − 유리잔류염소량

수중에서 주입된 염소는 반응하여 염산(HCl)과 염소산(HOCl)으로 해리된다.

$$Cl_2 + H_2O \rightarrow HCl + HOCl \text{ (낮은 pH)}$$

생성된 염소산은 알칼리성에서 차아염소산(OCl^-)과 수소이온(H^+)으로 해리된다.

$$HOCl \rightarrow H^+ + OCl^- \text{ (높은 pH)}$$

살균력에서 보면 HOCl가 OCl^-보다 약 80배 정도 크고, 이와 같은 각 염소의 반응물의 살균강도는 HOCl > OCl^- > chloramine 순이다.

염소가 수중의 암모니아나 유기성 질소화합물과 반응하여 존재하는 결합잔류염소는물의 pH, 암모니아량, 온도에 따라 결정되는데 아래와 같다.

수중의 염소가 반응하여 생성된 HOCl이 수중의 암모니아와 반응하여 monochloramine를 생성하고, 이후 pH와 온도에 따라 dichloramine과 trichloramine을 형성한다.

$$HOCl + NH_3 \leftrightarrow H_2O + NH_2Cl : \text{ pH 8.5 이상 (monochloramine)}$$

$$HOCl + NH_2Cl \leftrightarrow H_2O + NHCl_2 : \text{ pH 8.5～4.5 (dichloramine)}$$

$$HOCl + NHCl_2 \leftrightarrow H_2O + NHCl_3 : \text{ pH 4.4 이하 (trichloramine)}$$

이와 같은 chloramine의 생성반응으로 일정량의 염소를 주입할 때까지는 결합잔류염소가 증가하지만 최대점에 도달한 후에는 염소주입량을 늘여도 잔류염소는 반대로 감소하여 거의 0으로 존재한다. 그 이유는 염소가 다시 chloramine과 반응하여 N_2 등으로 가스화시키는데 소모되기 때문이다. 잔류염소가 저하된 점을 지나 다시 염소를 주입하면 주입량에 비례하여 유리잔류염소량이 증가한다. 잔류염소곡선에서 유리잔류염소가 출현하기 시작하는 점을 파괴점(break point) 또는 불연속점이라 하며, 불연속점 이상으로 염소를 주입하여 소독하는 방법을 불연속점 소독법(break point chlorination) 또는 파괴점 소독법(그림 9-12)이라 한다.

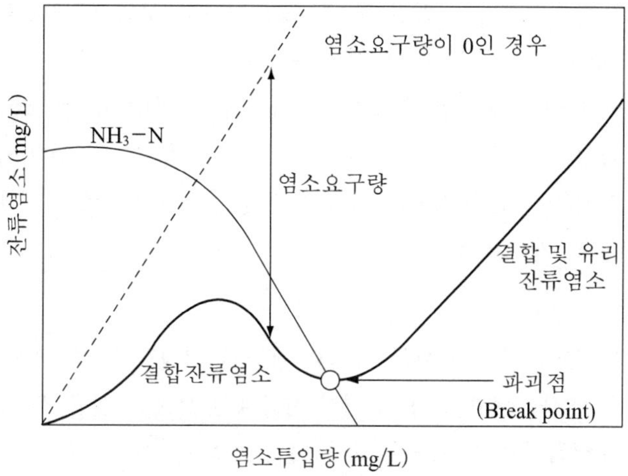

❖ **그림 9-12.** 염소주입과 잔류염소의 관계

위와 같은 결합염소(chloramines)는 살균력은 약하지만 소독 후 물에 이·취미를 주지 않고, 살균작용이 오래 지속하는 장점이 있다. 그래서 오랜 기간 동안 모노클로라민이 안정한 화합물이라고 믿어 왔으며, 이는 모노클로라민이 염소를 대체하는 새로운 상수도 소독제로 부상하는 계기가 되었다. 이 중 trichloramine($NHCl_3$)은 소독능력이 없고 NH_2Cl과 $NHCl_2$는 약한 소독력을 갖고 있으나, 잔류성이 강하고 염소냄새가 없으며 trihalomethane (THM)의 생성을 방지할 수 있기 때문에 미국, 캐나다 등에서 많이 사용되고 있다. 그러나 모노클로라민은 유리염소보다 반응성이 떨어져 다양한 문제를 야기할 뿐 아니라 효율성도 떨어져 세균을 제거하는 데 오랜 시간을 요한다는 사실을 알게 되었다.

한편, 염소는 반응성이 크기 때문에 유리염소로 소독을 하면 오염을 신속히 탐지할 수 있을 뿐만 아니라, 유해한 화학물질을 신속히 분해할 수 있다. 또한 염소가 오염물질과 반응함에 따라 수중의 염소농도는 감소하기 때문에 염소의 농도를 수질오염의 지표로 활용하고 있다. 그러나 모노클로라민은 화학적으로 안정하기 때문에 이러한 염소소독의 장점을 누릴 수가 없다.

염소는 대장균, 소화기 계통의 전염성 병원균(수인성)에 특히 살균효과가 커서, 충분히 염소가 첨가되는 경우 30분 이내에 병원성 미생물을 사멸시키지만 병원성을 야기하는 원생동물 중 *Giardia*와 *Cryptosporium*은 염소에 의해 쉽게 죽지 않기 때문에 중요한 수인성 질병체로 작용한다. 또한 바이러스는 대장균보다 염소에 대한 저항력이 강해 일부 생존할 염려가 있고, 대부분의 세균은 (−)으로 대전되어 있어 OCl^-는 접근이 어렵고 HOCl이 효력이 높다고 볼 수 있다. 한편, 염소소독 후 물 속의 미생물은 사멸되지만 시간이 경과하고 잔류염소가 소멸된 후, 염소가 아포를 갖는 균에 대해서는 효력이 없어 아포가 후에 증식하는 경우 등 미생물 오염이 있을 때, 사멸된 조류를 영양원으로 하여 미생물의 수가 다시 증가할 수 있다. 이 현상을 부활(After growth)이라 한다. 염소소독의 단점은 독성이 강하고, 냄새가 심하게 난다는 것이며, 염소와 수중의 부식질 등이 산화되어 발생되는 저분자 탄소에 염소이온이 결합되어 생성되는 THM은 발암원으로 인체에 악영향을 끼치고 있다.

② 오존소독법

오존(O_3)은 자극성이 있는 청색의 가스로 강력한 산화력과 부식성이 있어, 고도정수처리의 한 과정으로 사용되고 있다. 강력한 산화제인 오존은 살균, 탈색, 탈취, 이미, 철, 망간의 제거와 유해화합물의 분해 효과가 다른 산화제보다 좋다.

오존처리에 따른 효과는,

가. 맛·냄새의 제거

많은 정수장에서 오존을 0.5∼1.0 mg/L의 주입율로 하고, 접촉시간은 10분 내외로 운전하고 있다. 이 때 조류취인 지오즈민이나 2-methylisoboniol(MIB)가 100% 제거된다(그림 9-13).

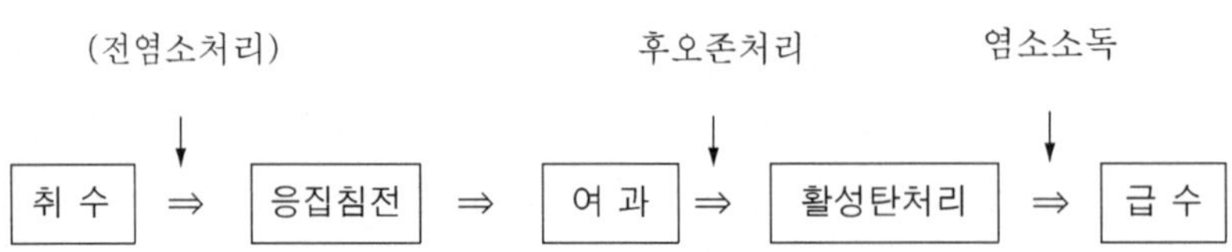

❖ **그림 9-13.** 냄새제거를 목적으로 할 경우 오존처리 공정도

나. 트리할로메탄(THM) 전구물질의 제거에 따른 THM 저감

오존처리에 의해 전구물질의 제거로 THM의 발생율을 효과적으로 저감시키나 이미 형성된 THM의 처리효율은 낮다. 한편, 오존이 일부 난분해성 물질을 생분해성 유기물로 변환시키므로 생물활성탄으로 유기물의 농도를 저감하는 처리를 병행해야 한다(그림 9-14).

(전오존처리) (중오존처리) 후오존처리 염소소독

취 수 ⇒ 응집침전 ⇒ 여 과 ⇒ 활성탄처리 ⇒ 급 수

❖ 그림 9-14. 유기염소화합물의 저감을 목적으로 할 경우 오존처리 공정도

다. 망간의 제거

원수 중에 용존하는 Mn^{2+}을 폭기에 의해 산화시켜 Mn^{4+}(MnO_2) 또는 Mn^{7+}(MnO_4^-)로 제거한다.

※ 오존에 의한 불활성화 시험

미국에서는 세균과 바이러스에 대한 불활성화와 관련하여 CT값을 사용하는 추세이다. 코인 등이 폴리오바이러스 1형(1964년)과 2형, 3형(1967년)을 사용하여 조사한 바에 의하면, 오존처리 4분 후에 용존 잔류오존농도가 0.4 mg/L일 때, 바이러스의 불활성화율이 99.9% 이상이었다.

③ 기타 소독법

할로겐 원소(Br, I_2) 등을 소독에 사용할 수 있으나 잘 이용되지 않는다.

※ 지표세균에 대한 소독력 시험

소독에 의해 미생물이 불활성화되는 정도를 대장균과 아포형성균을 소독 지표세균으로 하여, 잔류소독제 농도(C; mg/L)와 접촉시간(T; min)을 곱한 값인 C×T를 지표세균의 99% 불활성화에 필요한 CT값으로 사용한다. 표 9-1에서 보듯이, 오존 소독제가 지표세균에 대해 CT값이 가장 낮아 효과적인 소독제임을 보이고 있다.

◎ 표 9-1. 지표세균에 대한 CT 값

지표세균	소독제	농도(mg/L)	시간(min)	CT값
대장균 (*E. coli*)	유리염소	0.08	0.25	0.020
	결합염소	0.50	15.30	7.650
	이산화염소	0.05	1.30	0.065
	오존	0.05	< 0.10	< 0.005
아포형성균 (Spore forming bac.)	유리염소	1.0	63	63
	결합염소	1.5	105	158
	이산화염소	1.0	34	34
	오존	1.0	10	10

3) 생물의 제거

통상의 정수처리에서 제거되지 않는 생물장애가 있을 때에는 생물제거 설비를 하여야 한다. 상수도설비 내에 생물제거 설비에는 생물을 여과하여 제거하는 방식과 약제를 사용하여 생물을 사멸시킨 후 침전, 제거하는 방식이다. 전자는 여러 여재를 사용하여 여과하는 다층단여과와 마이크로스트레이너(microstrainer)를 사용하는 것이고, 후자는 황산구리나 염소제 등을 살포, 주입하는 방법이다.

생물로 인한 장애는 저수지나 호소를 수원으로 하는 경우 식물성 플랑크톤의 대량번식에 따라 여과지 폐색(표 9-2)이나 맛, 냄새를 발생하는 경우가 있다. 지하수는 철세균에 의하여 적수(赤手)나 탈리 균체의 유출과 폐색이 일어난다.

표 9-2. 여과폐색을 일으키는 조류의 종류와 개체수

조류		위험 개체수(마리/mL)
규조류	*Achnanthe sp.*	5,000
	Asterionella formosa	100
	Attheya Zachariasi	100~200
	Cyclotella spp.	2,000~3,000
	Fragilaria crotonensis	100~300
	Melosira sranilata	200~300
	Melosira distans	1,000
	Nitzschia gracilis	2,000
	Nitzschia palea	1,000
	Rhizosolenia erirensis	200
	Stephanodiscus hantzschii	2,000
	Synedra acus	500
	Synedra ulne	200~300
	Synedra rumpens	700
	Tabellaria fenestrata	100~300
녹조류	*Sphaerocystis Schroeteri*	100
편모조류	*Dinobryon divergens*	300

정수처리 시설 내에서 생물제거의 방법은 다음과 같다.

① 생물의 생활환경 조건을 불리하게 하여 번식 방지 : 일광차단이나 저수지의 저니를 제거한다.

② 약품에 의한 박멸 : 플랑크톤은 황산동의 결정이나 분말 등 살조제를 사용하여 제

거하며, 세균류는 염소, 염화동, 황산동 등을 사용하여 제거한다. 수중 조류를 제거하기 위하여 0.1～10 ppm의 황산동($CuSO_4$), 0.3～3 ppm의 염소(Cl_2)나 염화구리($CuCl_2$) 등을 이용하며, 그중 황산동이 경제적이고 효과가 좋다.

③ 다층여과 : 입경 및 밀도가 다른 복수의 여재를 사용하여 생물을 제거하는 것이다. 이는 응집침전으로 제거하기 어려운 조류인 *Syndera, Melosira, Microcystis*가 발생한다든지, 식물성 플랑크톤을 80～90% 제거하여도 처리수에 남은 조류가 많을 때 사용한다.

④ Microstrainer법 : 영국에서 개발된 완속여과의 전처리법으로 수중의 조류, 플랑크톤, 부유물질을 수평축 회전드럼형 여과장치인 microstrainer(미세여과망 여과, 그림 9-15)를 이용하여 제거한다.

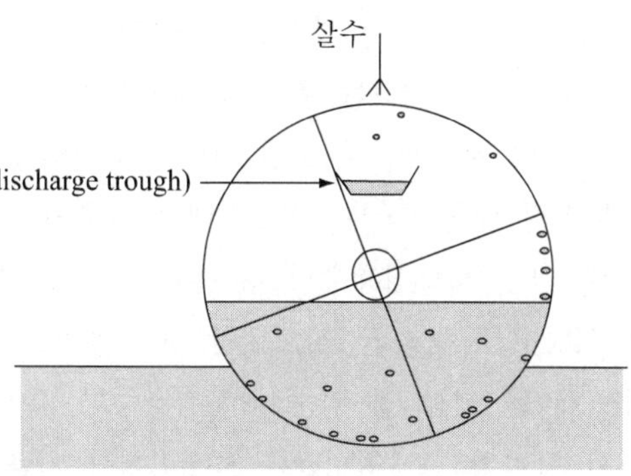

❖ **그림 9-15**. Microstrainer(회전 드럼형 여과장치)

4) 먹는 물의 관리

먹는 물은 현재 우리나라의 경우 종래의 수돗물을 먹는물로 개정하고, 먹는물은 '먹는 물', '먹는 샘물', '먹는 해양심층수' 및 '먹는 공동시설의 물'이 해당되고 "먹는 물 관리법"에 의하여 관리되고 있다.

먹는 물의 기준과 검사는 상황에 따라 여러 가지 기준을 달리 적용하고 있다.

정수시설의 경우 수질검사는 일일검사, 주간검사, 매월검사로 구분하고, 수도꼭지에서는 매월검사를 실시한다.

○ 매일검사 : 색, 탁도, 냄새, 맛, pH, 잔류염소의 6항목
○ 매주검사 : 일반세균, 대장균군, 분원성 대장균 또는 대장균, 암모니아성 질소, 질산성 질소, $KMnO_4$ 소비량, 증발잔류물의 8항목을 검사한다.

○ 매월검사 : 55개 전 항목을 검사한다(수도꼭지의 경우는 5가지 항목인데, 일반세균, 대장균군, 분원성 대장균 또는 대장균과 잔류염소를 검사한다).

※ 먹는 물의 위생적 수질 및 검사기준

1. 미생물에 관한 기준
   가. 일반세균은 1 mL 중 100 CFU를 넘지 아니할 것. 다만, 샘물의 경우에는 저온일반세균은 20 CFU/mL, 중온일반세균은 5 CFU/mL를 넘지 아니하여야 하며, 먹는 샘물 및 먹는 해양심층수의 경우에는 병에 넣은 후 4℃를 유지한 상태에서 12시간 이내에 검사하여 저온일반세균은 100 CFU/mL, 중온일반세균은 20 CFU/mL를 넘지 아니할 것
   나. 총 대장균군은 100 mL(샘물·먹는 샘물 및 먹는 해양심층수의 경우에는 250 mL)에서 검출되지 아니할 것. 다만, 제4조 제1항 제1호 나목 및 다목에 따라 매월 또는 매 분기 실시하는 총 대장균군의 수질검사 시료(試料) 수가 20개 이상인 정수시설의 경우에는 검출된 시료 수가 5%를 초과하지 아니하여야 한다.
   다. 대장균·분원성 대장균군은 100 mL에서 검출되지 아니할 것. 다만, 샘물·먹는 샘물 및 먹는 해양심층수의 경우에는 적용하지 아니한다.
   라. 분원성 연쇄상구균·녹농균·살모넬라 및 쉬겔라는 250 mL에서 검출되지 아니할 것(샘물·먹는 샘물 및 먹는 해양심층수의 경우에만 적용한다)
   마. 아황산환원 혐기성 포자형성균은 50 mL에서 검출되지 아니할 것(샘물·먹는 샘물 및 먹는 해양심층수의 경우에만 적용한다)
   바. 여시니아균은 2 L에서 검출되지 아니할 것(먹는 물 공동시설의 경우에만 적용한다)

2. 건강상 유해영향 무기물질에 관한 기준
   가. 납은 0.01 mg/L를 넘지 아니할 것
   나. 불소는 1.5 mg/L(샘물 및 먹는 샘물의 경우에는 2.0 mg/L)를 넘지 아니할 것
   다. 비소는 0.01 mg/L(샘물의 경우에는 0.05 mg/L)를 넘지 아니할 것
   라. 셀레늄은 0.01 mg/L를 넘지 아니할 것
   마. 수은은 0.001 mg/L를 넘지 아니할 것
   바. 시안은 0.01 mg/L를 넘지 아니할 것
   사. 크롬은 0.05 mg/L를 넘지 아니할 것
   아. 암모니아성 질소는 0.5 mg/L를 넘지 아니할 것

자. 질산성 질소는 10 mg/L를 넘지 아니할 것

차. 카드뮴은 0.005 mg/L를 넘지 아니할 것

카. 보론은 1.0 mg/L를 넘지 아니할 것

타. 브롬산염은 0.01 mg/L를 넘지 아니할 것(먹는 해양심층수의 경우에만 적용한다)

파. 스트론튬은 4 mg/L를 넘지 아니할 것(먹는 해양심층수의 경우에만 적용한다)

3. 건강상 유해영향 유기물질에 관한 기준

가. 페놀은 0.005 mg/L를 넘지 아니할 것

나. 다이아지논은 0.02 mg/L를 넘지 아니할 것

다. 파라티온은 0.06 mg/L를 넘지 아니할 것

라. 페니트로티온은 0.04 mg/L를 넘지 아니할 것

마. 카바릴은 0.07 mg/L를 넘지 아니할 것

바. 1,1,1-트리클로로에탄은 0.1 mg/L를 넘지 아니할 것

사. 테트라클로로에틸렌은 0.01 mg/L를 넘지 아니할 것

아. 트리클로로에틸렌은 0.03 mg/L를 넘지 아니할 것

자. 디클로로메탄은 0.02 mg/L를 넘지 아니할 것

차. 벤젠은 0.01 mg/L를 넘지 아니할 것

카. 톨루엔은 0.7 mg/L를 넘지 아니할 것

타. 에틸벤젠은 0.3 mg/L를 넘지 아니할 것

파. 자일렌은 0.5 mg/L를 넘지 아니할 것

하. 1,1-디클로로에틸렌은 0.03 mg/L를 넘지 아니할 것

거. 사염화탄소는 0.002 mg/L를 넘지 아니할 것

너. 1,2-디브로모-3-클로로프로판은 0.003 mg/L를 넘지 아니할 것

더. 1,4-다이옥산은 0.05 mg/L를 넘지 아니할 것

4. 소독제 및 소독부산물질에 관한 기준(샘물·먹는 샘물·먹는 해양심층수 및 먹는 물 공동시설의 물의 경우에는 적용하지 아니한다)

가. 잔류염소(유리잔류염소를 말한다)는 4.0 mg/L를 넘지 아니할 것

나. 총트리할로메탄은 0.1 mg/L를 넘지 아니할 것

다. 클로로포름은 0.08 mg/L를 넘지 아니할 것

라. 브로모디클로로메탄은 0.03 mg/L를 넘지 아니할 것

마. 디브로모클로로메탄은 0.1 mg/L를 넘지 아니할 것

바. 클로랄하이드레이트는 0.03 mg/L를 넘지 아니할 것

사. 디브로모아세토니트릴은 0.1 mg/L를 넘지 아니할 것
아. 디클로로아세토니트릴은 0.09 mg/L를 넘지 아니할 것
자. 트리클로로아세토니트릴은 0.004 mg/L를 넘지 아니할 것
차. 할로아세틱에시드(디클로로아세틱에시드와 트리클로로아세틱에시드의 합으로 한다)는 0.1 mg/L를 넘지 아니할 것

5. 심미적 영향물질에 관한 기준
가. 경도(硬度)는 300 mg/L(먹는 샘물의 경우 500 mg/L, 먹는 해양심층수의 경우 1,200 mg/L)를 넘지 아니할 것. 다만, 샘물의 경우에는 적용하지 아니한다.
나. 과망간산칼륨 소비량은 10 mg/L를 넘지 아니할 것
다. 냄새와 맛은 소독으로 인한 냄새와 맛 이외의 냄새와 맛이 있어서는 아니될 것
라. 동은 1 mg/L를 넘지 아니할 것
마. 색도는 5도를 넘지 아니할 것
바. 세제(음이온 계면활성제)는 0.5 mg/L를 넘지 아니할 것. 다만, 샘물·먹는 샘물 및 먹는 해양심층수의 경우에는 검출되지 아니하여야 한다.
사. 수소이온 농도는 pH 5.8 이상 pH 8.5 이하이어야 할 것
아. 아연은 3 mg/L를 넘지 아니할 것
자. 염소이온은 250 mg/L를 넘지 아니할 것
차. 증발잔류물은 500 mg/L를 넘지 아니할 것. 다만, 샘물의 경우에는 적용하지 아니하며, 먹는 샘물 및 먹는 해양심층수의 경우에는 미네랄 등 무해성분을 제외한 증발잔류물이 500 mg/L를 넘지 아니하여야 한다.
카. 철은 0.3 mg/L를 넘지 아니할 것. 다만, 샘물의 경우에는 적용하지 아니한다.
타. 망간은 0.3 mg/L(수돗물의 경우 0.05 mg/L)를 넘지 아니할 것. 다만, 샘물의 경우에는 적용하지 아니한다.
파. 탁도는 1NTU(Nephelometric Turbidity Unit)를 넘지 아니할 것. 다만, 수돗물의 경우에는 0.5NTU를 넘지 아니하여야 한다.
하. 황산이온은 200 mg/L를 넘지 아니할 것
거. 알루미늄은 0.2 mg/L를 넘지 아니할 것

9.2.2 급·배수관내 미생물

수돗물의 수질은 원수의 수질, 정수장의 처리 공정, 그리고 정수장에서 급수지까지 정수처리계통의 전체 수질관리수준에 의해 좌우된다. 대개 원수의 수질오염과 정수처리

에는 많은 관심을 가지고 관심을 가지고 있으나, 수도관이나 배수지의 급·배수계통이 수돗물에 미치는 영향을 간과하기 쉽다.

음용수의 적합성 여부를 판단하기 위하여 측정하는 장내세균은 분변 오염 등의 지표가 될 수 있는 좋은 지표이다. 염소소독을 포함하는 정수처리에 있어 장내세균의 검출 여부는 매우 중요한 문제가 되는데, 염소소독에 의해 완전히 불활성화되지 않고, 다만 그 세포분열 등에 의한 활성만 잃은 손상 장내세균(Injured Enterobacteriaceae)은 통상적인 검출배지로는 검출되지 않기 때문이다. 따라서 빈영양 조건인 상수도계통에서 종속영양 세균을 효율적으로 검출하기 위한 배지로서 R_2A(표 9-3), R_3A 또는 m-T7 배지를 사용함으로서 효율적인 장내세균을 효과적으로 검출할 수 있게 되었다. 이러한 배지를 사용함으로서 종전 정수장에서 검출되지 않던 세균이 수도꼭지에서 나오는 수돗물에서 검출된다.

표 9-3. R_2A 배지조성

Bacto Yeast Extract	0.5 g
Bacto Proteose Peptone No.3	0.5 g
Bacto Casamino Acids	0.5 g
Bacto Dextrose	0.5 g
Soluble Starch	0.5 g
Sodium Pyruvate, Dibasic	0.3 g
Magnesium Sulfate	0.05 g
Bacto Agar	15 g
Distilled Water	1000 mL

수돗물에서 검출된 세균의 동정은 표 9-4에서 보는 것처럼, 종속영양세균(HPC)으로는 *Pseudomonas, Acinetobater, Micrococcus*와 *Moraxella* 등의 출현 빈도가 컸으며, coliform 세균은 *Enterobacter, Escherichia*와 *Citrobacter* 등의 출현 빈도가 높았다. 또한 수도꼭지의 물의 녹(Tubercle)에서 보다 개체수는 적으나 다양한 세균 종이 출현하는 것으로 나타났다. 표 9-4에서 보면, LeChevallier 등과 Park 등의 조사시료는 전통적인 정수처리방식에서 채취한 시료에서 출현된 미생물의 결과이고, Lee 등의 조사시료는 고도정수처리설비가 가동되는 시료를 조사한 결과인데, 이 자료를 통해서 보면 정수의 유기물이나 세균의 제거효율을 높이기 위해서는 기존의 응집, 침전, 여과의 전통적인 정수방식에다 활성탄 흡착이나 생물학적 활성탄 흡착공정을 추가하여, 수중의 용존 유기물과 세균의 수를 더욱 더 감소시킬 수 있는 고도정수처리 공정을 도입하는 것이 미생물적

위생에 보다 효율적임을 알 수 있었다. 또 노후된 급·배수관은 교체하거나 녹을 제거하고, 에폭시(epoxy) 도장을 하여 미생물의 서식처를 제공치 않게 하고, 미생물적 부식(corrosion)이 되지 않게 하는 것이 미생물의 출현을 예방하는 효율적인 방법일 것이다.

표 9-4. 배수관 내에서 출현하는 종속영양세균의 출현 조사표

세 균	LeChevallier 등		Park 등		Lee 등*	
	물	녹	물	녹	물	녹
HPC bacteria						
Pseudomonas	++	++	++	++	++	++
Flavobacterium	++		+			
Alcaligenes			+			
Acinetobater	+		++	++		
Moraxella	+		+		+	
Agrobacterium						
Arthrobacter	+	++				
Corynebacterium		+				
Bacillus						
Micrococcus	+		++	+	+++	
Streptcoccus			++		+	
Aerococcus			+			
Pasteurella			+	+		
Chromobacteriu			+	+		
Neisseria			+			
Kingella			+			
Bordetella			+		+	
Ahromobacter			+			
Coliform bacteria						
Enterobacter agglomerans	+	+	++			
Enterobacter cloacae	+		+			
Enterobacter gergoviae						
Enterobacter sakazakii			+			
Escherichia coli	+	+	+			
Citrobacter freundii	+	+	+			
Klebsiella pneumoniae	+					
Klebsiella oxytoca	+					
Serratia plymuthica			+			
Serratia odorifera			+			
Serratia sp.						
Shigella dysenteriae			+			

* Lee등 : 이상준 등

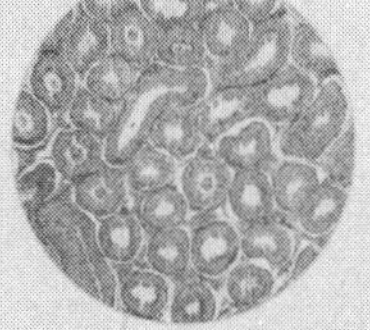

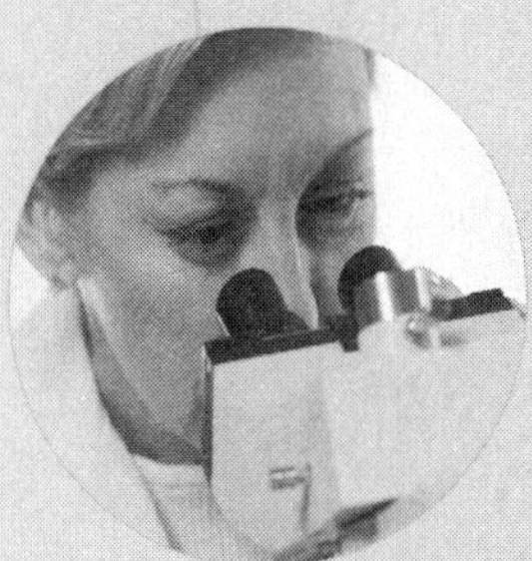

Applied Environment Microbiology

CHAPTER 10

환경정화와 미생물

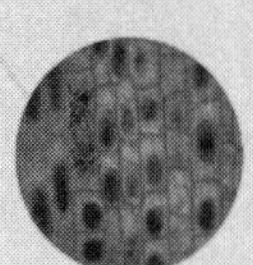

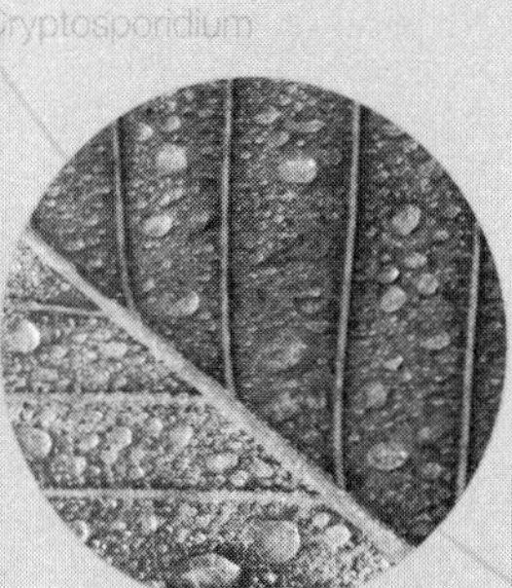

10.1 폐수처리와 미생물

10.1.1 생물학적 처리의 원리

폐수처리는 물리·화학적 처리와 생물학적 처리로 크게 분류된다. 물리·화학적 처리에는 침전, 흡착, 이온교환, 중화, 응집, 부상 등이 있으며, 주로 폐수 중의 부유물질이나 무기물을 제거하는데 응용되고 있다.

현재 유기성 폐수나 가정하수의 처리는 물의 자정작용 중 일부분을 이용한 방법이다. 폐수처리에 있어서 정화작용은 자연계의 자정작용보다도 더 높은 효율을 가져야 하므로 처리의 목표에 적합하도록 장치 및 그 조작에 많은 연구가 수행되었고, 이러한 자정작용을 응용한 처리를 생물학적 처리라고 한다.

생물학적 처리는 하천의 자정작용의 일부분을 반응조 내에서 인위적으로 효율을 높여 진행시키는 방법으로, 폐수 중의 유기물을 세균이나 미생물 등이 물질대사를 통해 분해하는 처리방법이다.

미생물의 물질대사는 호기성과 혐기성으로 구분될 수 있다. 호기성 대사에는 탄소화합물은 이산화탄소 및 물, 질소화합물은 질산염으로 전환된다. 혐기성 대사에서 유기물은 유기산, 알콜 등을 거쳐 이산화탄소, 수소, 질소, 메탄 등으로 전환된다. 호기성 대사에서는 유기물이 미생물 세포로 합성되는 비율은 높지만, 혐기성 대사에서는 그 비율이 낮다. 호기성 미생물은 산소가 존재하는 조건에서 효소를 이용하여 폐수 중의 유기물을 산화 및 분해해서 에너지를 얻고, 이 에너지를 이용하여 세포 구성성분을 합성한다. 이와 동시에 미생물은 세포 구성성분 일부를 자체산화에 의하여 산화 및 분해한다.

1) 유기물의 산화

$$C_xH_yO_z + O_2 \rightarrow CO_2 + H_2O - \Delta H$$

2) 세포 구성성분의 합성

$$(C_xH_yO_z) + NH_3 + O_2 \rightarrow \text{세포구성성분} + CO_2 + H_2O - \Delta H$$

3) 세포 구성성분의 산화

$$\text{세포 구성성분} + O_2 \rightarrow CO_2 + H_2O + NH_3 - \Delta H$$

생물학적 처리는 한 종의 미생물을 이용하는 것이 아니라, 다양한 미생물을 혼합해서 사용하며, 폐수 처리 시 특정 미생물을 새로 접종하는 일은 매우 드물다. 예를 들어, 호기성 처리에 있어서 폐수 속에 자연적으로 존재하는 미생물을 부유 상태(예 : 활성슬러지법)이나 부착 상태(예 : 회전원판법)으로 성장시켜 미생물에 의해 폐수를 처리하게 된다.

10.1.2 미생물의 오염물질 제거 기작

미생물에 의한 폐수 중의 오염물질의 제거 메커니즘은 다음과 같다.

1) 유기물의 흡수

미세한 크기로 용해된 오염물질이 미생물의 표면에서 섭취되는 현상을 말한다. 세균에 의한 용해성 오염물질의 제거는 흡수에 의한 것이 대부분이며, 수중 미생물은 폐수 속에 미량으로 녹아있는 용해성 유기물을 섭취하도록 적응되어 있다.

2) 불용성 또는 고체 유기물의 흡착

중금속, 토양입자 등의 불용성 오염물질이 세포 표면에 물리적으로 접촉되는 것을 말한다.

3) 원생동물에 의한 입자성 물질의 포식

세균, 입자상 유기물 등을 삼키는 것을 말하며, 원생동물인 아메바, *Vorticella* 등에 의한 먹이 섭취를 예로 들 수 있다.

4) 용해 후 흡수

주로 세균이 커다란 입자상 유기물을 효소에 의하여 분자 크기로 용해한 후, 흡수하는 것을 말한다.

10.1.3 활성슬러지 공정

1) 활성슬러지 공정의 종류

① 완전혼합법

완전혼합법(completely mixing system)은 1차 침전지에서 나온 폐수를 포기조 내에서 반송 슬러지와 완전히 섞은 후 5~24시간 정도 포기하여 전체 포기조 내의 유기물 농도와 산소이용률을 균일하게 한다. 적당한 체류시간이 경과한 후, 폐수는 2차 침전지로 옮겨진다. 2차 침전지에서 2~5시간 동안 슬러지를 침전시켜 일부는 반송 슬러지가 되어 포기조로 돌려보내지고, 나머지는 슬러지 처리시설로 보내진다.

② 플러그 흐름법

반송슬러지와 폐수가 포기조 입구에서 혼합된 후, 더 이상의 혼합없이 계속해서 길이 방향으로 흐르도록 설계된 것이 플러그 흐름법(plug-flow system)이다. 포기조를 따라 흐르는 동안 유기물의 분해가 일어나므로 폐수 내 기질(유기물) 농도와 산소 요구량 및 용존산소의 농도가 점점 감소하여 농도의 변화가 일어난다. 즉, 포기조 유입부에서는 유기물 농도와 산소 요구량이 높고, 포기조의 유출부에서는 유기물 농도와 산소 요구량이 낮게 된다. 따라서 공기 유입이 전 포기조 내에서 고르게 일어날 때에는 용존산소의 차이가 생길 수 있다. 이를 시정하기 위해 포기조 유입부 쪽에 공기를 많이 주입하고 유출부쪽으로 갈수록 공기 주입량을 줄이는 방식이 있으며, 이를 점감식 포기법(taperaed aeration system)이라 한다. 공기 주입량을 변화시키는 대신 유기물의 농도와 산소 요구량의 차이를 없애는 방법도 있는데, 이를 계단식 포기법(step aeration system)이라 한다. 이 방법에서는 폐수가 전량 포기조 유입부에서 반송 슬러지와 혼합된 후 포기조로 들어가는 것이 아니고 포기조의 길이에 따라 몇 번으로 나뉘어 주입됨으로써 유기물 농도와 산소 요구량이 비교적 균일하다.

③ 접촉안정법

접촉안정법(contact stabilization system)은 폐수를 포기조에서 단시간(약 30분) 포기한 후, 2차 침전지에서 슬러지를 분리시키고 안정조(stabilization tank)에서 반송슬러지를 약 6시간 재포기하는 방법이다. 이 방법은 높은 흡착능력을 가진 미생물을 이용하여 포기조 내의 유기물을 슬러지에 재빨리 흡착시켜 제거하며, 이런 포기조를 일명 접촉조(contact tank)라고도 부른다.

④ 장기 포기법

포기를 12시간 이상으로 장시간 하는 장기포기법(extended aeration system)은 포기조 내 미생물들이 유기물 고갈에 의한 자동산화(autooxidation)에 의해 생물량(슬러지량)의 상당량이 감소하여 폐기되는 잉여 슬러지의 양이 적어진다. 또한 산화율이 높아지므로 질산화 미생물에 의한 질소화합물의 질산화반응이 일어나기 때문에 질소 함유량이 높은 폐수를 처리하는데 효과적이다.

2) 영향인자

활성슬러지법은 MLSS와 BOD 부하, 반송 또는 잉여 슬러지의 양, 산소의 농도, 체류시간 등 여러 가지 인자에 의해 영향을 받는다.

① 고형물 체류시간(SRT)

활성슬러지법은 연속공정이므로 활성슬러지의 체류시간은 중요한 요인이 된다. 슬러지일령(sludge age, θ_c)은 다음과 같은 식으로 표현된다.

$$\theta_c = \frac{\text{포기조 내 슬러지량}}{\text{잉여 슬러지량} + \text{방류수 중 슬러지량}}$$

슬러지일령은 슬러지의 반송률 또는 폐기율에 의해 크게 좌우되며, 일반적으로 도시하수의 경우 3~5일을 표준으로 하고 있다.

SRT는 시스템 내에 머무르는 슬러지의 평균 체류시간을 나타낸다. SRT는 활성슬러지 공정의 설계에서 가장 중요한 인자로써 공정의 운전, 반응조의 용적, 산소 요구량 등에 영향을 미친다. SRT는 최종 침전조까지 포함한 시스템 내에 존재하는 슬러지의 체류시간을 의미하는 것으로 잉여 슬러지량에 의해 조절할 수 있으며, 하수처리의 경우 5~10일 정도이다.

② MLSS와 BOD 부하

생물학적 처리는 포기조 내 미생물의 기질이 되는 유기물 부하(organic loading)가 중요한 인자로서, 일반적으로 유기물량을 BOD로 나타내므로 이를 BOD 부하라고도 한다. 유기물 부하는 폐수 중의 유기물(food, F)과 미생물의 양(microorganism, M)의 비(F/M비)로 나타낸다.

$$\text{F/M ratio} = \frac{\text{하루에 유입되는 BOD량}}{\text{포기조 내 슬러지량}} = Q \times \frac{\text{BOD}}{V \times X_v}$$

여기서, Q : 유량(m^3/d)
BOD : 유기물 농도(mg/L)
V : 포기조 용량(m^3)
X_v : 포기조 MLSS(mg/L)

이때 포기조 내 슬러지량은 MLSS(mixed liquor suspended solid)의 양으로 측정하는데, 일반적으로 MLSS가 미생물 함량을 나타낸다. 보통 도시하수의 경우, F/M비는 0.3 정도 유지시킨다.

유기물 부하는 용적부하와 슬러지부하 등 두 가지로 표현할 수 있다. 용적부하는 포기조 1 m^3당 하루에 유입되는 BOD를 kg으로 표시한 것으로, 단위는 kg-BOD/m^3·day이다. 슬러지부하는 MLSS 1 kg당 유입되는 BOD를 kg으로 표시한 것으로, 단위는

kg-BOD/kg-MLSS · day이다.

③ 반송 슬러지량

BOD 부하를 어느 범위에서 유지하기 위해서는 반송 슬러지양의 조절이 중요하다.

④ 슬러지 부피지수(SVI)

활성슬러지법에서 처리수와 슬러지의 분리는 중요하며, 슬러지의 침강성을 나타내는 지표로서 슬러지 부피지수(sludge volume index, SVI)가 일반적으로 사용되고 있다. SVI는 활성슬러지를 30분 간 침전 후 1g의 활성슬러지가 차지하는 부피를 mL로 표시한 것이다.

$$SVI = \frac{30\text{분 침전 후 슬러지 부피}(mL/L) \times 1000}{MLSS(mg/L)} = \frac{SV(\%) \times 10^4}{MLSS(mg/L)}$$

SVI는 MLSS 농도를 관리하는데 있어 중요한 지표가 된다. SVI를 인위적으로 조절하기는 어려우나 침강성이 좋은 슬러지는 SVI가 50~150이고, 슬러지가 침전이 잘 안 되는 상태인 팽화(bulking)일 때, SVI는 200 이상이 된다. 각종 미생물이 다량으로 증식하는 활성슬러지의 SVI는 100 부근이 대부분이다. 유입폐수의 SS가 높으면 SVI는 40~60으로 된다.

SVI 대신 슬러지 밀도지수(sludge density index, SDI)가 사용되기도 하는데, 이것은 침전된 슬러지의 무게를 나타내는 것으로 SVI와 다음과 같은 관계가 있다.

$$SDI = \frac{100}{SVI}$$

⑤ 포기조의 산소농도

활성슬러지법은 각종 호기성 미생물을 이용한 공정이므로 포기조 내의 용존산소를 충분히 유지해야 한다. 용존산소의 농도는 포기조의 입구에서 출구까지 보통 1 mg/L 이상으로 유지해야 한다.

⑥ 온도와 pH

BOD 및 COD의 제거속도, 산소흡수속도, 활성슬러지 미생물의 증식속도 등에 미치는 온도의 영향은 극히 중요하며, 보통 Q10(온도가 10℃ 차이가 난 경우의 반응속도비)=2 전후로 된다. 활성슬러지법의 최적 온도 범위는 20~30℃이고, 15℃ 이하가 되면 20℃ 이상인 경우와 비교해서 처리 수질이 저하되는 경우가 많다. 저온기에는 슬러지가 활성이 저하되면 회복하는데 시간이 걸리므로 신중한 관리가 필요하다. 일반적으로 활성슬러지의 활성은 pH 6~8의 범위에서 가장 높다.

⑦ 질소 및 인

일반적으로 유입폐수중의 BOD : N : P의 비율은 100 : 5 : 1이 적당한 것으로 알려져 있다. 유입폐수 중에 질소 및 인이 결핍된 경우에는 요소와 인산을 각각 공급해줘야 한다.

3) 활성슬러지의 미생물

폐수 중에 포함되어 있는 용해성 유기물은 세균이나 균류 등에 의해서 직접 섭취되지만 미소동물은 유기물을 영양원으로 이용할 수 없다. 따라서 폐수의 정화는 세균 등의 부생 영양성 미생물이 주역이라고 생각되고 있으나 실제로는 원생동물, 대형동물 등의 완전 동물영양성의 미생물이 공존하지 않으면 폐수는 정화될 수 없다. 활성슬러지는 200～1,000 μm의 부정형 플록(floc)이며, 주로 세균이 응집된 것이고, 플록 주변에 미소동물이 부착되어 있으고 일부는 폐수 내에서 자유로이 부유하고 있다.

포기조는 호소와 같이 완전한 수중환경이나 포기에 의해서 끊임없이 교반되기 때문에 대형생물이 생존하기에는 불리한 환경이다. 따라서 활성슬러지에 출현하는 미생물의 크기는 대체로 1 mm 전후가 많다. 활성슬러지에 출현하는 주요한 미생물은 세균과 원생동물이지만 활성슬러지의 종류에 따라서 균류나 미소 후생동물이 나타나는 경우도 있다.

① 세균

세균은 폐수 중의 용해성 유기물을 직접 섭취하며, 가장 낮은 영양단계를 구성하고 있다. 활성슬러지를 구성하고 있는 세균 중 현미경에 의해서 그 존재를 확인할 수 있는 것은 플록형성 세균으로 알려져 있는 *Zoogloea ramigera*, 사상체를 형성하는 *Sphaerotilus natans*이다. *Zoogloea*는 가장 잘 알려진 세균으로서 활성슬러지 플록의 본체를 형성하고 있으며, 균체가 젤라틴상의 물질로 둘러싸여 손가락모양, 나무모양 또는 구름모양으로 증식한다. 그러나 실제로 활성슬러지에는 *Zoogloea*의 전형적인 플록은 그다지 많이 출연하지 않는다. 현재, 다양한 종류의 세균이 플록을 형성하는 것으로 알려져 있다.

*Sphaerotilus*는 막대균이 투명한 콩꼬투리 모양의 껍질 속에 나란히 늘어있는 사상체를 형성한다. *Sphaerotilus*가 과다 증식하면 활성슬러지가 팽화현상을 일으켜 최종 침전지에서 고액 분리가 잘 되지 않는다. 이 밖에 활성슬러지 중에는 많은 종류의 세균이 출현하지만 배양실험 결과, *Achromobacter, Alcaligenes, Bacillus, Flavobacterium, Pseudomonas* 등이 많이 출현하고, 그 기능을 표 10-1에 나타냈다.

활성슬러지 플록에는 대부분 세균들이 죽어있는 상태이며, 살아있는 세균의 수는 일반적인 도시하수의 활성슬러지에서 MLSS 1 mg 당 $2.0\times10^7 \sim 1.6\times10^8$(활성슬러지 혼합액 1 mL 중 $10^7 \sim 10^8$) 개체이다. 이 결과는 활성슬러지 추출배지를 이용해서 균질기(homogenizer)로 분산시킨 시료에 대해서 세균수를 계수(20℃에서 10일간 배양)한 것이다.

◎ 표 10-1. 활성슬러지의 세균의 종류와 기능

속	기능
Pseudomonas	유기물 제거, 탈질반응
Arthrobacter	유기물 제거
Bacillus	단백질 분해
Cytophaga	고분자 중합물 분해
Zoogloea	점액질 형성
Acinetobacter	polyphosphate 저장
Nitrosomonas	질산화 반응
Nitrobacter	질산화 반응
Sphaerotilus	filament 형성

세균 수는 시료의 전처리나 배지의 선택에 의해서 현저한 차이가 나므로 활성슬러지의 정확한 세균 수는 잘 알려져 있지 않다. 실제로 한천배지에서 증식되지 않는 세균도 활성슬러지 중에는 다수 존재하는 것으로 추정되고 있다.

② 원생동물

원생동물은 폐수정화에 중요한 역할을 담당하는 미생물이며, 폐수처리장 관리효율을 나타내는 지표로도 사용된다. 활성슬러지 중에 출현하는 원생동물은 80속 정도가 보고되어 있지만, 일반적으로 섬모충류와 편모충류가 많이 존재하며 우점종으로는 *Vorticella, Epistylis, Opercularia, Aspidisca* 등이 있다. 활성슬러지 중 원생동물은 슬러지 건조중량 1 g 당 10^4~10^5 정도의 개체수로 존재하며, 이는 전체 슬러지 무게의 5~10% 정도이다. 원생동물은 처리되는 폐수의 성상, 처리시설의 운전조건 등에 의해서 상당한 차이가 나지만 일반적으로 부유물질과 세균을 효과적으로 제거하고, 플록의 안정성에 크게 기여함으로써 활성슬러지법의 처리효율 높여준다.

③ 균류

활성슬러지 중의 균류에 대한 보고는 거의 없다. 균류는 고농도 공장폐수의 활성슬러지에서는 비교적 많이 출현하는데, *Leptomitus*, *Mucor* 등의 조균류, *Geotrichum*, *Trichoderma* 등의 불완전균류, *Candida*, *Rhodotorula* 등의 효모가 관찰된다. 균류가 비정상적으로 증식해서 팽화를 일으키는 경우도 있다.

④ 미소 후생동물

활성슬러지에 출현하는 미소 후생동물은 윤충류와 선충류가 대표적이며, 슬러지 플록 표면에서 세균을 포식한다. 윤충류로는 *Rotaria, Philodina, Lecane, Notommata,*

Lepadella, Colurella 등이 있으며, 선충류로는 *Dorylaimus, Rhabdolaimus, Rhabditis, Diplogaster* 등이 출현하지만 개체수는 그렇게 많지 않다. 그러나 BOD 부하가 극히 낮고, 잉여 슬러지의 배출이 적은 활성슬러지(슬러지 체류시간이 긴 활성슬러지)에서는 윤충류 및 빈모류가 우점종으로 되는 경우도 있다. 이 경우, 활성슬러지 혼합액 1 mL 당 500~3,000개체의 윤충류 및 빈모류가 출현한다.

4) 활성슬러지의 지표생물

미소동물 및 기타 현미경으로 관찰 가능한 미생물은 활성슬러지 처리시설의 환경조건, 처리수의 질 등을 판정하는데 좋은 지표생물이 된다. 특히, 원생동물 및 미소 후생동물은 비교적 속과 종을 결정하거나 계수가 용이하므로 수질관리를 위한 하나의 측정항목으로서 이전부터 많은 처리시설에서 관찰하고 있다. 활성슬러지에 출현하는 미소동물은 활성슬러지가 양호한 시기에 출현하는 활성슬러지성 생물, 활성슬러지가 회복하는 시기에 출현하는 중간 슬러지성 생물, 활성슬러지의 상태가 나쁜 경우에 출현하는 비활성슬러지 생물 등으로 나눌 수 있다.

활성슬러지성 생물이라는 것으로 고착성 및 포복성 생태를 나타내는 종류를 말한다. 전형적인 활성슬러지성 생물로는 *Vorticella, Epistylis, Operculalia, Aspidsca,* 각종 흡관충류, 윤충류 및 빈모류 등이 있다.

5) 활성슬러지법의 문제점

활성슬러지법에서 발생가능한 문제점은 크게 유기물 분해가 일어나지 않는 경우와 슬러지가 침전되지 않는 경우이다. 폐수 내에 유해물질이 존재할 때에는 슬러지 내 미생물의 활성이 저하되고, 대부분 사멸하여 처리효율이 급격히 떨어지게 된다. 난분해성 물질을 함유한 폐수는 처리되지 않고 그대로 배출될 수 있는데, 일반적인 도시하수의 경우에는 3차 처리과정에서 제거가 가능하다. 운전 초기 또는 반송 슬러지의 양이 일정하지 않아 포기조 내 MLSS 양의 변화가 크면 유기물의 분해와 슬러지의 침전이 제대로 일어나지 못한다. 활성슬러지 중에서 사상성 세균이나 사상균 등의 미생물이 비정상적으로 증식해서 최종 침전지에서 거의 침전하지 못하고 부유 상태로 존재하여 방류수에 섞여 나갈 때 이를 팽화(bulking)현상이라고 한다. 팽화현상이 발생하면 최종 침전지에서 활성슬러지가 유출하게 되므로 처리수질은 현저히 악화된다.

팽화현상의 원인은 다음과 같다.

- BOD : N 및 BOD : P가 높다(특히, N 부족의 영향이 크다).
- pH가 낮다(특히 균류는 pH 4.0에서도 잘 증식한다).

- BOD 부하가 높다.
- 유입폐수 중에서 저분자의 탄수화물이 많다.
- 수온이 낮다.
- 중금속 등의 유해물질이 유입한다.
- 유입폐수의 SS가 낮다.

팽화현상으로 인해 사상성 미생물의 증식으로 부력과 미생물의 응집 저해로 슬러지의 침전이 저해된다.

팽화현상의 원인생물로서 *Sphaerotilus natans, Bacillus, Thiothrix, Escherichia, Beggiatoa, Geotrichum candidum*, 실모양으로 증식하는 효모 및 기타 사상균 등을 들 수 있다. 팽화현상의 주요 원인생물인 *Spherotilus natans*는 절대호기성 미생물이지만 상당히 넓은 용존산소 농도에서 증식할 수 있다. 온도는 15℃ 이상, pH는 5.8~8.1에서 성장가능하다. *Bacillus*는 순수배양에서 사상으로 증식하는 것이 있으며, *B. subtilis, B. mycoides* 등이 원인생물이 될 가능성이 높다. 황 화합물의 농도가 높은 폐수에서는 *Thiothrix*가 증식하는 것으로 알려져 있다.

일반적으로 팽화현상을 일으키는 미생물의 비증식 속도는 다른 세균보다 느리며, 플록형성 미생물에 비교하여 다음과 같은 특징이 있다.

- 팽화현상을 일으키는 미생물은 플록형성 미생물에 비해서 용적에 대한 표면적의 비율이 높기 때문에 저농도의 기질을 섭취하는데 유리하다.
- 저해물질에 강하다.
- 원생동물이나 미소 후생동물 등의 포식자로부터 보호된다.
- 플록형성 미생물에 비해 환경조건에 대한 적응범위가 넓다.

팽화현상은 염소 또는 과산화수소를 이용하여 일시적으로 억제할 수 있다. 2차 침전지가 혐기성 조건이 되면 탈질반응에 의해 질소가스가 생성되어 침전된 슬러지의 부상이 일어날 수 있으나 이것은 슬러지의 반송률을 높임으로써 방지할 수 있다. 또한 탈질반응 외에 메탄생성 반응에 의해 생성된 CH_4, H_2, CO_2에 의해서도 슬러지 부상이 일어난다. 유기물 부하량이나 용존산소의 조절 이상과 과도한 포기에 의해 핀 플록(pin-point floc)이 생성되는데, 작고 잘 뭉쳐진 플록은 빨리 침전되지만 매우 작은 핀 플록은 침전되지 못하여 낮은 SVI를 나타내게 되어 방류수가 탁해진다.

이 밖에도 영양소의 부족으로 인한 점액성 물질의 대량 생성, 폐수에 세제와 같은 계면활성제가 많거나 슬러지 나이가 길어질 경우 *Nocardia* 증식으로 인한 거품형성, 스컴생성 등 여러 가지 문제점들이 활성슬러지법의 운전 중에 발생할 수 있다.

10.1.4 생물막법

생물학적 처리공정에서 미생물들은 성장 형태에 따라 부유성장과 부착성장으로 나눌 수 있다. 부착성장의 경우에는 고정상 또는 이동상의 매질에 부착된 미생물에 의해 유기물의 분해가 일어나며, 이로 인한 세포의 성장으로 얇은 점액질의 생물막(biofilm)이 생성된다. 생물막은 고체 표면에 부착되어 있으므로 고정막(fixed film)이라고도 하며, 이를 이용한 폐수처리방법을 생물막 공정 또는 고정막 공정이라 부른다.

1) 생물막 처리법의 원리

생물막은 주로 세균으로 이루어져 있으나 균류, 조류, 원생동물 및 일부 후생동물도 존재할 수 있으며, 세균 조성은 활성슬러지와 유사하다. 생물막의 형성 기작은 매우 복잡하다. 먼저 단백질 등의 유기 분자가 표면에 흡착되어 소위 조건화 막(conditioning film)을 만들고, 그 표면에 세균이 가역적 흡착을 한다. 그 위에 세균들이 주로 다당류로 구성된 세포외 중합체를 분비하여 단단히 결합하고, 분비물질 사이에 다른 미생물이나 용해성 또는 부유성 유기물들이 결합하게 된다. 세균의 종류, 고체 표면의 성질, 표면의 전하와 전기화학적 특성 등이 초기의 흡착단계에 큰 영향을 미친다. 생물막 부피의 50~90%는 세포외 중합체 물질로 주로 mannan, glucan, uronic acid 등으로 구성되어 있으며, 여러 가지 당단백질(glycoprotein)들과 이중공중합체(heterocopolymers)도 관여한다. 형성되는 생물막의 두께는 환경조건과 관련 미생물에 따라 결정되는데, 일반적으로 표면 재질과는 무관하다. 보통 100~200 μm 정도의 막이 형성되는데 활성이 있는 두께는 약 70~100 μm이며, 조류나 고등생물들을 포함하고 있을 경우에는 수 cm 이상되는 경우도 있다.

생물막에 의해 폐수가 처리가 처리되는 원리는 폐수가 생물막 표면을 흐르면서 폐수 내의 용해성 유기물이 막에 흡수되고 부유성 유기물은 막 표면에 흡착된다.

또한 공기층이나 폐수로부터 산소가 막 내부로 용해되어 들어간다. 이렇게 막 내부로 확산되는 유기물과 산소를 이용하여 호기성 미생물들이 성장하게 되며, 이산화탄소, 물과 기타 대사산물을 폐수층으로 방출한다. 이 과정을 통해 생물막이 점차 두꺼워지면서 유기물과 산소의 농도 구배가 생기고, 산소나 유기물이 전혀 확산되어 들어가지 못하는 부위가 생긴다. 실제로 생물막 처리 공법에서 호기성층은 불과 표면의 0.1~0.2 mm 정도이다. 그 내부의 혐기성층에서는 미생물들이 내생호흡을 하게 되며, 고체 표면에의 부착력을 잃어버린다. 이 때 폐수 흐름 또는 고체 매질의 이동에 따른 전단력에 의해 막이 떨어지는 탈리가 일어난다. 막이 탈리되면 보통 표면에 얇은 생물막이 남게 되는데,

즉시 산소와 유기물이 공급되어 새로운 생물막이 형성된다. 떨어져 나온 생물막은 침전조에서 침전시켜 제거한다.

생물막에 의한 기질제거 효율을 수식으로 나타내기 위해 여러 가지 경험적 및 이론적 연구가 진행되어 왔다. 그러나 생물막이 매우 복잡하고 불균일한 상태이며, 생물막 내의 성장률과 기질농도 등의 측정이 어려워 생물막에 관한 대부분의 연구에서 미생물에 의한 기질의 분해가 성장률에 비례하는 것으로 나타났다.

고정된 생물막이 존재하는 형태와 반응조의 종류는 다음과 같이 크게 3가지가 있다.

① 완전혼합 반응조 : 생물막이 균일하게 혼합된 폐수에 노출되는데 회전원판법이 가장 흔한 예가 된다.

② 고정상(fixed bed) 또는 충진상(packed bed) 반응조 : 이것은 고정막 반응조(fixed film reactor) 또는 여과상 반응조(tricking bed reactor)라고 흔히 알려져 있으며 100년 이상 폐수 처리에 사용되고 있다. 이 반응조에서의 폐수 혼합은 상당한 정도의 재순환이 있지 않은 한 전형적인 플러그 흐름이다.

③ 유동상 또는 유동층(fluidized bed) 반응조 : 최근에 생물학적 폐수 처리에 이용되기 시작하였는데, 이 반응조에서는 유입수가 생물막으로 둘러싸여 있는 입자로 이루어진 매질층을 유동층으로 만들 수 있을 정도의 충분한 속도로 통과한다. 반응조 내에서의 혼합은 유동정도에 따라 결정된다.

④ 기타 : 충진상 또는 유동상 체제로 약간의 유출 생물량 재순환을 채택하는데, 재순환을 할 경우 유입수 농도를 보다 유연하게 조절할 수 있다. 유동상 체제에서는 재순환이 유동층을 얻는데 필요한 유입수 유속을 감소시키는데 기여한다.

생물막을 이용한 실제 폐수처리 방법으로는 살수여상법(trickling filter), 회전원판법(rotating biological contactor), 활성생물막법(activated biofilter), 침적여상(submerged filter)과 여러 가지 혐기성 생물 공법 등 많은 종류가 있다. 초기에는 쇄석 등을 매질로 이용하였으나, 여재의 표면적과 공극률이 큰 플라스틱과 같은 인공합성 여재의 개발로 생물막 처리법의 보급이 점차 확대되고 있다. 생물막 공법은 활성슬러지법에 비해 처리 효율이 약간 떨어지지만 운전 및 유지비용이 적게 들며, 폐수의 수질 및 수량 변화에 대해서 조절 능력이 있고 독성 물질에도 어느 정도 견딜 수 있는 장점이 있다.

2) 생물막의 미생물

① 생물막의 미생물학적 특성

생물막의 미생물학적 특성은 활성슬러지법과 비교해서 다음과 같다.

- 정화에 관여하는 미생물의 종류가 다양하다.

  활성슬러지법에서는 비증식 속도가 작은 생물은 씻겨 흘러나가서 슬러지 중에서 증식할 수 없지만 생물막에서는 폐수의 체류시간에 관계없이 비증식 속도가 상당히 작은 생물도 증식하는 것이 가능하다. 또한, 미소 후생동물 중에는 교반강도에 현저히 감수성이 높은 것이 있으나 생물막에서는 이러한 충격은 적다. 따라서 활성슬러지와 비교해서 생물종의 다양성이 증가하고, 상호작용이 복잡하게 됨으로서 안정한 생태계가 구성되어 환경조건의 변동에 대응할 수 있게 된다. 일반적으로 수온이 낮아지면 생물의 비증식 속도가 저하되지만 저온에서도 생물막 중에 각종 생물이 출현하는 것은 상기의 이유 때문이다. 접촉 탱크 내의 수온이 5℃ 정도로 낮아져도 미소동물이 풍부한 미생물상을 구성하고 있는 경우가 많다.
- 생물막 각 단의 있어서 우점 미생물이 다르다.

  생물막법을 다단으로 한 경우, 정화의 정도에 따라서 각각의 단에서 우점적으로 나타나는 미생물의 종류는 다르다. 이와 같이 폐수의 정화에 관여하는 미생물군이 천이하는 처리법은 가장 합리적인 생물학적 처리인 것으로 생각된다. 슬러지의 반송이나 반송수가 없는 것이 각 단의 미생물상이 다른 요인의 하나이다.
- 먹이사슬이 길게 된다.

  생물막에서는 활성슬러지에 비해서 동물성 성분이 차지하는 비율이 높고, 미소 후생동물의 현존량이 현저히 크다. 생물막에서는 세균을 포식하는 생물보다 상위 영양수준의 생물이 증식하고 있으므로 활성슬러지보다도 먹이사슬이 길게 된다. 상위 영양수준의 생물이 많아질수록 에너지로 소실되는 비율이 크게 되므로 슬러지 발생량은 당연히 감소한다. 인공하수를 사용한 실험에 의하면, 생물막에서 발생하는 슬러지량은 활성슬러지법보다 20% 정도 적다. 동물성 성분이 많은 슬러지는 고액 분리가 양호하고, 상등액이 투명하게 되는 경우가 많다.
- 질산화 미생물 및 탈질 미생물이 잘 증식한다.

  암모니아 산화 미생물 및 아질산 산화 미생물의 비증식 속도는 상당히 작아 윤충류 정도이므로, 통상의 활성슬러지법에서는 씻겨 나가기 쉽다. 그러나 생물막법에서는 질산화 미생물 보다도 비증식 속도가 작은 미생물도 안정하게 증식할 수 있다. 특히, 유기물이 적은 폐수의 생물막에서는 질산화 미생물이 우점적으로 증식한다. 일반적으로 생물막 중의 내부는 혐기성으로 되기 때문에 어느 정도의 탈질이 일어난다. 활성슬러지에 비해서 생물막의 질소 제거율이 높은 이유는 이것 때문이다.

② 생물막의 미생물상

- 세균 및 균류

세균으로는 *Zoogloea ramigera, Sphaerotilus natans, Beggiatoa alba*가 다량으로 존재하고, 현미경으로도 확인할 수 있다. 살수여상의 생물막 중의 세균을 조사한 몇 가지의 보고 중에서 속명까지 기재되어 있는 종류는 *Sphaerotilus, Zoogloea, Thiobacillus, Achromobacter, Alcaligenes, Flavobacterium, Pseudomonas, Nocardia, Chromobacterium, Sarcina, Streptococcus faecalis, Escherichia coli, Paracolobacterium, Nitrosomonas, Nitrobacter* 등이 있다. 이 밖에 *Phona, Leptomitus lacteus, Pythium gracile, Rhodotorula, Mucor, Soprolegnia* 등의 균류도 나타나는 경우가 있다. BOD 부하가 현저히 높으면 균류가 비정상적으로 증식해서 여상이 폐색하는 경우가 많다.

- 원생동물

살수여상이나 회전원판의 생물막에 출현빈도가 높은 원생동물(섬모충류 및 육질충류)을 표 10-2에 나타내었다. 원생동물은 매우 풍부하게 존재하는데, 섬모충류가 압도적으로 많다. 활성슬러지와는 달리 분기해서 증식하는 *Carchesium, Epistylis, Opercularia* 등이 우점종인 경우가 많고, 때에 따라서 이들 생물은 수백 개에 해당하는 세포 군체를 만드는 것도 있다. 편모충류로서는 *Oikomonas termo, Notosolenus orbicularis, Peranema trichophorum, Cercobodo crassicauda, Bodo caudantus, Trepomonas agilis, Pleuromonas jaculans, Monas* 등의 출현빈도가 높다. 육질충류로는 *Amoeba, Vahlkampfia, Arcella* 등의 출현빈도가 높으나 대부분의 생물막에 존재하는 것은 *Arcella vulgaris*이다.

- 미소 후생동물

후생동물은 윤충류, 선충류, 곤충류, 복족류, 빈모류 등이 출현한다. 생물막에 출현하는 윤충류의 종류는 활성슬러지와 대체로 동일하지만, 개체수는 활성슬러지보다 많다. *Philodina, Rotaria* 등의 거머리모양 벌레는 포복할 수 있는 장소가 충분히 주어지므로 원생동물보다 증가해서 우점종으로 되는 경우가 있다. *Lecane, Colurella, Trichocerca* 등의 출현빈도도 높다. 선충류는 활성슬러지보다 상당히 많고, 생물막에서는 항상 관찰된다. 30분 침전 후, 생물막 1 mL 중 500~10,000개체의 선충(전 생물의 2~10%)이 존재하며, 또한 선충의 개체수는 계절에 따른 변동이 그다지 크지 않다. 생물막에 많은 선충은 *Rhabditis, Pelodera, Rhabditoides, Canenorhabditis, Mesorhabditis, Rhabditonema, Mononchoides,*

Diplogasteritus, Paroigolaimella, Demaniella, Fictor, Butlerius, Rhabditolaimius 등이 있다. 출현빈도가 높은 빈모류로는 *Aeolosoma hemprichi, Enchytraeus buchholzi, Lumbricillus rivalis, Nais simplex, Pristina foreli, Chaetogaster diaphanus, Pristina aequisteta, Chaetogaster langi, Pristina idrensis, Nais elingusis, Nais variabilis* 등을 들 수 있다. *Nais, Chaetogaster, Aeolosoma* 등의 미소 빈모류는 생물막 건조중량 1 mg 중 1,000 개체 이상에 달하는 것도 있다.

표 10-2. 생물막에 출현빈도가 높은 중요 원생동물

출현빈도	살수여상	회전원판
1	*Opercularia microdiscum*	*Epistylis* sp.
2	*Carchesium polypinum*	*Vorticella convallaria*
3	*Vorticella convallaria*	*Opercularia* sp.
4	*Chilodonella uncinata*	*Euglypha* sp.
5	*Opercularia corctata*	*Areclla vulgaris*
6	*Opercularia phryganeae*	*Vorticella microstoma*
7	*Vorticella striata var. octava*	*Cinetochilum margaritaceum*
8	*Aspidisca costata*	*Vorticella* sp.
9	*Cinetochilum margaritaceum*	*Carchesium polypinum*
10		*Zoothamnium* sp.

③ 생물막의 지표생물

생물막도 활성슬러지와 마찬가지로 현미경으로 판정할 수 있는 생물을 지표로 하여 생물막의 양부(良否), 생물막의 환경조건 등을 판정할 수 있다. 적정한 부하에서 생물막의 처리수질이 양호한 경우, 원생동물로서 *Vorticella, Opercularia, Epistylis* 등이 다수 출현한다. 또한 *Spirostomum, Trachelophyllum, Cinetochilum* 등의 윤충류, *Aeolosoma, Nais* 등의 빈모류가 다수 나타난다. 생물막에서 이러한 미소 후생동물이 다수 나타나는 경우, 그 기능이 충분히 발휘되고 있다고 볼 수 있다.

*Philodina*가 우점적으로 출현하는 회전원판 생물막에서는 처리 수질이 향상되고, 슬러지 생성량이 감소한다. 윤충류와 빈모류가 다수 출현하는 생물막은 먹이사슬이 충분히 진행되어 슬러지 발생량을 감소시키므로 바람직한 것이다. 그러나 이러한 생물이 비정상적으로 증식해서 생물막의 박리를 너무 촉진시키기도 하고, 마구 먹어치움으로서 생물막의 기능을 저하시키는 경우도 있다.

회전원판법에서는 빈모류가 비정상적으로 증식해서 회전원판 표면이 적갈색으로 변하는 경우가 있다. 침지여상법에서는 *Cyclops, Moina, Alona* 등의 물벼룩이 대량으로 번식하여 생물막을 먹어치움으로서 여상중의 SS를 분산시킨다. 또한, 여상이나 침전조에 사해(死骸)가 상당히 축적된다. 이렇게 되면, 처리수의 투명도가 저하되고 SS가 증대한다. 물벼룩에 의한 장해는 포기를 약 12~24시간 정지시켜서 여상 내를 일시적으로 혐기성으로 하면 저지할 수 있다. 또한, 염소의 첨가도 미소동물의 비정상적 증식을 억제하는 효과가 있다. 그러나 이러한 약제의 첨가는 생물막의 기능을 저하시키게 된다.

10.1.5 산화지법

산화지는 폐수를 연못에 체류시키고, 조류의 광합성에 의해서 발생된 산소와 공기 중으로부터 용해된 산소에 의해서 호기성 상태를 유지하여 폐수 중의 유기물을 생물학적으로 분해하는 처리법이다. 최근에는 부레옥잠 등의 수생식물을 대량으로 번식시킨 산화지를 이용하여 처리하는 방법도 실시되고 있다.

산화지법에서는 호기성을 유지하기 위해서 조류가 충분히 증식하지 않으면 안된다. 수 표면에서의 산소이동보다 광합성에 의한 산소생산이 훨씬 크다. 따라서 호기성을 유지하기 위한 동력비를 거의 필요로 하지 않는다. 광합성에 의하여 발생된 산소는 세균의 호기성 대사에 이용되므로, 정화에 직접적으로 관여하는 생물은 세균과 조류이다. 그림 10-1에 나타낸 바와 같이 산화지에 있어서 세균과 조류는 공생관계 즉, 세균은 조류가 생산한 산소를 이용하여 유입수 중의 유기물을 분해한다. 분해산물인 무기물이나 일부 저분자 유기물은 조류의 영양원으로 이용된다. 생산된 조류는 미소동물 등에게 포식되는 것이 바람직하고, 처리수 중에 다량으로 유출되어서는 안 된다. 산화지의 처리효율은 조류의 수확에 의해서 현저히 향상된다. 따라서 산화지의 유출수에 대해서 응집침전이나 부상처리를 실시하여 조류를 제거하면 처리수질은 극히 양호하게 된다. 직렬로 연결된 3개 이상의 연못에서 다단처리를 실시할 경우, 최종 연못에서 어류를 번식시키면 조류의 잔존이 적은 방류수가 얻어진다. 번식된 어류는 때때로 산화지에서 잡아낸다.

산화지법에서는 조류가 주역을 담당하고 있기 때문에 BOD와 함께 영양염류도 효율적으로 제거할 수 있다. 양호한 처리가 행해지고 있는 경우에는 질소 90% 이상, 인 80% 이상이 제거된다. 그러나 조류에 의해서 영양염류가 제거된다는 것은 이산화탄소가 고정되어 유기물이 합성되는 것을 의미한다. 보통 질소 및 인 각각 1 mg씩을 제거하려면 조류 10 mg 및 50 mg이 최소한 생산되어야 한다. 따라서 어떠한 형태로든 조류를 회수하지 않으면 영양염류를 생물학적으로 제거한 것으로는 되지 않는다.

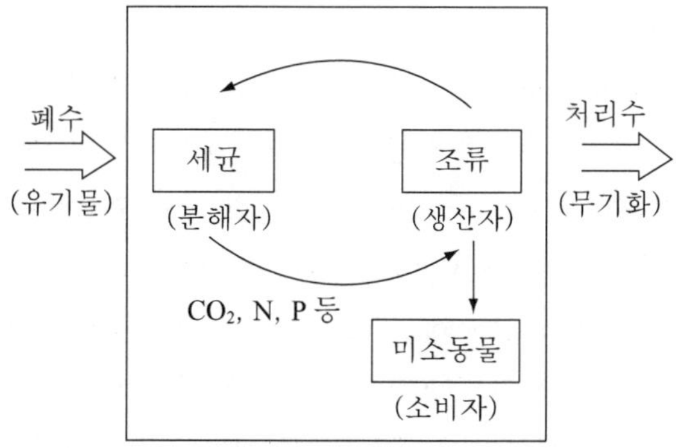

❖ 그림 10-1. 산화지에 있어서 각종 미생물의 상호관계

1) 산화지의 미생물

① 조류

산화지는 자연계에 있어서 부영양호와 마찬가지이다. 따라서 이곳에 출현하는 생물도 세균에서 대형생물에 이르기까지 다양하다. 다른 생물학적 처리와 다른 점은 조류가 극히 많은 것과 동물성 플랑크톤이 상당히 많이 출현한다는 것이다. 각 조건에 따라 출현하는 조류는 차이가 있지만 일반적으로 남조류인 *Oscillatoria, Phormidium*; 식물성 편모충류인 *Phacus, Chlomydomonas, Euglena*, 녹조류인 *Chlorella, Scenedesmus* 등이 많고, 1 mL 중 수만~100만 개체가 존재한다.

여름철에 생산이 가장 높은 경우에는 100만~500만/mL에 달한다. 겨울철 조류 생산은 여름철의 1/2~1/5 정도이다. 조류의 생산량은 건조중량으로 10 kg/m^2 · 년 전후인 경우가 많다. 조류는 독립영양성이지만 일시적으로 종속영양성의 성질을 나타내는 것도 있으며, 이들은 폐수 중의 저분자 유기물을 직접 섭취하는 데에도 기여하고 있다.

*Chlorella*는 유기물의 분해가 극히 활발한 경우에 우점종으로 되고, *Chlomydomonas*는 산화가 충분히 진행된 경우에 우점종으로 되는 경우가 많다. *Oscillatoria, Phormidium* 등의 남조류가 우점이 되면 돼지우리 냄새가 발생한다.

높은 부하로 황화수소가 발생하고 있는 산화지에는 홍색 유황세균이 출현하며, 최고 1×10^8~5×10^9/mL에 달하는 경우도 있다. 이러한 경우에는 유기산, 황화물, 황산염의 농도는 현저히 감소한다. 세균은 표면의 조류층보다 하부에 많이 존재한다. 저부의 혐기성층에는 황산염 환원세균이나 메탄생성세균도 관찰된다. BOD 부하가 낮고, 호기성을 유지하고 있는 산화지에는 *Achromobacter, Pseudomonas, Flavobacterium, Bacillus* 등이 우점종으로 되는 경우가 많다.

② 미소동물

Bodo, Cercobodo, Oikomonas, Anthophysa 등의 편모충류는 부하가 큰 산화지에 다량으로 출현한다. 섬모충류는 다른 호기성 처리보다 종의 수 및 개체수가 상당히 적다. *Cyclidium citrullus, Phascolodon vorticella, Vorticella* sp., *Strombilidum humile* 등이 일반적으로 출현하며, 최고 1,000 개체/mL에 달하는 것도 있다. 윤충류로는 *Brachionus, Keratella, Colurella, Lepadella, Lecane, Notommata, Asplanchna, Filina* 등의 출현빈도가 높다. 산화지의 저니에는 모기붙이(*Chironomus*)의 유충이 존재한다. 이들 유충은 조류나 저니의 미생물을 섭식해서 성장하며, 우화(羽化)해서 연못에서 이탈한다. 이것은 영양물질을 폐수에서 제거한 것이 된다. 모기붙이의 유충은 이른 봄에 400개체/m^2, 늦은 가을에 10,000개체/m^2 정도 존재한다.

물벼룩에는 *Moina, Simocephalus, Daphnia* 등의 출현빈도가 높다. 이들 갑각류는 산화지에 있어서 SS나 미생물을 섭식하고 이들을 제거함으로서 처리수의 탁도 감소에 기여하고 있다. 따라서, 갑각류는 생물막과는 반대로 산화지에 있어서 투명한 처리수를 얻기 위해서는 필수적인 생물이 된다.

10.1.6 혐기성 처리법

혐기성 처리법은 이전에는 고농도의 유기성 폐수에 적용되어 왔지만 저농도의 유기성 폐수에는 거의 적용되지 않았다. 그러나 최근에 혐기성 활성슬러지법의 혼합 미생물 부유법과는 달리 충전제에 형성된 생물막에 의해 처리하는 것을 특징으로 하는 혐기성 여상법 및 혐기성 유동여상법에 관한 연구가 활발하게 이루어져, 저농도 유기성 폐수에 대해서도 혐기성 처리를 적용할 수 있는 것으로 알려졌다.

혐기성 처리는 호기성 처리와 달리 산소를 공급할 필요가 없다. 또한 혐기성 처리법은 호기성 처리법에 비해, 출현하는 미생물군은 먹이사슬의 아래 수준에 위치하는 것으로 한정되어 있고, 보통 통성 혐기성미생물, 절대 혐기성미생물 및 혐기성을 선호하는 원생동물로 구성되어 있다. 그리고 원생동물이 전체 생물량에서 차지하는 비율은 극히 적다. 이처럼 구성 미생물군이 단순하다는 것은 호기성 처리법과는 달리, 제어하기 어려운 미생물간의 상호작용을 크게 고려하지 않고도 처리장치를 운전할 수 있다는 것을 의미한다. 이것은 혐기성 처리법의 큰 장점의 하나이다.

혐기성 미생물은 호기성 미생물에 비하여 균체 수율이 낮고, 또한 기질을 가스화하기 때문에 잉여 슬러지의 생성량이 적다.

이전의 혐기성 처리 공정이 고형물 함량이 작은 기질에 대해 적용되지 않은 큰 이유는, 저농도의 기질이 유입되면 혐기성 미생물군이 씻겨 나가게 됨으로써 처리에 관여하는 균체 농도가 저하되어 시스템 유지가 되지 않는데 있다. 이것을 해결하기 위하여 최초로 개발된 것이 혐기성 활성슬러지법이다. 이 방법은 슬러지를 반송하여 탱크 내의 균체 농도를 높이는 설비, 그리고 침전지에 있어서 고액분리를 악화시키는 플록 주위에 부착한 기포를 제거하는 감압장치를 가지고 있고, 호기성 처리법에서는 과부하가 될 만한 폐수를 처리하는데 적당하다.

이러한 처리법에 대하여 탱크 내에 여재(濾材) 또는 담체를 충전하여 균체 농도를 높이고, SRT를 길게 하려고 하는 혐기성 활성슬러지법과 같은 혼합미생물 부유법과는 원리를 달리하는 혐기성 생물막법인 혐기성 여상법이 최근 주목을 받고 있다. 혐기성 여상법의 장점은 다음과 같다.

· 저농도의 가용성 유기물 폐수의 처리에 적합하다.
· 혐기성 활성슬러지법과 같은 슬러지 반송이 필요없다.
· 활성슬러지량이 적고, 슬러지의 침강특성이 양호하다.
· SRT를 길게 할 수 있으므로 저온에서도 효율적으로 처리하는 것이 가능하다.
· 유지 및 관리가 용이하다.

혐기성 여상법에서는 혐기성 미생물군이 여재에 부착하여 성장하고, 정화에 관여하기 때문에 종래의 처리법에 비해서 양호한 처리 성적을 얻게 된다. 부언하면, 혐기성 여상법에 의하여 200 mg BOD/L의 유기성 폐수를 수온 20℃, 체류시간 30시간으로 처리한 경우의 평균 제거율은 80% 이상이 된다.

10.2 고도폐수처리와 미생물

호소, 폐쇄성 수역에서의 조류의 비정상 증식, 즉 부영양화를 방지하기 위해서 폐수 중의 질소 및 인의 제거는 최근의 수처리에 있어서 요구되는 목표중의 하나이다. 조류의 증식을 자극하여 부영양화를 일으키는 물질은 수없이 존재하지만 질소, 인 이외의 조류의 증식 촉진물질인 철, 비탄민류, 킬레이트 물질 등은 조류의 증식을 제한하는 농도 이상으로 보통 자연수 중에 존재하고 있다.

그러므로 질소와 인을 제거하는 것은 조류 증식을 억제하기 위한 가장 중요한 조작이다. 이것을 실시하는 것이 가능하다면 호소 및 폐쇄성 수역에 있어서 내부 생산력을 저하시켜 부영양화의 진행을 억제하는 것을 기대할 수 있다. 따라서 수처리 분야에서는 질소와 인을 제거하기 위한 기술개발이 활발하게 연구되고 있다. 처리목표 수질은 일반적으로 ① 대상 수역의 자연적 조건, ② 대상 수역의 수질 변천과 부영양화의 진행정도, ③ 이수(利水) 기술의 동향, ④ 삭감대책에 의한 달성 가능성 등의 관점에서 총체적으로 검토해서 설정되는 것이나 일본의 일부 지역에서는 이미 배수기준치가 설정되어 있다.

10.2.1 질소 제거공정

1) 질소 제거법의 종류

질소 제거법으로는 질산화·탈질 공정으로 이루어지는 생물학적 처리법과 ammonia stripping법, 불연속 염소주입법, 이온교환법, 역침투법, 전기투석법 등의 물리화학적 처리법이 있다. 물리화학적 처리법은 비용, 환경에 미치는 영향, 재생방법의 미확립 등의 문제가 있는데 비하여, 생물학적 처리법은 그 원리가 해명되어 있고 장점이 많기 때문에 질소 제거법의 주류가 된다고 생각된다. 생물학적 질소 제거법은 활성슬러지 방식과 생물막 방식으로 구분할 수 있으나 양자 모두 원리적으로 동일하다.

2) 생물학적 질화·탈질법의 원리 및 기구

생물학적 질산화는 아질산화 미생물에 의해 암모니아성 질소(NH_4^+-N)가 아질산성 질소(NO_2^--N)로 산화되고, 질산화 미생물에 아질산성 질소가 다시 질산성 질소(NO_3^--N)로 산화되는 두 단계의 반응이 연속적으로 일어난다.

생물학적 탈질은 질산성 질소(NO_3^--N)를 질소가스(N_2)로 환원시키는 반응으로, 에너지원의 획득법에 따라서 Wuhrmann 방식과 Bringmann 방식으로 구분한다. 전자는 탈질조에 유기 탄소원을 첨가하지 않는 대신 질화 처리수 중의 잔존 BOD와 내생호흡에 의하여 세포질을 이용해서 탈질을 행하는 것을 특징으로 한다. 이 방법은 운전비가 저렴한 반면, 탈질조의 용량이 크고, 질소 제거율이 약간 낮으며, 30 mg NO_3^--N/L 이상인 폐수의 경우, 시설면에서 실용성이 없으며, 안정한 효율을 기대할 수 없다. 후자는 탈질조에 유기 탄소원을 첨가하는 방식으로, 작은 용량의 탈질조에서 높은 질소 제거율을 얻을 수 있는 반면, 운전비가 비싸며(현재, 유입수 중의 유기물을 사용하는 경우가 많기 때문에 첨가 유기물에 의한 비용 상승은 거의 없다), 유기 탄소원을 과잉으로 첨가하면 BOD 제거율이 저하될 우려가 있다.

질산화와 탈질은 질산화와 함께 하수 및 폐수 내 생물학적 질소를 제거하기 위한 중요한 기작이다.

① 질산화

질산화는 다음 식에서 보는 바와 같이 아질산화와 질산화로 나뉜다.

$$NH_4^+ + \tfrac{2}{3}O_2 \rightarrow NO_2^- + H_2O + 2H^+$$
$$NO_2^- + \tfrac{1}{2}O_2 \rightarrow NO_3^-$$
$$NH_4^+ + 2O_2 \rightarrow NO_3^- + H_2O + 2H^+$$

암모니아를 아질산염으로 산화시키는 미생물을 아질산화미생물(*Nitrosomonas*), 아질산염을 질산염으로 산화시키는 미생물을 질산화미생물(*Nitrobacter*)이라고 하며, 아질산화 및 질산화 미생물을 총칭해서 질산화미생물(nitrifying bacteria)이라고 한다. 질산화미생물은 탄소원으로 유기물을 이용하는 것이 아니라 CO_2를 이용하기 때문에 독립영양미생물(autotrophs), 암모니아 또는 아질산의 산화에 의하여 에너지를 획득하며 이산화탄소, 탄산 및 중탄산을 탄소원으로 하여 세포합성을 한다. 즉, 세포 내의 세포구성물질, 아미노산 및 비타민류 등은 모두 무기 영양염과 이산화탄소로부터 합성된다. 더욱이 질산화 미생물의 비증식 속도는 *Nitrosomonas*가 0.21～1.08/day^{-1}, *Nitrobacter*는 0.28～1.44/day^{-1}이며, *E. coli*나 *Proteus* 등의 통성 혐기성세균의 40～60/day^{-1}에 비하면 대단히 작다. 따라서 비증식 속도가 종속영양미생물보다 훨씬 느리기 때문에, 질산화 공정에서는 긴 SRT가 요구된다.

동시에 질산화 반응은 *Nitrosomoans*의 증식이 율속인자로 되므로 질산화 공정의 설계 및 조작인자는 *Nitrosomonas*의 증식을 토대로 해서 결정되어야 한다. 또한, 질화작용에 있어서 1 mg NH_3-N 당 7.1 mg의 알칼리도가 소비되어 pH가 저하하므로 완충능이 낮은 폐수는 pH 7.5 정도로 조절해야만 한다.

② 탈질

통성 혐기성세균은 분자상 산소가 존재하는 경우, 이것을 이용해서 호흡하지만 혐기성 상태에서 NO_2^- 또는 NO_3^-가 존재하면 분자상 산소대신 이것을 이용해서 증식할 수 있다. 즉, 탈질세균은 다음 식에서 보는 바와 같이 질소산화물을 이용해서 질산호흡을 한다. 탈질세균 중에서, 특히 *Pseudomonas denitrificans*는 탈질 활성이 높다.

$$2NO_3^- + 10H \rightarrow N_2 + 4H_2O + 2OH^-$$
$$2NO_2^- + 6H \rightarrow N_2 + 2H_2O + 2OH^-$$
$$N_2O + 2H \rightarrow N_2 + H_2O$$

상기 식에 의하여 2 mole의 질산 및 아질산으로부터 1 mole의 N_2가 생성된다. 이 탈질 반응이 행해지는 경우, 수소공여체로서 유기 탄소원이 존재하지 않으면 안 된다. 탈질 속도는 유기 탄소원에 따라 다르지만 효과적인 기질로서 메탄올, 당류, 슬러지 탈리액 및 하수 등이 있다. 메탄올의 경우, NO_3^--N의 약 3배에 해당하는 메탄올을 첨가하면 95% 이상의 탈질이 가능하다.

유기 탄소원으로 하수 내 유기물, 메탄올, 아세트산을 이용한 탈질 반응식은 다음과 같다.

하수 :

$$C_{10}H_{19}O_3N + 10NO_3^- \rightarrow 5N_2 + 10CO_2 + 3H_2O + NH_3 + 10OH^-$$

Methanol :

$$5CH_3OH + 6NO_3^- \rightarrow 3N_2 + 5CO_2 + 7H_2O + 6OH^-$$

Acetic acid :

$$5CH_3COOH + 8NO_3 \rightarrow 4N_2 + 10CO_2 + 6H_2O + 8OH^-$$

위의 모든 종속영양탈질 반응식에서 1 당량의 NO_3^--N의 환원과정에서 1 당량의 알칼리도가 생성되는데, 이는 1 g NO_3^--N 환원 당 3.57 g alkalinity as $CaCO_3$가 생성되는 것과 같다. 질산화 반응에서 1 g NH_4^+-N이 산화하는데 7.14 g alkalinity가 소모되기 때문에, 탈질반응은 질산화 반응에서 소모된 알칼리도의 약 50%를 회수할 수 있다.

3) 생물학적 질소 제거공정

생물학적 질소 제거 공정은 다양한 활성슬러지 공정들이 사용되며, 두 가지로 나뉠 수 있다. 한 가지는 활성슬러지 방식과 생물막 방식(고정상 방식: 침지여상식, 회전원판식)으로, 반응조 내의 미생물 존재상태의 차이에 의해서 분류된다. 다른 한가지는 처리공정에 있어서 질산화·탈질, 유기물 제거를 행하는 미생물군이 관여하는 반응조의 결합방식의 차이에 의해서 분류된다. 후자는 다음의 3가지 형식으로 분류된다.

· 1단식: BOD 제거, 질산화 및 탈질을 동일 반응조에서 실시하는 방법
· 2단식: BOD 제거 및 질산화를 동일 반응조에서, 탈질은 다른 반응조에서 실시하는 방법
· 3단식: BOD를 생물학적 또는 물리화학적 처리를 한 후, 질산화와 탈질을 별도의 반응조에서 실시하는 방법

3단식과 같이 반응조가 많게 되면 시설은 복잡하게 되고, 광대한 부지를 필요로 하지만 유지 및 관리가 용이해서 양호한 처리성적을 얻을 수 있다. 이에 비해서 1 및 2단에서는 BOD, 독극물의 충격 부하 등의 영향을 받기 쉬우므로 조건 설정을 세밀하게 설정하지 않으면 안 된다.

대표적인 공정으로 modified Ludzack-Ettinger(MLE), Bardenpho, sequencing batch reactor(SBR)이 있다.

① MLE 공정

MLE 공정은 생물학적 질소 제거를 위해 사용되는 가장 일반적인 공정 중의 하나이며, 기존의 활성슬러지 공정에 쉽게 적용할 수 있다. MLE 공정은 무산소조와 호기조로 구성되어 있으며, 무산소조에서는 탈질과 유기물 산화가 일어나며, 호기조에서는 질산화 반응과 유기물 산화가 일어난다. 높은 질소 제거율을 달성하기 위해 질산염을 호기조에서 무산소조로 내부반송을 하였다. 유입수 속에 포함되어 있는 유기물을 탈질의 에너지원으로 사용한다(그림 10-2).

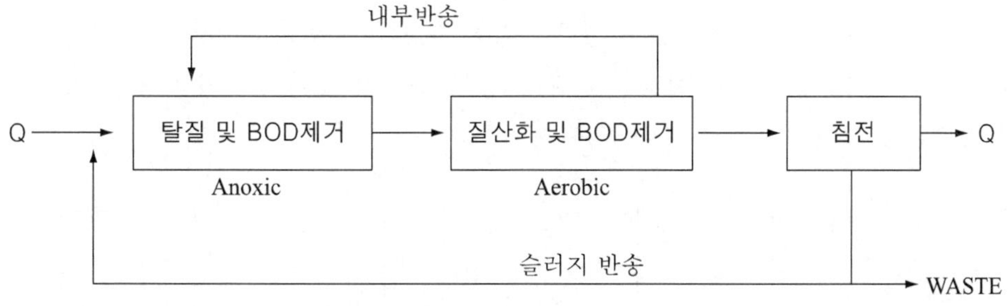

❖ 그림 10-2. MLE 공정도

② Bardenpho 공정

Bardenpho 공정은 무산소 1조, 호기 1조, 무산소 2조, 호기 2조 및 침전조로 구성되어 있다. 무산소 1조에서는 원폐수의 유기물을 이용하여 유기물 산화 및 탈질 반응이 일어나며, 호기 1조에서는 유기물 산화 및 질산화 반응이 일어나고, 질산화 반응 후 생성된 질산염이 포함된 슬러지는 무산소 1조로 내부반송된다. 무산소 2조에서는 내생분해에 의한 유기물을 기질로 하여 반응조 내 잔존하는 질산염을 질소 가스로 환원되는 탈질 반응이 일어나고, 호기 2조에서는 잔존하는 암모니아의 질산화가 일어난다(그림 10-3). 이 방법의 총질소 제거율은 80% 정도이다. 또 하수를 유기 탄소원으로 한 경우의 탈질 속도는 표 10-3에서 보는 바와 같고, BOD 산화에 대해서 산소와 질산이 동일하게 가능하다고 하면 1 mg/L의 NO_3^--N을 탈질하기 위해서 3.4 mg/L의 COD를 필요로 하나 메탄올의 경우보다 상당히 저하된다.

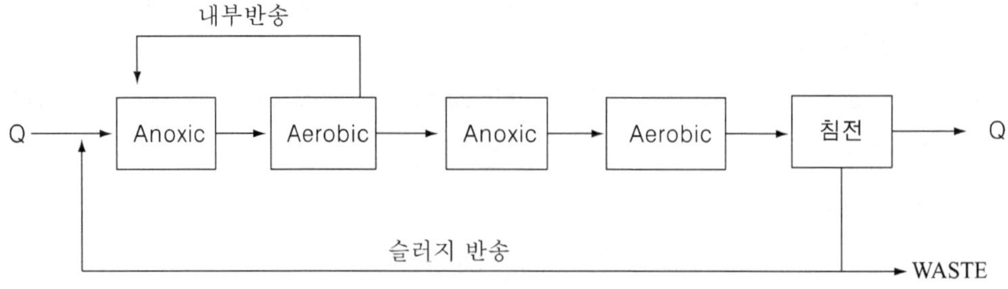

❖ 그림 10-3. Bardenpho 공정도

③ SBR 공정

SBR 공정은 하나의 완전혼합 반응조에서 주입, 무산소/혐기, 포기, 침전, 유출의 순서로 진행되며, 유기물 산화, 질산화 및 탈질 반응이 모두 일어난다. 유입수 내 BOD를 이용하여 전무산소조건에서 탈질 반응을 적용할 수 있고, 주입단계에서 유입하수와 MLSS가 혼합된다. 하수의 농도에 따라 충분한 BOD와 주입의 주기가 주어지면, 침전 및 유출 단계에서 남아있던 질산염의 제거가 가능하다. 비포기 침전기간 동안에도 약간의 질산염 제거가 일어난다(그림 10-4).

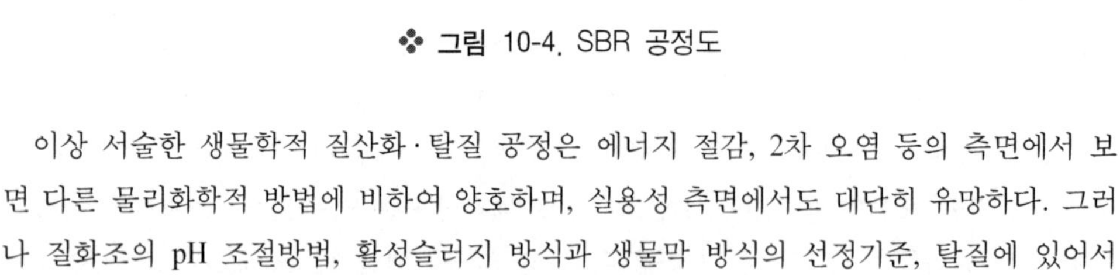

❖ 그림 10-4. SBR 공정도

이상 서술한 생물학적 질산화·탈질 공정은 에너지 절감, 2차 오염 등의 측면에서 보면 다른 물리화학적 방법에 비하여 양호하며, 실용성 측면에서도 대단히 유망하다. 그러나 질화조의 pH 조절방법, 활성슬러지 방식과 생물막 방식의 선정기준, 탈질에 있어서 탄소원 첨가의 검토, 탈질조에 있어서 교반 방법 및 충격 부하의 대책 등 실제 처리장을 최적조건에서 가동시키기 위해 필요한 기술적, 비용적인 조사연구가 과제로 남아있다.

생물학적 영양염류의 제거법은 폐수처리에 관여하는 혼합 미생물군을 혐기와 호기의 환경으로 일정시간씩 반복시키고, 그러한 조건에서 순응된 미생물을 집적시켜, 이들 미생물군의 대사기능을 효율적으로 이용함으로서 BOD 뿐만 아니라 영양염류를 제거하는 것을 특징으로 한 새로운 처리법이며, 종래의 방법에 비해서 2차 오염의 발생이 없고, 에너지가 적게 드는 점 등 몇 가지 장점을 가지고 있다. 그러나 이 방법을 앞으로 더욱 발전시키기 위해서는 혐기·호기조에서 증식하는 미생물군의 대사기구, 생리적 특성 등의 미생물학적 인자를 분명히 하여 안정한 처리가 행해질 수 있도록 하는 것이 대단히 중요하다.

표 10-3. 탈질 속도 일람표

	탈질속도 (NO_3-Nmg/g MLSS/day)	전자공여체	온도(℃)
활성슬러지	72	포도당	–
활성슬러지	60	가정하수	–
활성슬러지	30.2	가정하수	–
Pseudomonas denitrificans	4080	구연산나트륨	27
활성슬러지	600	메탄올	–
활성슬러지	216	합성하수	25
활성슬러지	432	초산나트륨	25
메탄세균	55.2	메탄	25
Thiobacillus denitrificans	312	아황상나트륨	25
Thiobacillus denitrificans	23.2	황화칼슘	25

10.2.2 인 제거 공정

1) 인 제거법의 종류

인 제거법은 약제의 사용유무에 따라 두 가지로 분류된다. 약제를 사용하는 방법으로는 알루미늄염이나 철염 등의 금속염을 하수 또는 2차 처리수에 첨가해서 금속염과 인을 반응시켜서 제거하는 응집 침전법과 포기조에 응집제를 첨가해서 유기물과 인을 동시에 제거하는 생물화학적 동시처리법, 인광석 등으로 인 화합물을 석출해서 인을 제거하는 접촉 탈인법이 있다. 전자는 전통적으로 적용되고 있는 방법이고, 후자의 두 방법은 최근 개발되어 실용화 단계에 있는 방법이다.

이들 약제를 사용하는 인 제거법과 달리 생물반응을 이용해서 인을 경제적으로 제거하는 생물학적 탈인법도 있다. 이처럼 인 제거법은 몇 가지로 나누어지지만 약제를 사용하는 방법은 인 제거능은 우수하나 처리비용이 높고, 동시에 약제에 기인한 슬러지 발생량이 많다는 단점이 있다.

2) 생물학적 인 제거

현재, 폐수처리 분야에서 행해지고 있는 생물학적 인 제거법의 연구는 크게 생물학적 처리의 혐기 과정에서 방출된 인을 호기 과정에서 미생물 세포에게 과잉으로 섭취시켜서 인을 잉여 슬러지의 형태로 시스템 외로 제거하는 방법과 과잉 섭취된 인을 혐기조건 하에서 방출시키고, 그 인 농축액에 응집제로 석회를 첨가하여 화학적으로 반응시킴으로서 인을 침전, 분리하는 2가지 방법으로 나눌 수 있다. 어느 방법이나 미생물이 원형질의 구성과 대사에 필요한 양만을 항상 섭취하는 것은 아니고, 특정조건 하에서는 과잉의 인을 세포 내에 섭취하는 현상을 이용한 것이다.

이와 같이 생물학적 인 제거법에 있어서는 미생물 세포 내로의 인의 섭취기구가 대단히 중요하다. 한편, 혐기 및 호기 과정을 거치지 않고도 호기 조건만으로 인을 세포내의 RNA로서 과잉섭취하는 *Arthrobacter globiformis* PAB-b에 관한 인 제거기구도 연구되고 있다.

① 세포 내로의 인 섭취기구

인의 세포 내로의 섭취에 대한 설명에는 과잉섭취 또는 Poly-P overplus 현상이 자주 적용되어 왔다. 그러나 이들은 인의 과잉섭취를 설명하기에는 불충분한 점이 있다는 것이 알려지게 되었다. 따라서, 현재에는 혐기조건 하에서 Poly-P의 가수분해시 발생하는 고에너지가 세포 내로의 유기물의 섭취 및 인의 방출에, 나아가 호기 조건하에서의 인 흡수와 중요한 관계가 있다고 추정하고 있다(그림 10-5).

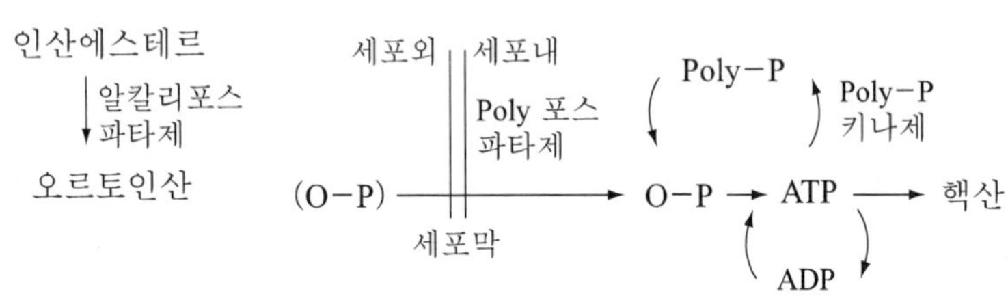

❖ **그림** 10-5. Poly-P의 축적

인을 과잉으로 섭취하는 미생물에 있어서, 일반적으로 혐기성과 호기성의 환경이 교대로 반복되는 조건이 생존 및 생육에 있어서 최적인 것으로 생각되고 있다. 이러한 세균은 혐기성 조건하에서 용액 중의 포도당이나 초산 등의 유기물을 poly-β-hydroxybutyrate(PHB), 글리코겐 또는 acetoacetate의 형태로 저장하는데 이 과정에서

Poly-P→Pi의 반응을 촉매하는 Poly-P phosphatase가 활성화되고, 결과적으로 Pi의 방출이 일어난다. 그러나 호기성 조건하에서는 이들 저장물질을 산화하여 세포 합성 등에 필요한 에너지원인 ATP를 생성하며, 이 과정에서 잉여 ATP를 Poly-P로의 전환을 촉매하는 Poly-P kinase가 활성화되며, 결과적으로 Pi의 축적이 일어난다.

특히, 이런 세균을 증식시키기 위해서는 통성 혐기성 미생물과의 혼합배양계가 바람직한 것으로 고려되는데, 이런 종의 세균은 혐기성 조건에서 통성 혐기성 미생물의 대사산물인 질산 등의 저급 지방산을 필요로 하기 때문인 것으로 생각되고 있다. 실제로 생물학적 인 제거시설은 혼합배양계가 가동되고 있다. 그리고 혐기성 조건에는 질산을 포함한 대사산물이 충분히 존재하기 때문에 인을 과잉으로 섭취하는 미생물이 증식할 수 있는 환경이다.

② 혐기·호기법에 의한 생물학적 인 제거 공정

인의 과잉섭취를 이용한 혐기·호기법에 의한 생물학적 인 제거 공정은 그림 14-6에서 보는 바와 같이 다양한 방법이 개발되어 있다. 모든 처리공정은 전술한 것처럼 미생물이 호기 상태에서 인을 섭취하기 전에 슬러지를 유기물의 존재 하에서 혐기상태로 하면, 세포 내에 저장물질이 축적됨과 동시에 인의 방출이 일어나며, 이 슬러지를 호기 상태로 하면 저장물질의 산화 및 분해와 동시에 인의 과잉섭취가 일어난다고 하는 미생물이 지니는 대사기구를 응용한 것이다. 이러한 경우, 건조슬러지 중의 인 함량은 통상의 2%에 비해서 4~8%까지 높아진다. 또한, 혐기와 호기가 교대로 반복되는 환경조건 하에서도 유기물 제거능은 감소하지 않으며, 슬러지의 침강성이 저하하는 경우도 없다.

- Anaerobic/Oxic(A/O) 공정

특허화된 공법으로 혐기조과 호기조로 조합된 단일슬러지 부유성장 처리공법이다. 혐기조에서는 인산염 방출 및 일부 유기물의 산화 반응이 일어나며, 호기조에서는 인의 흡수가 일어난다. 호기조에서는 적절한 체류시간을 유지하면 질산화도 가능하나 슬러지 반송시 혐기조로 질산염이 유입되면 인 제거 능력이 저하되므로 질산화 반응이 일어나

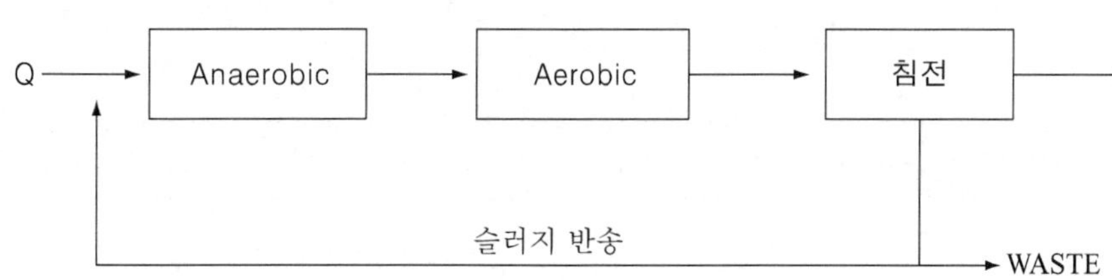

❖ 그림 10-6. A/O 공정

지 않으며, 혐기조의 체류시간은 인의 방출이 쉽도록 하기 위해 30분에서 1시간이고, 호기조의 SRT는 온도에 따라 2일에서 4일이다. 유출수 내의 인 농도는 주로 유입폐수 내의 BOD와 인의 비에 달려있는데 BOD와 인의 비가 10 : 1 이상이면 유출수내 용존성 인의 농도를 1 mg/L 이하로 유지가능하다(그림 10-6).

- Anaerobic/Anoxic/Oxic(A_2/O) 공정

기존 A/O 공정에 탈질을 위한 무산소조를 혐기조 뒤에 추가 설치하였다. 무산소조에서의 체류시간은 1시간이며, 무산소조에서는 용존산소는 없지만 아질산염 또는 질산염 형태로 화학적으로 결합한 산소가 호기조의 질산화된 슬러지를 내부반송함으로써 혐기조로 유입되는 질산염의 양을 최소화하였다. 유출수 내 인 농도는 여과없이 2 mg/L 이하로 유지 가능하며, 유입수 내 BOD/T-P비가 높은 조건에 적용이 유리하다(그림 10-7).

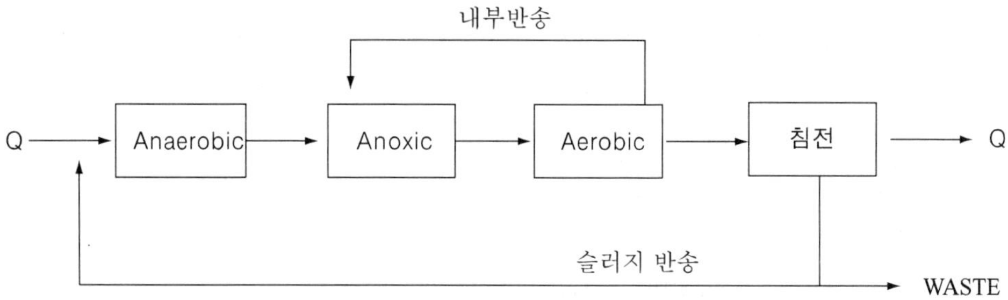

❖ 그림 10-7. A_2/O 공정

- 5단계 Bardenpho 공정

5개의 반응조는 유기물, 질소 및 인을 제거하기 위해 혐기조, 2개의 무산소조 및 2개의 호기조로 구성되었다. 후단의 무산소조는 호기조에서 전자수용체로서 생성된 질산성

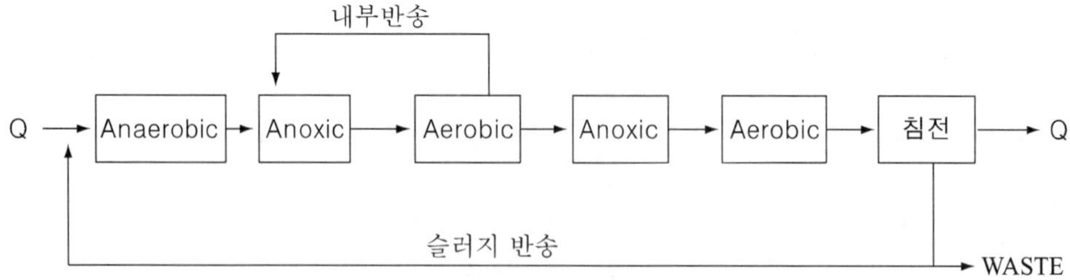

❖ 그림 10-8. 5단계 Bardenpho 공정

질소를 이용하여 추가적인 탈질을 위해 사용된다. 마지막 호기조는 잔류 질소가스를 탈기하고 최종 침전조에서의 인 방출을 최소화하는데 이용된다. 첫 번째 호기조에서 무산소조로 슬러지를 내부반송한다. A_2/O 공정보다 긴 SRT(10~20일)를 이용하는데, 그 결과 유기물 제거효율이 향상된다(그림 10-8).

- UCT 공정

UCT 공정은 혐기조로 유입되는 저농도 하수의 질산성 질소의 영향을 최소화하기 위한 것으로, 혐기조 내 질산성 질소는 생물학적 인 제거 효율에 영향을 미치는 중요한 인자이다. UCT 공정은 두 가지를 제외하면 A_2/O 공정과 유사하다. 반송 슬러지는 호기조가 아닌 무산소조로 반송되며, 내부반송은 무산소조에서 혐기조로서의 반송이다. 활성슬러지를 무산소조로 반송함으로서 혐기조로의 질산염 유입을 차단하고, 그 결과 혐기조에서의 인 방출을 개선시킨다. 내부반송의 특징은 혐기조에서 유기물의 이용을 증가시키며, 무산소조 내에는 용해성 BOD를 포함하고 있지만 질산성 질소는 거의 없다. 무산소조에서 혐기조로의 반송은 혐기조의 발효산물 섭취에 필요한 최적 조건을 제공한다(그림 10-9).

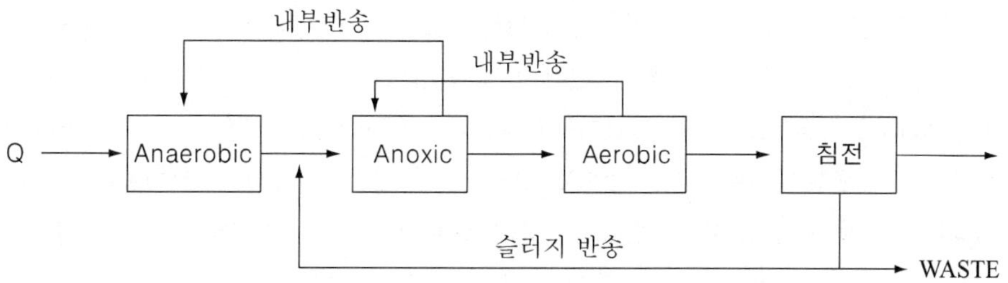

❖ 그림 10-9. UCT 공정

한편, 활성슬러지법에 의한 생물학적 인 제거법을 효과적으로 가동시키기 위해서는 다음과 같은 몇 가지의 조건이 만족되지 않으면 안 된다.

- 유입수의 유기물 농도는 BOD로서 적어도 50 mg/L 이상이어야 한다.
- BOD 부하량과의 균형도 있으나 일반적으로 용존산소는 혐기조에서 검출되지 않는 것이 바람직하고, 호기조에서는 대체로 2 mg/L 이상으로 충분하여야 한다.
- 포기 시간이 길게 되면 내생호흡의 결과, 활성슬러지에서 인이 용출되기 때문에 장시간 포기는 바람직하지 않다.
- 활성슬러지에서 인의 과잉섭취는 pH 7~8 부근에서 가장 높다.

- SRT는 짧을수록 제거량은 높다고 고려되지만 실제로 인 제거량은 SRT만으로는 좌우되지 않고 수리학적 체류시간, MLSS 등의 다른 인자가 관여한다.
- 침전지에서 장시간 슬러지를 체류시키면 인의 방출이 일어나므로 가능한 한 체류시간을 짧게 하고, 또한 사공간(dead space)을 만들지 않도록 한다.

이상 서술한 조건은 대체로 모든 생물학적 인 제거 공정에 공통되는 것이지만, 현재는 이 방법이 인 제거뿐만 아니라 탈질도 행하는 처리법으로까지 발전되었기 때문에 각 공정마다 운전조건은 조금씩 다르다. 또한 이 방법을 더욱 발전시키기 위해서는 생물학적 인 제거 공정에서 배출된 인 함량이 높은 슬러지를 적절히 처리하기 위한 공정, 즉 수중의 인 제거와 동시에 슬러지처리까지도 포함한 통합 시스템(total system)의 개발이 필요하다.

10.3 지하수/토양오염처리와 미생물

현재 전 세계적으로 환경보전에 대한 관심이 높아지고 있는데, 이것은 역설적으로 말해 수많은 환경오염물질에 의해 생태계가 크게 오염되어 가고 있음을 의미한다. 즉, 급속한 산업화와 인구의 증가 및 생활수준의 향상으로 인하여 발생되는 각종 화합물은 생태계가 가지는 자정능력의 한계를 초월하여 토양권(lithosphere), 수권(hydrosphere), 대기권(atmosphere) 등을 오염시켜 인간의 건강과 자연환경의 쾌적성을 위협하고 있다. 또한 지금까지 지구상에 존재하지 않았던 새로운 형태의 인공합성 화합물(xenobiotic compound)에 의한 환경오염 부하가 급증하여 인류의 생존에 중대한 위협요소가 되고 있다. 특히 우리나라를 비롯한 산업화된 나라들의 국가 기간산업으로 등장한 석유화학공업, 중화학공업 및 전자공업 등으로부터 배출되는 각종 폐수는 생태계를 오염시키는 주요 원인물질로 작용하고 있다. 이들 폐수에 함유된 각종 인공합성 화합물들은 자연계에서 분해속도가 매우 느리거나 아니면 전혀 분해되지 않는 난분해성 물질로 알려져 있고, 미국의 EPA에 의하여 priority pollutants로 분류되어 있다.

최근 국내의 경우 해양에서의 기름유출 사건, 주유소 난립에 의한 유류 저장탱크로부터 유출된 유류에 의한 토양 및 지하수 오염 등 일련의 환경오염 사례가 급증하고 또한 잠재적 환경오염물질 발생원이 도처에 존재하고 있으며, 물리화학적 처리에 의한 환경정화법도 한계에 다다른 상황이므로 새로운 형태의 처리방법의 개발이 절실한 실정이다. 이러한 새로운 형태의 환경정화법으로서 미생물이 가지는 특성이나 미생물 공정을 이용하여 오염물질을 분해하거나 무독화시키는 생물복원 기술(bioremediation)이 대표적이다.

10.3.1 생물복원 기술의 정의

생물복원 기술은 자연에 존재하는 세균, 균류 또는 효모와 같은 미생물의 대사활동에 영향을 미치는 환경요인의 최적화, 미생물의 환경으로의 투입 또는 양자 복합적인 처리를 통하여 각종 오염물질을 분해함으로써 오염된 환경을 원래의 상태로 회복시키는 것을 말한다. 자연환경에서의 오염물질의 제거는 아주 복잡한 과정으로서, 존재하는 오염물질의 성질과 농도, 환경조건, 환경에 존재하는 토착성 미생물 군집의 조성에 따라 그 생분해성 여부와 정도가 결정된다. 따라서 이러한 요소를 파악해서 미생물에 의한 오염물질의 처리를 극대화시키는 방법이 바로 생물복원이다. 이 기술은 오염물질이 유출된 지역의 정화 또는 위험한 독성 오염물질을 처리하기 위한 가장 가능성 있는 새로운 기술로 인정받고 있어 미국을 포함한 각 선진국은 기술의 향상과 그 가능성을 평가하기 위해 야외 실험을 포함한 다양한 실험을 통해 실제 오염지역의 정화를 위해 생물복원 기술을 적용하고 있다. 최초로 생물복원 기술을 적용한 사례는 1972년 미국 펜실바니아 주의 Ambler 시의 파손된 가솔린 파이프라인으로부터 유출된 가솔린의 처리를 들 수 있으며, 최근의 사례로 1989년 알래스카의 Prince William만의 Exxon Valdez호의 유류 유출사고에 따른 해안의 유출 유류에 대한 처리를 들 수 있다.

10.3.2 생물복원 기술의 장점

생물복원 기술은 다음과 같은 이유로 인하여 매력적인 환경회복기술로 인정되고 있다.

1) 이 기술은 물리화학적 방법에 비하여 자연적인 공정을 이용하므로 에너지 사용량이 적어 경제적이다.
2) 미생물의 대사작용에 의하여 유해화합물을 이산화탄소와 물로 완전 분해시키므로 2차 오염이 거의 없어 환경친화적이다.
3) 현장(in situ)에서 처리가 가능하므로, 이미 오염물질이 광범위하게 확산된 지역을 정화하는데 특히 효과적이다. 즉 이 기술은 일반적으로 오염이 발생된 지역에서 실시됨으로써 폐기물 처리장이 있는 지역으로 대량의 폐기물을 이동시킬 필요가 없다.

10.3.3 생물복원 기술의 원리

환경오염이 유발된 곳에서 미생물에 의한 오염물질의 분해가 일어나기 위해서는 먼저 오염물질에 노출된 미생물이 생리·생태학적으로 환경에 적응하여야 한다. 따라서, 생물복원 기술의 가장 중요한 원리는 특정 오염물질을 분해할 수 있는 미생물들이 잘 생육할 수 있도록, 그리고 분해활성이 높은 환경을 조성하여 오염물질을 제거하는 것이다. 미생물은 다양한 물질 및 에너지를 발생시킬 수 있고, 세포성분을 합성할 수 있는 화합물을 이용할 때에만 오염물질에 대해 작용하게 된다. 다시 말해, 미생물이 오염물질을 분해하기 위해서는 오염물질 분해와 관련된 미생물수의 증가, 오염물질 분해에 관련된 효소생산이 원활하게 이루어져야 하며, 또한 오염물질을 분해할 수 있는 유전정보의 변이 혹은 전이가 이루어져야 한다. 미생물의 생육과 관련되는 대사활성을 이용하고자 할 때에는 미생물이 빠른 속도로 생육할 수 있도록 환경을 잘 조절할 필요가 있다. 미생물의 생육속도는 온도, pH, 수분 및 각종 영양물질의 농도 등 다양한 환경요인의 지배를 받는다. 따라서 이와 같은 환경요인을 최적으로 설정하는 것이 대단히 중요하다. 또한 미생물이 가지는 분해활성을 통하여 특정 유해화합물을 제거하기 위해서는 이 화합물에 작용하는 미생물의 분해활성을 최대화하는 것이 선결조건이다. 이와 같은 경우, 미생물은 촉매와 마찬가지로 농도가 높을수록 반응속도가 빠르다. 대표적인 예로, 부적합한 온도 및 pH, 독성물질 또는 항미생물제의 존재, 영양물질 및 전자수용체 등이 부족하면 acetate와 같은 간단한 휘발성 지방산조차도 분해가 되지 않는다. 이렇게 되면 황화수소의 발생과 같이 불필요한 부산물이 집적되어 새로운 오염을 유발하므로 생육조건 조절 및 관리에 세심한 주의를 기울여야 한다. 어떠한 오염지역에 대하여 생물복원 기술이 적합한가에 대한 원리는 오염물질이 그 지역의 미생물에 의하여 분해가 가능하느냐의 유무뿐만 아니라, 그 지역의 지질학적, 화학적 특성과도 관련이 있으므로 오염물질의 종류 및 오염지역에 따라 효율을 극대화하기 위해서는 공학기술을 병용하여 사용할 필요가 있다.

10.3.4 생물복원 방법

생물복원의 목적은 오염된 지역을 정화하기 위하여 자연적으로 일어나는 생분해 과정을 이용하는 것이다. 생물 복원에는 *in situ* bioremediation, *ex situ* bioremedation, natural attenuation 등이 있다. *In situ* bioremediation은 오염지역 현장에서 처리하는 방법이고, *ex situ* 방법은 현장의 오염된 토양이나 물을 다른 곳으로 옮겨 처리하는 방법이다. Intrinsic bioremediation 또는 자연감쇠(natural attenuation)는 어떤 조작이나 처리공정의 도입없이 자연 상태에서 일어나는 오염물질의 생분해 수준을 말한다. 이러한 모든 형태의 생물복원은 몇 가지 이유에서 실행가능한 정화공정의 대안으로 계속적인 관심을 받고 있는 실정이다. 생물복원에 영향을 주는 주요 요소들은 환경조건과 오염물질과 영양물질의 이용성, 분해 미생물의 존재이다. 만약 생분해가 일어나지 않으면, 먼저 생물학적 복원에 제한을 주는 요소를 찾아야 한다. 오염지역에서 채취한 토양과 물 시료를 대상으로 실험실에서 분해 미생물의 존재 여부, 즉 아주 높거나 낮은 pH, 질소 또는 인의 부족 등을 알아보는 것이다. 또한 오염물질은 혼합물로 존재하고, 혼합 오염물질 중 하나가 분해 미생물의 성장과 활성에 독성효과를 나타내기도 한다. 흡착과 노화에 의한 낮은 생물이용성은 생물복원을 제한한다.

1) 산소 또는 기타 기체의 공급

생물복원에 있어 가장 흔한 제한요소는 산소의 이용성이다. 산소는 호기성 생물복원에 필수 원소로, 물에서 용해도가 낮고 대기 및 수체에서의 확산속도도 낮다. 따라서 산소의 공급이 잘 되지 않는다면 생물복원 속도가 낮아진다. 산소부족을 극복하기 위한 몇 가지 기술이 개발되었다. 오염된 대수층 및 상부 오염층을 정화하기 위해 사용되는 대표적 생물복원 체제 그림을 10-10a)에 나타내었다. 이 체제는 일련의 주입정 또는 갱도 및 생물정화를 위한 일련의 회수정으로 구성되어 있다. 먼저 회수정을 통해 오염된 지하수를 지표로 양수하고 오염물질에 적응된 미생물을 함유하는 생물반응조를 이용하여 처리하는 것이다. 이 공정을 현장 외 처리 공정으로 간주된다. 생물반응기 처리 후 정화된 물은 산소 및 영양물질을 공급하고 오염부위에 재주입한다. 여기서 재주입된 물은 현장 생물복원을 촉진하기 위해 산소 및 영양물질 공급의 기능을 나타낸다. 또한 불포화층 오염물질을 세척하여 지상 반응기에 수집하는 기능을 도와준다. 이 정화기법은 정화처리효율을 극대화하기 위하여 이용되는 물리, 화학적 및 생물학적 처리 공정이 결합된 좋은 방법이다.

생물환기법(bioventing)은 불포화 오염층에 직접 산소를 공급하기 위해 사용하는 기술로, 토양 증기 추출 기술과 생물복원의 결합공정이다. 환기지역은 그림에 붉은색으로 표시한 지역이며, 불포화 토양층 및 지하수위 바로 위의 오염지역을 포함한다. 그림에 나타낸 바와 같이 오염지역 주변에 일련의 관정을 설치한다. 생물환기는 오염지역에 공기의 유입을 가속화하기 위해 이들 관정에 진공을 걸어준다. 이러한 운전은 오염지역의 산소공급을 증가시켜 오염물질의 생물정화 속도를 증가시킨다. 어떤 경우에는 오염지역 오염물질 종에 따라(휘발유 누출지역 등) 오염물질이 증발된다. 이 경우 체제에 공기가 유입, 토양층을 통과하며 오염물질의 입부가 제거된다. 오염된 공기는 그림과 같은 생물여상이라 부르는 지상 토양상을 통과함으로써 생물학적으로 처리된다.

대조적으로 포화층에 산소를 공급해 주기 위하여 공기 주입법(air sparging)이 이용된다. 이 공정에서 대수층 아래로 압력공기를 주입하기 위하여 공기 주입정이 사용된다. 주입공기는 토양 매질 내 수분을 제거하고 잠정적으로 공기포화 공극을 형성한다. 따라서 산소 분압을 높여주고 생분해 속도를 증가시킨다. 부가적으로 증발된 유기물은 유체 공기로 증발되어 증기 추출정에서 제거된다.

메탄은 추출된 지하수에 산소와 함께 첨가하여 포화층에 재주입하는 경우도 있다.

2) 영양물질 공급

생물학적 처리방법 중 하나로, 영양물질, 특히 질소와 인을 첨가하는 방법이다. 많은 오염지역은 탄소가 풍부한 유기성 폐기물 함량이 높거나 질소와 인의 함량은 적다. 영양

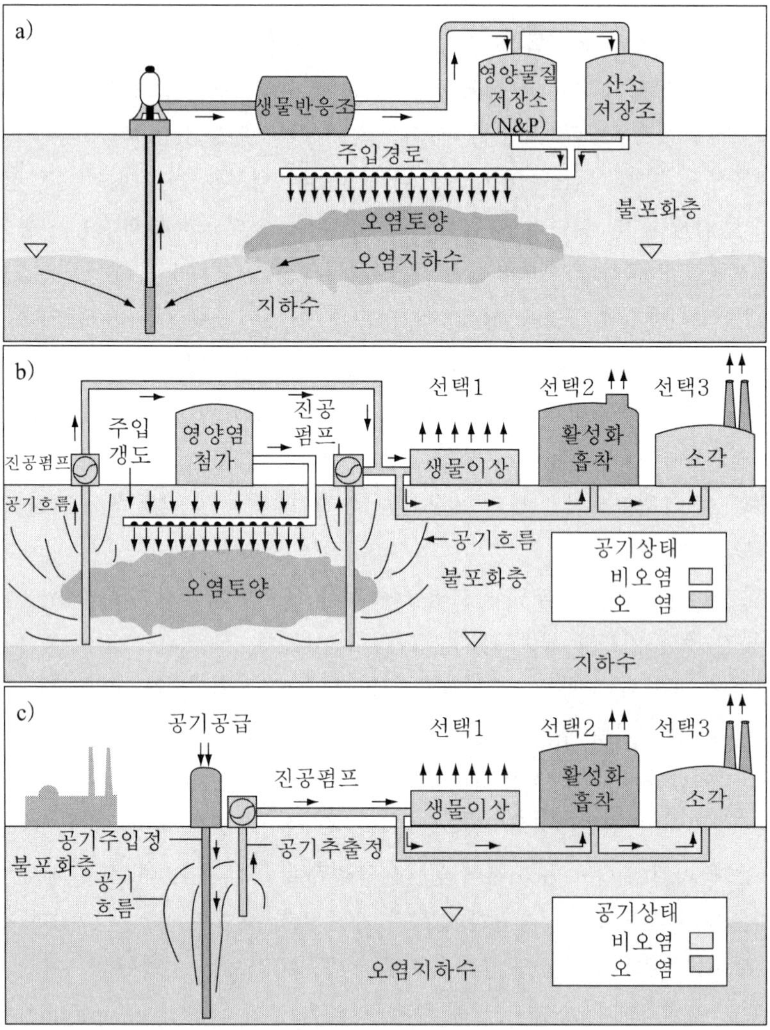

❖ **그림** 10-10. a) 불포화층 및 지하수의 현장 생물복원-영양염 및 산소 주입, b) 불포화층 생물여과 및 생물환기공정, c) 공기 주입법에 의한 지하수 생물복원공정

물질의 첨가는 그림 10-10 a, b에 나타낸 생물복원 공법에 잘 표현되어 있으며, 영양물질 용액은 지상에 설치한 회분식 주입조를 이용하여 오염층에 주입된다. 영양물질의 주입 목적은 오염지역 탄소:질소:인의 비를 100 : 10 : 1 정도로 적정화하기 위해서이다.

3) 대체 전자수용체를 이용한 혐기성 분해의 촉진

호기성 분해에 비해 분해속도는 느리지만 혐기성 분해가 생물복원의 또 다른 방법으로 제안되고 있다. 이는 일부 지하수 지역에서 호기성 조건을 확립하고 유지하기가 어렵기 때문이다. 혐기성 분해를 이용하기 위한 몇 가지 전자수용체가 제시되고 있는데 NO_3^-, SO_4^{2-}, CO_2, Fe^{3+} 등이 있으며 NO_3^-이 효율이 높은 것으로 나타났다.

4) 계면활성제의 첨가

오염물질의 생물이용성을 높여 생분해성을 향상시키기 위한 방안으로 계면활성제 첨가법이 제안되고 있다. 계면활성제는 화학적으로 합성하기도 하지만 많은 미생물에 의하여 생산되고 하는데, 미생물에 의하여 생산되는 계면활성제를 생물계면활성제(biosurfactant)라 부른다. 이들 물질은 기계, 의류, 식기 등에 붙어있는 유류 잔재를 효과적으로 제거하는 산업용 및 가정용 세제와 유사한 역할을 한다. 오염물질들은 수중 계면활성제 현탁 미립자의 내부에 용해되어 물과 함께 제거된다. 이들 현탁 미립자는 직경 5~10 nm 정도의 크기이다. 또한 생물계면활성제는 미생물들이 기름방울에 잘 부착하게 해주는 역할을 할 수 있다.

5) 미생물 또는 DNA 첨가

토양에 적절한 생분해 미생물이 없거나 오염물질의 독성에 의하여 미생물 개체군이 많이 감소한 경우, 존재하는 미생물의 수를 증가시키기 위해 미생물 개체군을 첨가할 수 있다. 이 방법을 생물증대법(bioaugmentation)이라 한다.

10.3.5 생분해에 영향을 미치는 환경 인자

생분해에 영향을 주는 요인은 환경적 요인, 기질적 요인, 미생물적 요인 등으로 나눌 수 있다. 오염된 토양 및 지하수를 처리하기 위해서는 이러한 요인들을 조절함으로써 그 효율을 극대화할 수 있다. 주요 환경인자로는 토양의 수분량, pH, 온도, 산소함량(통기), C : N : P비, 미생물 밀도 및 활성, 토양입자의 크기와 분포, 유기물 함량, 양이온 치환 능력 등을 들 수 있다. 생분해에 영향을 주는 기질적 요인으로서는 기질의 독성, 농도, 용해도, 휘발성, 화학구조 등이 있다. 미생물적 요인으로는 대상물질을 분해하는 미생물의 존재유무, 미생물의 순응, 기타 생태적 요인을 들 수 있다.

1) pH

토양의 pH가 미생물의 활성에 미치는 영향은 크다. 일반적으로 미생물의 원활한 성장을 위해서는 pH 6~8의 범위인데, 사상균의 경우는 오히려 최적 환경 조건이 pH 4로 알려져 있다. pH가 적절하지 못한 토양을 처리하기 위해서는 pH 조절이 요구되는데, 이때 급격한 pH 변화를 방지하기 위해 완충용액을 사용하기도 한다.

토양의 pH는 미생물의 주요 영양소가 되는 인의 용해도에 영향을 주고, 유해한 금속이 토양 내에서 이동하는데도 영향을 준다. 인의 용해도는 pH 6.5에서 최고이고, 금속의 이동은 pH 6 이상에서 최소화된다. 자연에서 토양은 일반적으로 산성이다. 그러나 탄산석회의 농도가 높거나 유해성 폐기물로 인해 토양의 pH가 높을 경우, 황을 포함하는 화합물(황산, 액상 ammonium polysulfide, ammonium, iron salfates 등)을 첨가하여 pH를 중화시킨다.

pH를 증가시키기 위해 칼슘이나 칼슘을 함유한 화합물(석회, calcium hydroxide, calcium carbonate, magnesium carbonate 등)을 토양에 첨가하기도 한다.

2) 온도

온도의 경우는 특히 오염된 토양을 현장에서 처리하는 방법에 있어서 중요한 역할을 한다. 약 10℃ 감소함에 따라 미생물 반응속도가 2배 감소하는 것으로 알려져 있다. 온도의 증가에 따른 미생물로서 반응속도 증가는 미생물의 활성 증가, 오염물의 용해도 증가, 또는 토양에 오염물이 흡착되는 정도의 감소 등을 원인으로 들 수 있다. 외부에서 처리하는 반응기인 bioreactor의 경우에는 직접 제어가 가능하기 때문에 현장의 온도는 중요하지 않다.

미생물은 비교적 좁은 범위의 온도에서 일반적으로 성장을 잘한다. 대부분 토양미생물은 중온균(mesophiles)으로서 15~45℃ 사이에서 성장하고, 25~35℃에서 최적성장을 나타낸다. 저온균(psychrophiles)은 20℃ 이하에서 잘 성장하고, 고온균(thermophiles)은 45~65℃에서 잘 성장한다.

현장에서는 계절에 따른 기후변화가 토양온도를 결정하고 그로 인해 생분해 속도도 영향을 받는다. 토양의 온도를 조절하기 위해 나뭇잎이나 톱밥으로 만든 거름을 사용하거나 물을 사용하기도 한다. 수분은 토양의 온도 전달성을 감소시키므로 토양 내의 온도 변화를 감소시킨다. 비닐과 같은 덮개를 사용하여 토양의 온도를 증가시키기도 한다.

3) 산소함량(통기)

산소는 물에 대한 용해도가 매우 낮으므로(25℃에서 8 ppm), 토양용액에서의 용존산소량이 그 곳에 서식하는 미생물의 생존에 중요하다. 그러나 토양에 함유된 경우, 공기방울의 분산에 의한 표면적 증가 및 air trap 효과로 순수한 물에서보다 유리하다.

4) C:N:P 비

미생물의 성장을 위해서는 영양분의 공급이 충분해야 하는데, 탄소원은 오염물질에서 얻을 수 있으나, 질소나 인 등의 영양염류는 토양 내 함유량이 낮다. 특히 미생물이 섭취하기 용이한 형태는 질소의 경우 암모니아, 질산이고, 인의 경우 orthophosphate인데 실제 토양 내에서는 다양한 형태로 존재하여 미생물의 성장에 도움이 되지 않기도 한다. 뿐만 아니라, 이러한 형태로 존재하더라도 토양 입자에 강하게 흡착되어 미생물이 쉽게 이용할 수 없는 경우도 흔히 나타난다. 실제 보고에 의하면, 흡착하여 무용하게 된 암모니아가 10~60%에 이른다고 한다. 따라서 이들 질소와 인의 분석에 있어 원소 분석치를 따르게 되면 실제 미생물이 필요로 하는 양보다 적은 양을 첨가하게 되는 것이다. 따라서 pH와 마찬가지로 물과의 혼합물로부터 실제 암모니아, 질산, orthophosphate의 함량을 분석하는 것이 바람직하다. 이들 질소와 인 외에도 S, Mg, Fe, Ca, K, Na, Mn, Bo 등의 무기물과 비타민, 그리고 아미노산 등 공유기질의 첨가가 처리효율을 증가시킬 수 있을 것이다.

5) 토양수분량

자연상태의 토양은 25% 정도의 물을 함유하고 있으나, 원활한 미생물의 성장을 위해서는 30~90% 정도의 물이 요구된다. 따라서 생물학적 처리 방법인 토양경작법(landfarming) 또는 생물환기법(bioventing)의 경우 물을 첨가해 주어야 한다. Bioreactor를 이용하는 후처리에서 토양으로부터 물을 제거하는데 필요한 비용을 줄이기 위해 물의 양을 줄여야 하므로 적은 양의 물을 사용하는 공정의 개발이 요구된다.

물은 미생물의 세포는 70% 이상이 물로 구성되어 있으므로, 미생물의 성장과 활성에 중요하다. 물은 오염물질이나 영양분을 미생물이 있는 곳으로 이동시키기도 하고, 미생물로부터 대사산물을 다른 곳으로 이동시키기는 전달매개체가 된다. 토양의 수분함량은 토양 내의 산소전달, 토양구성성분의 용해도, 토양의 pH에 영향을 준다.

토양의 수분함량이 너무 적을 때에는 미생물의 활성을 저해하고, 너무 많을 때에는 산소전달이 저해되어 혐기성 상태가 되므로 호기성 미생물의 활성 및 수는 감소하고, 혐기성이나 통성 혐기성 미생물의 수 및 활성이 증가한다. 토양공극이 물로 채워지지 않은 경우 공기로 채워지므로 토양의 산소전달과 물은 직접적으로 연관이 있다. 대부분의 호기성 세균은 50~70%의 포장용수량을 가진 토양에서 활성을 가진다.

6) 토양입자의 크기분포

토양입자의 크기분포도는 특히 공극률과 관련되어 가스교환 측면에서 해석하게 된다. 즉 모래, 자갈, 바위와 같은 큰 입자의 경우에는 공극률이 증가하여 가스교환이 용이하게 된다. 그러나 이러한 관점은 현장에서 직접 처리하는 경우에 중요한 역할을 하게 되며, 반응기를 이용할 경우에는 monitoring 방법 등이 오염물질의 농도를 측정하는데 큰 영향을 미친다. 액상의 경우 토양입자의 원활한 혼합을 위해서는 큰 입자는 배제되어야 할 것이다. 또한 반응기의 경우에 있어서도 토양입자의 크기가 혼합 및 응집현상에 중요한 역할을 할 것이다. 입자의 크기에 따라 오염물질의 분포가 많은 차이를 보이는데, 실트 또는 점토 부분에 다환 방향족 탄화수소(polycyclic aromatic hydrocarbon; PAS)의 90%가 흡착되어 있다는 사실이 보고되고 있다. 따라서 입자의 크기에 따라 다른 처리 공정을 적용하는 것도 중요하다.

10.3.6 생물복원 기술의 종류

오염지역의 생물복원 기술은 토양미생물을 활성화시키거나 특별히 개발된 미생물을 첨가하고 생육조건을 최적화시켜 오염물질의 생분해를 촉진시키는데 그 목적을 두고 있다. 생물복원 기술은 오염지역에 존재하는 토착성미생물의 이용유무에 따라 biostimulation과 bioaugmentation으로, 그리고 오염현장에서의 처리 유무에 따라 *in situ* 생물복원과 *ex situ* 생물복원으로 나눌 수 있다. Biostimulation은 오염지역에 영양물질이나 전자수용체를 첨가하여 오염지역에 존재하는 토착 미생물군의 분해활성을 향상시킴으로써 환경을 정화하는 방법이다. 일반적으로 산소, 영양물질의 적정한 공급, 적정온도 및 pH, 수분의 유지가 중요한 인자로 작용한다. 미생물의 성장에 요구되는 물질로서 질소, 인, 칼륨, 황 등이 있으며, 만약 영양물질이 충분히 공급되지 않는다면 미생물의 활성은 정지하게 된다. Bioaugmentation은 분해활성이 우수한 미생물을 오염지역에 투여하여 오염물질의 분해효율을 향상시키는 방법이다. 분해활성이 우수한 미생물은 농화배양이나 유전자 조작을 통하여 획득할 수 있다. 오염된 환경에 특정 미생물을 투여할 때 오염물질의 농도, pH, 온도 및 염도 등과 같은 요인으로 인하여 미생물 활성의 저하가 초래될 수 있기 때문에 기대한 만큼의 효과를 가져오지 못할 수 있다. 상기 방법에 적용될 수 있는 기술로서 토양경작법(landfarming), 퇴비화(composting), bioreactor 등을 들 수 있다.

1) 퇴비화(composting)

호기적인 조건에서 호기성 및 호열성 미생물에 의하여 유기물을 생물학적으로 분해하는 일종의 재활용 과정이다. 퇴비화될 물질이 영양물질과 미생물 접종원 및 열원이 되며, pile 내의 혼합물질의 공극을 높여 산소투과도를 증가시키기 위하여 팽화제나 나무조각, 톱밥, 채소쓰레기 등을 첨가한다. 전통적으로 퇴비화는 농업폐기물을 처리하는 방법이었으나 최근에는 생활폐기물 및 하·폐수처리장에서 발생하는 슬러지의 부피를 감소시키는데에도 사용되고 있다. 최대 분해 효율은 수분함량, pH, 산소, 온도 그리고 C/N비가 적절한 경우 얻을 수 있다. 퇴비화는 다음과 같은 세 가지 방법을 사용한다. 첫째, pile 내부에서 퇴비화가 일어나고 통풍기나 진공펌프에 의해 포기가 일어난다. 둘, 반응기 안에서 퇴비화가 일어나고, 혼합 및 포기한다. 셋째, 퇴비화는 긴 pile(windrows)에서 일어나고 주기적으로 움직이는 장치로 흔든다. 생물복원 기술로서 composting을 실시하는 경우는 대부분 오염물질의 농도가 높은 경우이다. 예를 들어, TNT는 상온에서 고상이기 때문에 분해율이 낮지만 약 55℃를 유지하는 pile에서는 80일 이내에 약 90% 이상이 생물학적으로 다른 물질로 전이된다.

2) Bioreactor

양수된 오염 지하수를 접촉성장 또는 부유성장 생물 반응기 내에서 미생물과 접촉시켜 제거하는 방법이다. Bioreactor는 부착 또는 부유 장치에 미생물을 이용하여 물에 들어있는 오염물질을 감소시키는 장치이다. 활성슬러지, 유동층 혹은 SBR과 같은 부유성장장치에 오염된 지하수는 포기조에서 순환하는데, 여기서 미생물은 호기성 조건에서 유기물질을 감소시키고, CO_2, H_2O 그리고 새로운 미생물이 생성된다. 미생물은 슬러지를 형성하고, 이것은 정화조에 침전되며, 그 다음 호기조에서 재순환되거나 방출된다. 부착 성장 반응조에서 미생물은 호기성 조건에서 오염된 물을 정화한다. 본 공정의 중요한 특징인 활성보조제(오염물질을 흡착시켜 분해를 위해 천천히 미생물에 넣어주는 활성탄소와 같은 물질)를 첨가하는 것이다. 이 방법은 특히 고농도의 유해화합물에 오염된 토양이나 지하수를 처리하는데 효과적인데, 토양이나 지하수에 오염되어 있는 PAHs와 같은 다핵방향족 탄화수소를 처리하는데 이용되고 있다. 오염된 토양을 굴착하여 물 및 기타 첨가제와 적절히 교반하여 미생물을 활성화시켜 미생물에 의한 오염물질의 분해를 촉진한다. 지하수는 양수하여 접촉성장 또는 부유성장 반응기 내에서 미생물과 접촉시켜 제거하는 방법이다.

3) 토양경작법(landfarming)

토양경작법은 오염토양을 굴착하여 지표면에 깔아 놓고 정기적으로 뒤집어줌으로써 공기를 공급해주는 호기성 생분해 공정을 말한다. 오염물질의 분해율을 최적화하기 위해 수분함유량, 산소함유량, 영양분, pH와 같은 토양 특성을 조절한다. 토양의 생분해는 유류계의 탄화수소의 처리에 효과적이다. 가솔린과 같은 휘발성이 강한 물질은 휘발성을 이용하여 처리할 수 있기 때문에 생분해는 고분자의 탄화수소에 적용된다. 분자가 무거울수록 분해율은 더 낮아진다. 또한 토양이 염소화 혹은 질산화되면 분해가 더운 어렵다. 토양경작법의 단점은 진행이 매우 늦고 완벽하지 않을 뿐만 아니라 중금속 물질이 토양에 집적된다는 점이다. 처리가능한 오염물질은 디젤 연료, 기름 슬러지, 나무 보호제로 오염된 토양, 석탄 오염 토양 그리고 살충제 등이다.

4) 생물여과(biofiltration)

퇴비, 피트(peat) 및 토양과 같은 다공성의 기질 표면에 생물막(biofilm) 형태로 부착된 미생물을 이용하여 폐가스 중의 휘발성 오염물질을 생물막층으로 흡착, 여과하면서 생물학적 분해에 의하여 제거하는 공정이다. 생물여과는 수년간 독일, 네덜란드, 영국 및 미국 등에서 H_2S와 같은 악취물질을 제거하기 위하여 널리 이용되어 왔으며, 최근에는 각종 화학공장이나 폐수처리장으로부터 나오는 휘발성 유기화합물(VOC)의 경제적인 처리방법으로도 인식되어 그 중요성은 나날이 더해 가고 있다.

5) 식물복원

현재, 빠른 속도로 개발되고 있는 새로운 생물복원 기술 중의 하나는 식물복원(phytoremediation)이다. 이것은 오염물 분해, 제거 또는 무해화를 위하여 녹색식물과 관련 생물들을 이용하는 방법이다. 식물복원에는 다음의 네 가지 종류의 분해 및 제거 반응이 일어난다.

① 식물이용 휘발화(phytovolatilization)는 토양이나 식물의 뿌리 또는 줄기를 통한 휘발화를 증가시키는 것이다. 휘발화는 나무가 휘발성 물질을 발산시키거나 보다 휘발하기 쉬운 물질로 전환시킴으로서 증대된다.

② 식물이용 분해(phytodegradation)는 식물에 의한 섭취, 식물 효소를 이용한 대사에 의하여 독성이 없는 물질로 전환되는 것을 말한다.

③ 식물이용 추출(phytoextraction)은 식물에 의한 섭취와 식물 조직으로 흡착되는 것을 말하며, 이들은 나중에 회수된다. 소수성 오염물질이 식물이용 추출에 가장 민감하다.

④ 근권분해(rhizosphere-degradation)가 무해한 물질을 생성시키는 것은 뿌리로부터 분비된 식물 효소 또는 근권에서 발견되는 미생물에 의하여 촉진된다.

또한, 식물복원은 식물이용 안정화(phytostabilization)라는 공정을 통하여 오염물을 격리시킨다. 식물이용 안정화의 장점은 오염물의 사람 및 다른 수용체에 대한 생물학적 가용성을 감소시킨다는 것이다. 지금까지 확인된 식물이용 안정화의 형태는 다음과 같다.

① 부식질화(huminification)는 식물 및 미생물의 효소를 이용하여 오염물을 토양 의 유기물 또는 부식질과 결합시키는 것이다.
② 리그닌화(lignification)는 오염물을 식물 세포벽의 구성성분으로 만드는 것이다.
③ 숙성(aging)은 오염물이 서서히 토양 광물과 결합하는 것이다.

이러한 안정화, 분해 및 제거 메카니즘의 구분은 뚜렷하지 않다. 예를 들어, 근권의 과산화효소는 오염물을 광물화(분해)시키는 산화반응 뿐만 아니라 중합반응(부식질화)에도 관여한다. 식물복원은 아직 연구 및 개발이 초보적인 단계이다. 그럼에도 불구하고, 이 방법은 석유계 탄화수소, 다양한 염화 지방족 및 방향족 화합물, 그리고 살충제의 오염을 정화하는데 유망한 것으로 추정되고 있다. 또한, 식물이용 추출은 중금속 제거를 위한 새로운 적용방안이 될 수 있다.

10.3.7 생물복원 기술의 현황

미국의 경우, 혁신적인 오염처리기술을 적용하려는 경향으로 인하여 생물복원 기술이 최근 지속적인 주목을 받고 있음에 따라 1990년 1,500만~1억 달러, 1992년 1억~1억 2,500만 달러로, 기대했던 것보다 훨씬 높은 성장을 하였다. 또한, 생물복원 기술의 현장적용이 미국 정부의 활동으로 증가되고 있는데, EPA의 Superfund 기술개혁평가(Superfund Innovative Technology Evaluation : SITE)의 시범 프로그램과 신기술 프로그램을 통하여 개발 단계에 있는 27개의 생물복원 기술이 가동 준비중에 있다. 미국다음으로 환경시장 규모가 큰 곳은 유럽이다. 특히, 생물복원 활동이 가장 활발한 국가들은 유해폐기물 처리에 있어 진보적인 정책을 가지고 있는 것으로 알려진 서유럽 국가들로서, 서유럽이 1990년대 초에 환경사업에 투자한 금액은 미국의 절반에 가까운 500~600억 달러에 달한다. 이와 같은 정화 방법은 영국과 덴마크에서 시작되었지만, 현재 환경정화문제에 가장 많은 관심을 기울이고 있는 독일과 네덜란드가 유럽에서 가장 앞서 나가는 환경국가들이다. 독일의 환경재생산업은 미국과 비슷하게 다양한 생물복원 기술을 가지고 있는 많은 기업(Hochtief사, TGU사, Trischler und Partner사, ED. Zublin

사)들에 의해 주도되고 있으며, 네덜란드의 경우, RIVM과 TNO 등의 연구기관과 Wageningen 농과대학, Delft 공과대학, Groningen 대학과 같은 대학의 주도로 많은 생물복원 기술이 적용되고 있다.

이미 오염된 환경을 원래의 상태로 회복하기 위해서는 막대한 경비와 노력 및 시간이 소요된다. 따라서 이러한 오염물질에 대한 효과적인 처리기술의 개발은 시급하고 중요한 사안이다.

10.3.8 토양 미생물

미생물은 토양의 비옥도와 오염물질의 정화에 크게 기여한다. 일반적으로 토양의 생산성과 정화능은 미생물의 활성과 관련되므로 미생물 수는 토양의 비옥도를 나타내는 지표로 사용되고 있다. 특히 토양의 정화능을 진단하기 위해서는 총균수 보다는 대상물질을 분해할 수 있는 미생물의 수와 활성은 상당히 중요한 지표이다. 토양 미생물이 기질을 물리적으로 파쇄하여 미생물이 쉽게 이용하기도 하고, 토양 내에 통기나 배수를 원활하게 하여 미생물의 활성을 증가시키고 또한 미생물을 다른 곳으로 이동시키기도 한다.

미생물은 이용하는 탄소와 에너지원에 따라 광독립영양 미생물(photoautotroph), 광종속영양 미생물(photoheterotroph), 화학독립영양 미생물(chemoautotroph) 그리고 화학종속영양 미생물(chemoheterotroph)로 구별된다. 원생동물은 단세포의 종속영양체로서 아메바, 섬모충류, 그리고 편모충류 등이 있다. 이들은 토양에 있는 물에 살면서 미생물을 포식하는데, 토양 내에서의 미생물의 수에 가장 큰 영향을 미친다.

미생물을 포함한 대부분의 토양 생물은 표면으로부터 20~30 cm 깊이에 존재하는데, 미생물은 토양의 깊이에 따라 그 수가 감소하기는 하나 전혀 존재하지 않는 것은 아니다. 일반적으로 미생물의 분포는 유기물의 분포 형태와 비슷하다. 방향족 탄화수소를 분해하는 *Sphingomonas* sp.은 심토 4,200 m 깊이에서 존재하는 호열성 발효 미생물로 보고되었고, 심토에서는 호기성보다는 혐기성의 미생물이 더 많이 생존한다.

진균류는 대부분 다세포로 이루어져 있고 화학종속영양체이다. 진균류에는 곰팡이, 효모, 그리고 버섯이 있다. 토양 g 당 진균류의 수는 세균보다는 작지만 생체량은 더 많다. 균근은 식물의 뿌리와 진균류가 물리적으로 통합되어 형성하는 구조로서, 상호이익을 준다. 균류는 식물로부터 유기 영양분을 공급받고, 식물 뿌리가 미치지 못하는 곳까지 균사를 형성하여 인이나 기타 무기 영양분을 식물에게 공급한다. 진균류는 미생물과 더불어 토양에서의 유기물 분해와 부식질 형성에 중요한 역할을 한다.

진균류 중에서 곰팡이는 토양유기물 분해에 가장 중요한 역할을 한다. 곰팡이는 널리 분포되어 있지만, 산성에 내성을 가지므로 산성 토양에서 생존하기 유리하다. 곰팡이가 체외로 분비하는 리그닌 분해 효소들(laccases, manganese peroxidases 등)은 다양한 난분해성 화합물들을 분해할 수 있는 것으로 보고되었다. 특히 백색 부후균은 환경 도처에 존재하고 다환 방향족 탄화수소(PAHs)를 CO_2로 분해할 수 있기 때문에 PAHs로 오염된 토양의 생물복원에 이용가능성이 큰 것으로 알려져 있다. 또한 백색 부후균이 체외로 분비하는 리그닌 분해 효소들은 PAHs가 토양입자에 흡착됨으로써 생기는 생체이용도 문제를 어느 정도 해결할 수 있기 때문이다.

조류는 대부분 광합성을 하는 광독립영양체로서 일차 생산자에 해당된다. 토양표면의 습한 곳에서 주로 서식하고 있다. 지의류는 곰팡이와 조류의 공생관계로 형성되며, 곰팡이는 바위나 죽은 나무에 단단히 부착하여 조류가 떨어지지 않게 보호하고 무기영양물을 공급한다. 한편, 조류는 광합성을 통해 곰팡이에게 유기 영양분을 공급한다. 지의류는 유기물이 적고 건조한 척박한 환경에 견디면서 살고 있으나 오염된 공기에는 예민하므로 대기오염의 지표로도 사용된다.

방선균은 세균 중, 사상(filament)의 형태를 가진 것으로 화학종속영양체이다. 부식질이 많은 토양에 서식하고, 미생물 중에서 두 번째로 수적 우세를 나타낸다. 담수나 해양보다 토양은 미생물이 서식하기에 적당하므로 상대적으로 많이 발견된다. 대부분의 미생물은 화학종속영양체이나 일부는 광 또는 화학독립영양체이다. 모양에 따라 구균, 간균, 그리고 나선균이 있다. 궁극적인 분해자로서 이들은 토양에 존재할 뿐만 아니라 토양생물의 내장이나 분변에도 존재한다. 토양에서 미생물은 세포외 고분자물질(extracellular polymeric substance, EPS)를 이용해 토양입자에 부착하여 미세집락 또는 생물막을 형성하기도 한다.

Applied Environment Microbiology

PART III

환경미생물의 응용

fatty acidcarboxyl group

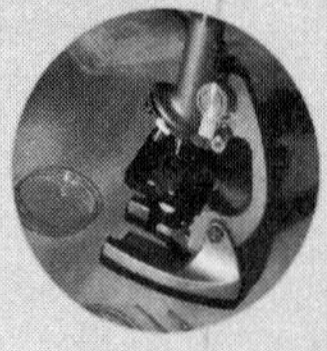

fatty acid

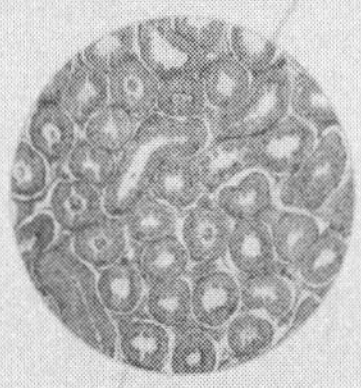

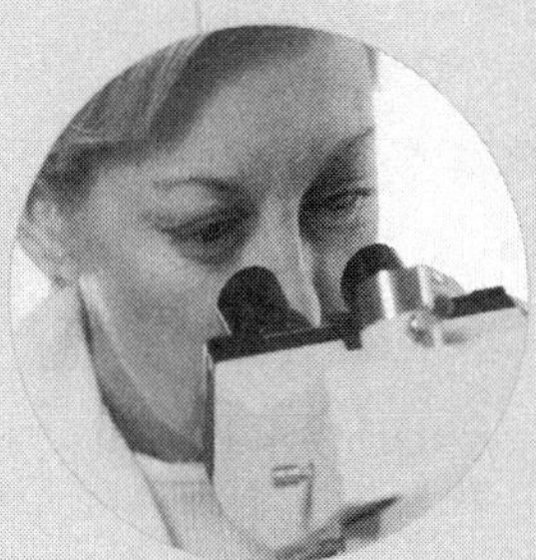

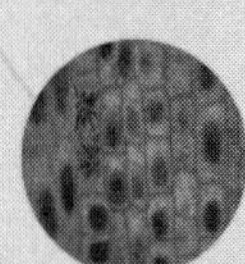

Applied Environment Microbiology

CHAPTER 11

환경오염의 측정

11.1 미생물지표

환경의 오염 정도를 판정하는 인자에는 물리화학적 요인도 있으나 항상 변화하는 생태계의 특성상 이들 인자에만 의존하는 오염 평가는 타당하지 못할 경우가 많다. 환경오염은 환경에 서식하는 생물체 주변의 환경 변화를 초래한다. 따라서 서식 환경의 영향을 끊임없이 받는 생물의 분포 및 종 조성을 조사하여 이들의 변화에 따른 환경오염을 평가하는 방법 즉 생물학적인 평가야말로 물리화학적 요인의 분석에 의한 평가보다 훨씬 근본적이며 궁극적인 조사방법이 된다. 이와 같이 주변 환경 변화에 따라 생물 분포 양상이 변화함으로써 환경변화의 정도를 알려주는 생물을 지표생물(indicator organism)이라고 하며, 이것이 미생물이면 지표미생물(indicator microorganism)이라고 한다.

사람이나 가축의 분변이 환경으로 유입되었음을 알려주는 미생물이 대표적인 지표미생물인데, 이것은 온혈동물의 분변에는 특정 비병원성 세균이 존재한다는 사실에 근거를 두고 있다. 이들 세균은 간단한 방법으로 쉽게 분리할 수 있으며, 환경에서 이 세균이 검출되면 분변으로 오염되었으며 장내병원성 미생물이 존재할 가능성이 매우 높다. 분변 오염의 지표로 사용하는 미생물은 질병의 원인이 되는 병원균으로 오염된 물에서는 언제나 검출되어야 하는 반면 오염되지 않은 물에서는 검출되지 않거나 그 개체수가 극히 적어야 하며, 분변에는 다량 존재해야 하고, 자연환경조건에서의 생존력이 병원균보다 강해야 한다. 또한 검출, 동정, 계수가 간편하고, 지표미생물과 병원균의 존재비가 커야 하며, 오염원이 병원균과 동일해야 하고, 상수처리 공정 및 살균 소독에 대해서 적어도 병원균보다 저항성이 있어야 한다. 그러나 하나의 지표 미생물이 이 모든 기준을 만족시키지는 못하므로 목적에 따라 몇몇 조건을 만족하는 미생물들이 지표미생물로 이용되고 있다.

11.1.1 대장균군

분변 오염에 대한 지표미생물로 가장 널리 이용되는 것은 대장균군(coliform bacteria)인데, 35℃에서 48시간 이내에 젖당(lactose)을 발효하여 기체를 생성하는 모든 호기성 및 통성 혐기성, 그람음성의 포자를 형성하지 않는 간균을 말한다. 대장균군에는 *Escherichia*, *Citrobacter*, *Enterobacter*, *Klebsiella* 등의 속에 해당되는 종을 포함하며, 비교적 검출하기가 쉽다. 대부분의 대장균군은 직접 장내에서 질병을 일으키지는 않지만 위장관에 항상 존재하므로 대장균군의 존재는 물의 분변 오염을 알 수 있는 생물학적 지표가 될 수 있다. 즉 물속에 대장균군의 존재여부는 사람의 음용가능 여부를 나타내는 좋은 수단이 된다. 대장균군은 최확수법(MPN법), 막여과법, 효소발색법 등으로 검출하도록 되어 있다.

최확수법은 추정시험(presumptive test), 확정시험(confirmed test) 및 완전시험(completed test)의 3단계 시험을 거쳐 수행된다. 추정시험은 적당히 희석한 시료를 희석배수별로 젖당액체(lactose broth) 배지가 함유된 시험관에 접종하여 35℃에서 24~48시간 동안 배양한 후, 젖당 발효에 의한 가스 생성을 점검하는 것으로, 만약 가스가 생성되면 대장균군이 존재할 가능성이 있음을 나타낸다. 각 희석배수별로 양성을 나타내는 시험관의 수를 조사한 후, MPN 표와 대조하여 원래 시료 100 mL 당 대장균군 수를 산정한다(표 5-1). 다음 단계인 확정시험에서는 추정시험에서 양성을 나타낸 배양액의 일부를 Eosin-Methylene Blue 또는 Endo 평판배지에 접종하여 배양한 후, 대장균군의 존재를 확인한다. 젖당 발효세균은 이 배지에서 녹색의 광택을 나타내는 집락을 형성한다. 마지막 단계인 완전시험에서는 확정실험에서 대장균군으로 확인된 집락을 젖당액체 배지에 접종하여 배양함으로서 가스 생성을 확인한다.

우리나라에서는 대장균군 검출의 법적인 기준이 최확수법이지만 선진국이나 학계에서는 막여과법(membrane filtration technique)을 같이 이용하고 있다. 최확수법에 비해 실험기구가 많이 필요하지 않고, 적은 노력으로 쉽게 측정할 수 있는 방법이다. 특히 최확수법은 시료 내 미생물 수가 적은 경우에 검출하기 어렵지만 막여과법은 많은 양의 시료를 여과하면 되므로 검출이 가능하다.

막여과법은 일정량의 시료(음용수의 경우 통상 100 mL)를 공극 0.45 μm의 여과막으로 여과하여 세균을 여과막의 표면에 포집한 후, 여과막을 m-Endo 평판배지위에 올려놓고 35℃에서 24시간 배양한다. m-Endo 배지는 장내세균만 자라게 하는 선택배지(selective medium)이면서, 자라난 집락을 구분할 수 있는 분별배지(differential medium)인데 대장균군은 금속광택이 있는 붉은색 집락을 형성한다.

이상과 같은 전통적인 대장균군 검출방법은 배양시간 때문에 신속하게 검출하기 어려운데 음용수나 식품에서의 지표미생물 검출은 신속하고 또한 정확한 검출방법을 요구한다. 이런 방법으로 최근에 많이 이용되는 것은 효소측정법으로, 총대장균군 검출은 대장균군이 공통적으로 보유하고 있는 젖당 분해효소인 β-galactosidase의 활성을 관찰한다. 이 방법은 β-galactosidase가 기질인 ONPG(o-nitrophenyl-β-D-galactopyranoside)를 420 nm의 빛을 흡수하는 노란색의 nitrophenol로 가수분해하는 반응에 기초하고 있다. 또한 발색기질대신 형광을 띠는 MUG(MUGal, 4-methyllumbelliferyl-β-D-galactopyranoside)와 같은 형광기질을 사용하는 방법이 총대장균군에 대한 선택성과 민감성이 뛰어나므로 많이 사용되고 있다.

효소법과 더불어 최근에 개발된 대장균군 시험법으로서 리포산 환원법(lipoic acid reduction method)과 존재유무 확인법(presence-absence법, P-A법)이 있다. 리포산 환원법은 배지에 든 리포산을 대장균군이 환원리포산으로 환원시킴으로써 배지의 환원전위가 감소하게 되는 원리를 이용하는 시험법이다. P-A법은 많은 시험관이 필요한 최확수법을 개선한 대장균군 시험법으로서 최확수법보다 민감성이 더 높은 것으로 알려져 있다. P-A법은 LB배지에 pH 지시약인 bromocresol purple을 첨가하여 대장균군이 젖당을 분해한 결과 생성되는 산과 기체를 확인하는 시험법이다.

11.1.2 분원성 연쇄상구균

동물배설물이 오염된 것을 확인하는데는 분원성 연쇄상구균(fecal streptococcus)의 포함 여부를 측정하는 방법이 바람직하다. 오염의 지표로 이용되는 분원성 연쇄상구균은 젖산균의 한 종류로서 비강 및 인두, 소화관, 질 등의 동물체내 정상균총의 일부를 구성한다. 여기에는 *Streptococcus* 속 및 *Enterococcus* 속이 포함되는데, *E. faecalis, E. faecium*은 주로 사람의 배설물에서 기원하며, *S. bovis*와 *S. equinus*는 소나 돼지, 닭 등 가축의 배설물에서 기원한다. 이들은 대부분의 그람음성 장내세균이 자라지 못하는 담즙(bile)과 아자이드 나트륨(sodium azide)이 함유된 배지에서 자라기 때문에 이런 성분이 든 배지를 이용해서 검출한다.

우리나라의 '먹는 물 수질공정시험방법'에서는 추정시험과 확정시험을 거쳐 검출하도록 되어 있다. 추정시험은 아자이드 나트륨이 함유된 아자이드-포도당 배지가 든 시험관에 시료를 접종하고 35℃에서 48시간 배양하여 세균이 자란 결과 배지가 흐려지면 추정시험 양성이다. 추정시험 양성 시험관만을 대상으로 확정시험을 실시한다. 확정시험은 아자이드 나트륨과 세균학적 담즙 분말이 든 파이자 장구균선택 한천배지 위에 추정시험 양성 시험관 배양액을 접종하여 35℃에서 24시간 배양하여 갈색의 테두리가 있는 흑갈색의 집락이 생성되면 확정시험 양성으로 판정한다.

분원성 연쇄상구균은 대장균보다 물에서 생존기간이 짧으므로 상수도에서 발견되면 오염된 지 얼마되지 않았음을 유추할 수 있다. 분원성 연쇄상구균(FS)과 분원성 대장균(FC)과의 비(FC/FS ratio)를 조사하여 분변 오염이 인간기원인지 가축기원인지 판정할 수 있는데 이 비율이 4 이상이면 사람 분변에 의한 오염으로, 0.7 이하이면 가축 분변에 의한 오염으로 간주한다(표 11-1).

표 11-1. FC/FS 비

FC/FS 비	오염원
〉 4.0	인간에 의한 오염 확증
2.0~4.0	혼합 오염 중 인간 분변의 우점에 대한 좋은 증거
0.7~2.0	혼합 오염 중 가축 분변의 우점에 대한 좋은 증거
〈 0.7	동물에 의한 오염 확증

11.1.3 혐기성 세균

혐기성 세균들 중에서 *Clostridium perfringens, Bifidobacterium, Bacteriodes* spp. 등이 분변 오염을 나타내는 지표세균으로 이용되고 있다.

*C. perfringens*는 그람양성의 포자를 형성하는 절대혐기성 간균으로서, 주로 인간이나 동물의 배설물에서 기원한다. 오염된 지 얼마되지 않은 수계에는 대장균의 개체수가 *C. perfringens*보다 많지만, *C. perfringens*는 내구성이 강한 포자를 생성하기 때문에 다른 분변성 세균보다 훨씬 오래 생존할 수 있다. 따라서 *C. perfringens*는 오래전의 오염이나 간헐적인 오염을 나타내는 지표생물로 적당하다. *C. perfringens* 분리 및 계수는 포자의 내열성을 이용하여 측정한다. 시료를 75℃에서 10분 정도 처리한 후, 아황산염이 들어 있는 배지에 접종하여 배양하면 *C. perfringens*에 의해 아황산염이 검은 색의 아황산제일철로 환원되므로 쉽게 판정할 수 있다.

*Bifidobacterium*은 그람양성의 간균으로 운동성이 없고, 포자를 형성하지 않는다. 이 세균은 대장균군이나 분원성 연쇄상구균보다 배설물에 더 많이 분포하며, 특히 일부 *Bifidobacterium*은 주로 인체에 서식하고 있으므로 인간과 동물성 오염을 구분하는데 이용될 수도 있다. 그러나 산소에 너무 민감하며, 복잡하고 비싼 장치와 확인실험이 필요한 불편함이 있다.

11.1.4 종속영양 세균

유기물을 탄소원 및 에너지원으로 이용할 수 있는 모든 종류의 세균을 종속영양 세균이라고 하며, 우리나라의 먹는 물 수질기준에는 일반세균(total colony counts)으로 명명하고 있다. 종속영양 세균은 지표수나 지하수에서 흔히 분리되며, 토양 및 채소를 포함한 식물체에 널리 분포한다. 이들 대부분은 비병원성 세균이지만 몇몇 종은 기회성 병원체가 되기도 한다. 종속영양 세균은 특이성이 없기 때문에 분변 오염과 직접적인 상관관계가 없는 것으로 보고 있으나 종속영양 세균이 과다하게 많이 검출되면 폐수나 분변 오염의 가능성이 크므로 우리나라를 비롯한 세계 여러 나라에서 먹는 물 수질기준으로 설정하여 관리하고 있다.

우리나라의 먹는 물 수질기준에는 수돗물과 먹는 물 공동시설(약수터, 샘터, 우물)의 물에 대해서 일반세균을 100 CFU/mL 이하로 규정하고 있다. 우리나라의 먹는 물 수질 공정시험방법에 규정된 일반세균의 시험법은 표준한천배지(plate count agar)나 트립톤-포도당-엑스 한천배지에 시료를 접종하고 35℃에서 48시간동안 배양하여 형성되는 모든 집락을 계수하는 것이다.

11.1.5 바이러스

사람의 분변에는 수많은 바이러스가 있으며, 이들은 소아마비, 바이러스성 장염, 간염 등의 질병을 일으킨다. 바이러스는 염소나 오존과 같은 살균제에 대한 내성이 세균에 비해 강하여 세균성 지표생물이 기준 이하인 물에서도 종종 검출되는 경우가 있으므로 식수의 지표생물로 사용할 필요가 있다. 이들을 관찰하는 데에는 세포배양 등의 시설과 기술을 요구하기 때문에 일반화되지 않았으나, 최근에는 면역화학적 방법의 개발로 쉽게 측정이 가능하다.

박테리오파아지(bacteriophage)는 하수 및 오염된 물에 항상 존재하기 때문에 분변 오염의 지표생물로 또는 바이러스 오염의 지표로 활용되고 있다. 즉, 시료에서 지표미생물을 직접 검출하지 않고, 이들에 기생하는 박테리오파아지를 검출하여 분변오염 등을 확인할 수 있다. 자연수계에 존재하는 박테리오파아지의 개체수는 대단히 적으므로 먼저 농축시켜야 한다. 농축된 파아지는 숙주가 되는 세균에 접종하여 용균반의 생성으로 확인한다. 한 예로, *E. coli*에 기생하는 대장균파아지(coliphage)의 검출은 간단한 방법에 의하여 수행되며, 적은 비용으로 실시할 수 있다.

*Bacteroides fragilis*의 박테리오파아지 또한 환경에서 인간 바이러스의 잠재적 지표로서 제시되고 있다. *Bacteroides* 속에 포함되는 종들은 절대 혐기성 세균이고, 인간 분변의 주요 구성체이기 때문에 이 세균에 대해 활성이 있는 박테리오파아지는 바이러스 오염의 적절한 지표가 될 수 있는 잠재력을 가진다. 그러나 숙주가 혐기성 세균이기 때문에 일상적 지표생물로 활용하기에는 어려운 단점이 있다.

11.1.6 플랑크톤

플랑크톤 중에서 특히 식물성 플랑크톤(phytoplankton)은 오랫동안 수질지표로 중요하게 사용되어 왔다. 일부의 종은 상당히 부영양화된 물에서 잘 생육하는데 비하여 다른 종은 유기성 폐수에 매우 민감하다. 특히, 일부의 종은 해로운 수화현상을 일으키고, 때때로 악취, 산소결핍, 독성조건을 형성하여 동물의 치사 및 인간의 질병을 일으키는 원인이 되기도 한다. 식물성 플랑크톤과 동물성 플랑크톤의 집합체는 수질을 평가하는데 유용한데, 그들의 짧은 수명때문에 플랑크톤 생물은 환경변화에 대하여 빠르게 반응한다. 따라서, 플랑크톤 생물의 존재와 그들 종의 구성 및 분포는 그들이 발견되는 물의 질을 평가하는데 적합하다. 플랑크톤 생물은 물의 pH, 색깔, 맛, 냄새 등과 같은 무생물적인 환경에 크게 영향을 미치며, 일부 종은 흔히 수질의 최근 동향이나 기원을 결정하는데 유용하다. 그러나 수질의 지표로서 플랑크톤 생물의 사용은 제한적이며, 지표로서의 플랑크톤은 동시에 수집된 물리화학 및 생물학적 자료를 결부시켜야 적절히 이용될 수 있다.

11.1.7 기타 수질오염 지표미생물

*Pseudomonas*는 자연계에 널리 분포하여 오염의 지표로는 부적합하지만 몇 종은 병원성인 것도 있다. 그 중, 공중보건학적 관점에서 관심이 높은 종은 *P. aeruginosa*이다. 이 세균은 사람의 귀, 눈, 목에 감염되어 질병을 유발하며 화상 환자, 면역 손상 환자에게 감염되면 기회적 병원체로서 작용하여 생명을 위협하기도 한다. 또한 인간 활동에 의한 수질오염과 밀접한 관계가 있음이 확인되었다.

오염된 물이나 잘못 관리되고 있는 수영장에서 수영한 사람에게 피부염, 귀 및 요도 감염은 주로 *P. aeruginosa*에 기인하는 경우가 많으므로 위락용수의 잠재적 지표생물로 제안되고 있다. 그러나 이 미생물은 자연계에 흔하게 존재하며, 자연조건에서 증식할 수 있으므로 분변 오염의 지표생물로서의 가치는 낮은 것으로 보고있다. *P. aeruginosa*의 측정은 배지에서 생성하는 형광색소, 집락의 모양 등에 의하여 수행되었으나 최근에는 m-PA 배지를 변형한 mPA-F, mPA-P 배지를 사용하여 막여과법으로 측정하고 있다.

*Aeromonas hydrophila*는 수계의 토착성 세균으로 자연계 도처에서 발견되며, 척추동물에 감염하여 질병을 일으키는 것도 알려져 위생학적으로 중요한 병원성 미생물로 인식되고 있다. 또한 높은 영양물질 농도와 상관성이 있으므로 자연 수체의 영양물질 농도 지표생물로 제안되고 있다. 이 균의 분리에는 주로 bile salt maltose 배지를 사용한다.

항산성 *Mycobacterium fortuitum*이나 *M. phlei*는 염소살균과 같은 살균 소독법에 대해서 예외적으로 강한 저항성이 있기 때문에 지표미생물로서 중요한 특징을 가진다. 시험은 Middlebrook 7H9와 같은 선택배지를 이용하여 37℃에서 9일간 배양하는 막여과법을 사용한다.

효모와 곰팡이를 포함하는 진균류는 자연계에 널리 분포하며, 그 종류도 매우 다양하다. 진균류는 균체의 밀도와 유기물질 유입과의 관계에 근거하여 오염의 유용한 지표로서 활용될 수 있다. 효모인 *Candida lambica*는 펄프와 종이공장 폐수에 고농도로 함유되어 있는 오탄당에서 잘 자라기 때문에 지표미생물로 사용될 수 있다. 또한, 일부 효모와 곰팡이는 열오염 지표(thermal indicator)로 이용될 수 있다.

11.1.8 대기오염 지표미생물

지의류(lichen)는 녹색식물의 광합성에 대한 대기오염 물질의 영향을 연구하는데 좋은 도구로 이용된다. 지의류의 공생적인 성질은 스트레스에 대한 민감도를 증가시켜 준다. 녹색식물에게 피해가 분명치 않은 낮은 오염도에서도 지의류는 나쁜 영향, 즉 사라질 수 있다. 지의류가 이처럼 오염된 공기에 대하여 예민한 반응을 나타내는 것은 빗물이나 공기로부터 흡수된 오염물질이 외부로 배설되지 못하고 농축되어 치사농도에 쉽게 이르기 때문인 것으로 추정된다. 지의류는 이산화황의 농도, 산성비, 중금속 오염 등의 지표미생물로 이용된다. 스웨덴에서는 산성비에 의하여 *Lobaria scrobiculata*가 소멸됨을 확인하고, 산성비의 지표미생물로 이용하고 있다. 이산화황의 농도가 낮아지면 *Lecanora muralis*와 *Xanthoria elegans*가 암석 표면이나 지붕 위에 나타나므로 이들의 변화에 따라 오염도를 측정할 수 있다. 지의류는 고농도의 중금속을 축적할 수 있는 능력이 있어서 발전소, 제련소, 제철소 및 광산지역 등에서 좋은 지표미생물로 여겨지고 있다.

많은 세균들은 대기오염에 예민하게 반응한다. 이러한 세균은 세포 피해에 대한 연구 또는 지표미생물로 이용될 수 있다. *Escherichia*는 오존과 탄화수소 사이의 광화학 반응으로 생성된 스모그에 매우 민감하다. 스모그 혼합물은 ppb 단위에서 *E. coli*에 치명적이다. 오존만으로도 *E. coli*에게 독성이 있고, 세포 표면이 산화되면서 세포가 파괴되어 세포 내용물이 터져 나온다.

대기오염물질에 의하여 야기된 세포의 피해를 결정하는데 효과적인 도구로 사용되는 것이 발광세균이다. 발광세균은 어두운 곳에서 빛을 내기 때문에 이들 생물발광(bioluminescence)은 쉽게 판정될 수 있다. 부텐(butene)과 산화질소의 광화학 반응에 의하여 생성된 스모그는 세균의 생물발광을 상당히 감소시킨다. 생물발광을 하는 세균은 PAN에 특히 예민하다. 2 μL/L 이하의 낮은 농도에서도 PAN은 발광을 저해한다. 이런 정도의 낮은 스모그 농도에서는 안구의 자극을 느끼지 못한다. 이와 같은 미묘한 생리적인 영향을 낮은 대기오염 수준에서 더 고등한 생물에서도 볼 수 있다. 미생물을 이용한 생물분석(bioassay)으로 대기오염물질에 의하여 야기되는 세포피해의 성격과 정도를 꿰뚫어 보아야 한다. 다환 탄화수소는 일반적으로 발암성이 있는 대기오염물질이다. 이들은 세균의 세포 내에서 변이체의 생성을 자극한다. 이런 현상은 세포에 피해를 주는 데 필요한 오염물질의 농도와 피해의 성격을 연구하는데 이용될 수 있다. *Bacillus cereus*를 발암성 물질인 3,4-벤조피렌으로 처리하면 대사활성이 증가하고, 비정상적인 거대세균이 생긴다. 미생물에 대한 벤조피렌의 독성은 자외선에 노출될 때 더욱 강화된다. 원생동물인 *Paramecium*은 탄화수소의 독성에 빛이 어떤 영향을 미치는가에 대한 연구에 이용된다. 발암성 물질이 비발암성 물질보다 훨씬 더 광역학적(photodynamic)인 반응을 보였다.

11.2 바이오센서

전통적으로 환경오염물질과 오염 미생물의 조사에는 물리화학적 분석기술이 사용된다. 분광광도계, HPLC, GC, GC-MS 등은 오염물질을 ppm 또는 ppb 수준까지 검출할 수 있다. 오늘날 이들 분석기기는 특별한 오염물질을 검출할 수 있는 생물학적 시스템인 바이오센서(biosensor)에 의하여 보완되어지고 있다.

바이오센서는 효소, 항체 또는 핵산 등의 생물성분이 분석대상 물질과 상호작용하고, 상호작용의 결과는 전자적 성분에 의하여 검출된 후, 다시 측정 가능한 신호로 번역되는 일종의 탐침이다. 바이오센서 탐침은 극소전자공학(microelectronics)과 생명공학의 융합기술로 인해 가능해진 기술로서 가스, 이온, 유기물, 세균 등 많은 물질을 분석하는 데 유용하며, 복잡한 미생물 환경을 연구하는데도 적합하다.

바이오센서는 생물학적 성분(bioreceptor) 및 전자공학적 성분(변환기, transducer)으로 구성된다. 핵산, 단백질(항체와 효소), 렉틴(당과 결합하는 식물단백질)을 포함한 다양한 물질과 기관, 조직 절편, 미생물과 같은 복잡한 물질이 생물성분으로 이용될 수 있다. 반응도에 따라 나타나는 물질의 농도를 전기 신호로 변환하는 부분이 변환기이다. 각 경우에 있어, 분석대상 물질에 대한 생물성분의 특이성이 생물분자를 감지할 수 있게 해준다(그림 11-1).

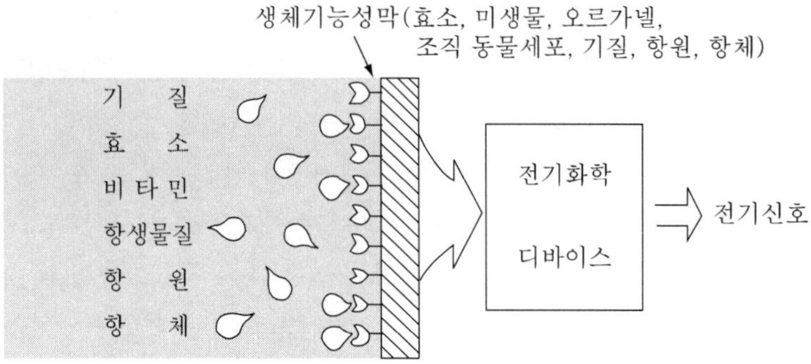

❖ **그림** 11-1. 바이오센서 측정원리

현재 미생물을 분자식별 소자로서 사용하는 방안이 연구되어 미생물 바이오센서가 실용화되고 있다. 미생물을 생물 감응기로 이용하는 경우, 균체에 존재하는 효소기능을 이용하는 것과 미생물 전체의 생리기능을 이용하는 것 등 두 가지가 있다. 어느 경우든 효소나 미생물을 고분자막에 고정화한 후, 이것을 전극 위에 장착하여 바이오센서를 구성한다. 미생물 바이오센서를 원리적으로 분류하면 미생물의 호흡활성을 지표로 하여 유기화합물을 계측하는 형식과 미생물의 대사반응이나 효소반응으로 생기는 전극활성을 지표로 하여 유기화합물을 계측하는 형식으로 분류된다. 전자는 호기성 미생물 고정화막과 산소전극으로 구성된다. 이 미생물 바이오센서를 유기물질을 함유한 시료액 가운데 넣으면 유기물질이 이용되어 미생물의 호흡활성이 높아진다. 이 호흡량의 변화는 장착되어 있는 산소전극으로 측정할 수 있다. 여기에서 호흡량의 변화는 유기물질의 농도에 의존하므로 전류값으로서 유기물질의 농도를 계측할 수 있다. 한편, 미생물은 유기물질을 이용하면서 여러 가지 대사산물을 생성한다. 이들의 대사산물들 중에는 이산화탄소, 수소, 개미산, 환원형 조효소 등과 같은 전극 활성물질이 함유되어 있어서 이들이 전극에서 계측되기 때문에 원래의 유기물질 농도를 계측할 수 있다.

미생물 바이오센서를 응용하여 돌연변이원이나 발암물질에 대한 1차 검색이 가능하다. 즉, 화학물질에 의하여 일어나는 변이, 사멸, λ phage의 유발을 전기화학적으로 검색함으로써 돌연변이원이나 발암물질을 신속하고 간단하게 선별할 수 있다.

미생물 바이오센서는 장기간 안정성이 우수해야 한다. 에탄올, 아세트산, glutamic acid, 암모니아, 아질산, BOD 등을 계측하는 바이오센서는 이미 실용화되어 발효 공정과 수질환경 오염원의 계측분야에 사용되고 있다. 예를 들어, 이 시스템에 에탄올 함유 시료액을 주입하면 효모에 의하여 에탄올이 이용됨에 따라 전류값이 감소하여 최종적으로 극소 전류값이 얻어진다. 이 극소 전류값과 어느 범위의 에탄올 농도와의 사이에 직선관계가 인정되어 이 관계를 이용하여 에탄올 농도를 간단하게 계측할 수 있다(그림 11-2). 또 바이오센서에 이용하는 완충액을 산성으로 하면 아세트산의 계측도 가능하다.

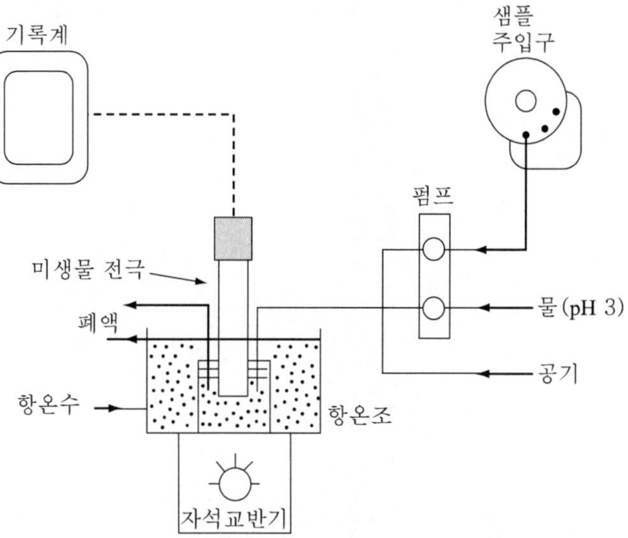

❖ 그림 11-2. 에탄올 바이오센서

생체 방어기구인 면역반응은 항원과 이것에 대하여 체내에서 생성된 항체와의 특이적 복합체 형성을 특징으로 하고 있다. 따라서 항체-항원 인식은 매우 결합력이 강하며, 선택성 또한 높다. 가장 효과적인 항원은 단백질이나 다당류이지만, 단독으로는 항체를 생산할 수 없는 저분자 화합물에서도 단백질과 결합할 수 있는 항원성을 보이는 항체를 만들 수 있다. 이와 같은 항체의 항원 식별기능을 수용체에 이용한 센서를 면역센서(immunosensor)라 부른다. 면역분석법은 1935년에 항원-항체간의 면역침강법(immunoprecipitation technique)이 소개되어 임상진단 분야에서의 적용 가능성이 타진되면서 그 개념이 도입되었으며, 1960년에 방사면역분석법(radio immunoassay)이 개발된 이후 임상검사법으로 정립되었고, 그 이후 많은 기술들이 개발되었다. 면역분석법이 본격적으로 각광을 받기 시작한 것은 1975년 단일클론항체(monoclonal antibody) 생산기술이 개발된 이후부터이다. 지표물질로는 형광(fluorescence), 색(color), 방사선(radio) 및 화학발광(chemiluminescence)을 일으키는 것을 주로 사용한다. 이 중 색깔의 변화를 수반하는 방법을 사용할 때는 색을 지니는 무기물을 사용하거나 항체를 효소와 결합하여 효소에 의한 반응으로 색깔이 생기도록 한다.

Applied Environment Microbiology

CHAPTER 12

에너지 · 자원 생산

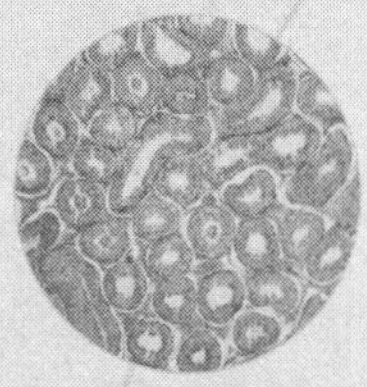

spontaneous generation

dihydroxyacetone

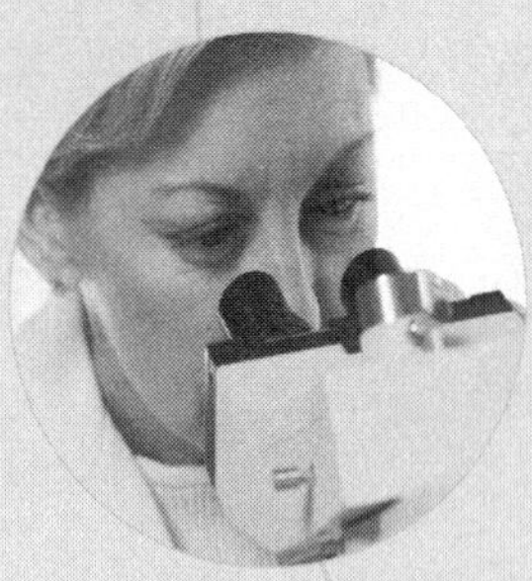

biomagnification

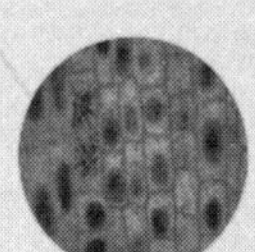

Pseudomonas

Cryptosporidium

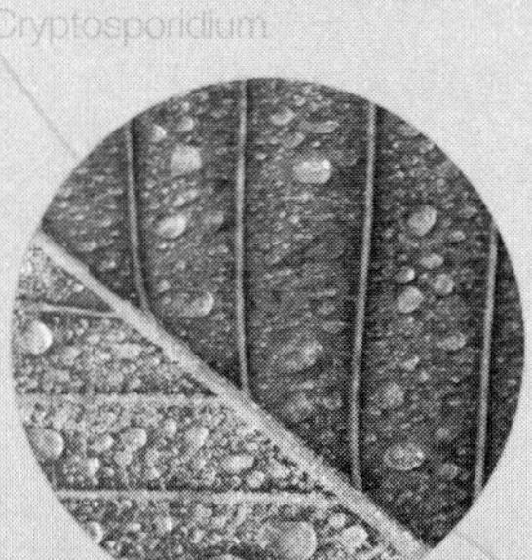

carbohydrate

spontaneous generation

현재 사용 중인 연료는 주로 석유 또는 석탄 등의 화석연료이지만 이들 화석연료는 연소에 의한 대기오염, 탄산가스 농도 상승에 따른 지구 온난화 현상 등을 초래하고 있어 어떤 방법으로 지구 환경을 깨끗한 상태로 유지하느냐가 중요한 관심사가 되고 있다. 특히 환경문제는 화석연료를 사용하고 있는 한 피할 수 없다. 이와 같은 상황에서 화석연료를 대체할 수 있는 새로운 에너지원의 개발이 요구되고 있다.

침출은 광산의 광내수와 같은 특수 환경에서 생육하고 있는 미생물을 이용하여 광석 중에 함유된 유용한 금속성분을 용출해서 회수하는 방법으로 미생물 채광법의 일종이다. 광산에서 구리를 채취한 것은 기원전 1000년 경 지중해 연안지방에서 시작되었으며, 17세기 스페인의 리오 틴드(Rio Tint) 광산에서 구리를 대규모로 용출하는 기술을 확립하였다. 최근 전 세계적으로 고품질 광석의 매장량이 차츰 감소하는 반면, 금속류의 수요는 지속적으로 증가해서 금속자원은 고갈되고 있다. 고품위 광석이 고갈되어감에 따라 현재의 회수 공법으로는 기술적, 경제적 이유로 인하여 회수가 곤란한 저품위 광석을 새롭고 경제적인 방법으로 개발할 필요가 있다.

12.1 바이오 에너지

일부 미생물은 몇 가지 측면에서 바이오 에너지 생산에 이용될 수 있는 잠재력을 가진다. 미생물은 폐기물, 식물 또는 미생물 생물량(biomass)을 액상 또는 가스상 에너지로, 태양에너지를 생물량으로, 생물량을 에너지로 전환시킬 수 있다.

12.1.1 에탄올

오늘날 에너지가 부족해지면서 대체 에너지원으로서 에탄올의 중요성이 새롭게 부각되고 있다. 탄수화물을 함유한 물질을 발효시켜 에탄올을 생산할 수 있는 미생물의 능력 특히, 효모의 능력은 잘 알려져 있다. 미생물에 의하여 생성된 에탄올은 수많은 음료용 제품의 생산에 사용되며, 귀중한 에너지 자원으로서도 이용될 수 있다. 가솔린에 에탄올을 첨가하면 가솔린의 사용기간을 크게 연장시킬 수 있다. 가솔린-에탄올 혼합체는 가스홀(gashol)로 알려져 있다. 가솔린에 대한 에탄올의 정상적인 혼합비는 9 : 1이다. 가스홀은 어떠한 공학적인 변화없이 자동차 내연기관에 직접 사용될 수 있다. 가스홀은 에너지로서 매우 효율적이며, 석유계 에너지에 비하여 탄화수소를 대기 중으로 적게 방출시킨다. 에탄올로 발효시킬 수 있는 사탕수수를 대량으로 재배하는 데에 적합한 토지와 기후를 가진 브라질은 가솔린을 에탄올로 대체하려는 야심적인 사업을 시작하였다.

에탄올을 대량생산하려면 탄수화물 기질의 대량공급이 필요하다. 에탄올 및 메탄과 같은 에너지로 전환시키기에 적합한 기질을 생산하려면 태양에너지를 식물이나 미생물의 생물량으로 변화시키거나 유기성 폐기물을 이용해야 한다. 적합한 발효기질의 생산을 위하여 광합성 활성을 이용하게 되면 이 또한 인구 성장 때문에 제한되어 가는 농업적 식량생산과 부분적인 갈등을 초래하게 된다. 태양에너지를 1차적으로 전환시켜 생물량으로 만들고 생물량에 저장된 에너지를 이용하려면 한층 더 효과적인 방법을 찾아야 한다. 다행스럽게도 과실을 맺는 식물의 줄기와 잎과 같은 많은 농업 폐기물은 이론상 미생물에 의한 에너지 생산을 위한 적합한 후보물질들이다. 생물량을 생산할 수 있는 이러한 원료들은 일반적으로 밭을 갈 때 토양 속으로 유입되며, 토양에서 미생물에 의하여 분해된다. 이러한 물질의 순환은 바람직한 것이지만 이 과정에 화학적 에너지 회수과정을 첨가시킬 수 있다.

에탄올이 잠재적 에너지원으로 고려될 때, 원료기질의 화학적 조성은 이것이 효율적으로 에탄올로 전환될 수 있을 것인가를 결정하는데 중요하다. 일반적으로 에탄올은 효모에 의하여 간단한 탄수화물로부터 생산된다. 상업적인 에탄올 생산에 이용되는 효모는 복잡한 중합체(polymer)를 공격할 수 없으며, 초기에는 통상 식물체 자신 또는 효모가 아닌 다른 미생물에 의해 생성된 효소가 식물성 중합체를 분해해 주어야 한다. 예를 들면, 양조산업에 있어서 곡류기질에 함유된 전분은 처음에 아밀라아제의 공격을 받아서 간단한 탄수화물이 생성된다. 만약에 셀룰로오스성 물질이 에탄올 생산용 기질로 고려된다면 효모를 에탄올 생산에 이용하기 전에 먼저 셀룰로오스성 물질이 간단한 탄수화물로 분해되거나 또는 이에 필요한 효소를 가진 미생물을 유전공학적으로 제조하여야 한다. 몇몇 호열성 미생물들은 열에 내성이 강하고, 대사속도가 빠르기 때문에 미래에 셀룰로오스성 폐기물로부터 에탄올을 생산할 전망이 밝다.

식량원과 미생물적 에너지 생산을 위한 농작물 생산은 경작 가능한 토지의 가용성, 식물 및 미생물의 성장에 요구되는 고정형 질소의 가용성을 비롯하여 많은 요인들에 의하여 제한된다. 유전적 조작을 통하여 식물과 세균사이에 추가적인 공생적 질소고정 관계를 확립하려는 시도는 에너지 생산용 기질로서 어떻게 하면 식물성 재료를 값싸게 재배할 수 있는가 하는 데 중요한 영향을 미친다.

비록 미생물이 식물생산에 필요한 고정형 질소의 부족을 경감시켜줄 수는 있지만 토지자원의 가용성이 감소하기 때문에 재래식 영농방식의 확장은 크게 제한될 것이다. 그러므로 태양에너지를 전환시켜 육상의 생물량을 생산하는 새로운 접근법은 에탄올과 같은 유용한 화학적 에너지형태로 전환시킬 수 있는 기질을 적합하게 생산할 수 있는 방법을 고려하여야 한다. 산림 생물량은 대체로 이용되지 않았지만 에너지 생산에 제공될 수 있다. 육상 생태계에 있어서의 생물량 생산은 연간 1톤 이하~700톤 이상/h의 범위를 가진다.

산림 생태계에서 생산된 대부분의 생물량은 미생물이 이에 접근할 수 없거나 다른 용도로 사용되기 때문에 미생물에 의한 에너지 생산에 이용되지 못하지만 나뭇가지, 목재 파편 및 톱밥과 같은 산림 잔재물은 좋은 기질이 될 수 있는 잠재력을 가진다. 집약적인 산림관리는 미생물적 전환을 위한 식물 생물량의 생산을 크게 증가시키지만 리그노셀룰로오스성 물질의 느린 대사는 산림 생물량을 이용하는 데 있어서 기술적인 장애가 되고 있다. 먼저 목재를 고압 수증기에 노출시킨 다음 급격하게 압력을 줄이는 증기 폭발법(steam explosion)은 목재를 부수어 주고 리그노셀룰로오스 복합체를 부분적으로 끊어주기 때문에 이러한 난점을 극복하고 목재를 발효 가능한 기질로 전환시킬 수 있을 것이다. 아울러 최근에 리그닌의 생물분해에 대한 생화학 및 유전학적 이해가 향상되어 미생물에 의해 리그노셀룰로오스성 물질을 액상연료로 전환시키는 것이 기술적 및 경제적으로 현실화되었다. 태양에너지를 전환시켜 생물량을 생산하는데 주된 공헌을 할 수 있는 것은 조류, 시아노박테리아(cyanobacteria), 해양 및 담수의 수중 서식지에서 자라는 침수 또는 반침수형 고등식물들이다. 현재에는 이러한 서식지가 생물량의 생산을 위해서 집중적으로 관리되지 못하고 있다. 미생물에 의한 에너지 생산용 기질을 생산하는 데 있어서 수중 서식지를 생산하는 것에는 몇 가지 유리한 점이 있다. 조류와 시아노박테리아는 식량원으로서 대규모로 재배되지 않으므로 식량생산과 에너지 생산용 기질 간에 자원이용에 대한 경합을 배제할 수 있다. 조류와 시아노박테리아의 빠른 성장률은 효율적인 기질생산을 가능하게 한다. 미세조류의 실제 생산량은 연간 55톤/ha에 이를 수 있다. 그러나 고등식물에 비해 미세조류 및 시아노박테리아를 수확하기가 어렵다. 또한 수중 서식지에 있어서의 생산성은 자연적인 질소 및 인의 가용성에 의해서도 제한된다. 많은 시아노박테리아가 질소고정을 하므로 시아노박테리아는 미생물에 의한 에너지 생산용 기질의 매력적인 원천이 될 잠재력을 가진다. 폐쇄된 웅덩이와 같은 시스템 내에서 생물량의 생산을 증진시키기 위하여 비료를 주고, 영양원의 순환을 효과적으로 유지시킬 수 있다. 개방된 해양계에 있어서는 영양원의 자연적인 용출을 이용하거나 인공적인 용출현상을 일으켜 에너지 전환용 생물량의 생산을 증진시킬 수 있을 것이다.

12.1.2 메탄

메탄 생성, 즉 세균에 의하여 생산되는 메탄은 매우 중요한 에너지원으로서의 잠재력을 가진다. 메탄은 기계적, 전기적 및 열에너지의 생성에 이용될 수 있다. 메탄은 천연가스 파이프라인을 통하여 가정이나 산업체에 공급되어 에너지원으로 사용될 수 있다. 또한 메탄은 미생물의 작용이나 화학적 방법에 의하여 메탄올로 전환되어 내연기관의 연료로서 사용될 수도 있다.

다량의 메탄이 유기물의 혐기적 분해에 의하여 생성되지만 이 에너지원은 통상 많은 수중 서식지에서 발생하는 것과 같이 재산화되거나 대부분의 육상 서식지에서 발생하는 것과 같이 대기 중으로 소실된다. 메탄의 생성은 폐기물의 분해에 기반을 둘 수 있으며, 또한 태양에너지를 유용한 화학 에너지로 전환시키는데 있어서의 한 과정으로서 생성되는 전환된 생물량에 기반을 둘 수 있다. 에너지원으로서 메탄의 생산과 이용은 태양에너지의 전환을 통하여 처음으로 유기화합물에 포집된 에너지의 재순환을 가능케 함으로써 탄소의 생물지구화학적 순환에 있어서 하나의 중요한 루프(loop)를 깨트려 준다.

메탄은 해초와 같이 1차 생산자의 생물량으로부터도 생산될 수 있다. 메탄생성 세균에 의하여 메탄을 생산할 목적으로 해양성 조류를 기르는 것은 빛 에너지를 가스상 탄화수소의 생산으로 전환시키는 매력적인 방법이다. 호기성 광종속영양 세균을 빛의 존재하에서 동물성 폐기물로 생육시켜 단백질 함량이 높은 생물량과 각종 지방산을 생산할 수 있다. 이러한 광종속영양 세균을 이용하면 빛 에너지의 직접적 전환이 가능하며, 유기물을 회수하여 고급산물을 생산함으로서 동물사료나 메탄 생성용으로 사용할 수 있다.

메탄을 생성하는 유망한 방법 중의 하나는 폐기물의 생물학적 전환(bioconversion)을 통하여 이를 수행하는 것이다(표 12-1). 혐기성 소화조는 메탄생성을 위하여 사용될 수 있으며, 실제로 메탄은 혐기적 폐수처리시설의 정상적 부산물이다. 일부 폐수처리장에 있어서는 혐기성 소화조에서 생성된 메탄을 처리장의 동력원으로 사용한다. 또한, 일부 작은 도시에서는 폐수처리시설에서 발생된 에너지를 동력 공급원으로서 사용한다. 유기성 폐기물을 함유하고 있는 매립지는 몇 년 동안 메탄가스를 발생시키며, 이러한 가스를 포집하여 이용하려는 선도적 사업계획이 실시되었다. 개인주택이나 소규모 산업체에 혐기성 소화조를 설치하여 밀폐된 시스템 내에서 가용한 에너지 자원을 최대한 보유 및 이용하며, 재회수하는 것이 이론상 가능하다. 도시폐기물 및 농업폐기물은 메탄의 대규모 생산을 위해서 중앙처리시설로 보내질 수 있다.

효모의 순수배양에 의하여 수행되는 에탄올 생산과는 달리 메탄의 생성은 혼합미생물 군집에 의하여 수행된다. 이중 일부 미생물 개체군은 복잡한 중합체를 비롯하여 각종 유기성 물질을 분해하여 간단한 지방산, 수소, 탄산가스 및 알콜로 변화시키는데 관여한다. 메탄생성 세균은 이러한 발효산물을 이용하여 메탄을 생성한다. 메탄생성은 흔히 원시협동적(synergistic) 또는 상리공생적(mutualistic) 관계를 가진 미생물 개체군들에

◎ 표 12-1. 폐기물의 혐기적 소화로부터 생성된 가스량

고형 폐기물의 종류	총 가스생산량(m^3/kg)
도시 폐수 슬러지	0.43
도시 주방 쓰레기	0.61
도시 종이 쓰레기	0.23
도시 전체 쓰레기	0.28
유제품 가공 폐기물, 슬러지	0.98
효모균 가공 폐기물, 슬러지	0.49
양조제품 가공 폐기물, 호프	0.43
안정화된 두엄 및 짚	0.29
말두엄	0.40
가축두엄	0.24
돼지두엄	0.26
화본과 풀	0.50
사탕무우 잎	0.46

의하여 수행된다. 유기물을 메탄으로 전환시키는 미생물들은 균형된 미생물 군집을 형성한다. 이렇게 미생물들이 혼합되어 있기 때문에 특정 미생물 개체군들에게 최적환경을 제공하기 위하여 발효조를 공업적으로 설계하려는 생물공학자에게는 이것이 난점으로 되고 있다. 유기물을 메탄으로 전환시키는 소화조를 효과적으로 설계하려면 가스상 메탄을 쉽게 포집하는 비교적 짜임새 있는 발효조가 필요하다.

혐기성 소화조 및 다른 생물학적 전환공정으로부터 메탄이 생성될 때 이산화탄소도 동시에 생성된다. 이산화탄소에 대한 메탄의 생성 비율은 기질의 화학적 조성 및 생물학적 전환이 수행되는 환경조건에 따라 결정된다. 생물공학적 공정은 발생되는 가스 중에서 메탄의 비율을 최대화하도록 조절할 수 있으며, 또한 그렇게 해야 한다. 메탄이 유용한 에너지 자원이 되려면 포집되어 다른 가스로부터 분리되어야 하며, 이렇게 되면 연료로서 천연가스에 첨가되거나 천연가스를 대체할 수 있다.

12.1.3 수소

수소는 현재 주된 연료는 아니나 각종 미생물들이 이를 생산할 수 있으므로 미래의 중요한 에너지원이 될 수 있을 것이다. 수소는 혼합발효를 수행하는 세균이 탄수화물을 발효시킬 때 최종산물로서 생산된다. 수소가 신속하게 제거되면 발효과정에 유리하다. 탄수화물이 수소에 저장되는 에너지로 전환되는 이론적인 효율은 약 33%로서, 이것은

유기물로부터 메탄의 생성효율이 85%인 것과 비교된다. 그러므로 수소의 생성보다 유기화합물로부터 메탄을 생성시키는 것이 발효를 통한 미생물의 에너지 생산에 있어서 더 양호한 공정으로 고려되어야 한다.

발효에 의하여 수소를 생산하는 미생물이 있는 반면에 광영양 미생물은 분자상태의 수소를 상당량 생성할 수 있다. 각종 미생물이 생물학적 광분해(biophotolysis), 예를 들면 태양에너지를 이용하여 물로부터 수소를 생산할 수 있다. 홍색세균, 녹색세균 및 일부 시아노박테리아를 비롯한 각종 광합성 조류 및 식물의 광계는 모두 물을 분해하여 산소를 방출시키고, 탄산가스를 탄수화물로 환원시키는데 수소를 사용할 수 있다. 이론적으로 이것은 CO_2 환원과정에서 분리하여 광합성의 결과로 직접 수소가스를 생성시킬 수 있을 것이다. 그러나 실제로 수소의 광이용 생산(photoproduction)에는 상당히 어려운 점이 존재한다. 조류는 수소를 방출시키는 hydrogenase를 거의 가지지 않는다. 그러므로 이 효소는 세균으로부터 조류의 엽록체에 도입되어야 한다. 또한, 이러한 hydrogenase는 산소에 대단히 민감하여 물이 광분해되면 불가피하게 산소가 생성된다. 생물학적 시스템에 있어서 빛을 이용한 수소의 생산은 흥미롭고 중요한 개념이지만 아직 실용화되지는 않았다.

각종 환경조건이 생물학적 광분해를 통하여 생성되는 수소가스의 생성율에 영향을 미친다. 질소를 고정하는 일부 시아노박테리아는 질소성분이 부족할 때 수소를 효율적으로 방출시킬 수 있다. *Rhodospirillum* 또는 *Rhodopseudomonas*와 같은 광종속영양 세균은 폐기물로부터 수소를 생산하는데 이용될 수 있다. 미래의 잠재적 에너지 공급원과 같이 어떤 연료자원이 개발되고 이용되어야 하는가를 결정하는데 있어서는 기술적 및 경제적인 고려가 커다란 역할을 한다. 생물학적 광분해의 많은 영역에 대한 지식이 부족하기 때문에 미생물에 의해 대량으로 수소를 생산하고 이용할 수 있는 가능성을 평가할 수 없다. 그러므로 생물학적 광분해법을 미래의 가능한 에너지원으로 개발하고 이용할 수 있는 전망은 불확실하다. 그러나 미래에 있어서는 태양에너지를 수소가스로 전환시키는데 있어서 광합성 미생물을 사용할 수 있을 것인가에 대한 실현성을 결정하는 노력이 진행될 것이다.

12.2 미생물 제련

지구상에 존재하는 석유 및 일부 광물의 고급 퇴적지가 고갈되면, 저급 퇴적지로부터 오일과 금속을 회수시킬 수 있는 혁신적이고도 경제적인 방법을 개발할 필요가 있다. 그러나 이것은 기술적 또는 경제적인 이유로 인하여 현재의 회수방법으로는 달성할 수 없다. 금속함유량이 낮은 광석은 적어도 일부 황화수소염 광석이나 이를 함유한 광석의 경우와 같이 이를 직접적으로 응용시키기에는 부적합하나 저급의 광석으로부터 유황산화세균, 특히 *Thiobacillus ferroxidans*의 활동을 이용하여 경제적으로 추출할 수 있다. 이렇게 미생물에 의하여 금속을 회수하는 것을 미생물 제련 또는 미생물 채광(microbial leaching)이라고 한다.

이 공정은 현재 저급의 구리 및 우라늄 광석에 상업적 규모로 적용되고 있다. 일반적인 광물회수 과정은 다음과 같이 나타낼 수 있다.

$$MS + 2O_2 \xrightarrow{T.\ ferroxidans} MSO_4$$

'M'은 황화수소염으로 존재할 때는 불용성이며, 황산염으로 존재할 때는 가용성이 되어 용탈될 수 있는 2가 금속이온을 나타낸다. *T. ferroxidans*는 환원형 유황 화합물이나 2가 철이온의 산화를 통하여 에너지를 합성하는 화학합성 독립영양세균이다. 이 세균은 황화수소 금속염(metal sulfide)을 산화하여 직접적으로 또는 광석 중에 함유된 2가 철이온을 3가 철이온으로 변화시킴으로서 간접적으로 생물 용탈(bioleaching) 작용을 수행한다. 후자의 경우, 3가 철이온은 용탈에 의하여 회수되는 금속을 화학적으로 산화시킨다.

저급의 광석으로부터 금속을 생물 용탈시키기 위해서 미생물을 사용할 때는 통상 광석을 채광한 후, 부수어서 불투수성재나 특별히 제조된 주름판(apron) 위에 무더기로 쌓을 필요가 있다(그림 12-1). 그런 다음 물을 무더기 위로 퍼올려 광석을 통해 주름판으로 흘러내리게 한다. 용출수는 수집되며, 금속회수를 위하여 처리된다. 가장 흔한 방법은 용탈된 금속을 유기용매로 분획시키며, 다음 단계에서 용매를 공중분사(증발)시켜 회수한다. 용탈액과 용매는 모두 재순환된다. 전형적인 가동방식의 흐름도를 그림 12-2에 보였다.

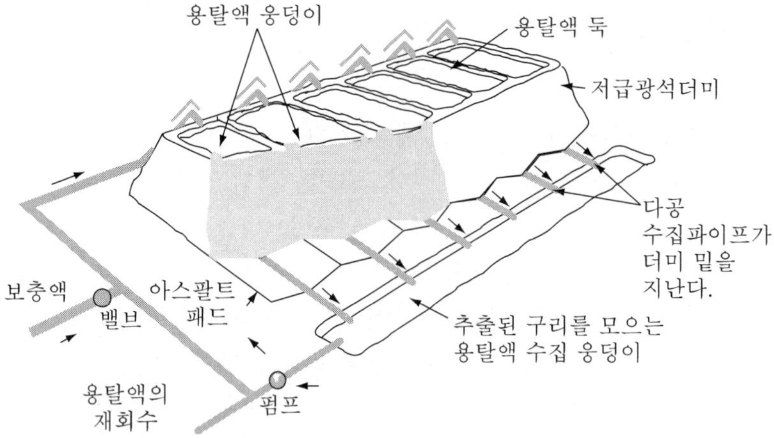

❖ **그림** 12-1. 저급광석더미로부터의 용탈법

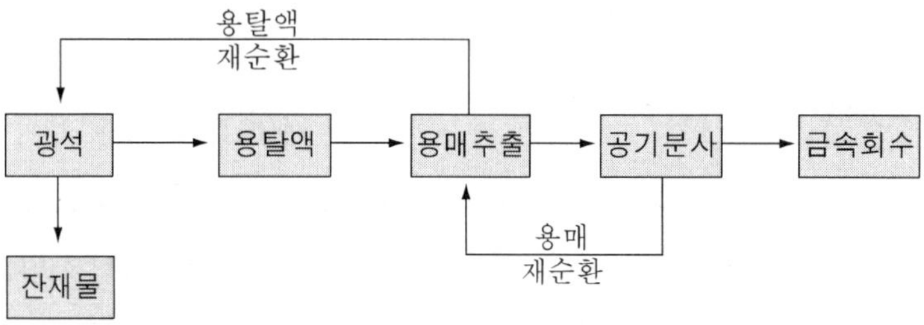

❖ **그림** 12-2. *Thiobacillus*의 활성을 이용한 생물 용탈에 의해 저급광석으로부터 금속을 회수하는 흐름도

광석의 광물학적 성질은 생물 용탈을 결정하는데 중요하다. 어떤 경우에는 광석 내에 존재하는 원소의 화학적 형태가 미생물의 공격에 저항성을 나타낸다. 또한, 어떤 경우에는 광석이 초기에는 미생물에 의하여 공격될 수 있으나 독성산물이 생성되어 더 이상의 생물 용탈 활동을 막는 수도 있다. 또 다른 경우에는 광석 내의 광물질 성분이 쉽게 생물 용탈될 수 있는 화학적 형태로 존재한다. 용탈되어야 할 광물입자들의 크기는 용탈율을 결정하는데 중요하다. 부수고 갈아서 표면적을 증가시키면 생물 용탈율이 크게 증가된다.

각종 생태학적 인자들이 생물 용탈 효율에 영향을 미친다. 가장 중요한 용탈세균인 *T. ferroxidans*의 활동에 미치는 인자들에는 첫째로 온도가 있는데, 대체로 30～50℃가 최적이라고 생각된다. pH 2.3～2.5가 최적이며, 철의 공급은 2～4 g/L이 최적이다. 이외에 산소 및 기타 영양원의 가용성이 생육에 요구된다. *T. ferroxidans*는 대체로 pH가

3.0 이상인 2가 철에서 생육을 시작할 수 없다. 암모니아형태의 질소, 인, 황산염 및 마그네슘은 *T. ferroxidans*의 생육에 필수적이다. 용탈 작업시 어떤 때는 이러한 영양원이 제한적으로 작용하기 때문에 첨가해야만 할 경우가 있다. 용탈 작업이 공기에 노출된 상태로 진행되는 경우, 광선은 *Thiobacillus*의 일부 종에 억제효과를 가지며, 단파장에서 가장 억제효과가 크다. 현탁된 3가 철 입자는 억제적인 광도에 대해 어느 정도 보호작용을 해 준다.

12.2.1 구리의 생물 용탈

Thiobacillus 및 이와 관련된 철산화 세균의 생물 용탈은 상업적으로 중요한 구리의 재회수에 공헌한다. 구리는 전기공업에서 각종 금속의 합금용으로서 수요가 많은데, 일반적으로 구리는 공급이 부족하다. *Thiobacillus*의 작용에 의한 생물 용탈은 CuS의 직접 산화와 2가 철이온으로부터 3가 철이온이 생성될 때 CuS가 간접적으로 산화되는 과정을 모두 포함한다.

황화철(ferrous sulfide)은 chalcopyrite($CuFeS_2$)와 같은 경제적으로 중요한 구리 광석 중에 존재한다. 전형적인 저급광석은 0.1~0.4%의 구리를 함유한다.

구리는 용탈액으로부터 용매 분획이나 쇳조각을 첨가하여 회수된다. 후자의 방법은 다음 반응식에 따라 구리가 철로 치환된다.

$$CuSO_4 + Fe^0 \rightarrow Cu^0 + FeSO_4$$

생물 용탈을 이용한 구리의 회수에 있어서는 후자의 방법이 보다 장점을 가지고 있다. 용매 분획법을 사용할 때는 용탈액 중의 잔재물을 활성탄으로 주의 깊게 제거하지 않으면 *T. ferroxidans*의 활동을 억제할 지도 모른다. 실험실 연구에서 저급광석에 함유된 구리의 97%까지 생물 용탈에 의해 회수되었으나 이렇게 높은 회수율은 실제의 생물 채광작업에 있어서는 좀처럼 성취되지 않는다. 그러나 이 방법이 아니라면 사용할 수 없는 광석으로부터 구리를 50~70%만 회수하더라도 중요한 가치를 가질 것이다.

12.2.2 우라늄의 생물 용탈

우라늄은 미생물 용탈에 의하여 회수할 수 있는 또 하나의 금속이다. 우라늄은 핵발전에 있어서 연료로 사용되며, 이 방법이 아니라면 사용할수 없는 저급광석으로부터 미생물을 이용하여 우라늄을 회수하면 에너지 생산에 공헌할 수 있다고 생각된다. 생물 용탈은 저급의 우라늄 광석으로부터 우라늄을 상업적으로 이용하고, 저급의 핵폐기물로부터 우라늄을 회수하는 방법을 제공함으로써 핵시설에서의 경제성과 직접적인 관련을 가진다.

4가의 산화우라늄(uranium oxide, UO_2)은 저급의 광석에 존재하며, 불용성이다. 이것을 3가 철이온으로 산화시키면 용탈할 수 있는 6가의 우라늄이온으로 전환된다. 탄산염이 풍부한 우라늄 퇴적층은 알칼리 중탄산염-탄산염 용액으로 용탈시킨다. 황철광을 함유한 우라늄 퇴적층은 약한 황산용액으로 용탈시킨다. 우라늄이 산화되는 동안에 생산된 2가 철이온은 염소산염, 산화망간(MnO_2) 또는 과산화수소와 같은 화학적 산화제에 의하여 3가 철이온으로 재산화된다. 화학적 산화제때문에 용탈 공정에 상당한 경비가 소요되나 황철광(FeS)을 함유한 우라늄 광석은 *T. ferroxidans*의 작용에 의하여 낮은 비용으로 3가 철이온 산화제가 생산되어 재순환될 수 있다. *T. ferroxidans*는 황철광에 함유되어 있으며, 종종 우라늄 광석에도 함유된 2가 철을 3가 철로 산화시키며, 이것은 UO_2를 화학적으로 전환시켜 용출될 수 있는 UO_2SO_4를 형성하는데 있어서 산화제로 작용한다(표 12-2).

우라늄의 회수에 있어서 *Thiobacillus*를 이용할 수 있는 타당성은 1차적으로 퇴적광물의 조성에 달려 있다. 예를 들어, 황철광이 함유된 산화우라늄 광석은 생물 용탈에 적합하나 철을 함유한 광물질이 결여된 우라늄 광석이나 탄산염 함량이 높은 우라늄광석은 그렇지 않다. 대체로 세균에 의한 우라늄의 용탈은 우라늄이 4가의 상태로 존재하고 환원형 유황 및 철광물과 관련되어 있는 지질층에서 가능성이 있다. 산성배지에 있어서는 이러한 에너지원이 *T. ferroxidans*의 생육에 적합한 환경을 제공해 준다.

표 12-2. 미생물에 의한 우라늄의 생물 용탈에 관련된 반응

3가 철과 우라늄 광석의 간접적 산화 :

[UO_2는 4가의 우라늄으로 불용성 산화물이며,
UO_2SO_4는 6가의 우라늄(UO_2^{2-})으로 용해성 황산염]

$$UO_2 + 2Fe^{3+} + SO_4^{2+} \rightarrow UO_2SO_4 + 2Fe^{2+}$$
$$(U^{4+} + 2Fe^{3+} \rightarrow U^{6+} + 2Fe^{2+})$$

Fe^{2+}는 *T. ferroxidans*에 의하여 재산화된다.

12.3 석유의 회수

석유 및 천연가스는 비교적 깨끗하고 편리한 에너지원이며, 미국은 에너지 수요의 약 70%를 이러한 원료에 의존한다. 미국 내에서 생산된 석유는 미국의 오일 수요의 2/3 미만을 공급한다. 그리하여 미국은 정치적으로 불안한 나라들로부터 석유를 다량 수입하며, 예측할 수 없는 공급량때문에 무역균형에 불리한 영향을 미치며 경제적 취약성을 초래하고 있다. 새로운 고급 유류 매장지가 발견될 전망은 밝지 않으나 미생물 공정(microbial enhanced oil recover, MEOR)을 사용하여 기술적 또는 경제적 이유로 인해 현재까지 개발되지 않았던 유전은 물론, 현존하는 낡은 유전으로부터 석유회수를 증진시키는 데 공헌할 수 있을 것이다.

이상적인 조건 하에서는 석유가 굴착공을 통하여 분출될 것이다. 이러한 자연적인 유출 및/또는 양수(pumping)에 의한 석유의 회수는 평균적으로 전체 석유 매장량의 약 1/3밖에 되지 않는다. 가스에 의한 압력 투입, 물의 관주(water flooding), 혼합형 관주(miscible) 및 열처리법은 모두 2차적인 회수기술이며, 석유의 추가적인 회수에 사용되어 왔다. 가스에 의한 압력 투입 및 물의 관주법은 굴착공으로부터 석유를 분리하여 석유 생산정(producing wells)으로 밀어주기 위하여 의도적으로 가스나 물을 주입시키는 것이다. 이산화탄소를 높은 압력으로 주입시키면 이것이 효과적인 친유성 용매로 작용하여 무거운 원유의 점성을 감소시키며, 압력을 감소시키면 자연적으로 석유로부터 분리된다. 이러한 이유로 인하여 고압 CO_2와 함께 수행하는 혼합성 관주는 특히 전도가 유망한 기법이다. 열처리법은 무겁고 점성이 있는 석유의 유출량을 증가시키기 위하여 수증기를 주입하거나 지하에서 조절적 연소를 실시하는 것이다. 지질층으로부터 오일을 분리시키기 위하여 용매, 계면활성제 및 중합체를 사용하는 3차적 오일 회수법은 미국에 있는 매장지로부터 600억~1,200억 배럴을 추가적으로 회수할 수 있는 잠재력을 가지고 있다. 잔탄 검(xanthan gums)과 같은 유망한 계면활성제 및 중합체는 *Xanthomonas campestris*에 의하여 생산된다. 이러한 중합체들은 오일의 흐름 특성과 관련된 상당한 점도를 가지기 때문에 작은 세공간극(pore spaces)을 통하여 흐를 수 있다. 이러한 물질들은 재래식 발효공정에 의하여 생산되며, 물의 관주 작업에 있어서 첨가제로 주입된다.

전도는 덜 유망하지만 또 하나의 가능한 방법은 오일을 분리하기 위하여 현장(*in situ*) 미생물을 이용하는 것이다. 이러한 착상은 1947년 조벨(Zobell)에 의하여 처음으로 제안되었다. 암석의 세공표면에서 자라는 미생물은 직접적으로 물리적인 치환을 통해서, 간접적으로 표면활성능을 가진 대사물질과 H_2, CO_2, CH_4 및 H_2S와 같은 가스를 생산함으로써 오일을 분리시킨다. 또한 미생물의 부분적 분해로 인해 오일의 점도가 변할 수 있다. 조벨은 *Desulfovibrio*가 현장작업에 있어서 석유의 회수율은 증가시키는데 전망이 좋은 미생물이라고 생각하였으며, 1955년 리비어(La Riviere)는 실험실에서 미생물의 작용에 의하여 오일의 추출이 증가됨을 증명하였다.

현장시험에서 미생물 현탁액을 당밀이나 유청 등의 탄소원과 혼합하여 오일함유층으로 주입시키면, 이전에 낮은 회수율을 보이던 유정(油井)으로부터 오일의 회수율을 증가시킬 수 있음이 밝혀졌다. 이러한 시험에는 유정을 덮고 미생물이 작용할 만한 시간을 준 다음에 생산을 재개한다. 유정을 다시 열었을 때는 오일의 유출량이 증가된다. 이러한 예비적인 결과에도 불구하고 현장 접근법에 난점은 많으며, 이 접근법의 실용성은 의심스럽다. 즉, 생육조건, 염도, pH, 온도 및 산화환원전위 등을 최적화시키기 어렵고, 기껏해야 영양원으로서 석유를 혐기적으로 간신히 이용할 수 있을 뿐이다. 또한, 공기를 주입시키면 석유의 품질에 바람직하지 못한 변화를 일으킨다. 그리고 가장 중요한 난점은 미생물이 생육하면 세공간극을 막아서 오일의 유출량을 감소시킬 수 있다는 것이다.

CHAPTER 13

유전공학적 응용

13.1 농업과 미생물

급속한 경제성장과 인구의 도시집중 그리고 농산물의 수입 개방 등으로 인하여 국내의 농업 여건이 크게 변화하고 있고, 이와 같은 현상은 금후 더 심화되리라 추정된다. 과거의 우리 농업정책은 식량 자급을 위해 다비(多肥)에 의한 최대 수확을 추구하였으나 오늘날의 농정 기본방향은 저비용에 의한 적정 생산과 소비자가 선호하는 고품질의 농산물을 생산하는 쪽으로 대폭 전환되었다.

다수확을 달성하기 위하여 화학농약과 화학비료를 장기간 사용함으로써 식량생산성이 크게 증가된 것은 사실이지만 이들 화학물질의 남용에 따른 토양 생산성 감소, 작물 수량 감소 및 품질저하, 생태계 파괴 등 심각한 피해가 속출하고 있는 바 세계적으로 화학비료 및 화학농약 사용에 따른 규제가 점점 더 강화되고 있다.

최근, WTO 체제의 출범에 따라 선진국 간에는 기술우위를 확보하기 위한 경쟁이 심화되고 있으며, 선진국들은 기술독점을 통하여 지배체제의 유지를 시도하고 있다. 새로운 농약 및 신품종 개발 등의 농업분야에 있어서도 선진국의 독점적 시장지배가 계속되면서 세계 각국은 농업생산의 안정성 향상, 환경보전, 농업 생산물의 증진 등 양적, 질적 생산성을 향상시키기 위하여 저공해 천연 생물농약의 개발에 박차를 가하고 있다. 아울러 농산물의 안정적 생산 및 쾌적한 환경보존을 위한 병충해 저항성 작물의 육종, 농산물 가공 및 이용기술의 연구개발에 많은 투자를 하고 있다.

특히, 환경보호와 생태계 보전에 관한 Green Round 협약이 국제적 관심이 되면서, 선진국에서는 환경문제와 관련시켜 저개발 국가의 무역에 압박을 가하고 있다. 또한 식량난 해결을 목적으로 무분별하게 유기화학 농약을 남용함으로써 농약중독, 농약에 의한 지하수 오염 및 토양오염, 농산물 중 잔류독성 등 생태계에 영향을 미치는 심각한 환경오염 문제가 야기되고 있다. 이를 극복하는 방안으로 새로운 생물공학 및 유전공학 기법을 이용하여 식물병 방제에 이용될 수 있는 무공해 또는 저독성 생물농약의 개발이 국제적으로 경쟁이 치열한 핵심분야로 등장하고 있다.

13.1.1 숙주의 변형 및 육종

각종 질병을 일으키는 병원균과 해충에 대한 생물학적 방제방법에는 여러 가지가 있는데, 그 중의 하나가 숙주 및 매개생물들을 변형시키는 방법이다. 숙주들은 병원균의 감염과 해충으로부터 공격을 차단할 수 있는 방어 기전을 가지고 있기 때문에 이러한 자연적인 방어 기전이 증가된 변형, 육종된 숙주는 병원균과 해충의 공격을 차단할 수 있다. 또한, 농업에 있어서는 질병을 일으키는 병원균에 대하여 유전적으로 저항성을 가진 식물들을 개발하기 위하여 저항성이 뛰어난 식물을 선택하는 선택육종이 널리 이용되고 있다.

숙주와 병원균간의 상호작용의 특성때문에 이와 같은 선택육종을 사용하며, 많은 새로운 식물 품종이 이러한 방법에 의해서 개발되었다. 이와 같이 식물은 병원균의 침입을 억제하며, 병원균에 노출되었을 때 병원균에 대한 저항성 능력이 생긴다.

근연 관계가 가까운 바이러스의 침입에 대해 보다 특징적으로 나타나는 저항성 기전을 교차방어(cross-protection)라고 한다. 한 가지 유형의 바이러스에 의하여 감염된 식물은 근연 관계가 가까운 제2의 바이러스의 침입을 받았을 때 추가적인 병 증세를 나타내지 않은 경우가 많다. 이러한 방어현상은 항상 두 개의 근연 바이러스가 침입하였을 때에만 일어난다. 이와 같은 현상으로 미루어 보아, 그 방어 기전이 동물의 면역반응과는 다르지만 비슷한 기전으로 일부 식물 병원성 바이러스로부터 식물을 보호할 수 있는 것이다.

13.1.2 병원균의 제어

병원성 미생물의 서식처를 제거하거나 감소시키기 위하여 여러 가지 제어방법이 이용된다. 병원균의 제어방법에는 병원균을 직접 살균하여 없애는 방법, 서식처를 제거하거나 농작물의 윤작 및 질병 매개생물을 제거하는 방법 등이 있다.

병원균을 직접 제거하는 방법의 예를 들어보면, 위생작업, 폐수처리, 음용수의 소독 등이 있다. 식품의 가공과 제조과정에서 수행되는 대부분의 많은 작업은 식품 속의 병원균을 감소시키기 위한 것이다. 이러한 작업에는 감마선 멸균, 고압습열 멸균, 여과멸균 및 저온살균 등이 있다.

식품가공에 사용된 그릇을 소독하는 것도 병원균의 잠재적인 서식처를 제거하는 것이다. 이와 비슷하게 의료 및 치과시술에 사용된 기구 및 재료는 존재할 가능성이 있는 병원 미생물을 제거하기 위해서 살균된다. 원예작업에 있어서는 식물 병원균을 제거하기 위하여 이따금 토양을 훈증하거나 직사광선을 포함한 열로 멸균시킨다. 많은 식물 병원균이 식물의 종자를 오염시키므로 종자를 화학약품이나 뜨거운 물로 처리하여 소독하면 식물 개체군 내의 질병 발생율을 크게 감소시킬 수 있다.

질병의 전파를 막기 위하여 감염된 식물 또는 동물의 조직을 제거하는 방법도 이용되는데, 이것은 병원체의 서식처를 효과적으로 감소시켜 주기 때문이다. 영농법에서 이것은 종종 윤작에 의해서 이루어진다.

또한, 감염된 작물을 제거해도 감염된 조직 내에 함유된 병원균이 제거된다. 숙주와 병원체간에는 상호작용의 특이성이 있기 때문에, 윤작에 의해 다른 작물이 재배되면 지난번에 재배된 작물을 오염시켰던 병원균을 배제시킬 수 있다.

병원균을 전파시키는 동물(보통은 곤충)들을 제거시키거나 감소시키는 방법에 의하여 전염병을 제어할 수 있다. 많은 종류의 인간 질병은 매개생물인 모기에 의하여 전파되므로 모기의 개체군 수준을 제어함으로써 이러한 질병의 발생율을 크게 감소시킬 수 있다. 모기 개체군은 화학적 살충제를 사용하거나 생물학적 방제에 의하여, 그리고 서식지를 파괴함으로써 제어될 수 있다.

벼룩과 진드기의 제어는 종종 병원성 미생물 개체군을 보유하고 있는 매개동물을 제어하는 것이라고 볼 수 있다. 곤충과 선충은 식물의 바이러스병, 세균병 및 곰팡이병의 매개생물이다. 매개생물에 의하여 전파되는 식물병의 발생은 매개생물을 적절히 제어함으로써 피할 수 있다.

13.1.3 미생물의 길항작용

미생물 상호간의 길항작용(편해공생) 관계를 이용하여 식물 병원균을 제어하려는 시도가 있다. 많은 식물병은 균류 및 세균 개체군에 의해 발생하며, 식물은 주로 식물주위에서 자라는 미생물에 의하여 감염된다. 근권과 엽권에 존재하는 많은 미생물은 식물을 병원균으로부터 보호한다. 또한, 일부 세균은 항진균 물질을 생산한다. 몇몇 *Bacillus, Pseudomonas* 및 *Streptomyces*를 토양 또는 종자에 뿌려주면 시들음병을 일으키는 곰팡이, *Rhizoctonia solani*에 의한 식물병 및 오이, 완두, 상치 등 기타 몇몇 식물병이 제어됨이 밝혀졌다. 또한 *Fusarium* sp.에 의해 발생되는 카네이션의 줄기썩음병 및 시들음병은 *Bacillus subtilis*에 의하여 제어된다. 특이성이 강하고, 항생물질과 유사한 물질인 agrocin은 이것을 생산하는 세균과 근연 관계가 있는 *Agrobacterium* 균주를 사멸시키는 효과가 있기 때문에 수관 옹아리형성 감염(crown gall infection)을 제어하는데 매우 효과적이다.

13.1.4 미생물 농약

1990년 초부터 최근까지 급속하게 증가하고 있는 유기합성 농약시장은 약 20조원으로, 2000년대까지 연간 매출고 27조원에 이를 것으로 전망되었으나 최근에 선진 각국에서 환경오염문제가 크게 부각되면서 유기합성 농약의 성장세가 크게 둔화되어 연평균 성장률 2%로 정체상태를 면치 못하고 있다.

한편, 생물학적 방법에 의하여 농작물을 보호하려는 연구는 최근에 활기를 띠고 있으며, 생물학적 제제의 실용화 가능성에 크게 낙관적인 연구결과들이 많이 보고되고 있다. 1992년에 발표된 생물농약계의 분석 자료에 의하면 광범위한 분야에서 생물농약 개발연구가 진행되고 있다. 현재, 전 세계 생물농약시장은 7,000억원 정도로 소규모이지만 매년 12% 정도의 고속성장을 계속하고 있으며, 특히 미생물 농약 분야는 연간 15~20%의 고속성장이 지속될 것으로 예측되고 있다.

각종 세균성 및 곰팡이성 병원균을 대상으로 한 미생물 살균제 개발 분야는 현재 초기 연구단계에 있으며, 길항세균들, 예를 들면 *Agrobacterium radiobacter, Bacillus subtillis, Pseudomonas, Streptomyces* 등을 이용한 미생물 살균제들이 보고되고 있다. 특히, *A. radiobacter*을 이용한 미생물 살균제는 *A. tumefaciens*에 의하여 발생되는 과수뿌리혹병 방제에 큰 효과를 거두고 있는 대표적인 성공사례이다. 또한, 최근 핀란드에서는 *Streptomyces grisioviridans*를 이용한 원예작물의 모잘록병, 시들음병 등 방제약을 개발하는데 성공하였는데, 마이코스탑(Mycostop)이라는 이름으로 유럽, 일본, 미국 등에 허가신청 중에 있다.

길항성 곰팡이를 이용한 미생물 살균제는 주로 *Trichoderma* sp.와 *Gliocladium virens*를 이용한다. 이들 제품은 모두 포자를 아르긴산 고분자속에 피막화시키는 방법을 이용하여 개발되었는데, 이 제품은 글리오가드(Gliogard)라 명명되어 최근 미국 환경보호청의 허가를 획득하였으며, 그레이스(W.R. Grace)사에 의하여 산업화가 추진되고 있다. 이 글리오가드는 토양 속에 용이하게 침입하는 *Rhizoctonia* 및 *Pythium* 질병 방제에 효과가 있는 것으로 알려지고 있다.

이상에서 살펴본 바와 같이 몇몇 성공사례는 미생물 농약의 토양처리 분야에서 유일하며, 이제 겨우 개척단계임을 알 수 있다. 미생물 농약의 엽면 살포 분야에서는 아직 뚜렷한 성공사례가 없다.

미생물에 의한 해충 제어목적으로 상업적인 미생물 살충제가 많이 개발되어 판매되고 있는데, 이러한 제품은 작물 및 기타 식물에 손실을 주는 곤충과 질병을 일으키는 미생물을 매개하는 곤충을 대상으로 한다.

잠재적으로 많은 바이러스, 세균, 균류 및 원생동물 개체군들이 해충 및 매개생물의 방제에 사용될 수 있다. 현재 살충제로 사용되고 있거나 장래에 살충제로 사용될 잠재력을 가지고 있는 미생물은 곤충에 질병을 일으키는 병원성 세균으로서 *Rickettsiella, Popilliae, Bacillus popilliae, B. thuringiensis, B. lentimorbus, B. sphaericus, Clostridium malacosome, Pseudomonas aeruginosa, Xenorhabdus nematophilus*를 들 수 있다. 그리고 균류 중에서는 선충류를 영양원으로 포획하는 것도 있는데, 이러한 선충을 포획하는 가장 흔한 균류에는 *Arthrobotrys, Dactylaria, Trichothecium, Verticillium, Chlamydosporium, Paecilomyces* 등이 있다.

13.1.5 빙핵형성 세균

유전공학은 생물학적 방제에서도 중요한 역할을 담당하고 있다. 동식물은 질병에 대한 저항성을 키우기 위해 육종되고 선택되며, 병원성 바이러스는 교차방어 또는 면역능력을 얻기 위하여 변이종을 만들고, 생물학적 방제용 생물은 병원성 생물의 병원성과 독소 생산력을 감소시키기 위하여 변이종을 만들며 선택, 육종된다.

시험관내(*in vitro*) 유전공학은 생물학적 방제용 생물을 손쉽게 설계할 수 있는 가능성을 넓혀 주었으나 이러한 가능성들이 생태계 내에서 직접 이용될 수 있는가 하는 논쟁이 계속되고 있다. 이러한 생물들이 환경 중으로 방출되었을 때 일으킬지도 모르는 예측할 수 없는 부작용에 대해 우려하는 측면도 있다. 그러나 주의깊게 실험적으로 생태계에 방출시험을 함으로써 대부분의 과학자들이 생각하는 위험성을 감소시킬 수 있을 것이다. 유전공학적으로 제조된 생물들을 자연환경에 방출시켜서 안정성을 유지시키는 연구는 계속 수행되어야 할 것이다. 유전공학적 제품을 생태계에 적용하는 예는 다음과 같다.

각종 유실수, 옥수수, 토마토, 콩과 다양한 아열대 식물과 같은 서리에 민감한 식물에서 세포 내 또는 세포 사이에 얼음 결정이 생길 때 서리 피해가 일어난다. 얼음 결정은 식물 세포로 들어가 기계적인 파괴로 막을 손상시킨다. 세포가 파괴되었으므로 해빙 시에 식물은 흐물흐물해지고 늘어지게 된다.

식물의 잎에 서식하는 *Pseudomonas syringae*는 잎의 표면에 결빙을 유도하는 빙핵 단백질을 분비하여 식물의 잎을 정상보다 높은 온도에서 얼게 한 다음, 냉해를 받은 세포로부터 흘러나오는 영양원을 이용하는 특이한 세균이다. 이와 같은 냉해를 방지하기 위하여 빙핵 단백질 형성 유전자를 변형시킨 균주(ice-minus)를 개발하여 야생형의 ice-plus 균주가 감염되기 전에 살포함으로써 야생형의 감염을 방지하는 방법을 이용하고 있다. 이것은 일단 잎의 표면에 먼저 정착한 ice-minus 균주가 경쟁에 의하여 ice-plus 균주의 생장을 억제하는 원리를 이용하는 것이다.

식물에 종양을 형성하는 그람음성 식물 병원세균인 *Agrobacterium tumefaciens*를 이용하여 형질전환 식물(transgenic plant)을 개발하는 방법이 있다. 일반적으로 이 세균은 병독성과 관련된 커다란 Ti plasmid(tumor inducing plasmid)를 가지고 있다. Ti plasmid는 식물에 전달할 DNA를 식물체로 이동시키는 유전자를 가지고 있다. 식물체에 외부 DNA를 전달하는 기능은 Ti plasmid DNA 중 일부 단편에 존재하는데, 이것을 T-DNA

라고 한다.

특히, T-DNA의 양쪽 끝의 염기서열 등은 전달과정에 필수적이다. 식물체로 운반할 외부 DNA는 T-DNA 사이에 끼워 넣어야 한다. 형질전환 식물체를 만드는 과정은 다음과 같다.

T-DNA의 일부(양쪽 배열들)를 가지고 있는 shuttle vector(보통 binary vector ; *E. coli*와 *A. tumefaciens* 두 가지 세균을 모두 숙주로 하여 복제될 수 있는 벡터)의 MCS(multiple cloning site)에 원하는 외부 유전자를 넣어 연결시킨다. 이렇게 만들어진 외부 유전자가 삽입된 플라스미드를 대장균에 형질전환시켜 선택배지 위에서 원하는 클론을 선별한다. 이렇게 선별된 대장균으로부터 원하는 유전자 삽입 플라스미드를 얻은 다음, 병독성 유전자가 제거된 Ti plasmid, 즉 D-Ti plasmid를 지니고 있는 *A. tumefaciens*와 접합시킨다. 즉, 외부 유전자 삽입 플라스미드를 D-Ti plasmid를 갖고 있는 *A. tumefaciens*로 전이시킨다.

결과적으로 외부 유전자 삽입 플라스미드와 D-Ti plasmid를 동시에 지닌 *A. tumefaciens*를 얻을 수 있다. 따라서, 외부 유전자와 표지 유전자(외부 유전자 삽입 플라스미드)는 병독성이 없고 전달기능이 있는 D-Ti plasmid에 의하여 식물세포로 전이될 수 있게 된다. 이렇게 재조합된 *Agrobacterium*을 원하는 식물의 조직배양이나 잎 절편 디스크와 함께 공존 배양하면 T-DNA의 양 끝에 존재하는 25 bp 염기를 이용하여 식물의 염색체에 삽입될 수 있기 때문에 새로운 형질전환 식물을 만들 수 있다(그림 13-1).

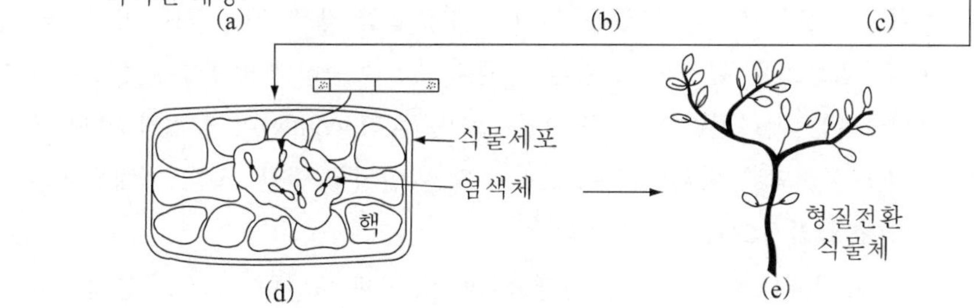

❖ **그림 13-1.** *Agrobacterium tumefaciens*를 이용한 형질전환 식물의 생산

*Bacillus thuringiensis*가 생산하는 *Δ*-endotoxin은 나비목 곤충에 대해 독성을 가지고 있는데, 30년 이상 나비목 곤충을 퇴치하기 위하여 사용되어져 왔다. 과학자들은 *B. thuringiensis* subspecies *kurstaki*로부터 *Δ*-endotoxin을 암호화하는 유전정보를 근권에 쉽게 기생하는 세균에 전이시켜 이를 종자의 접종제로 사용할 수 있도록 하는 연구를 수행하였다. 만약, 이것이 전이된 세균으로부터 발현되면 작물이 나비목 해충에 대하여 저항성을 가질 것이다. 이렇게 유전공학적으로 제조된 생물학적 방제시스템도 야외포장에 적용시킬 때 실제로 그 이용이 가능한 것으로 보고되었다.

13.2 의료·의약산업과 미생물

현재 시장에 나아있는 대부분의 의약품은 합성물질로, 직접 화학합성하거나 생물기원의 물질을 화학적으로 변형하여 만든다. 미생물을 이용하면 재조합 단백질 약품, 재조합 백신 등 생명공학 의약품을 만들 수 있다. 이러한 의약품 시장은 지속적으로 커지고 있으나 아직까지 전체 의약품 시장에서는 작은 부분만 차지하고 있다. 그러나 분자생물학의 발달에 힘입어 신약의 발굴과 디자인, 개발에 있어 미생물을 포함한 생명공학이 큰 비중을 차지할 것이라는 데에는 이견이 없다.

13.2.1 항생물질

항생물질은 미생물에 의하여 생산되는 가장 중요한 화합물이다. 이들은 대량생산되는 것도 아니고 경제적인 가치가 아주 높은 것도 아님에도 불구하고 지난 60년 동안 인간의 건강을 증진시키는데 있어서 커다란 영향을 끼쳐왔다.

항생물질은 항미생물 활성을 가진 대사산물로서 그람양성 및 음성 세균, 진균에 의하여 생성된다. 자연계에서 그 역할은 아마도 항생물질 생산자가 경쟁 미생물의 생육을 저해하거나 죽임으로써 환경의 자원을 효율적으로 이용하게 만드는 것으로 추정된다. 최초의 항생물질은 페니실린으로, 1929년 플레밍(A. Fleming)이 발견하였다. 제 2차 세계대전 중 페니실린의 광범위한 사용으로 수많은 인명을 구한 이후, 항생물질은 미생물 발효에 의하여 상업적으로 생산되었다.

*Streptomyces*로부터 유래한 많은 항생물질들이 현재 다양한 세균성 감염을 치료하는데 이용되고 있다. 이들 항생물질은 세포막 파괴, 세포벽 합성 저해, 단백질 합성 저해, 중요 대사산물 합성 저해 등의 방식으로 항생작용을 나타낸다.

현재 많은 세균들이 감염 치료를 위해 사용되는 항생물질에 대해 내성을 가짐에 따라 내성을 극복하는 새로운 항생물질을 찾기 위한 많은 노력들을 하고 있다. 새로운 항생물질을 찾는 방법은 항미생물 활성을 가지는 정제된 이차대사산물을 탐색하는 것으로, 새로운 항생물질을 발견하지 못할 수도 있는 힘든 작업이다. 두 번째 방법은 항생물질 생합성에 이용되는 미생물에 특이한 기질 또는 기질 유사체를 공급하는 방법으로, 기존 항생물질의 화학적 변형체가 생성될 수도 있는데 β-lactam 계열에 속하는 새로운 항생물질 개발이 좋은 예이다. 재조합 DNA 기술 역시 새로운 항생제 개발에 중요한 역할을 하고 있다. *Streptomyces coelicolor*로부터 actinorhodin 유전자를 클로닝하고 이것을 다른 항생물질을 합성하는 다른 종의 *Streptomyces*에 넣어서 새로운 구조의 항생물질을 생산하는 것이 좋은 예이다.

13.2.2 재조합 단백질

이전에는 포유동물 치료단백질은 오직 동물이나 인간 조직과 신체 분비물로 제조되어 제한된 양만을 이용할 수 있었다. 이들의 제조는 경비가 많이 들고, 부작용이 있으며 어떤 경우에는 바이러스와 프리온의 오염과 같은 문제점이 있었다. 재조합 DNA 기술은 의학적 응용성을 가진 400종 이상의 인간단백질을 포함한 수많은 재조합 치료용 단백질을 다양한 자원으로부터 생산하게 하였으며, 대표적인 예는 다음과 같다.

낭포성 섬유증은 상피조직에서의 기능 불량 등을 수반하는 치명적인 유전 결함이다. 이 질병은 폐에서 진한 점액을 보이며, 호흡곤란을 유발하고 미생물 감염의 위험성을 증가시킨다. 미생물에 의하여 감염이 되면 면역반응의 한 부분으로서 종종 미생물을 공격하는 식세포 기능이 작동된다. 결과적으로 미생물과 식세포 모두에서 DNA가 유리되어 폐로 방출된다. 이 DNA는 점성이 매우 높으며 더 나아가 진한 점액으로 된다.

유전공학적으로 생산된 DNA 분해효소는 이 DNA를 절단하여 점액의 점도를 감소시킴으로서 이들의 분비를 확실하게 차단 할 수 있다. 제네텍(Genetech)사에서 유전공학적으로 개발한 DNA 분해효소인 풀모자임(Pulmozyme)이 1996년에 미국 식품의약국에서 승인을 받았다.

인간성장 호르몬인 소마토트로핀(somatotropin)은 뇌 밑 부분에 있는 뇌하수체에서 합성되는 단백질 호르몬이다. 이 호르몬은 성장과 생육 상태 모두를 조절한다. 인간성장 호르몬은 선청성 질환인 뇌하수체 기능감쇠성 왜소발육증을 치료하는데 사용된다. 소마토스타틴을 동물로부터 분리하기는 매우 어렵다. 순수한 소마토스타틴 0.005 g을 얻으려면 50만 마리의 양의 뇌를 필요로 한다. 그러나 인간의 소마토트로핀 유전자를 대장균에 클로닝함으로써 같은 양을 9 L의 재조합 세균으로부터 얻을 수 있다. 1985년 제네텍사에서 프로트로핀(Protropin)이라는 이름으로 판매하기 시작하였다.

인슐린은 랑게르한스섬에 의하여 이자에서 생성되는 단백질 호르몬이다. 이 호르몬은 혈액 중의 포도당 수준을 조절하거나 탄수화물, 지방과 녹말의 대사에 관여한다. 동물 이자에서 분비되는 인슐린 가운데, 특히 소와 돼지 인슐린은 인슐린의존성 당뇨를 앓고 있는 환자들의 수요를 충족시키기 위하여 사용되어왔다. 그러나 이러한 동물 인슐린을 장기 투여함으로써 발생한 부작용은 동물 인슐린에 포함된 오염물질로 인한 것으로 알려져 있다. 재조합 인간인슐린은 이러한 부작용이 없으며 시장규모도 커지고 있는데, 재조합 인간인슐린은 동물 공급이 부족하더라도 얼마든지 생산할 수 있으며, 동물 인슐린 생산 공정 중 발생할 수 있는 모든 문제점을 배제시킨다.

콜라젠은 인체에서 가장 풍부한 단백질이며, 외과의사들이 봉합과 복구를 할 때 사용한다. 콜라젠은 소를 포함한 동물의 사체에서 얻어 왔으나 바이러스나 프리온의 오염 가능성이 있어 안전에 문제가 있다. 현재 효모인 *Pichia augusta*와 *Pichia pastoris*가 각각 인간 I형과 II형 콜라젠을 생산하기 위하여 유전공학적으로 개발되었으며, 이들이 미래에 의약과 수술용 단백질 생산을 위한 안전한 생산매체가 될 전망이다.

13.2.3 유전자 치료

유전자 치료란 유전자나 유전물질을 인간 세포에 도입하여 질병을 완화시키거나 치료하는 제반 치료를 말한다. 목적은 잘못된 유전자를 정상 유전자로 치환하거나 억제시키는 것이다. 세포로 도입된 DNA는 환자의 표현형질을 교정하는 유전정보를 제공한다. 그러나 이를 위해서는 외래 유전자는 질환이 있는 세포까지 도달해야 하는데, 이것이 문제점이 되고 있다. 현재까지 전 세계적으로 여러 종류의 유전질환을 앓는 5,000명이 유전자 치료를 받았으나 소수만이 임상적으로 효과를 보았다. 대부분의 현행 유전자 치료는 레트로바이러스 등을 이용한 바이러스 침투법을 사용한다. 이러한 운반자는 숙주 세포의 염색체에 무작위로 삽입될 수 있기 때문에 환자에게 삽입 돌연변이를 유발시킬 수 있어 잠재적인 발암 가능성도 있다. 다른 방법으로는 피로좀과 같은 입자 또는 세포 표면을 인식할 수 있는 항체 분자를 이용하여 세포에 융합시켜 직접 도입시키는 방법이 있다.

13.3 환경친화성 소재와 미생물

플라스틱산업은 19세기 후반에 셀룰로이드가 합성재료로서 사용되기 시작하면서 큰 혁명을 일으키기 시작하였다. 특히, 최근 수 십년간 중합체에 대한 화학적 지식과 성형 가공 기술이 크게 진보함에 따라 견고성, 내구성, 내식성, 경량성 및 안정성 등이 더욱 향상되어 광범위한 분야에서 다양한 용도로 합성 플라스틱이 사용되고 있다. 즉, 일반 가정용 잡화에서부터 필름, 파이프, 건축자재, 주방용품, 포장재료, 외장 재료의 접착제 등으로서의 용도뿐 만 아니라 자동차, 항공기 및 선박산업과 기타 소비재산업에 있어서는 물성이 한층 더 향상된 강화 플라스틱이 사용되고 있어, 현대사회를 소위 "플라스틱 문명"이라고 일컫고 있다. 그러나 합성 플라스틱은 사용 후 폐기 시 토양, 하천 등의 자연 생태계에서 생물에 의해 분해가 되지 않는 특성을 가지고 있어 환경보존 차원에서 심각한 문제를 일으키고, 포장지의 경우 한번 사용하면 버리기 때문에 생산량이 증가할수록 그만큼 모든 비분해성 물질에 있어 공통적인 폐기물 처리상의 문제를 발생시킨다. 플라스틱 제조 공정 중에서도 많은 폐기물과 유독가스가 발생되어 대기오염을 가중시킬 뿐만 아니라, 가공의 용이성과 최종제품의 유연성을 증가시키기 위하여 첨가하는 가소제들인 polychlorinated biphenyl(PCB)와 dioctylphthalate(DOP)는 생물에 의하여 분해가 잘 되지 않는 난분해성 물질로서 환경오염상의 문제뿐만 아니라 신경성 질환을 유발하는 등 보건학적인 문제도 야기하고 있다.

따라서, 합성 플라스틱을 대체할 수 있는 즉, 사용 후 자연계에서 분해되어 지구물리화학적 순환 사이클로 흡수될 수 있는 생분해성 플라스틱(bioplastic) 또는 좀더 넓은 의미로 "생분해성 고분자 물질"을 찾아서 대량으로 생산할 수 있는 공정을 확립하는 것이 장래 파급될 환경오염 문제와 부존자원 문제를 근원적으로 해결할 수 있을 것으로 예상되며, 또한 수요의 증가에 따른 경제적 가치도 엄청날 것으로 예측된다.

13.3.1 폴리히드록시알카노익산

생분해성 고분자 중에서 합성 플라스틱의 대체물질로서 가장 주목을 받고 있는 것이 바로 polyhydroxyalkanoic acid(PHA) 계열의 바이오 플라스틱인데, 그 중에서 특히, poly-β-hydroxybutyric acid(PHB)는 합성 플라스틱인 polyester와 polypropyene의 중간적인 물성을 지닌 천연 폴리에스터 계열의 신소재로서 가장 각광을 받고 있다. PHB는 대부분의 원핵세균들이 질소, 인, 산소 등이 부족한 영양 불균형 상태에서 세포 내에 축적하는 탄소원 및 에너지 저장물질로서, D-3-hydroxybutyric acid가 직선상으로 연결된 단일 중합체이다(그림 13-2). PHB는 여러 가지 특징적인 물리적, 구조적, 생물학적 성질로 인하여 다음과 같이 광범위한 응용가능성을 가지고 있다.

첫째, 인체조직과의 융화성이 우수하고, 인체에 무해하므로 수술용 봉합사, 수술용 솜, 외과용 핀, 접골재료, 일회용 의료기, 인공장기 등의 의료용으로 사용이 가능하고, 또한 항혈액 응고작용이 있으므로 혈액이나 체액의 여과용 생체막으로서 이용할 수 있다.

둘째, 서방성(controlled-release property)이 있으므로 종자 및 농약 코팅제나 약품 전달수단 등 농업용 소재로서 이용이 가능하다.

셋째, 압전성(piezoelectricity)이 있으므로 압전 소재나 광기억 소자에 이용이 가능하다.

넷째, 기체 차단 효과가 있으므로 이러한 성질을 갖는 필름 제조에 이용이 가능하다.

다섯째, 공기, 수분, 자외선 등에 안정하므로 sun screen용 크림이나, sun glass 재료로 이용이 가능하다.

여섯째, 다공성이고, 산소를 잘 투과시키지 않으므로 식품포장용 수지나 특수포장용 수지로 이용이 가능하다.

일곱째, PHB는 화학적, 효소적으로 광학 활성인 D(−)-3-hydroxybutyrate로 탈중합되므로 광학 이성질체 분리용 컬럼 충진제로 이용이 가능하다.

여덟째, PHB는 우수한 생물 분해성을 가지고 있어, 토양 내에서 탄산가스와 물로 분해되므로 일회용 컵이나 식품 포장지 등 합성 플라스틱의 대체물질로서 사용이 가능하고 따라서 환경보존의 측면에서 유리하다.

그러나 PHB는 녹는점이 180℃ 정도로 너무 높아 용융가공동안 분자량의 감소를 초래하여 물성이 저하되는 단점이 있으며, 필름, 섬유 등으로 성형 시 용도에 제한을 받을 만큼 부서지기 쉬워 범용 플라스틱으로 사용되기가 어렵다. 따라서, 최근 PHB 외에 hydroxybutyrate monomer와 β-hydroxyacid monomer로 구성된 PHA에 대한 연구가 활발히 진행 중인데, 이러한 PHA는 유연성이 높고, 녹는점이 120~140℃ 정도이기 때문에 PHB homopolymer가 가지는 단점을 극복할 수 있어, 범용 플라스틱으로서의 산업적 이용가치가 매우 높다.

PHA중 가장 연구가 많이 진행되어 있는 것은 PHB 사슬에 valeric acid가 공중합되어 있는 PHB/HV인데, 이미 영국의 ICI 사에서는 바이오폴(Biopol)이라는 상품명으로 시판하고 있다.

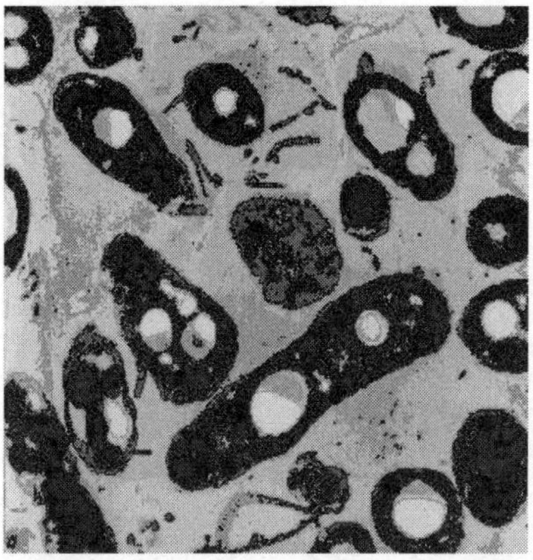

❖ 그림 13-2. *Pseudomonas* sp. EL-2의 세포 내에 축적된 PHA

13.3.2 세균 셀룰로오스

천연유래 다당류 중 셀룰로오스는 고등식물의 주요 구성성분이며, 지구상에서 가장 풍부하게 존재하는 글루칸으로서 식물로 부터 회수한 셀룰로오스 섬유는 제지 및 방적 산업을 중심으로 대량 이용되고 연구되어 왔다. 1886년 일부 초산균(*Acetobacter xylinum*)이 식물유래의 셀룰로오스와는 미세구조 및 특성이 다른 셀룰로오스를 생산한다는 것이 밝혀진 이후, 최근에 이르러서 세균기원의 셀룰로오스가 신소재로서 각광을 받고 있다. 세균 셀룰로오스는 식물 유래의 셀룰로오스와 달리 리그닌, 헤미셀룰로오스와 결합되어 있지 않고 글루칸 사슬로만 이루어진 순수 셀룰로오스의 집합체이다(그림 13-3). *A. xylinum*을 호기적 조건에서 정치배양하면 셀룰로오스가 망상구조의 막의 형태로 기-액 계면에 형성되며, 세포는 이 구조 속에 포획되어 있다(그림 13-3). 식물유래 셀룰로오스는 펄프화 과정에서 셀룰로오스와 단단하게 결합되어 있는 불순물 등을 가혹한 조건에서 약품 처리로 제거해야 하며, 이때 대량의 에너지와 약품이 소비된다는 측면에서 다소 비경제적인 과정이다. 그러나 세균 셀룰로오스는 이러한 과정을 거치지 않고도 고순도의 셀룰로오스를 생산할 수 있으므로 대단히 효율적인 과정이다.

식물유래 셀룰로오스의 경우, 펄프화에 따른 환경오염 문제와 원료수급에 따른 삼림파괴 등의 측면에서 볼 때 그 이용에 많은 제한을 받고 있으며, 이로 인하여 제지 대체원료에 대한 관심이 날로 고조되고 있다. 따라서 산업기술의 발달로 고품질의 제지가 요구되고 있는 현 상황에서 기존의 소재와는 달리 기계적 강도가 매우 우수한 미생물 셀룰로오스에 대한 관심은 더욱 높아지고 있다. 셀룰로오스 막을 건조시켜 얻은 시트는 신문용지의 수십 배, 에틸렌 및 아라미드 섬유의 수배에 해당하는 탄성계수를 가진다.

또한 세균 셀룰로오스는 큰 표면적, 높은 보수성 및 성형성과 강한 전단 저항성 등 독특한 물성을 가지고 있기 때문에 화상치료용 인공피부, 지혈대, 포도당 센서용 커버, 동물세포의 배양기질, 접착제 및 다이어트용 식이식품 등에도 응용 가능성이 타진되고 있다.

세균 셀룰로오스의 다른 중요한 특성은 우수한 생분해성을 가지고 있다는 것이다. 즉 세균 셀룰로오스는 토양 중에서 한 달 만에 완전히 생분해되어 지구의 환경보전적인 측면에서도 매우 적합한 고분자 재료이다.

❖ 그림 13-3. 초산균이 생성한 세균 셀룰로오스.
셀룰로오스 막(왼쪽); B 셀룰로오스 막의 전자현미경 사진(오른쪽)

13.3.3 생체적합성 고분자

생체적합성 고분자란 발효기술에 의하여 낮은 가격으로 제조된 아미노산, 당 폴리에스터 등을 원료로 하여 고분자 합성기술로 만들어진 화합물로서, 미생물에 의하여 분해되는 고분자 물질을 말한다.

이러한 고분자는 미생물이 생산하는 고분자가 가지고 있는 기술적 어려운 점을 보완할 수 있고, 기능의 조절이 비교적 간단하여 다양한 변화를 부여할 수 있어서 이상적인 생체적합성 고분자로 평가되고 있다. 이와 같은 생체적합성 고분자로는 polycaprolactone (PCL), polyglycolic acid(PG), polylactic acid(PL), polyorthoester 등 많은 종류가 개발되었는데, 현재 이들 대부분은 가격이 상당히 고가이기 때문에 의료용 재료 등 고부가가치 제품에 한하여 이용되고 있다(표 13-1).

표 13-1. 의료용으로 응용되는 생체적합성 고분자

종 류	특성 및 응용
Polyglycolic acid(PG)	임상사용이 가장 먼저 승인된 고분자
Polylactic acid(PL)	수술용 봉합사, 약물전달재료
Polycaprolactone(PCL)	포말형태로 인공 피부로 사용
Polydioxanone	흡수가능한 결찰용 클립
Polyanhydrides	약물전달재료로 특별히 고안된 고분자
Polycyanoacrylates	생물접착제로 사용
Polyorthoesters	약물전달시스템을 위하여 개발되어 탐색 중인 고분자
Poly(γ-ethylglutamate)	약물전달시스템을 위하여 개발되어 탐색 중인 고분자

Applied Environment Microbiology

PART IV

미생물 생태학

fatty acidcarboxyl group

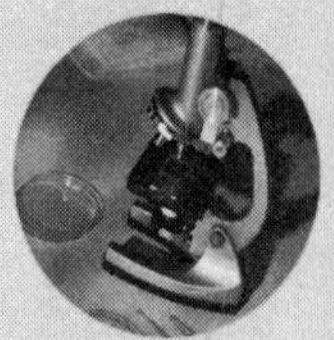

fatty acid

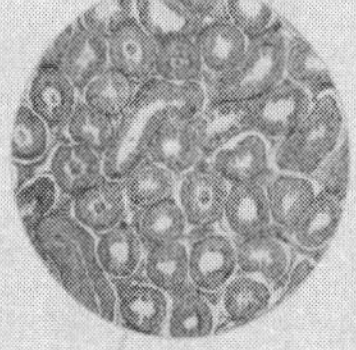

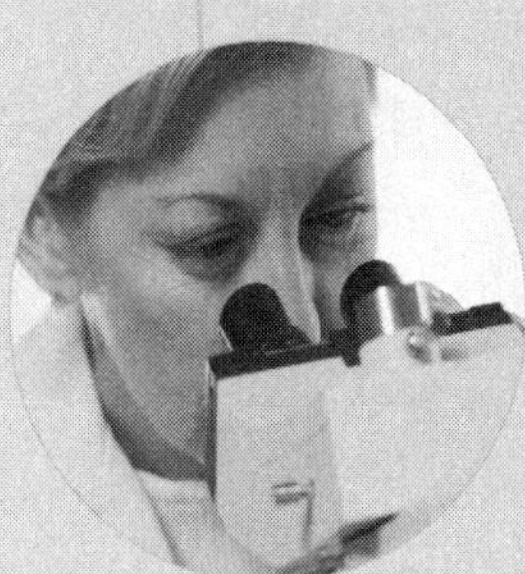

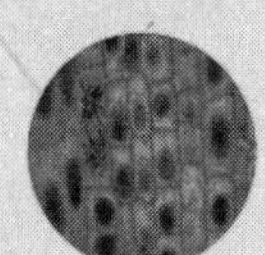

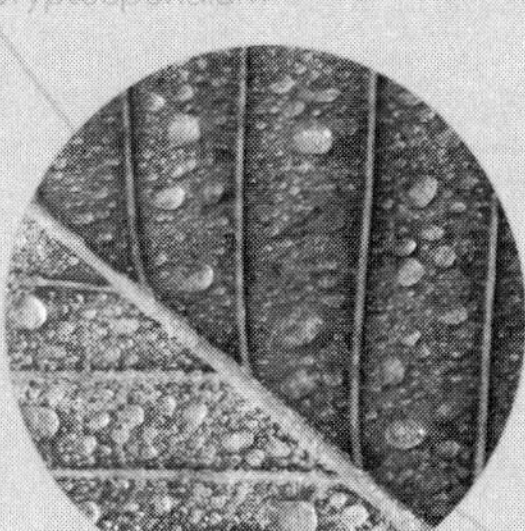

CHAPTER 14

생태학 원리

자연계에서 미생물이 수행하고 있는 역할과 기능을 이해하기 위해서는 생태학(ecology)의 기본원리를 파악하는 것이 필수적이다. 왜냐하면 생태학은 자연계에서 일어나는 다양하면서도 복잡한 미생물 공정을 서로 연결시켜주는 기본구조를 제공하기 때문이다. 미생물은 지표상의 무생물 성분과 모든 생물 성분을 연결시켜주는 일종의 생물학적인 촉매이다. 녹색식물과 미생물인 조류는 빛에너지를 이용하여 무기물을 살아있는 세포의 기본 구성물질인 유기물로 전환시킨다. 따라서 이것들은 다른 생물체를 위한 영양원을 공급해 주는 기본적인 원천이 된다. 그리고 만약 미생물에 의한 분해활동이 없다면 죽은 동물과 식물은 지구상에 축적되어 지표면을 가득 채우게 되며, 동시에 생물체의 성장에 필수적인 무기물인 질소나 인 등은 급속히 부족하게 될 것이다.

토양이나 물이 본래의 기능을 제대로 수행하지 못하는 것은 과도한 영양원의 유입, 필수적인 물질의 결핍, 또는 유독성 화학물질의 유입 등에서 그 원인을 찾아 볼 수 있다. 이것으로 인하여 생태계에 큰 변화가 생기게 된다면 미생물 작용을 과다하게 촉진시키거나 억제하는 현상이 일어나게 된다. 한 가지 예로서, 식수원인 저수지 속으로 암모니아 비료의 유입은 세균에 의한 산화작용으로서 종종 유해한 질산염을 농축시키게 되고, 이것은 생물학적 군집의 기본구조를 흔들어 놓게 된다. 이러한 예기치 않은 물질들은 생물학적인 사회의 기본적인 구조를 회복할 수 없을 정도로 파괴시킬 수 있다. 환경오염 제어의 궁극적인 목적은 생물권의 생태학적 안정을 유지하고자 하는 것이다.

14.1 생태학의 기본개념

자연계에 있어서 녹색식물은 환경으로부터 무기물을 이용하여 유기물을 만들고, 동물은 녹색식물이 만든 유기물을 직접 또는 간접적으로 섭취하여 생활한다. 이들 동식물이 죽게 되면 몸체를 구성하던 물질은 분해되어 무기 환경으로 되돌아가게 되며, 식물은 이들 물질을 다시 섭취하여 식물체를 구성하게 된다. 이와 같이 어떠한 지역의 자연환경에서는 환경과 생물 사이 또는 생물과 생물 사이에 물질순환이 일어나고 있다. 생물과 무생물적 환경을 종합해 보면 이들은 하나의 물질계를 이루고 있는데, 이것을 생태계(ecosystem)라고 한다.

생태계는 규모에 따라 여러 가지로 구분된다. 대규모의 일반적인 형태의 생태계로는 침엽수림, 초원, 극지방의 툰드라 지역, 사막 등이 있으며, 연못, 호수, 삼림 및 미생물을 배양하는 시험관이나 플라스크 등은 작은 형태의 생태계이다. 생물이 살고 있는 지구공간 전체인 생물권(biosphere)은 빛에너지의 유입과 열에너지의 방출에서 항상성(homeostasis)을 유지하므로 하나의 생태계로 볼 수 있다. 특히, 규모가 큰 생태계를 생물군계(biomes)라고 부른다.

생태학이란 말은 그리스어의 'oikos'(집 또는 거주장소란 뜻)와 'logos'(법 또는 법칙이란 뜻)에서 유래되었다. 그러므로 생태학은 '거주장소의 법칙'이란 뜻이며, 현대적인 정의에 의하면 생물과 그 주변의 생물적, 무생물적 환경과의 상호작용을 연구하는 학문이다. 다시 말해 생태학이란 생물과 생물, 생물과 환경과의 관계를 연구대상으로 하여 생태계의 구조와 기능을 연구하는 학문이다. 생태학은 자연계에서 일어나는 생물학적인 제반 사항을 이해하기 위하여 알아야 하는 생물학의 한 분야로서, 환경미생물학이나 공중보건 분야를 공부하는데 있어서 숙지해야 할 중요한 분야이다.

14.2 생태계의 구성

생태계의 구성은 생물적 요소(biotic component)와 무생물적 요소(abiotic component)로 이루어져 있다. 생물적 요소는 생태계 내에서 수행하는 역할에 따라 생산자, 소비자, 분해자의 세 가지로 구분된다. 생태계 내에서 생물적 요소를 제외한 무생물적 요소도 생태계의 구성요소이며, 이들은 생물적 요소에 커다란 영향을 미친다. 이러한 두 가지 범주의 요소들은 한 생태계가 계속 기능을 할 수 있는 기본적인 구조를 형성한다. 표 14-1은 생태계의 구성요소를 요약한 것이다.

표 14-1. 생태계의 구성요소

생물적 요소	생산자	광합성 식물 광합성 세균 화학합성 세균
	소비자	1차 소비자 : 초식동물 2차 소비자 : 육식동물
	분해자	세균 진균
무생물적 요소	매질 기층 환경 구성물질 기후	물, 공기, 토양 등 암석, 자갈, 모래 등 이산화탄소, 산소, 물, 유기물, 무기물 등 온도, 습도, 바람 등

14.2.1 생물적 요소

생물적 요소는 생산자, 소비자 및 분해자로 구성되어 있다. 생산자는 빛에너지를 화학에너지로 전환시키고, 간단한 무기물로부터 유기물을 합성하는 독립영양 생물(autotrophic organism)이며, 주로 고등 녹색식물과 홍조류와 갈조류 등의 조류(algae)들이 여기에 속한다.

소비자는 다른 생물이나 고형 유기물을 섭취하는 종속영양 생물(heterotrophic organism)로서, 대부분의 초식 및 육식동물과 종속영양 미생물 등이 여기에 속한다. 소비자들은 그들 사이에 복잡하고 다양한 상호관계를 지닌 매우 다양한 생물체 집단이다. 소비자는 이들 상호관계에 따라 많은 부분집단으로 구분된다. 소비자 중에서 녹색식물과 같은 생산자를 먹고사는 초식자(hervivores)를 1차소비자라 하고, 이들 1차소비자를 잡아먹는 육식자(carnivores)를 2차소비자라 한다.

생태계 내의 많은 죽은 생물은 또 다른 소비자에게 의하여 분해되는데, 이러한 분해작용에 관계하는 생물체를 분해자라고 한다. 분해자는 생산자나 소비자의 사체 등 죽은 원형질의 복잡한 화합물을 분해하여 그 산물을 섭취하고 무기염을 방출하는 종속영양 생물로서, 세균 및 진균 등이 여기에 속한다. 분해자에 속하는 진균에는 곰팡이와 효모가 있다. 이들은 부생자(saprotrophs)라고도 하며, 여기에서 방출된 영양원은 다시 생산자에 의하여 이용되고 다른 생물에 대하여 생장 억제 또는 생장 촉진 작용을 하게 된다.

14.2.2 무생물적 요소

무생물적 요소는 환경을 구성하는 모든 물리적, 화학적 요소들을 포함하는데, 생태계 내에서 순환하는 탄소, 질소, 이산화탄소, 물과 같은 무기물, 생물과 무생물 사이를 연결하는 탄수화물, 지방, 단백질 등의 유기물, 그리고 온도, 습도 등 물리적 기후조건 등이 포함된다. 이러한 모든 무생물적 요소들은 다양한 조합에 의하여 생태계의 구조, 특히 생물상의 결정에 큰 영향을 미친다.

14.3 생태계의 기능

생태계를 기능적인 면에서 살펴보면 에너지 순환, 먹이사슬, 생산과 분해작용, 물질의 생물지구화학적 순환, 생태계의 성장과 진화, 생태계의 항상성 및 안정성(cybernetics)

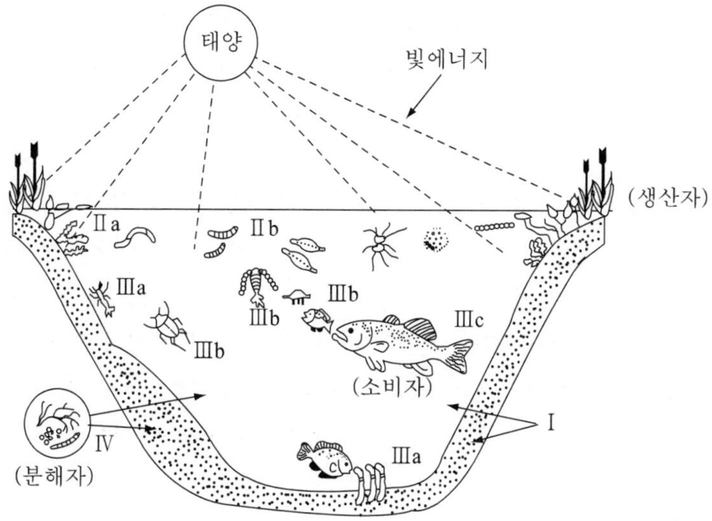

❖ **그림 14-1.** 무생물적인 환경과 생산자, 소비자 사이의 복잡한 상호작용(연못 생태계)

등의 작용을 수행한다.

하나의 생태계에는 적절하게 조화를 이루면서 공존하고 있는 일련의 생물 개체군(population)이 포함되어 있다. 개체군은 한 가지 종(species)으로 이루어진 생물체 집단을 의미하며, 다수의 서로 다른 개체군이 공존하는 것을 군집(community)이라고 한다.

그림 14-1에 보여주는 연못은 수많은 요소들의 상호작용에 의하여 결정되어 지는 생태계가 얼마나 정교하게 균형을 이루고 있는지를 보여준다. 무생물 상(abiotic phase)에는 조류의 성장에 필요한 무기물, 유기물 및 빛이 포함된다. 기초생산자 군집은 주로 에너지원으로 빛과 함께 무기물을 이용하여 성장하는 단세포 조류로 구성되어 있다. 그 소비자는 소동물, 동물성 플랑크톤 및 물고기이다.

연못 군집의 각종 외부변화에 대한 민감도는 밤에 일어나는 활동을 관찰해 보면 알 수 있다. 광합성은 수중에 산소 방출을 수반하는데, 조류의 성장이 정지됨으로서 물 속에 산소 공급이 중단된다. 물고기와 세균은 호흡을 위하여 용존산소를 계속 사용하며, 결과적으로 용존산소의 농도는 밤에는 현저히 감소하게 된다. 그러나 다음날 낮에는 용존산소의 농도가 다시 회복된다.

14.3.1 천이

군집 내의 개체군은 그 종류와 양적인 비율이 시간의 경과에 따라 변한다. 이러한 변화는 생태계 내의 무생물 및 생물요소간의 상호작용에 의하여 조절된다. 이러한 생물군집의 변화과정을 생태적 천이(succession)라고 한다. 다시 말해, 어떤 지역에 생물군집이 발생하고 발전하는 과정을 천이라고 한다. 천이의 원리는 생태학의 가장 중요한 원리중의 하나이다.

미생물의 군집 형성과 발전 형태는 미생물의 혼합배양에서도 확인할 수 있다. 초기의 우점종 개체군이 미생물의 발효산물 및 주변 조건의 변화에 따라 호산성 세균, 중성 세균, 광합성 세균, 혐기성 세균 등의 생태적 특성을 갖는 개체군으로 우점종이 대체되는 현상을 볼 수 있다. 김치독과 같은 회분식 배양, 즉 하나의 폐쇄 환경에서의 미생물 천이는 담금 초기에는 그람음성 세균과 *Bacillus* spp.가 우점종이지만 숙성기에는 젖산균이, 부패기에는 효모와 그람음성 세균이 우점종으로 대체되는 천이현상이 관찰된다.

1) 천이계열

화산활동 또는 천재지변에 의하여 식생이 전혀 없는 불모의 환경인 나지도 시간의 경과에 따라 어떤 생물이 최초로 정착하게 되는데, 이러한 생물을 개척자(pioneer)라고 한다. 개척자는 대체로 독립영양 생물이며, 영양요구도 단순한데 증식수단이 간단한 남조류나 선태류, 광합성 세균 등이 포함된다. 개척자는 나지에서 증식하면서 몇 가지 환경요인을 변화시키게 되는데, 이 변화된 환경에서 더욱 우세하게 생활력을 나타내는 식물이 유입되면 먼저 들어온 개척자는 더 이상 발전하지 못하고 발전이 정지되거나 쇠퇴하는 반면, 다음에 유입된 식물은 번성하게 된다. 이와 같은 식생과 환경과의 작용 및 반작용이 되풀이되면서 생물군집의 구성이 변천하여 가는 과정이 천이이며, 천이과정의 전 계열을 천이계열이라고 한다.

천이의 근본 원인은 생물 자체의 작용에 있다. 어느 개체군이 번성하면 토양의 성질과 개체군 공간 내의 온도, 습도 등을 변화시켜 자체의 생육에 불리한 환경을 조성하게 되는 반면, 변화된 환경에 적합한 다른 개체군이 침입하는 계기를 마련함으로써 개체군의 변천이 일어나는 것이다. 이러한 개체군의 변화에서 식생의 천이과정과 함께 토양의 변화에 주목하지 않으면 안 된다. 사구와 같이 보수능력과 영양원이 빈약한 환경은 시간의 경과와 함께 동식물의 유기체가 첨가되어 부식토로 변화되는데, 이러한 토양조건의 변화는 토양 내의 미생물 천이의 원동력이 된다. 사구와 같은 환경에 있어 초기에는 광합성 세균, 남조류, 이끼류와 같은 독립영양 생물이 유입되고, 동식물의 유기체가 사구에 첨가됨으로써 유기체와 식물의 근권(rhizosphere)에서 분비되는 영양원을 이용하는 종속영양 미생물이 나타나며, 또한 동식물체에 공생하는 미생물과 식물체의 지상부에 분포하는 엽권(phyllosphere)에서도 미생물의 천이가 진행된다.

토양이나 수 환경에서도 질소의 순환, 황의 순환과정에서 나타나는 기능 미생물군들, 예를 들면 질소고정 미생물, 아질산 세균, 질산 세균 등의 천이계열이 진행된다.

2) 극상

천이의 최종단계, 즉 안정 상태에 있는 군집을 극상군집(climax community)이라고 한다. 극상군집은 무기환경과 생물환경이 평형을 유지함으로써 환경요인의 극심한 변동, 환경오염 및 천재지변이 없는 한 오랜 세월동안 유지된다. 천이계열이 진행되는 동안 불안정한 군집에서는 천이가 진행됨에 따라 연 순생산량(annual net production)이 점점 증가하는데 비하여 안정된 극상군집에서는 연 순생산량 및 수입량이 연 소비량 및 수출량과 평형을 유지하게 된다. 즉, 극상군집에서는 생태계에 유입되는 에너지량과 유출되는 에너지량이 같다.

미생물의 경우, 극상군집은 가장 긴 안정상태의 우점종 이후에 군집의 파괴와 단순화, 유기물의 무기물화가 이루어지는 것이 특징이다. 예를 들면, 우리나라 전통탁주 발효와 같은 회분식 발효에서 탁주를 오랫동안 방치하면 최종적으로 물만 남는다.

3) 천이과정의 예

시간에 따라 군집 내의 우점종 개체군이 계속적으로 변화하는 것을 관찰함으로서 전형적인 천이를 찾아볼 수 있다. 천이의 아주 좋은 예로 아이슬란드 해안에 위치한 화산섬인 스트시(Surtsey) 섬을 들 수 있다(그림 14-2). 이 섬은 1963년에 화산의 폭발로 형성되었다. 섬이 형성된 후, 6개월이 경과하면서 세균 및 균류와 같은 미생물이 조간대

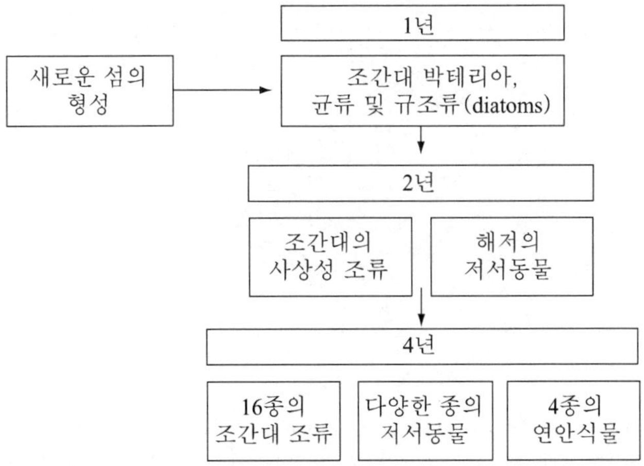

❖ 그림 14-2. 새로이 형성된 화산섬에서 발생하는 생태학적 천이

에 자리 잡기 시작하였다. 그리고 사상성 녹조인 *Urospora*가 1965년에 만조대에 자리 잡기 시작하였고, 2년 내에 14종의 해양동물이 조간대에 나타났으며, 4년이 경과하면서 16종의 조류(algae)가 새로이 형성된 바다에 자리 잡게 되었다. 이렇게 기초적인 생물군이 형성되자 바다 갈매기와 다른 새들이 이 섬으로 날아오기 시작하였다. 이 많은 새들의 배설물은 유기물 공급원이 되고, 새로이 형성될 식물군집을 위한 씨앗을 제공하는 역할을 하게 되었다.

14.3.2 에너지 전달

생물권 내에 존재하고 있는 모든 생물체는 기초 에너지원으로 빛에너지와 지각에 저장되어 있는 각종 화학물질을 이용한다. 이 에너지는 지구상에 그물처럼 복잡하게 얽혀 있는 생명체를 유지하기 위하여 하나의 생물체에서 다른 생물체로 전달되어진다.

1) 먹이사슬

에너지는 생물권 내에서 먹이사슬(food chain)을 통하여, 더 정확히는 먹이망(food web)을 통하여 전달된다. 이 먹이망이 얼마나 복잡한지는 그림 14-3에 잘 나타나 있다.

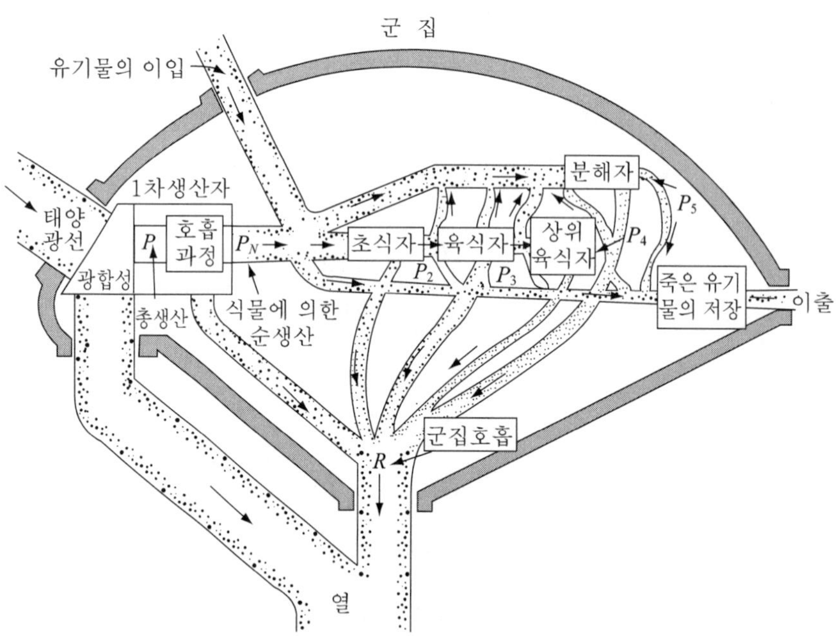

공정의 각 단계에서 다량의 호흡 에너지(R) 손실이 있다.
P, 총기초생산; P_N, 순기초생산; P_2~P_5, 연속되는 각 영양단계의 생산.

❖ 그림 14-3. 대량의 유기물이 유입되는 군집에서의 먹이망

빛에너지를 생물물질로 최초로 고정시키는 활동은 기초 생산자에 의하여 수행된다. 계속 이어지는 각 영양단계에서는 상당한 양의 에너지가 열로서 손실되고, 총괄적인 에너지 운영은 미생물의 분해작용에 의해서 더욱 복잡해진다. 그리고 모든 영양단계는 섭취의 형태로 나타나는 생물학적 분해현상에 영향을 받는다.

자연 상태의 군집에서 나타나는 에너지의 흐름을 그림 14-4에 나타내었다. 성숙된 군집에서는 기초 생산자에 의하여 고정된 에너지가 생산자, 소비자 및 분해자의 호흡과정에서 열의 형태로 모두 소모된다. 영양원은 거의 대부분이 생산자와 소비자 개체군을 재생산하기 위해서 순환된다. 지구상에 도달하는 빛에너지의 지극히 적은 부분, 아마 0.1% 미만에 해당하는 에너지만이 기초생산에 이용된다. 따라서 이 단계가 생물권내 생물학적 생산성에 영향을 미치는 궁극적인 제한요인(limiting factor)임을 알 수 있다. 연속되는 각 영양단계의 전달과정에서는 각각 고정된 빛에너지의 80~90% 이상이 손실된다. 따라서 첫 영양단계에 있는 쌀을 먹는 것이 영양단계 네 번째나 다섯 번째 단계에 있는 고기를 먹는 것보다 생태학적으로 훨씬 효율적이라는 것을 알 수 있다.

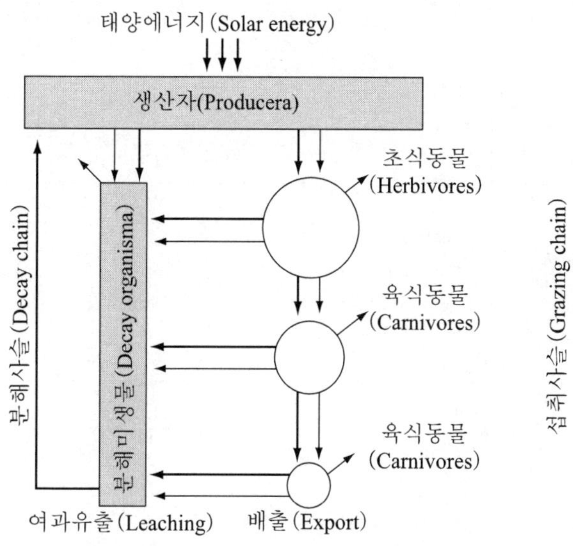

자연군집내의 순에너지 흐름(가는 화살표)과 영양원의 흐름(굵은 화살표).

❖ 그림 14-4. 생태계 내의 에너지 흐름

2) 생태학적 피라미드

생태학적 피라미드(ecological pyramid)를 이용하면 영양단계를 따라 전달되는 에너지 흐름의 변화를 효율적으로 관찰할 수 있다. 오듐(E. Odum)이 정의한 세 가지 유형의

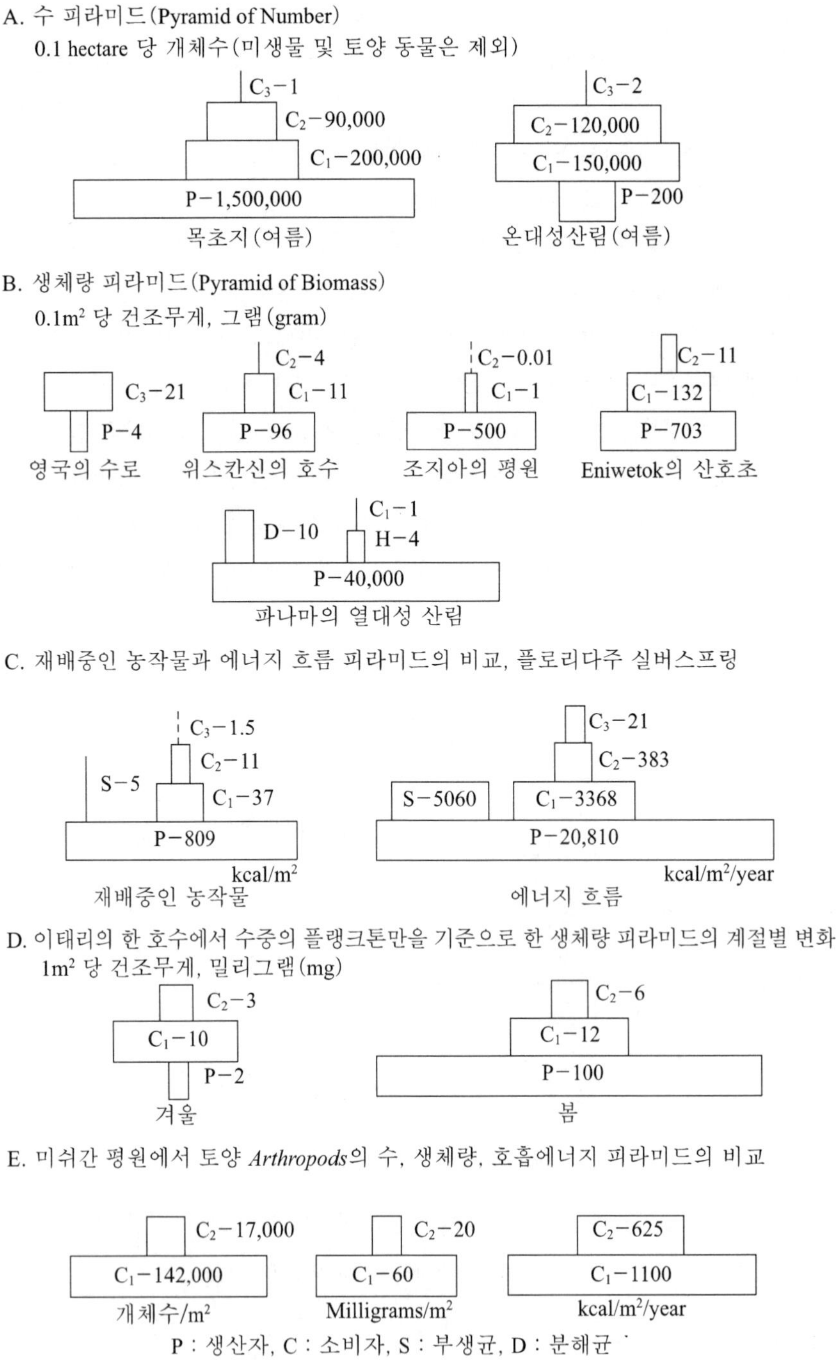

❖ 그림 14-5. 생태학적 피라미드

피라미드는 다음과 같다.

① 각 영양단계의 개체수로 나타낸 개체수 피라미드
② 각 영양단계의 물질의 총량을 무게나 열량으로 나타낸 생체량 피라미드
③ 에너지 흐름의 전달율로 나타낸 에너지 피라미드

그림 14-5는 세 가지 피라미드를 설명하고 있다. 그림 14-5의 A의 첫 번째 예에서는 상위단계의 각 개체를 부양하기 위해서 훨씬 많은 수의 하위 영양단계 개체수가 필요하다는 것을 보이고 있다. 풀밭에 있는 세 번째 단계 소비자(C_3) 한 개는 백오십만 개에 달하는 기초 생산자를 필요로 한다. 소비되는 개체가 그 소비자보다 크기가 매우 작을 때 이 숫자상의 차이는 훨씬 더 커질 수 있다.

생체량 피라미드를 이용하면 에너지 흐름을 더욱 효과적으로 측정할 수 있다. 왜냐하면 이 방법은 개체의 수를 셀 필요가 없으며, 피라미드의 형태가 모든 시스템에서 일반적으로 동일하기 때문이다. 전형적인 생체량 피라미드는 그림 14-5의 B에 보이고 있다.

생체량 피라미드와 실제 에너지 흐름도 사이의 유사성은 그림 14-5의 C에서 나타난다. 에너지 흐름을 산출량(yield)으로 계산할 때, 생체량을 이용해서 추정한 것과 거의 동일한 형태로 나타난다. 그림 14-5의 B에 보인 생체량 피라미드의 결점은 미생물이 포함되어 있지 않다는 것이다. 첫 소비자 단계에서 미생물의 중요성은 그림 14-5의 C에서 보이고 있다.

이러한 에너지 흐름의 관점에서 볼 때, 먹이사슬의 최상단에 위치한 인간이 자연 생태계에 미치는 영향은 미미하다. 한 개의 사주(reef)는 인구 약 100여명을 부양하기 위해 필요한 에너지를 공급할 수 있는데, 그 인구밀도는 평방마일 당 13명에 불과하다. 사주의 에너지 중 극히 일부분만이 인간에게 도달하므로 인간이 생태계에 주는 영향은 매우 적다는 것을 알 수 있다.

14.3.3 물질순환

생태계에서는 생물과 환경 사이에 원소의 순환이 일어난다. 물질의 생물지구화학적 순환(biogeochemical cycle)으로 알려진 이러한 과정은 생물이 생활하는데 필요로 하는 30～40가지의 원소들에서 주로 일어난다. 생물지구화학적 순환은 탄소, 질소, 산소와 같이 대기나 해양이 저장소로 되어 있는 기체형 순환과 인, 황, 철 등과 같이 지각이 저장소로 되어 있는 퇴적형 순환으로 구별된다. 여기에 관련된 내용은 7장에서 구체적으로 서술하였다.

14.3.4 항상성

항상성(homeostasis)은 외적인 환경압력에 대해 내적으로 균형을 유지하기 위한 시스템이나 생물체의 자동조절적 능력을 말하는데, 그리스어의 "똑같이 일정함"의 의미에서 파생되었다. 인체 내에서는 호르몬이라고 알려진 화학물질이 인간의 생리적 항상성을 유지해 준다. 생태계에서도 복잡한 일련의 무생물 및 생물적 억제와 평형을 이루는 반응들에 의하여 인체 내에서와 유사한 자동제어가 이루어진다.

항상성의 근거는 조절이론에 있다. 항상성은 긍정적 되먹임(positive feedback)과 부정적 되먹임(negative feedback)의 상호작용으로 평형을 유지함으로서 이루어진다. 긍정적 되먹임은 되먹임 결과의 일부가 최초의 투입부로 긍정적으로 되돌려 질 때 일어난다. 예를 들면, 수중에서 조류가 죽게 되면, 이것은 영양원이 되어 다시 수중으로 돌아간다. 부정적 되먹임은 그 시스템에서 전달되는 물질이 시스템 밖으로 제거되는 경우에 나타난다. 농작물을 재배하는 과정에서 추수를 함으로써 자연계에서 농작물의 형태로 축적된 에너지를 제거한 경우나 폐수처리장에서 세균의 생육에 의하여 유기물이 제거된 경우 등이 여기에 속한다.

생태계에 압력을 가하는 외부로부터의 교란이 없을 때에는 생물학적 개체군은 그 양과 질에 있어 안정 상태를 유지하게 되지만 외적 충격이 가해지면 항상성 과정이 진행된다. 외부 충격에 대한 생태계의 항상성 반응의 예가 그림 14-6에서 볼 수 있다. 강어귀에 기름이 유출되면 그 지역 내의 식물군과 동물군의 다양성이 급격히 약화된다. 그

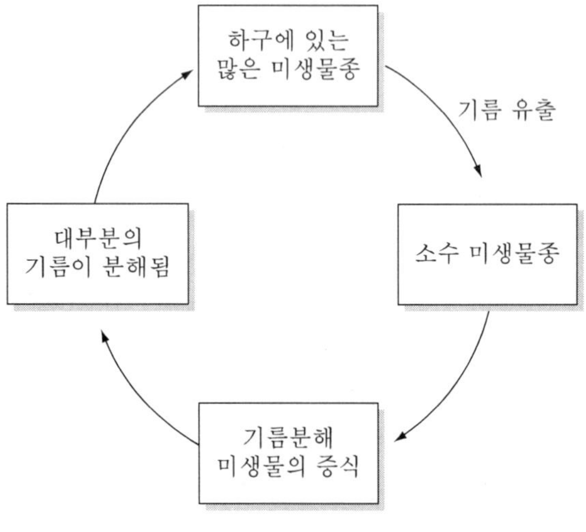

❖ **그림** 14-6. 강어귀에서 관찰할 수 있는 항상성

결과 단지 기름에 견딜 수 있는 동식물만이 생존하게 되며 미생물 개체군의 다양성도 감소하게 된다. 그러나 어떤 미생물 개체군의 규모는 감소하지 않을 수도 있다. 이러한 상황에서 탄화수소를 분해하는 미생물은 오히려 기름을 분해하면서 증식한다. 탄화수소가 이들에 의하여 분해되어 사라지면 기름분해 미생물은 감소하게 되고, 정상적인 다양한 미생물 개체군이 나타나게 된다. 마침내 강어귀에서 식물군과 동물군의 다양성은 천천히 회복되면서 최초의 수준으로 회복된다. 이것이 생태계의 가장 중요한 기능 중의 하나인 항상성의 예이다.

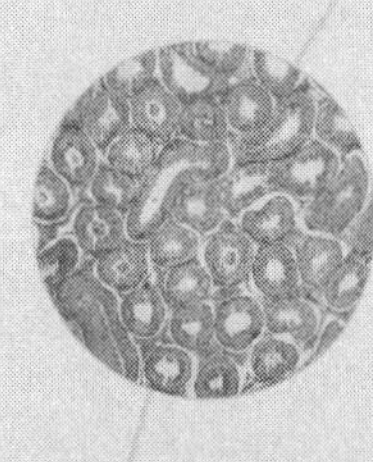

spontaneous generation

dihydroxyacetone

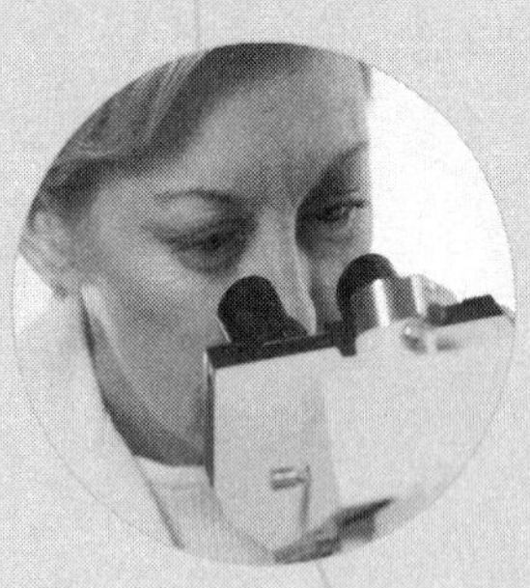

biomagnification

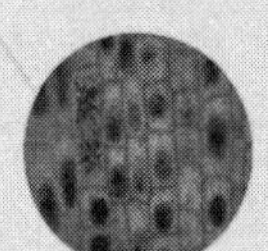

Pseudomonas

Cryptosporidium

carbohydrate

CHAPTER 15

미생물 군집 간의 상호작용

spontaneous generation

자연계에 서식하는 다양한 미생물은 독립적으로 존재하는 경우는 드물고, 복잡한 생물군집 내에서 개체군으로 존재한다. 개체군 내에 있는 각 개체들 간에는 상호작용이 일어나며 또한, 군집 내의 다양한 미생물 개체군 사이에서도 긍정적 및 부정적 상호작용이 일어난다. 이러한 상호작용은 군집 내에서 적절한 생태학적 균형을 유지하게 한다. 따라서 생물 개체군 간의 상호작용을 파악한다는 것은 환경미생물학 연구에 필수적이다.

15.1 단일 미생물 개체군 내의 상호작용

일반적으로 긍정적 상호작용은 한 개체군의 생장률을 증가시키는 반면, 부정적 상호작용은 반대 현상을 초래한다. 이론적으로 개체군 밀도가 증가하면 긍정적 상호작용은 일부 점근적인 제한에 이르기까지 생장율을 증가시킨다. 그러나 부정적 상호작용은 개체군의 밀도가 증가함에 따라 개체군의 생장율을 감소시킨다. 일반적으로 긍정적 상호작용은 개체군 밀도가 낮을 때 우세하며, 부정적 상호작용은 개체군 밀도가 높을 때 우세하게 나타난다. 결과적으로, 최대 성장률을 달성하는 최적 개체군 밀도가 존재한다. 최적밀도 이하에서 생장율은 긍정적 상호작용에 영향을 받으며, 최적밀도 이상에서는 부정적 상호작용에 영향을 받는다.

15.1.1 긍정적 상호작용

한 개체군 내에서 일어나는 긍정적 상호작용을 협동(cooperation)이라고 한다. 한 미생물 개체군 내의 협동은 미생물을 배양하는 과정에서 접종원의 농도가 매우 적을 때 유도기가 길어지거나 생육이 안되는 현상에 의하여 증명된다. 이것은 단일 미생물 개체군 내에서 협동이 잘 이루어지지 않았기 때문이다. 협동이 이루어지지 않으면 세포의 생육이 원활히 이루어지지 않고, 결과적으로 집락의 형성이 어려워진다. 이러한 현상은 배양이 까다로운 미생물에서 현저하게 나타난다. 예를 들면, 병원성 미생물의 최소 감염농도(minimum infection dose)를 들 수 있다. 보통 100개 이상의 병원성 미생물 세포군은 질병을 일으킬 수 있지만 1개의 미생물 세포는 숙주의 방어능력을 극복하지 못하기 때문에 질병을 쉽게 유발하지 못한다. 미생물의 반투성막은 불완전하며, 생합성과 생육에 필수적인 저분자량의 대사산물이 누출되는 경향이 있다. 한 개체군 내에서 이러한 대사물질이 세포 외에 일정농도 이상으로 축적되면 더 이상의 손실을 방지하고 재흡수를 촉진시킨다. 그러나 단일 세포나 밀도가 낮은 개체군 내에서는 손실율이 재흡수율을 초과하여 생육이 중지된다. 따라서 숙주에 질병을 초래하지 못한다.

개체군 내의 협동은 리그닌이나 셀룰로오스와 같은 불용성 기질을 이용할 때도 매우 중요하게 작용한다. 개체군의 각 구성원이 생산한 세포외 분해효소는 그 개체군 모든 구성원에게 기질이 이용될 수 있도록 해준다. 낮은 밀도의 개체군에서 세포외 분해효소에 의하여 생성된 수용성 기질은 희석에 의하여 신속하게 소모된다. 그러나 높은 밀도의 개체군에서는 생성된 수용성 기질이 매우 효율적으로 이용된다.

개체군 내의 협동은 불리한 환경요인에 대한 방어기전으로도 작용한다. 예를 들어, 자외선에 노출되는 환경에서 고밀도의 개체군은 일부 구성원들을 직접적인 자외선 노출로부터 보호하고, 지속적인 생육이 가능하도록 해준다. 고밀도의 미생물 개체군은 물의 빙점을 저하시킬 수 있기 때문에 용액상태의 물을 이용하는데 방해가 되는 온도에서도 생육을 계속할 수 있게 한다.

15.1.2 부정적 상호작용

한 미생물 개체군 내에서의 부정적인 작용을 경쟁(competition)이라고 한다. 여기서 경쟁이라 함은 넓은 뜻으로 사용되며, 가용성 자원에 대한 실제적 경쟁은 물론, 그 개체군 구성원들에 의하여 생산된 독성물질에 의해 초래되는 기타 부정적 상호작용도 포함된다. 밀도가 높은 개체군 내에서는 대사물질이 억제적인 수준까지 축적될 수 있다. 전술한 바와 같이 누출된 중간대사물질이 존재하면 협동작용이 있었음을 나타낼지도 모른다. 그러나 침수된 토양에서 발생하는 저분자량의 지방산 및 H_2S와 같은 대사물질의 축적은 부정적 되먹임(negative feedback)의 기전이 된다. 이러한 물질의 축적은 이 서식처에서 몇몇 미생물 개체군이 더욱 생육하는 것을 효과적으로 제한할 수도 있다. 이러한 침수법이 토양 중에서 식물병원성 균류인 *Fusarium*과 *Verticillium* 개체군을 억제하는데 사용되었다. 탄화수소의 생물분해에 있어서 지방산이 축적되면 미생물에 의한 탄화수소의 대사가 더 이상 진행되지 않고 억제되는 것이 관찰되었다.

한 미생물 개체군의 구성원들은 모두 동일한 기질을 이용하며, 동일한 지위를 차지한다. 만약 개체군 내의 한 개체가 한 개의 기질 분자를 대사하면 이 기질 분자는 그 개체군 내의 다른 구성원이 이용할 수 없게 된다. 가용성 자원의 농도가 매우 낮은 서식지에서는 개체군의 밀도가 증가할수록 가용자원에 대한 경쟁이 증가할 것이다. 포식자 미생물 개체군 내에서는 가용 피식자에 대한 경쟁이, 기생 미생물 개체군 내에서는 가용 숙주세포들에 대한 경쟁이 일어난다.

15.2 미생물 개체군 간의 상호작용

두 종류의 다른 개체군이 상호작용할 때 그 상호작용으로부터 한 개체군 또는 두 개체군이 모두 이익을 받거나 한 개체군 또는 두 개체군이 모두 해로운 영향을 받는다(표 15-1). 미생물 개체군간의 상호작용은 해로운 상호작용(경쟁 및 편해공생), 이로운 상호작용(편리공생, 원시협동, 상리공생), 한 개체군에는 이롭고 다른 개체군에는 해로운 상호작용(기생 및 포식) 등으로 구분된다.

표 15-1. 미생물 개체군간 상호작용의 유형

상호작용	상호작용의 효과	
	개체군 A	개체군 B
중립(Neutralism)	무영향	무영향
편리공생(Commensalism)	무영향	이로운 영향
원시협동(Synergism)	이로운 영향	이로운 영향
상리공생(Symbiosis)	이로운 영향	이로운 영향
경쟁(Competition)	해로운 영향	해로운 영향
편해공생(Amensalism)	무영향 또는 이로운 영향	해로운 영향
포식(Predation)	이로운 영향	해로운 영향
기생(Parasitism)	이로운 영향	해로운 영향

15.2.1 중립

중립(neutralism)는 두 개체군 간에 서로 영향을 미치는 않는 상호작용이다. 중립작용은 군집 내에서 기능이 같거나 또는 일부가 중복되는 개체군 간에는 일어나지 않으며, 비슷한 능력을 가지는 개체군 간보다 서로 다른 대사능력을 가진 개체군 간에 일어난다.

중립은 공간적으로 서로 멀리 떨어져 있는 미생물 개체군 간에, 개체군의 밀도가 대단히 낮아서 한 미생물 개체군이 다른 개체군의 존재를 감지하지 못할 때 일어난다. 즉, 개체군의 밀도가 대단히 낮은 해양서식지나 빈영양호에서 일어나며, 퇴적물이나 토양에서는 토양이나 퇴적물 입자 내에서 미생물 개체군이 서로 격리되어 미소서식지를 차지할 때 일어난다. 그러나 물리적 격리만으로 중립관계를 이루지 않는다. 예를 들면, 병원성 미생물은 식물의 뿌리에 침입하여 그 식물을 죽이고, 그 식물의 잎에 서식하는 다른 미생물 개체군의 서식지를 파괴한다. 이 경우, 두 개체군 간에는 아무런 직접적 접촉이 없었지만 뿌리에 침입한 병원균이 잎의 서식지를 파괴함으로써 두 개체군 간의 중립관계가 배제된다.

미생물의 휴면기 역시 활발하게 생육하는 영양세포보다 다른 미생물 개체군과의 중립관계를 보이는 경향이 크다. 이러한 휴면구조를 유지하는데 낮은 대사율이 필요하므로 휴면구조를 만드는 미생물이 군집 내에서 유용한 자원에 대해 다른 미생물과 경쟁하지 않게 된다. 열이나 건조 등의 환경 스트레스로 인하여 생성되는 포자나 포낭(cyst) 또는 이것과 유사한 휴면구조는 미생물 개체군을 중립관계로 들어가게 한다. 이와 같은 상황에서는 환경 스트레스만이 유일하게 미생물 개체군과 상호작용한다. 이 기간 동안 생존을 위해서 다른 개체군과 상호작용을 피하게 된다. 환경조건이 다시 좋아지면 휴면기에 있던 생물들은 다시 발아하여 영양세포를 형성하고, 다른 미생물 개체군과 긍정적 또는 부정적 상호관계를 맺게 된다.

15.2.2 편리공생

편리공생(commensalism)이란 한 개체군은 이익을 받고, 다른 개체군에게는 아무런 영향이 없는 관계를 말한다. 즉, 편리공생은 한 생물이 다른 생물에 의존하여 살아가는 상호작용을 표현한 것이다. 편리공생은 미생물 개체군 간에 흔히 일어나는 관계이지만 절대적인 관계는 아니다. 편리공생은 두 개체군 사이의 일방적인 관계이다. 영향을 받지 않는 개체군은 다른 개체군으로부터 이익을 얻지 않지만 부정적인 영향을 받지도 않는다. 이익을 받는 개체군은 영향을 받지 않는 개체군이 제공하는 이익이 필수적일 수 있으나 이러한 이익은 비슷한 대사능을 가진 다른 개체군으로부터도 받을 수 있다.

편리공생은 많은 물리화학적 근거를 가지고 있다. 한 개체군이 그들의 생장에 유리한 형태로 서식처를 변형시킬 때, 정상적인 생장과 대사과정을 이루는 개체군과 서식처를 변형시킨 개체군 간에 편리공생이 일어나는 경우도 있다. 이러한 관계는 변형된 서식지가 정상적인 개체군의 생장에 더욱 적절한 서식지로 작용하기 때문에 일어난다. 예를 들면, 통성혐기성 미생물이 산소를 이용함으로써 산소농도가 낮아지면 절대혐기성 미생물의 생육에 적합한 서식지가 된다. 이러한 서식지에서 절대혐기성 미생물은 통성혐기성 미생물의 대사활동으로부터 이익을 얻게 된다. 통성혐기성 미생물은 두 개체군이 동일한 기질을 놓고 서로 경쟁하지 않는 한, 이러한 관계에 의해 영향을 받지 않는다. 호기성 조건이 우세한 서식지의 미소환경 내에서 절대혐기성 미생물의 존재는 이러한 편리공생 관계에서 비롯된다.

특정 기질을 이용하여 생육하는 미생물이 탄소원 및 에너지원으로 이용할 수 없는 2차 기질을 필요로 하지 않으면서도 산화시키는 공동대사(cometabolism)는 다양한 편리공생의 기초가 된다. 즉, 2차 기질은 특정 미생물 개체군에 의하여 동화되지 않지만, 산화된 산물은 다른 미생물 개체군에 의하여 이용될 때를 공동대사라고 한다. 예를 들면, *Mycobacterium vaccae*는 propane을 기질로 하여 생육하는 동안 cyclohexane을 공동대사할 수 있다. Cyclohexane은 cyclohexanol로 산화되며, 이것은 다른 미생물 개체군이 이용할 수 있다(그림 15-1). 이것은 cyclohexane을 이용하지 못하는 미생물 개체군에게는 이익이 되며, *Mycobacterium*은 이 관계를 통하여 아무런 영향을 받지 않는다.

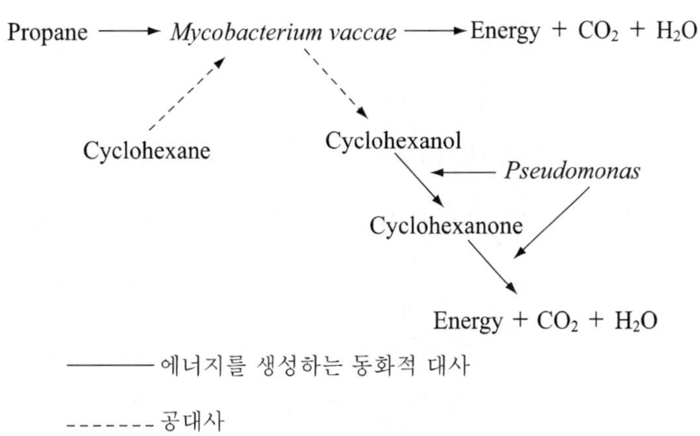

❖ 그림 15-1. 공동대사에 의한 편리공생의 보기

15.2.3 원시협동

두 미생물 개체군 간의 원시협동(synergism, protocooperation) 관계는 두 개체군 모두 서로 이익을 얻는 것을 말한다. 그러나 이 관계는 상리공생과 달리 절대적인 관계는 아니다. 두 개체군은 자연환경에서 독립적으로 생존할 수 있지만 이 관계를 통하여 두 개체군 모두 이익을 얻게 된다. 원시협동 관계는 한 개체군이 종종 다른 개체군으로 쉽게 대체될 만큼 느슨한 관계이다. 어떤 경우에는 한 개체군이 정말로 이익을 얻는지를 결정하기가 어렵기 때문에 편리공생 또는 원시협동으로 결정될 수도 있다. 또 다른 경우에는 이 관계가 절대적이어서 상리공생으로 결정될 수도 있다.

원시협동은 미생물 개체군들로 하여금 어느 한 쪽 개체군 만으로서는 수행할 수 없는 물질을 합성할 수 있게 한다. 즉, 두 미생물 개체군의 원시협동적 활동은 한 미생물 개체군에 의해서는 불가능한 대사경로를 완전하게 해줄 수 있다.

협동영양(syntrophism)은 각 개체군이 필요로 하는 영양원을 공급하는 둘 또는 그 이상의 개체군에서의 상호작용을 의미한다. 이러한 협동영양의 예는 *Streptococcus* *faecalis*와 *Escherichia coli*에서 볼 수 있다(그림 15-2). 두 세균 단독으로는 arginine을 putrescine으로 전환시킬 수 없다. *S. faecalis*는 arginine을 ornithine으로 전환시킬 수 있고, ornithine은 *E. coli*가 이용하여 putrescine을 생성한다. 즉, *E. coli*는 arginine을 이용하여 agmatine을 생성할 수 있으나 *S. faecalis*의 도움 없이는 putrescine을 생성할 수 없다. Putrescine이 한 번 생성되면 두 미생물 모두 이용할 수 있다.

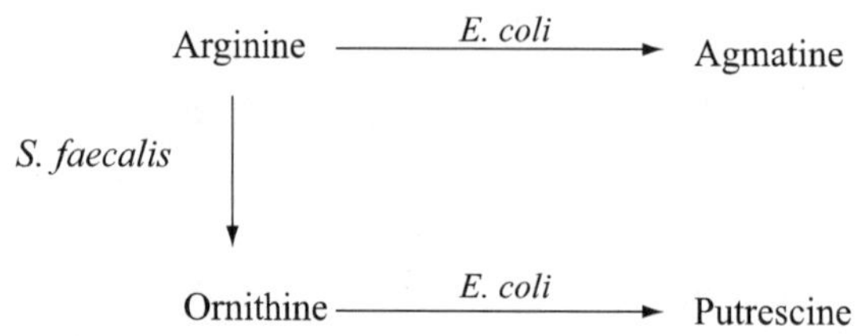

❖ **그림** 15-2. Arginine으로부터 putrescine의 생성을 가능하게 하는 두 미생물 간의 원시협동

가끔 원시협동은 미생물 간에 공간적으로 근접한 관계를 유도한다. 조류부착 세균은 조류의 표면에서 종종 볼 수 있다. 조류부착 세균과 조류와의 관계는 조류가 빛을 이용하여 세균이 호기적 종속영양대사에 필요한 유기물과 산소를 생산할 수 있는 능력에 기초를 두고 있다. 세균은 분비된 유기물을 광물질화하여 조류의 광합성에 필요한 이산화탄소 및 경우에 따라서는 광영양 대사에 필요한 생육인자를 제공한다.

15.2.4 상리공생

상리공생은 원시협동의 확장된 개념이다. 상리공생은 공생(mutualism, symbiosis)이라고도 하며, 두 개체군 모두 이익을 받는 절대적인 관계이다. 상리공생은 긴밀한 물리적 접근을 요구한다. 이 관계는 대단히 특이적이어서 상호작용하는 한 구성원은 다른 구성원으로 대체되지 않는다. 상리공생은 한 개체군 단독으로는 생존할 수 없는 서식지에서 생존할 수 있게 해주지만 각 개체군이 서로 분리되어 다른 서식지에서 독립적으로 생존할 수 있는 가능성을 배제하지는 않는다.

1차생산자인 조류 공생체(phycobiont)와 분해자인 균류 공생체(mycobiont)로 구성된 지의류(lichen)가 미생물 개체군 간의 상리공생 관계를 나타내는 대표적인 보기이다. 조류 공생체는 빛에너지를 이용하여 균류 공생체가 이용하는 유기물을 생산한다. 균류 공생체는 조류 공생체를 보호하는 역할을 하며, 조류 공생체가 필요로 하는 무기물을 공급한다. 어떤 경우에는 균류 공생체는 조류 공생체가 이용할 수 있는 생육인자를 생산한다.

지의류의 공생관계는 실제로 조류가 기생성 균류에 대해 어느 정도 저항성을 획득한 상태라 할 수 있는데, 지의류 중 조류는 기생성 균류에 의하여 일정 비율로 죽어가지만 그 비율만큼 새로운 조류세포가 생성되는 상태임을 의미한다. 따라서 지의류는 조류가 기생성 균류에 대해 저항성을 발달시키는 과정에서 균류의 기생을 잘 조절하는 관계임을 알 수 있다.

지의류 외에 조류와 원생동물 개체군 간에도 흥미로운 상리공생 관계가 존재한다. *Paramecium*은 세포질 내에 수많은 *Chlorella* 세포를 함유할 수 있다. 조류는 원생동물에게 유기탄소와 산소를 공급하고, 원생동물은 조류를 보호하고 이동성을 부여함과 동시에 이산화탄소 및 생육인자 등을 제공한다. 섬모충류 내에 *Chlorella*가 존재하면 이 원생동물은 충분한 빛이 존재하는 한, 조류 없이는 생존할 수 없고 산소가 없는 서식지로 이동할 수 있다.

15.2.5 경쟁

경쟁(competition)은 두 개체군 모두 그들의 생존과 생육에 불리한 영향을 받게 되는 부정적 상호작용이다. 개체군은 경쟁이 없는 상태보다 더 낮은 밀도나 생장율을 보인다. 경쟁은 두 개체군이 공간이나 제한된 영양원과 같은 동일한 자원을 이용할 때 일어난다. 경쟁은 어떠한 생육 제한인자에 대해서도 일어날 수 있다. 즉 탄소, 질소, 인산, 산소, 생육인자, 물 등의 미생물이 이용하는 모든 자원에 대해서 경쟁이 일어날 수 있다.

경쟁은 서로 밀접하게 관련되어 있는 개체군들을 경쟁을 통하여 생태학적으로 분리시키는 경향이 있으며, 이것은 경쟁적 배제의 원리로 알려져 있다. 경쟁적 배제에 의하면, 한 개체군은 경쟁에서 이기고, 다른 개체군은 제거되기 때문에 두 개체군이 동일한 생태학적 지위를 차지할 수 없게 만든다. 그러나 두 개체군들이 서로 다른 시간대에 서로 다른 자원을 이용함으로써 경쟁을 피할 수 있다면 서로 공존할 수 있다.

경쟁적 배제의 고전적인 예는 가우스(Gause)가 2종의 근연성이 높은 섬모충류인 *Paramecium caudatum*과 *Paramecium aurelia*를 사용하여 실험적으로 보였다(그림 15-3). 개체군별로 세균 먹이를 적당히 공급하여 배양하였을 때, 두 개체군 모두 각각 잘 생장하여 일정한 개체군 수준을 유지하였다. 그러나 두 개체군을 함께 배양하면 *P. aurelia*만이 16일 후에 생존하였다. 두 종 모두 다른 종을 공격하거나 독성물질을 분비하지 않았다. 이것은 *P. aurelia*가 더욱 빠른 생장율을 보여 가용먹이에 대한 경쟁에 있어서 *P. caudatum*을 압도하였기 때문이다. 이것과 달리 *Paramecium caudatum*은

*Paramecium bursaria*과 혼합배양하였을 경우, 두 개체군 모두 생존하였고 안정한 평형 상태에 도달하였다. *P. caudatum*과 *P. bursaria*는 동일한 먹이를 놓고 경쟁하지만 배양 용기 내에서 각각 다른 부위에서 생육하였다. 이것은 두 개체군이 동일한 먹이에 대한 중첩되는 생태적 지위를 가지고 있지만, 서식지가 서로 다르기 때문에 동시 공존이 가능함을 의미한다. 다른 서식지를 차지하는 능력은 경쟁을 최소화하고, 한 종이 멸종되는 것을 방지하는 기전이 된다.

경쟁에서 우위를 점하는 것은 오직 기질을 빠르게 이용하는 능력에만 근거하는 것이 아니다. 환경 스트레스에 대한 저항성 역시 미생물 개체군 간의 경쟁을 결정하는 중요한 요소이다. 예를 들면, 가뭄조건하에서 건조에 가장 저항성을 가진 개체군들이 이보다 저항성이 적은 개체군들을 배제시킨다. 마찬가지로, 고온이나 높은 염분 농도와 같은 환경 스트레스 하에서도 가장 저항성이 있는 개체군이 경쟁에 유리할 것이다. 이런 경우는 생육하지 않는 상태에서의 생존경쟁을 의미한다. 활발하게 생육하는 상태에서는 가장 높은 생장율을 가진 개체군이 경쟁적 우위를 차지하게 된다.

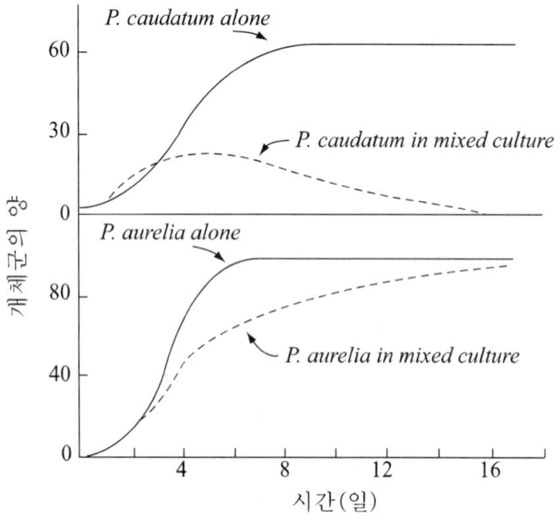

❖ 그림 15-3. 유사한 지위에서 살고 있는 두 원생동물 간의 경쟁

15.2.6 편해공생

경쟁하는 상대 개체군에게 독성을 띠는 물질을 생성하는 미생물은 자연적으로 경쟁적 우위를 갖게 될 것이다. 한 미생물 개체군이 다른 미생물 개체군을 저해하는 물질을 생산할 때, 두 개체군 간의 관계를 편해공생(amensalism; 길항, antagonism)이라 한다.

저해물질을 생산하는 미생물은 아무런 영향이 없으며, 경쟁상 이익을 얻는다. 이러한 화학적 저해작용을 나타내기 위하여 항생(antibiosis) 및 상대억제(allelopathy)라는 용어가 사용된다.

편해공생은 서식지를 선점함으로써 집락화를 이룰 수 있게 한다. 젖산, 초산 및 저분자 지방산의 생성은 많은 미생물 개체군을 생육을 억제한다. 젖산을 생성하고 고농도의 젖산에 견디는 미생물 개체군은 다른 미생물 개체군들의 생육이 배제되도록 서식지를 변형시킬 수 있다.

*E. coli*는 반추동물의 제1위(rumen, 혹위)에서 생육하지 못하는데, 이것은 아마 제1위의 혐기성 종속영양미생물 개체군들이 생산한 휘발성 지방산때문일 것이다. 피부표면에서 미생물에 의하여 생성된 지방산들은 피부표면에 다른 미생물 개체군이 생육하지 못하게 하는 것으로 추정된다.

*Thiobacillus thiooxidans*에 의하여 유황이 산화되면 황산이 생성된다. 결과적으로 수서식지의 pH를 산성으로 변화시킨다. *T. thiooxidans*는 석탄 퇴적물과 결합되어 있는 황화합물을 기질로 하여 생육한다. 이 결과, 황산이 용탈하여 산성광산배수(acid mine drainage)가 만들어진다. 산성광산배수가 유입되는 하천의 pH는 약 1~2로서, 대부분의 미생물 생육을 저해한다. *T. thiooxidans*는 산성광산배수에 의하여 저해되는 미생물 개체군들과의 이러한 편해공생적 관계로부터 이익을 본다고는 알려져 있지 않다.

산소의 소비나 생성은 미생물 개체군에게 해롭도록 서식지를 변경시킬 수 있다. 조류에 의한 산소 생성은 절대혐기성 미생물의 생육을 저해한다. 조류 개체군에 의하여 산소가 생성되는 서식지에는 절대혐기성 미생물이 거의 발견되지 않는다. 일부 미생물 개체군에 의하여 생성되는 암모늄은 다른 개체군을 저해한다. 예를 들면, 단백질과 아미노산의 분해과정에서 생성되는 암모늄은 질산염을 산화시키는 *Nitrobacter*의 생육을 억제한다.

15.2.7 기생

기생(parasitism) 관계에 있어서 이익을 얻는 기생자는 보통 피해를 입는 숙주로부터 필요한 영양원을 획득한다. 숙주-기생 관계는 비교적 긴 시간의 물리적, 대사적 접촉이 특징이다. 일반적으로 기생체는 숙주보다 크기가 작다. 일부 기생체(ectoparasite)는 숙주세포의 외부에 존재하고, 일부 기생체(endoparasite)는 숙주세포 내로 침입한다.

보통 숙주-기생 관계는 매우 특이적이다. 즉 절대기생성 개체군들이 이용할 수 있는 숙주는 제한되어 있다. 어떤 경우에 숙주 특이성은 숙주세포에 대한 기생체의 물리적 접촉을 이루는 숙주표면의 성질에 좌우된다.

바이러스는 숙주 특이성이 높은 절대 세포내 기생체이다. 바이러스에 대한 숙주로는 세균, 곰팡이, 원생동물 등이 있으며, 일부 서식지에서 바이러스는 세균 개체군들의 감소와 사멸의 원인이 된다고 추정된다.

다른 외부 기생체 미생물은 직접적인 접촉없이도 세균을 용균시킬 수 있다. 예를 들면, *Myxobacteria*는 세포외 효소의 도움을 받아 일정거리에 떨어져 있는 미생물을 용균시켜 용균된 미생물로부터 방출된 영양원을 이용한다. 토양 *Myxobacteria*는 그람음성 및 그람양성 세균을 용균시킬 수 있다.

일부 미생물 개체군은 용균에 대해 저항성을 가진다. 많은 미생물 개체군들은 포낭(cyst)이나 포자와 같이 영양세포보다 외부 기생체의 용균에 저항성이 있는 휴면체를 생성할 수 있다. 이것은 외부 기생체의 압력을 피하여 숙주 개체군이 생존할 수 있는 기전이 된다.

숙주-기생관계에서 기생체들이 얻을 수 있는 직접적인 이익을 훨씬 초과하는 이익이 존재한다. 숙주-기생관계는 개체군 조절의 기전이 된다. 기생의 정도는 숙주 개체군 밀도에 의존하기 때문에 기생체는 숙주 개체군이 풍부하게 존재하는 한 번성하게 된다. 따라서, 숙주-기생관계는 개체군 조절의 기전이 된다. 기생은 숙주 개체군 밀도의 감소를 가져오며, 숙주에 의하여 이용될 환경자원의 축적과 재생을 허용한다. 숙주 개체수가 감소하면 기생체가 이용할 자원도 감소하여 기생체 개체군의 감소를 가져온다. 기생에 의한 부정적 되먹임 조절이 없다면 숙주 개체군들은 그들의 생육에 필요한 자원이 고갈될 때까지 무제한으로 계속 생육할 것이며, 이것은 결과적으로 기생체 개체군의 격감과 멸종을 가져올 것이다.

15.2.8 포식

포식(predation)은 전형적으로 포식자 생물이 피식자 생물을 삼켜서 소화할 때 일어난다. 보통 포식자-피식자 관계는 짧은 시간동안 일어나며, 포식자는 피식자보다 크다.

포식이 비록 개체들을 파괴하지만 전체적인 피식자 개체군은 영양원의 순환이 가속화됨으로써 이익을 얻을 수 있다. 동물성 플랑크톤의 포식에 의해 질소가 재생되고, 이에 따른 식물성 플랑크톤의 증가는 동물성 플랑크톤에 의하여 초래되는 식물성 플랑크톤의 사멸을 충분히 보상해 준다. 적당한 포식압력은 피식자의 환경수용능력을 고갈되지 않도록 하며, 역동적인 생육상태를 유지하게 한다.

미생물의 포식에 있어서 포식자와 피식자간의 크기 차이는 크다. 섬모충류, 편모충류,

아메바형 원생동물은 세균 개체군을 무차별적으로 포식하는데, 이러한 것을 채식(grazing)이라고 한다. 원생동물 개체군은 식세포 작용(phagocytosis)에 의하여 세균을 삼키며, 피식자는 섭취된 후 용해효소에 의하여 분해된다.

일부 미생물 구조는 포식자에 저항성을 갖는다. 예를 들면, 토양 아메바는 *Bacillus*의 영양세포를 섭취하나 내생포자는 잘 포식되지 않는다. 원생동물인 *Entodinium caudatum*은 자기보다 큰 원생동물인 *Entodinium vivax*에 의하여 포식된다. *E. caudatum*에는 가시가 있는 세포와 가시가 없는 세포가 존재하는데, *E. vivax*는 가시가 없는 세포를 먼저 포식한다. 따라서, 가시가 없는 세포는 멸종되나 가시가 있는 세포는 포식자를 피하여 생육할 수 있다.

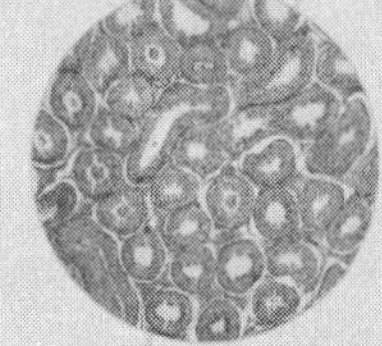

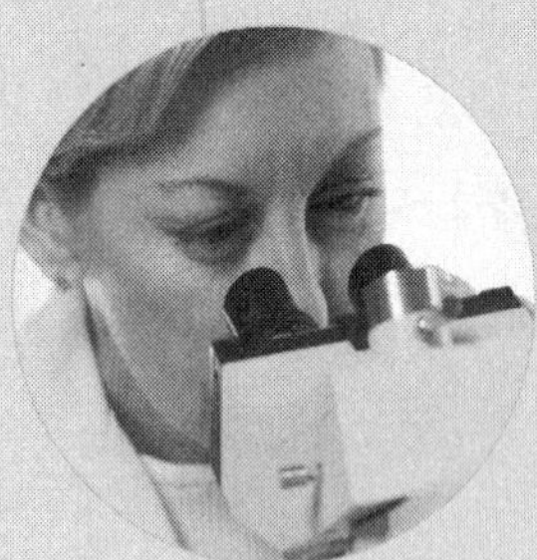

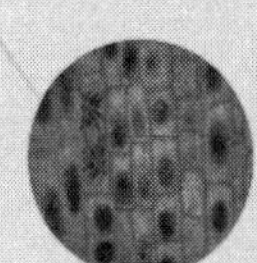

Applied Environment Microbiology

CHAPTER 16

동식물과 미생물의 상호작용

미생물은 그들 개체군 간에 다양한 관계를 가질 뿐만 아니라 동식물과도 비슷한 유형의 상호작용을 한다. 이러한 상호작용 중에는 동식물과 미생물 개체군들 모두에게 이익이 되는 것도 있고, 동식물 또는 미생물 개체군들에게 해가 되는 것도 있다.

16.1 식물과 미생물의 상호작용

16.1.1 근권

근권(rhizosphere)은 식물 뿌리 주위의 공간을 말하는 것으로, 미생물 생육에 적합한 서식지를 제공함과 동시에 미생물의 생육 및 활성을 촉진시킨다. 식물 뿌리로부터 당류, 아미노산, 호르몬 및 비타민 등의 물질이 분비되고, 미생물은 이것들을 이용하여 활발하게 생육할 수 있다. 이것은 실제 식물 뿌리의 표면인 근면(rhizoplane)에서 많은 미생물이 발견되는 것으로 보아 사실임이 명백하다.

미생물의 밀도는 식물 뿌리에 엉성하게 부착되어 있는 토양을 흔들어서 제거한 근계(root system)에 부착되어 있는 얇은 층인 근권 토양에서 높다. 실제로 근권 중 4~10%만이 미생물들과 직접 물리적 접촉을 하고 있으며, 뿌리에 관련된 대부분의 미생물은 근권 주위에 존재한다.

식물 근계의 구조는 근권 미생물 개체군의 정착에 영향을 미친다. 식물 뿌리와 근권 미생물 간의 상호작용은 대부분이 식물에 의한 수분 흡수, 식물 뿌리로부터 토양으로의 유기물질의 배출, 미생물에 의한 식물 성장인자의 생산 및 미생물을 매개로 한 광물질의 가용화 등과 같은 과정에 의하여 토양환경이 상호작용적으로 변경되는 것에 기초한다. 근권 내에서 식물 뿌리는 토양 미생물 군집의 조성과 밀도에 직접적인 영향을 주는데, 이것을 근권 효과(rhizosphere effect)라 한다. 근권 효과는 근권 토양 내에 있는 미생물 수와 근권에서 멀리 떨어져 있는 비근권 토양에 존재하는 미생물 수의 비율(R/S 비)을 조사하면 알 수 있다. 일반적으로 R/S 비는 5~20이다. 그러나 R/S 비가 100, 즉 뿌리가 없는 주변토양의 미생물 개체군 수보다 근권 내의 미생물 개체군 수가 100배인 경우도 드물지 않다.

근권에는 식물의 뿌리가 없는 토양에 비하여 그람음성 세균과 막대형 세균이 많고, 그람양성 세균, 구균, 다변형(pleomorphic) 세균은 적다. 근권에는 토양의 다른 부분보다 *Pseudomonas*와 같이 운동성이 있으며, 빨리 생육하는 세균들이 비교적 높은 비율로 존재한다. 이러한 미생물의 수적 증가는 식물 뿌리의 유출물(exudate)이 토양 미생물에게 직접적인 영향을 주어 높은 내적 생장율을 가진 미생물에게 유리하게 작용함을 나타낸다. 뿌리로부터 배출된 유기물에는 아미노산, 케토산, 비타민류, 당류, 탄닌류, 알칼로이드류, 인지질 및 기타 미동정 물질들이 있다. 비록 이러한 물질들 중 소수는 미생물들의 생육을 억제하지만 대부분은 미생물의 생육을 촉진한다. 식물에 의해 토양으로 방출된 물질이 미치는 영향은 근권 내에 있는 세균 개체군들이 식물의 뿌리가 없는 토양 중에 있는 세균과 특이할 만큼 다른 영양상의 특성을 가진다는 것에 의하여 입증된다. 많은 근권 세균이 최대로 생육하기 위해 아미노산을 요구하며, 이러한 물질은 뿌리의 유출물에 의하여 공급되는 것으로 추정된다.

식물이 뿌리주변의 미생물 개체군들에게 직접적인 영향을 주는 것처럼 근권 내에 있는 미생물들도 식물의 생장에 상당한 영향을 준다. 근권 내에 적절한 미생물 개체군들이 없다면 식물의 생장은 저해될 것이다. 근권에 있는 미생물 개체군들은 광물질의 재순환 및 용해 촉진, 식물 생장을 촉진하는 비타민류, 아미노산, auxin, gibberellin의 합성, 항생물질을 생산하는 편해공생 관계를 통하여 잠재적 식물 병원체의 길항작용 등 다양한 방법으로 식물에게 이익을 줄 수 있다.

근권에 있는 미생물들은 식물 뿌리의 증식에 영향을 주는 유기 화합물 즉, auxin과 gibberellin과 유사한 물질을 합성하며, 이러한 화합물들은 종자의 발아율을 증가시키고, 식물의 성장을 돕는 근모의 발달을 촉진시킨다. 근모에서 발견되는 *Arthrobacter, Pseudomonas, Agrobacterium*은 식물의 생장을 촉진하는 유기 화합물을 생산하는 것으로 보고되어 있다.

근권에 존재하는 미생물들은 어떤 경우에는 제한된 농도의 무기 영양원이 식물 뿌리에 도달하기 전에 이를 이용하기도 하고, 다른 경우에는 식물에게 무기 영양원의 가용성을 증진시킴으로써 식물이 광물질을 이용하는데 영향을 미친다. 근권 미생물은 물질의 용해화를 통하여 식물이 이용할 수 없었던 인산염의 가용성을 증가시킨다. 식물은 무균 상태의 토양에 있을 때보다 근권 미생물과 관련되어 있을 때 더 높은 인산염의 섭취율을 보임이 밝혀졌다. 인산염의 가용성을 증가시키는 주된 기전은 미생물이 인회석(apatite)을 용해하는 산을 생성하여 인을 가용성 상태로 방출시키는 것이다.

비록 근권 미생물에 의하여 광물질의 흡수가 증가되는 것은 식물에 이익이 되나, 어떤 경우에는 근권에 풍부한 미생물 개체군들에 의해 식물에게 필요한 광물질의 부족이 초래될 수도 있다. 과수의 소엽병(小葉病) 및 귀리의 회색 반점병은 세균이 아연을 부동화 또는 망간을 산화시킴으로써 각각 발생하는 것이다. 근권에 있는 미생물은 질소를 부동화시켜 식물이 이용할 수 없도록 할 때도 있다. 근권 미생물에 의한 질소의 부동화는 식물에게 이용될 질소비료의 상당량이 소실되는 이유를 설명해 준다. 질소의 일부는 미생물의 단백질 형태로 부동화되나 일부는 탈질에 의하여 대기 중으로 소실되기도 한다.

16.1.2 균근

일부 균류는 식물의 뿌리와 균근(mycorrhizae)이라는 상호의존 관계를 맺고 있는데, 대부분의 육상식물의 뿌리는 균근을 형성하는 것으로 추정되고 있다. 이때, 균류는 실제로 뿌리의 물리적 구조로 통합된다. 균류는 식물의 영양에 공헌하면서 식물 뿌리로부터 영양적인 이익을 얻으며, 식물에 질병을 일으키지 않는다. 균근 관계는 고도의 특이성이 있으며, 식물-균류간의 밀접한 결속이 있기 때문에 식물과 미생물사이의 근권 관계와는 다르다. 즉, 균근 관계는 식물의 뿌리와 균류의 균사가 통합되어 하나의 통일된 형태적 단위를 형성한다. 균류와 식물 뿌리 사이에 균근 관계가 널리 존재함은 이러한 상호작용의 중요성을 입증해 준다.

균근 관계는 식물과 균류 사이에 건강한 생리적 상호작용을 유지시켜 주며, 오랫동안 존속된다. 또한, 균근 관계는 구조적 및 생리적 기능에 있어 양쪽 모두에 유리한 영양원의 교환을 성취하는 다양한 관계를 나타낸다. 많은 균근 관계에 있어서 물과 광물질, 특히 인과 질소의 흡수가 증진된다. 따라서, 균근을 형성하는 식물은 균근이 없을 경우에는 점유하지 못할 서식지를 점유할 수 있다.

균근 관계에는 외부균근(ectomycorrhizae)과 내부균근(endomycorrhizae)의 두 가지 기본적인 유형이 있다. 외부균근은 피자식물과 참나무, 너도밤나무, 자작나무 및 송백류를 포함한 나자식물에 흔하다. 송이버섯과 같은 자낭균류, *Boletus* 및 *Amanita*와 같은 담자균류를 비롯하여 많은 균류가 식물 뿌리와 외부균근 관계를 맺는다. 대부분의 외부균근 형성 균류는 이당류, 당알콜 등의 간단한 탄수화물을 기질로 하여 잘 생육한다. 이들은 복잡한 유기 질소원, 아미노산 및 암모늄염을 이용하고, 많은 종이 thiamine, biotin 등의 비타민을 요구하며 auxin, gibberellin, cytokinin, 비타민, 항생물질, 지방산을 생산하여 식물에게 배출한다. 아마 식물은 외부균근형성 균류로부터 식물 뿌리의 신장, 토양으로부터 영양원 흡수율 증대, 토양으로부터 특정 이온들의 선택적 흡수, 식물 병원체 및 독소에 대한 저항성 증대, 온도, 건조 및 pH와 같은 환경인자들에 대한 내성범위의 증대 등 몇 가지 이익을 얻는 것으로 추정된다. 외부균근형성 균류는 숙주식물로부터 광합성 산물을 얻기 때문에 유기물에 대한 토양 내 다른 생물과의 강한 경쟁을 피할 수 있다. 외부균근을 가진 식물은 가지지 않았을 때보다 식물 병원체에 저항력이 강하다. 외부균근형성 균류가 형성한 외초는 식물의 뿌리로 침입하는 병원체에 대한 효과적인 장벽이 되며, 외부균근을 형성하는 많은 담자균류는 항생물질을 생산한다.

내부균근은 소귀나무(arbutus), 철쭉, 만병초, 서양만병초가 속하는 진달래목과 같은 일부 식물에 존재한다. 진달래목에 속하는 식물 속의 내부균근은 격막이 있는 균사가 뿌리의 피층(cortex)까지 질병을 일으키지 않고 침입하여 세포사이에 코일 모양의 균사를 형성하는 것이 특징이다. 비록 균류가 대기 중의 질소를 고정하지는 않지만 비균근 식물에 비하여 질소영양 상태가 좋듯이 내부균근 관계는 토양 중에 결합된 질소에 대한 접근도를 증가시킨다. 비균근보다 균근에 있어서 phosphatase의 활성이 높으며, 균근형성 균류는 외부로부터 인산염을 숙주식물에 이동시켜 준다. 진달래목에 있어서 내부균근 관계는 영양원이 부족한 토양에서 숙주식물의 성장을 향상시키는 것으로 추정되며, 진달래목에 내부균근이 많이 형성되는 것은 이러한 식물의 뿌리조직이 내부균근형성 균류에 대해 좋은 생태학적 서식지를 제공해 주는 것을 의미한다.

실제로 모든 난(orchid)의 뿌리는 내부적으로 균류의 균사에 의해 감염되며, 균사가 표피세포를 뚫고 피층세포까지 들어가 균근을 형성한다. 균류는 피층의 외곽세포내에서 코일모양을 형성하며, 이후에 균사는 형태가 분해되어 대부분의 내용물이 숙주세포에 흡수된다. 난은 자연상태에 있어서 절대적으로 균근을 형성하며, 균근형성 균류는 대부분 *Armillaria mellea* 및 *Rhizoctonia solani*이다. 이러한 내부균근 관계는 난의 종자가 발아하는 능력을 증진시켜 주지만 균류가 숙주식물에 기생할 때도 있다. 반대로 식물이 일부 균류의 균사를 소화한다는 사실은 이러한 양자의 관계가 미묘하게 균형잡힌 상호 기생적 성격을 띠고 있음을 의미한다.

온대림에 있어서 잔재물 및 토양 부식물질이 주된 영양원 저장고가 된다. 반면, 생물학적 분해속도를 증진시키는 높은 온도와 습도때문에 열대 우림에는 소량의 부식물질과 잔재물이 존재하며, 영양원의 주된 저장고는 살아있는 식물의 생물량이다. 매일 쏟아지는 폭우로 인한 용탈때문에 열대 우림 토양에는 사실상 용해성 광물질이 없다. 이러한 상황에서 균근 관계는 영양원 보존의 주축이 된다. 균근형성 균류는 종종 부생자 생활을 계속하며, 식물로부터 새롭게 떨어져 나오는 잔재물들을 빠른 속도로 분해한다. 방출되는 영양염류는 토양으로 들어가 신속하게 용탈되지 않고, 균근의 균사에 의하여 직접 식물의 뿌리로 이동한다. 이러한 폐쇄형 영양원 순환은 대단히 효율적인 보존기구가 된다.

온대지역에 있어 깨끗하게 벌채된 산림의 회복, 석탄 채굴지역 및 노면 채광지역과 같은 폐토지의 재식생화는 종종 적당한 균근 관계를 가진 식물을 이용함으로서 달성할 수 있다. 예를 들면, 소나무의 종자에 외부균근형성 균류인 *Piolithus tinctorius*를 미리 접종하면 고지대나 기타 열악한 서식지를 재 식생화시키는 능력이 증대된다.

비근권 토양, 근권 토양 및 균근 토양에서 일어나는 생물지구화학적 순환과 영양원의 특성을 표 16-1에 나타내었다.

표 16-1. 비근권, 근권 및 균근 토양의 특성 비교

비근권 토양	근권 토양	균근 토양
모든 생물지구화학적 순환. 순환율은 유기물 이용정도에 의하여 제한된다.	최대의 생물지구화학적 순환	모든 생물지구화학적 순환은 식물 유래원과 토양 부식물 조성에 의하여 유지 및 조절된다.
영양원들이 뿌리조직이나 지하수에 용해될 수 있다.	영양원들은 미생물의 생체량 합성이 일어나는 만큼 광물화되어 식물량에 직접적으로 이용된다.	영양원들은 균체량에 편입되어 식물조직에 전달된다.
영양원들은 미생물량에 직접적으로 편입될 수 있다.		
미생물량은 탄소원과 에너지원에 의해 조절된다.	미생물량의 합성은 식물 생산성과 뿌리에서 유래하는 배출량의 비율에 의하여 조절된다.	생체량은 식물 생산량과 곰팡이에 전달되는 광합성 산물에 의해서 조절된다.
비근권 토양의 대사활성은 근권의 상호작용에 의해 직접적인 영향을 받지 않으나 균근의 곰팡이는 비근권 토양에 들어가 생물지구화학적 과정을 촉진할 수 있다.		

16.1.3 뿌리혹 내의 공생적 질소고정

미생물과 식물간의 가장 중요한 상호의존적 관계의 하나는 적합한 숙주식물의 뿌리에 질소고정 세균이 침입하여 뿌리혹을 형성하고, 그 안에서 세균이 대기 중의 질소를 고정하는 공생관계이다.

*Rhizobium*과 콩과식물 간의 질소고정(diazotrophic) 관계는 질소순환과 농업에 큰 중요성을 가진다. 최근까지 콩과식물과 관련된 뿌리혹 질소고정 세균은 *Rhizobium*만이 알려져 있었으나 현재는 *Azorhizobium* 및 *Bradyrhizobium* 등 두 속이 더 추가되었다.

Rhizobium 속의 종들은 토양에서 자유생활을 하는 종속영양 생물로 존재하나 이들은 뿌리가 없는 토양에 존재하는 미생물 군집의 우점종은 아니며, 자유생활형 *Rhizobium* 속의 종들은 대기 중 질소를 고정하지 않는다. 그러나 적당한 조건이 되면 *Rhizobium* 속의 종들은 근모에 침입하여 혹을 형성하고, 질소고정 활동을 시작한다. 근권 내에서

식물의 뿌리는 *Rhizobium*에게 모종의 화학물질을 공급하는데, *Rhizobium*은 이 물질을 변화시켜 감염을 시작하고, 뿌리혹을 형성하는데 필요한 화합물을 생산한다.

뿌리혹 형성과정은 *Rhizobium*과 식물 뿌리 사이의 복잡한 일련의 상호작용의 결과이다. 감염된 조직 내에서 *Rhizobium*은 증식하여 박테로이드(bacteroids)라고 불리는 세포를 형성한다. 뿌리혹에는 박테로이드로 가득 찬 세포들 사이에 감염되지 않은 액포함유 세포들이 존재하는데, 이들은 식물과 미생물 조직간의 대사물질 전달에 관여하는 것으로 추정된다. 정상적인 *Rhizobium* 세포들이 세균 유사체로 변하는 동안 염색체는 퇴화하며, 결과적으로 박테로이드는 독립적인 증식능력을 상실한다. 박테로이드 세포들은 질소고정효소인 nitrogenase를 생산하는데, 숙주식물 조직이 nitrogenase 합성 개시 및 조절에 어떤 역할을 하는 것으로 알려져 있다. 뿌리혹 속에 있는 박테로이드가 대기 중 질소를 고정한다.

활발한 질소고정을 위해서는 식물과 *Rhizobium*의 관계에서 각종 유기 및 무기 화합물이 필요하다. 미량원소인 몰리브덴도 필요한데, 이것은 nitrogenase의 중요 구성성분이 된다. Nitrogenase는 고농도의 황과 철을 함유하고 있는데, 이것들 역시 활발한 질소고정을 위하여 필요한 물질이다. 또한, 코발트와 구리도 소량 필요하다.

뿌리혹은 leghemoglobin의 존재로 인하여 적갈색을 띠게 되는데, 이것은 모든 콩과식물 뿌리혹 중심부위 조직의 두드러진 특징이다. Leghemoglobin은 전자전달체로 작용하여 박테로이드 세포들에게 ATP 생산을 위한 산소를 공급하고, 동시에 산소에 민감한 질소고정효소를 보호해 주는 역할을 한다. Leghemoglobin은 *Rhizobium* 또는 식물 단독으로는 합성할 수 없다. 즉, leghemoglobin의 heme 부분은 *Rhizobium*에 의하여 만들어지고, globin 부분은 콩과식물에 의하여 만들어진다. Leghemoglobin은 식물에만 존재하며, 특히 콩과식물 뿌리에만 존재한다.

16.1.4 미생물과 식물 지상부의 상호작용

식물의 줄기, 잎, 열매는 외부착생 미생물 개체군들에게 적합한 서식지를 제공한다. 종속영양 세균 및 광합성 세균, 균류(특히 효모), 지의류 및 일부 조류가 이러한 식물의 지상부위에 고정적으로 존재한다. 잎의 표면에 인접한 서식지를 엽권(phyllosphere)이라 하고, 직접적으로 잎의 표면에 존재하는 서식지를 엽면(phylloplane)이라 한다. 엽권과 엽면은 각종 세균 및 균류 개체군들이 점유한다. 잎 표면에 존재하는 미생물 수는 계절과 잎의 일령에 따라 달라진다.

몇몇 소나무 종의 푸른 침엽의 엽권에 존재하는 주된 개체군은 *Pseudomonas*

*fluorescens*를 비롯한 *Pseudomonas* 속의 종들이다. 소나무의 엽면에 존재하는 개체군들은 이러한 나무 밑의 잔재물 층에 존재하면서 지질분해 및 단백질분해 활성을 보이는 세균 개체군들에 비하여 당류 및 알콜을 탄소원으로 이용하는데 있어서 더 효율적이다.

꽃은 외부착생 미생물들에게 단기간의 서식지를 제공한다. *Candida reukaufii* 및 *Candida pulcherrima*는 꽃에서 발견된다. 꽃의 밀선(nectar)은 당 함량이 높기 때문에 효모 개체군에게 적합한 서식지가 된다. *Candida, Torulopsis, Kloeckera* 및 *Rhodotorula*를 비롯한 수많은 효모들이 꽃에서 발견된다. 꽃의 화관(corolla) 및 꽃받침(calyx)보다 암술과 수술에 더 많은 효모가 서식한다고 밝혀져 있다. 꽃이 수정된 후, 과일이 성숙되는 과정에서 환경조건이 바뀌고, 따라서 미생물 개체군의 천이가 일어나 때때로 *Saccharomyces*가 우점종이 된다.

식물의 표면에 존재하는 미생물 개체군 간에는 긍정적 및 부정적 상호작용이 존재한다. 고삼투압성 효모는 당의 농도를 낮추어 다른 미생물 개체군들이 침입하기에 적합하도록 서식지를 변화시킨다. 효모에 의하여 생산된 불포화 지방산은 과일 표면에서 그람양성 세균의 발달을 저해한다. 과일 표면에 발달하는 세균 개체군들의 생육은 효모에 의하여 생산되는 thiamine과 nicotinic acid 등 생육인자에 좌우된다. 효모 개체군들의 생육 역시 과일 표면에 존재하는 세균이 생산하는 생육인자에 의존한다.

미생물은 나무의 수피에서도 생육한다. 지의류, 까치발 곰팡이 및 선반형 곰팡이 등은 나무 수피에서 생육하는 특징적인 균류이다. *Licea, Trichia, Fuligo*를 포함한 *Myxomycetes*는 나무의 수피에 자실체를 형성한다. *Collectotrichum* 및 *Taphrina*와 같은 균류는 목본경과 나무의 수피에서 생육한다. 일부 지의류는 주위의 식생이 이용할 수 있는 대기 중 질소를 고정한다.

세균과 식물 간의 생태학적 관계에서 가장 홍미로운 보기 중의 하나는 엽권에 존재하는 세균가운데 빙핵을 형성하여 식물에 동해를 입히는 것이다. 13장에서 서술했다시피 일부 *Pseudomonas syringae*와 *Erwinia herbicola*는 일종의 표면 단백질을 생산하여 얼음 결정체 형성이 시작되도록 해준다. 많은 식물에 있어서 빙핵형성 활동을 촉진하는 표면서식 세균 개체군들이 다량으로 존재한다. 이러한 빙핵형성 세균 개체군이 잎의 표면에 존재하면 이들은 주위의 온도가 −2 ~ −4℃에 달할 때 식물에게 동해를 입히는 얼음을 형성시킴으로써 그 자신이 서식하는 식물 부위가 과도하게 냉각되지 않도록 해준다. 이러한 외부착생 세균은 조건적 식물 병원체로서, 결빙과정을 개시할 수 있는 온도에서만 동해로 인한 식물의 고사를 일으킨다. 빙핵형성 세균대신 빙핵형성 개시단백질을 생산하지 못하는 돌연변이 균주로 대체하면 −7 ~ −9℃에서도 얼음 결정이 생기지 않아 동해를 감소시킬 수 있다는 보고도 있다.

이러한 실험결과에 의거하여 유전공학적으로 개발된 돌연변이 균주를 야외작물에 처리하여 동해를 방지하자는 제안이 제시되고 있으나 아직까지 빙핵형성 세균의 정상적인 기능 및 이들이 서식하는 식물 간의 생태학적 관계를 변화시켰을 때 나타나는 환경 변화에 대해 알려진 것이 없으므로 돌연변이 균주를 사용하는데 있어 그 효용과 안정성에 대한 논란이 많은 실정이다.

16.2 동물과 미생물의 상호작용

16.2.1 동물에 의한 미생물의 포식

포식성 동물은 통상 매우 작은 피식자만을 먹이로 하여 생존할 수 없는데, 이것은 포식(predation)에서 얻어지는 에너지보다 피식자를 잡는데 더 많은 에너지가 소비되기 때문이다. 그럼에도 불구하고 많은 무척추 동물은 그들 자신보다 10^5～10^7배 정도로 생물량이 적은 미생물을 포식함으로서 필요로 하는 영양원의 전부 또는 일부를 충당하고 있다. 이렇게 생물량이 매우 적은 먹이를 획득하는 기구는 미생물 집합체를 채식(grazing)하거나 여과 섭식(filter feeding)함으로 이루어진다.

물에 서식하는 복족류(달팽이), 극피동물(바다성게), 삿갓조개는 수중에 잠겨있는 물체의 표면에 존재하는 미생물 껍질 층을 긁어서 섭취함으로서 크기가 작은 먹이를 섭식한다. 육상 환경에서 각종 미소 토양 절지동물과 토끼를 비롯한 설치류는 분식성(糞食性)이며, 그 자신의 배설물을 규칙적으로 재섭식한다. 수중환경에서 달팽이와 같은 일부 무척추동물은 다른 동물들이 퇴적한 배설물 위에 생육하는 미생물 개체군들을 채식한다. 바다의 동물군은 점질성 궤적물(slime trail)을 분비하고, 여기에 세균, 균류 및 조류 개체군들이 집락화한다. 이러한 점질성 궤적물은 미생물 개체군들의 생육을 위한 영양원을 제공해 준다. 미생물들은 점질물에 부착하는데, 이것은 끈끈한 덫으로 작용한다. 이때, 동물들은 그들의 발자취를 재추적하여 점질물 위에서 생육하여 끈끈한 점액성 궤적물에 포집되어 있는 미생물 개체군들을 채식한다.

많은 해양 및 담수 무척추동물들은 잔재물 입자 위에서 생육하는 미생물 개체군을 섭식한다. 이러한 동물들은 미생물을 이용하여 영양원을 농축하고, 미생물은 잔재물 입자에 존재하는 낮은 질소:탄소비를 가진 식물성 중합체를 높은 질소:탄소비를 가진 단백질성 미생물의 생물량으로 변화시켜 잔재물의 영양가를 높인다. 많은 잔재물 섭식자들이 잔재물 입자들과 관련된 미생물 생물량을 소화한다. 소화되지 않은 식물성 중합체에는 미생물이 재집락하며, 새로운 미생물 생물량이 형성된 잔재물 입자들은 잔재물 섭식자에 의하여 재섭식된다. 이것과 비슷하게, 토양 중에서 지렁이는 섭식된 토양입자 내에 함유된 미생물을 소화한다.

많은 부착성 바닥살이 및 부유성 무척추동물은 현탁되어 있는 부유성 미생물 피식자를 섭식하는데 있어 여과 섭식을 이용한다. 이 동물들은 일정시간동안 일정장소에 정주하면서 현탁액으로부터 피식자를 여과한다. 이러한 섭식은 에너지 효율 측면에서 매우 유리한데, 이것은 피식자가 너무 작고, 비교적 균일하게 현탁액 중에 분산되어 있기 때문이다. 포식성 동물은 섬모나 다리, 안테나, 촉수, 아가미빗(gill), 꼬리와 같이 적응된 기관을 이용하여 입 주위에 물의 흐름을 유지시킨다. 미생물은 아가미빗, 촉수 및 점액성 강(綱, net)을 통하여 물로부터 여과된다. 그러므로 아가미빗은 먹이와 산소공급을 보장해 주는 두 가지 목적으로 사용될 수 있다. 동물성 플랑크톤의 여과 섭식 활동은 대부분의 피식생물이 1차 생산자이므로 때때로 채식이라고 할 수 있으나 이 과정에서 또한 2차 생산자(세균), 포식자(원생동물) 및 비생물성 잔재물 입자들이 섭식되므로 여과 섭식이라 부르는 것이 보다 더 정확하다.

16.2.2 동물에 의한 미생물의 배양

대부분의 초식동물은 식물체의 셀룰로오스 부분을 소화할 수 없다. 셀룰로오스의 소화는 셀룰로오스를 분해하여 동물이 이용할 수 있게 해주는 미생물의 효소 능력에 의존한다. 앞에서 서술한 바와 같이 분식 및 미생물로 덮여진 잔재물의 섭식은 동물이 미생물을 먹는 것이라고도 볼 수 있으며, 먹이의 소화에 있어서 영성하게 형성된 원시협동적 노력이라고도 볼 수 있다. 한편, 먹이소화에 있어 이것과는 다른 상호의존적 관계도 존재한다. 이런 관계는 장내 공생체의 형태로 나타나거나 나중에 소비할 목적으로 미생물을 일정장소에 기를 때에 발생한다. 식물의 잎을 먹는 일부 곤충은 실제로 식물 조직에 미생물을 순수배양하여 상호의존 관계를 맺는다. 단백질이 풍부한 미생물 생물량은 곤충 개체군의 주된 먹이원으로 이용되며, 미생물은 이동 및 서식지를 곤충으로부터 얻는다.

식물의 잎을 자르는 각종 개미 개체군은 균류와 상호의존적 관계를 맺는다. 개미는 미생물에게 식물조직을 공급함과 동시에 식물조직 절편에 균류를 접종해 줌으로써 이들을 다른 지역으로 전파시킨다. 개미는 균류를 경쟁자로부터 보호해 주며, 개미가 제거된다면 급속히 없어질 단일 배양계를 유지시켜 준다. 단일 종의 균류를 길러 곰팡이 밭(garden)을 유지시키는 개미의 능력은 개미 개체군의 유지에 필수적이다. 이러한 곰팡이

밭에서 개미에 의한 곰팡이의 재배와 손질은 곰팡이의 형태를 크게 변화시킨다. *Acromymex disciger* 개미와 *Atta* 종 개미는 *Leucocoprinus* 또는 *Agaricus* 등의 균류를 재배하는 것으로 추정되며, *Cyphomymex rimoseus* 개미는 *Tyridomyces formicarum*을 재배하고, *Cyphomyrmex costatus* 및 *Myricocrypta buenzlii* 개미는 *Lepiota* 종을 재배한다. *Apterostigma mayri* 개미는 *Auricularia* 종과 관계를 유지한다. *Atta* 속 개미는 열대우림 지역의 토양에 대량의 유기물을 공급하기 때문에 중요하다. 이렇게 생산된 유기물은 그 안에서 몇 종의 다른 동물 개체군이 관계하는 먹이망(food web) 상호작용의 기반을 형성한다.

어떻게 개미들이 이러한 순수 균류배양을 유지하는가를 생각해 보면 흥미롭다. 이것은 개미 또는 배양 미생물에 의하여 생산된 선택적인 억제물질 때문이라고 제안되었으나 아직 입증되지는 않았다. *Atta* 종 개미에 의하여 배양되는 담자균류에는 개미가 이 균류를 배양하지 않는다면 개미는 단백질 분해효소(protease)가 부족하게 되고, 담자균류는 다른 균류와의 경쟁에서 이길 수 없게 된다. *Atta* 종 개미는 녹색 잎을 잘라서 지하의 둥우리로 운반하며, 이곳에서 잘게 잘라 단백질 분해효소를 함유한 침과 배설물을 혼합한 후, 균류의 균사를 접종한다. 이 경우, 항생작용이 아니라 보완적 효소작용 및 선점적 집락화에 의하여 순수배양이 유지된다. 잎을 자르지 않는 개미는 나무 부스러기 및 기타 식물성 잔재물을 둥우리로 운반하여 균류를 접종한다. 균류가 배양되는 방법에 관계없이 개미들은 나중에 균류 생물량 및 부산물의 일부를 수확하여 섭식한다. 개미는 스스로 합성하지 못하는 섬유소 분해효소(cellulase)를 이 과정 중에 획득하는데, 섬유소 분해효소는 개미의 장 속에서 계속 활성이 유지되므로 체내에 들어온 셀룰로오스를 소화할 수 있게 된다.

일부 흰개미와 목재를 먹는 바퀴들의 장에서 발견되는 원생동물 개체군들은 셀룰로오스를 혐기적으로 분해하여 이산화탄소, 수소 및 아세트산염을 생산한다. 아세트산염은 흰개미의 후장벽을 통하여 흡수된 후, 호기적으로 산화되어 이산화탄소와 물로 전환된다. 셀룰로오스를 분해하는 원생동물 개체군이 생산한 이산화탄소와 수소는 흰개미의 장내에 존재하는 메탄세균이 이용한다. 흰개미가 이러한 메탄생성 세균의 활동으로부터 어떠한 이익을 얻고 있는가 또는 이익이 있다면 그 이익이 얼마나 되는가에 대해서는 알려진 바 없다.

16.2.3 반추위 내에서의 소화

반추동물의 먹이소화에 기여하는 미생물 개체군들에 대하여 많은 연구가 이루어졌다.

반추동물에는 사슴, 순록, 영양, 기린, 들소, 젖소, 양, 염소 등이 있는데, 이러한 동물은 섬유소가 풍부한 화본과 풀, 나뭇잎, 가지를 먹는다. 반추동물을 비롯한 젖먹이 동물은 자신이 섬유소 분해효소를 생산하지 않고, 섬유소분해 미생물에 의존하고 있다. 반추동물은 먹이의 소화에 기여하는 많은 원생동물 및 세균 개체군을 함유하는 반추 제1위(rumen)라는 특수한 기관을 가진다. 반추 제1위는 혐기적이며, 30~40℃, pH 5.5~7.0인 비교적 균일하고 안정된 환경이다. 관련 미생물에게 최적인 이러한 조건들과 섭식된 식물의 계속적 공급은 미생물 개체군들이 높은 밀도로 발생할 수 있도록 해준다.

반추 제1위에서 일어나는 전체적인 발효반응은 다음 식으로 나타낼 수 있다.

$$57.5(C_6H_{12}O_6) \rightarrow$$
$$65\,\text{acetate} + 20\,\text{propionate} + 15\,\text{butyrate} + 60\,CO_2 + 35CH_4 + 25H_2O$$

셀룰로오스, 전분 및 기타 섭식된 영양원은 반추 제1위에서 미생물에 의하여 이산화탄소, 수소가스, 메탄 및 초산, 프로피온산, 부틸산과 같은 저분자 지방산으로 전환된다. 유기산은 동물의 혈류로 흡수되며, 이곳에서 호기적으로 산화되어 에너지가 생산된다. 반추동물도 관련 미생물 개체군들이 생산한 단백질을 이용할 수 있다. 반추 제1위에서 메탄생성 세균에 의하여 생산된 메탄은 방출되며, 동물의 영양에는 기여하지 않는다.

반추 제1위 내의 혐기적 환경은 미생물의 소화과정 중 동물 내에서 손실되는 열량이 비교적 낮도록(약 10%) 해준다. 손실된 에너지의 일부는 체온을 유지시키는데 도움이 되므로 동물에게 이익을 준다. 반추동물은 먹이로서 가치가 떨어지는 높은 셀룰로오스 함량의 먹이를 효율적으로 이용하지 못한다. 고급사료에 포함된 단백질을 포름알데하이드로 처리하여 교차 연결시키면 반추 제1위 미생물에 의한 분해가 방지되어 귀중한 단백질이 메탄으로 발효되지 않고 소화장관에서 소화 및 흡수되도록 해준다.

반추 제1위는 다양한 미생물을 함유한다(표 16-2). 세균 개체군으로 셀룰로오스 분해세균, 전분 분해세균, 헤미셀룰로오스 분해세균, 당류 발효세균, 지방산 이용세균, 메탄생성 세균, 단백질 분해세균 및 지방 분해세균 등이 있다. 이러한 개체군에 속하는 세균으로 *Bacteroides, Ruminococcus, Succinomonas, Methanobacterium, Butyrivibrio, Selenomonas, Succinivibrio, Streptococcus, Eubacterium, Lactobacillus* 속이 있다. 이러한 세균 개체 중의 많은 종류가 반추 제1위 내의 주된 산인 아세트산을 생산한다. 이들은 반추동물에 의하여 탄수화물로 전환될 수 있는 유일한 발효성 산인 프로피온산을 생산한다. 반추 제1위 내의 다양한 미생물 군집은 반추동물이 섭식한 각종 식물성분을 소화하는데 필요한 효소들을 생산한다.

반추 제1위는 세균 외에도 많은 원생동물 개체군들을 함유하는데, 대부분은 섬모충류이며, 편모충류도 일부 존재한다. 반추 제1위에 존재하는 섬모충류는 혐기적으로 자라고, 식물을 발효하여 에너지를 획득하며, 높은 밀도로 존재하는 세균 개체군들에 견딜 수 있는 매우 특수한 그룹이다. 반추 제1위에 존재하는 일부 원생동물들 개체군들은 셀룰로오스와 전분을 분해할 수 있으며, 일부 개체군들은 탄수화물을 발효시킨다. 일부 원생동물은 세균 개체군을 포식하며, 이들의 단백질은 반추동물의 효소에 의하여 소화된다.

표 16-2. 일부 반추 제1위 세균의 발효산물 및 에너지원

세균	에너지원	발효산물
Bacteroides succinogenes	cellulose, starch, glucose	acetate, succinate
Bacteroides amylophilus	starch	acetate, succinate, formate
Bacteroides ruminicola	starch, xylan, glucose	acetate, succinate, formate
Ruminococcus flavefaciens	cellulose, xylan, glucose	acetate, succinate, formate, hydrogen
Succinivibrio dextrinosolvens	glucose	acetate, succinate
Succinomonas amylolytica	starch, glucose	succinate
Ruminococcus albus	cellulose, xylan, glucose	acetate, ethanol, formate, hydrogen
Butyrivibrio fibrisolvens	cellulose, starch, xylan, glucose	butyrate, formate, hydrogen
Eubacterium ruminantium	xylan, glucose	butyrate, formate, lactate
Selecomonas ruminantium	starch, glucose, lactate, glycerol	acetate, propionate, lactate
Veillonella alcalescens	lactate	acetate, propionate, hydrogen
Streptococcus bovis	starch, glucose	lactate
Lactobacillus vitulinus	glucose	lactate
Methanobacterium ruminantium	H_2+CO_2, formate	methane

16.2.4 동물을 포식하는 균류

일부 균류는 선충류를 영양원으로 포식한다. 선충류를 포획하는 가장 흔한 균류로는 *Arthrobotrys, Dactylaria, Dactyella* 및 *Trichothecium* 속이 있으며, 선충을 포획하는 기전에는 점착성의 망상형 가지, 줄기에 달린 점착성의 혹, 점착성의 올가미, 수축성 고리 등이 있다. 선충이 끈끈한 균사 구조물을 지날 때 이것이 선충에 붙어서 포획된다. 선충이 수축성 고리 속으로 지날 때 균류의 고리는 삼투압의 급격한 팽창에 의하여 선충류

를 포획한다. 선충류가 빠져 나오려고 격렬히 움직여도 대체로 성공하지 못한다. 균류의 균사는 포획된 선충 속으로 침입하여 선충을 효소적으로 분해한다. 일부 선충을 포획하는 균류는 선충이 없을 때는 포획기구를 만들지 못하는데, 이것은 피식자가 존재함으로서 이들을 포획하고 소비할 수 있는 포획기구의 형성이 유도되는 아주 독특한 관계이다.

16.2.5 공생적 빛의 생성

일부 해양 무척추동물과 물고기는 발광세균과 공생관계를 맺는다. 이 발광세균은 숙주에 따라 눈 근처, 배, 직장, 턱 등과 같이 서로 다른 기관에 존재한다. 예를 들면, 오징어의 경우 발광세균은 잉크주머니 근처의 외투강에 있는 한 쌍의 선(gland)안에 존재한다. 발광세균인 *Beneckia*와 *Photobacterium*은 주머니 비슷한 특수한 기관 속에 들어있고, 이곳에 외부공이 있어서 세균이 출입할 수 있으며, 주위의 바닷물이 교환될 수 있다. 물고기는 세균에게 영양원을 제공하고, 경쟁 미생물로부터 보호해 준다.

발광세균은 대체로 빛을 발하나 일부 물고기는 이러한 세균이 들어있는 기관을 조절하여 빛을 껐다 켰다 할 수 있다. 섬광물고기(flashlight fish)인 *Photoblepharon*은 발광기관 위에 검은 차폐막 또는 격막을 드리움으로서 빛을 차단할 수 있다. 발광기관은 발광세균이 가득 채워진 세포들로 구성되어 있다. 현재까지 이러한 세균들을 분리하여 배양하려는 노력은 실패하였다. *Photoblepharon*은 야행성이며, 군집성이다. 발광은 야간에 이동을 위한 전등의 역할, 무리형성 및 포식자를 퇴치하는데 도움이 되는 것으로 추정되고 있다.

16.2.6 생태학적 관점에서 본 동물의 질병

각종 바이러스, 세균, 원생동물, 조류를 비롯한 일부 미생물은 동물에게 질병을 일으킨다. 발병 기전은 두 가지로 구분할 수 있는데, 하나는 미생물이 직접 동물의 표면이나 내부에 생육함으로서 질병을 초래하는 감염이고, 다른 하나는 동물에게 질병을 일으키는 독성물질을 생성하거나 동물의 서식지를 변화시켜 이들이 더 이상 건강한 상태로 존재할 수 없게 하는 경우이다.

물이나 토양과 같이 자연적인 서식지에서 생육하는 미생물들은 자연적 조건들을 변경하여 이러한 서식지를 점유하는 동물 개체군들에게 불리한 영향을 미칠 수 있다. 이러한 상황은 미생물 군집 내에서 개체군이 불균형을 이룰 때 발생한다. 예를 들면, 부영양화된 호수에서 조류의 대번성이 발생하였을 때, 원인 생물인 광합성 독립영양 개체군들은 호수에 다량의 유기물을 제공하는데, 나중에 이 유기물이 종속영양 미생물들에 의하여 분해되는 과정에서 용존산소가 고갈되어 혐기성 상태가 유발된다. 이러한 산소 고갈은 산소를 필요로 하는 동물 개체군들에게 질병과 죽음을 초래하며, 때로는 물고기의 대량 폐사를 일으킨다.

또한, 미생물 개체군들은 동물에게 질병을 일으키는 무기화합물 또는 유기독소를 생산할 수 있다. 퇴적층에서 미생물 개체군들에 의하여 생산된 황화수소는 퇴적층에 굴을 파는 동물들에게 유독한 농도로 축적될 수 있다. 미생물에 의한 황의 산화로 발생하는 산성광산배수는 배수되는 하천에 강산성 조건을 초래하여 수서 동물의 질병과 죽음을 초래할 수 있다. 숙주동물의 외부에서 미생물이 생산하는 독소는 종종 동물이 미생물을 먹이로 섭취할 때 식중독을 일으킨다. 많은 종류의 버섯은 이를 섭취하는 동물에게 극히 유독하여 심한 질병을 유발하고, 가끔 죽음을 초래한다. *Aspergillus* 종에 의하여 생성되는 aflatoxin은 가금류나 이 독소가 함유된 식품을 먹은 동물 개체군에게 질병을 일으킨다. 미생물 독소는 이것을 생산하는 개체군이 생존 및 생육되지 않는 조건에서도 활성을 유지할 수 있다.

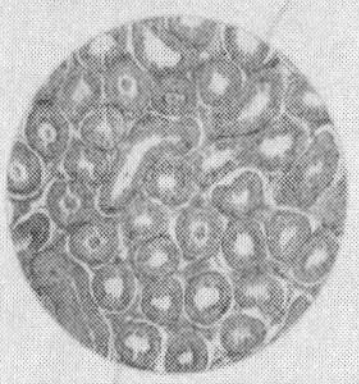

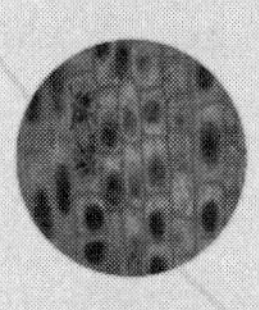

CHAPTER 17

분자생물학적 미생물군집 해석

지금까지 오염물질의 검출, 오염물질의 처리, 오염된 환경의 복원, 폐자원의 재생 등 다양한 분야에 걸쳐 미생물을 이용하여 왔다. 활성슬러지 및 혐기성 소화와 같은 대표적인 미생물을 이용한 환경공정 즉, 생물환경공정은 20세기 초에 시작되어 100년이 지난 지금까지 유용하게 사용되고 있다. 생물환경공정이 사용되기 시작한 초기에는 단순히 미생물 집단을 이용한 유기물 제거를 목표로 공정을 운전하였으며, 미생물들이 공정의 효율에 중요한 역할을 수행하고 있음에도 불구하고 전혀 연구의 대상이 되지 못하였다. 그러나 수질 규제가 강화되고 영양염류 및 다양한 특정 화합물의 처리가 요구됨에 따라 특정 대사기능을 가진 미생물 개체군이나 군집을 유지할 필요성이 대두되었다. 즉, 원하는 생물환경공정의 목적을 달성하기 위해서는 공정 내에 충분한 양의 바람직한 미생물 종으로 구성된 군집 구조가 형성되도록 하고, 미생물 군집이 원하는 생화학적 기능을 장기간에 걸쳐 안정되게 수행할 수 있도록 운전하여야 한다. 이에 따라 다양한 미생물로 구성된 군집 내에서 원하는 기능을 가진 미생물 개체군이 잘 유지되고 있는지를 관찰하는 연구들이 필요하게 되었다.

생물환경공정에 존재하는 미생물을 연구하기 위하여 과거 수십 년 동안에는 특정 선택배지에 미생물을 배양시켜, 생성된 집락을 순수분리하고 동정하는 배양법을 주로 사용해 왔다. 이러한 배양법은 순수분리된 미생물 균주를 보관할 수 있으며, 그 균주의 표현형질(phenotype)과 유전형(genotype)을 같이 연구할 수 있다는 장점이 있다. 그러나 배양법에 의해 동정할 수 있는 미생물은 전체 원핵생물 수의 0.5~10% 이내라고 알려져 있으며, 질산화 미생물과 같은 경우에는 배양에 수 주일이 소모되기도 한다. 따라서 배양법만을 사용하여 환경에 존재하는 다양한 미생물들을 조사하는 것에는 한계가 있다.

최근 약 20년 전부터 환경시료에서 직접 핵산을 추출하는 방법이 소개되었으며, 15여 년 전부터는 추출한 DNA의 일부분을 증폭하는 중합효소연쇄반응(polymerase chain reaction, PCR)법을 적용함으로써 배양에 의존하지 않고 미생물 생태를 연구할 수 있게 되었다. 이러한 분자생물학적 방법을 이용하여 환경 중의 미생물 생태를 연구하는 분자생태학적 기법의 등장으로 미생물 종 다양성에 대한 우리의 지식과 견해가 크게 변화하였다. 지금도 특정 환경이나 환경 조건의 변화에 따른 미생물 군집의 구조와 변화를 조사하고 해석하기 위하여 새롭고 다양한 분자생물학적 방법들이 개발되고 있다. 분자생태학적 기법을 적용한 연구의 경우 대부분이 특정 자연환경의 미생물군집 구조를 조사한 것이며, 생물환경공정의 미생물 군집 해석에 분자 생태학적 기법을 적용하기 시작한 것은 약 20~30년 정도의 짧은 연구 역사를 지닌다. 생물환경공정에 존재하는 미생물 군집을 해석하기 위하여 가장 널리 사용되고 있는 분자생물학적 기법들은 다음과 같다.

17.1 계통발생학적 생물분류

분자생태학적 기법에 대한 이해를 돕기 위해 먼저 계통발생학적 생물분류에 대하여 서술하고자 한다. 계통발생학적 분류법이란 생물의 형태, 생리학적 특성 등 관찰할 수 있는 성질, 즉 표현형에 기초한 종래의 분류방법과는 달리 유전적 특성을 바탕으로 생물을 분류하는 새로운 분류법이다. 지구상의 모든 생물들은 생명활동의 유지를 위한 정보를 DNA에 가지고 있다. DNA는 아데닌(A), 구아닌(G), 시토신(C), 티민(T)이라는 4가지 염기로 구성되어 있으며, 생명활동에 필요한 다양한 유전정보는 염기의 나열된 순서에 따라 결정된다. 모든 생물들이 가지고 있는 DNA의 염기서열을 비교함으로써 생물들을 분류할 수 있으나, 모든 생물종의 DNA 염기서열 전체를 해독한다는 것은 지금의 과학수준으로는 불가능에 가까울 정도로 방대한 시간과 노력을 필요로 한다. 따라서 일반적으로 계통발생학적 분류에서는 모든 생물 세포가 포함하고 있는 리보소옴(DNA의 정보를 전사 받은 RNA를 해독하여 단백질을 생성하는 세포소기관) 가운데에서 약 1,500~1,900개의 염기로 구성된 작은 단위체 부분 RNA(small subunit ribosomal RNA: SSU rRNA)의 염기서열을 기준으로 생물을 분류한다. SSU rRNA를 기준으로 생물을 분류한 결과, 지구상의 생물은 크게 3개의 영역(domain) 즉, 진정세균(Bacteria), 고세균(Archaea), 진핵생물(Eukarya)로 분류할 수 있음이 밝혀졌다. 지금까지 밝혀진 수많은 생물 종들의 SSU rRNA가 데이터베이스화되어 있으며, 새로이 밝혀진 생물의 SSU rRNA(진정세균의 경우는 16S rRNA)를 데이터베이스와 비교함으로써 그 생물이 속하는 분류그룹을 결정할 수 있다.

일반적으로 미생물군집 해석이란 군집 내에 존재하는 진정세균, 고세균, 단세포 진핵생물의 종류와 수, 위치, 역할 및 상호관계를 밝혀내는 것이다. 그러나 실제로 환경공정 내에 존재하는 미생물 가운데에서 진핵생물에 속하는 진균류, 조류, 원생동물의 수와 역할은 제한적이며, 생물환경공정이 목적으로 하는 기능을 수행하는 것은 대부분이 박테리아(진정세균)이다. 따라서 다음의 분자생태학적 기법들은 고세균 및 진핵생물의 군집 해석에도 활용할 수는 있지만, 주로 세균 군집을 해석하기 위해 사용되고 있다.

17.2 분자생태학적 기법

분자생태학적 기법은 크게 전처리한 환경생물시료로부터 특정 세균 분류군을 직접 검출하는 기법과 환경생물시료의 DNA를 추출하고 PCR을 거치는 기법으로 나뉜다. 전자에는 FISH(Fluorescence in-situ hybridization)법으로 대표되는 whole cell hybridization방법이 있으며, 후자에는 클로닝(cloning)법, 군집 fingerprinting법, 그리고 정량 PCR법 등이 있다. 그림 17-1에 기본적인 분자 생태학적 기법의 수행 흐름도와 상호관계를 나타내었다.

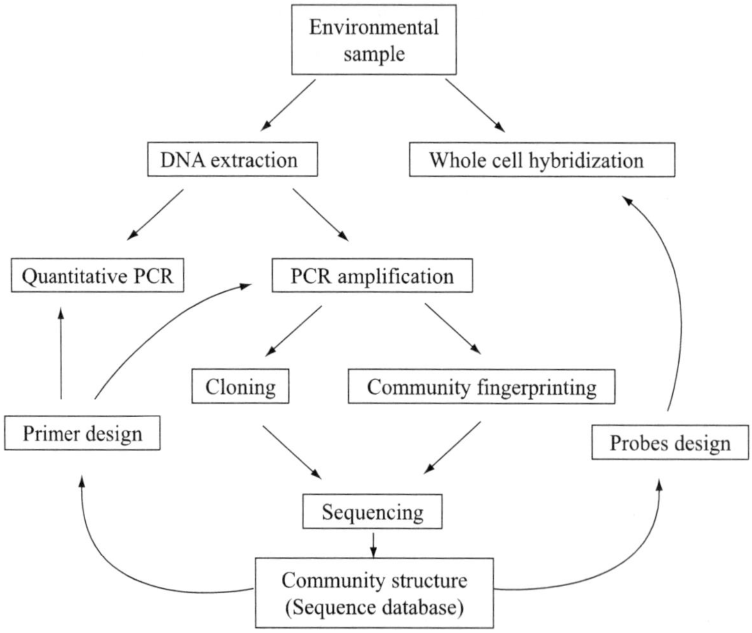

❖ **그림** 17-1. 생물환경공정 내 미생물 군집의 유전적 다양성을 분석하기 위한 분자생물학적 방법

17.2.1 FISH법

FISH란 형태학적으로 보존된 세균 군집 시료 내에서 목적 세균의 DNA 또는 RNA의 특정 부분에 상보적인 염기서열을 갖는 형광 표지 probe(20개 내외의 염기로 구성된 짧은 DNA단편)를 결합시킨 후, 목적하는 세균의 분류군을 형광현미경으로 검출하는 방법이다. 주로 SSU rRNA(세균의 경우는 16S rRNA)를 검출하는 형광 probe를 사용하

며, probe는 특정 세균 종, 그룹, 더 넓게는 진정세균 전체를 검출할 수 있도록 설계할 수 있다. Probe의 설계에는 기존 16S rRNA의 데이터베이스를 활용할 수 있으며, 다른 분자생태학적 기법을 사용하여 얻어진 특정 개체군의 16S rRNA 데이터를 활용할 수도 있다. FISH법은 보다 큰 분류군 내의 작은 분류군의 존재 비율 또는 분류군 간의 존재 비율의 비교를 위하여 적용할 수 있다. 생물환경공정에서 사용되는 FISH법의 가장 일반적인 예로는 진정세균 전체를 검출하는 probe인 EUB338과 보다 세부적인 특정 세균 그룹을 검출하는 probe를 동시에 사용함으로써 전체 세균 가운데 특정 그룹에 속하는 세균의 존재 비율을 산출하는 것이다. 또한, 형태를 파괴하지 않고 세균의 세포를 고정시킨 상태에서 형광 probe를 결합시키기 때문에 생물막과 같은 미생물 집단 속에서 목적하는 세균 분류군이 존재하는 장소를 파악할 수도 있다.

생물환경공정에서 FISH의 적용은 많은 이점을 가지고 있으나, 개발된 16S rRNA probes를 이용하여 목적 미생물을 검출하는데 몇 가지 문제에 직면하게 된다. 첫째, 첨가한 DNA probe의 양이 부족한 경우나 배경의 형광강도가 지나치게 높은 경우에는 검출하고자 하는 형광의 양이 미약하여 목적 분류군에 속하는 세균의 존재양이 과소평가될 수 있다. 둘째, 일반적으로 FISH는 슬라이드 글라스를 사용하여 수행되므로 세척과정에서의 세포 유실로 인해 측정되어야 할 결과보다 과소평가될 수 있다. 셋째, 자기형광(autofluorescent)을 나타내는 미생물의 경우에는 정량이 곤란하다. 넷째, 사용하는 probe의 정확성과 반응조건 및 검출하고자 하는 미생물의 생리적 상태에도 영향을 받는다. 다섯째, 생물환경공정에 존재하는 수많은 세균 종에 대하여 특이적인 probe를 설계하는 것은 불가능하며, 검출하고자 하는 세균 개체군의 종류가 늘어남에 따라 군집의 해석에 방대한 시간과 비용, 노력이 소모된다.

그럼에도 불구하고 FISH법은 목적 미생물 존재와 양의 시각화 등의 많은 장점으로 인하여 생물환경공정의 미생물 군집 해석에 폭넓게 사용되고 있으며, 최근에는 Flow cytometry(형광을 띤 세포를 분류하는 장치) 또는 Microautoradiography법(동위원소이용 관찰법, MAR-FISH)과 결합하여 사용하거나, TSA-FISH(Tyramide Signal Amplification of FISH), CARD-FISH(Catalyzed Reporter Deposition-FISH) 등 FISH의 단점을 개선한 새로운 방법들이 개발되어 미생물군집 해석에 적용되고 있다.

17.2.2 16S rRNA 유전자 클로닝법

16S rRNA 유전자(이하 16S rDNA)의 클로닝을 위해서는 우선 생물환경공정의 미생물군집 시료로부터 모든 미생물의 DNA를 추출한 후, PCR법으로 세균의 16S rDNA를

대량 복제한다. 복제된 PCR 산물에는 다양한 세균의 16S rDNA가 혼재하고 있으므로, 각각을 플라스미드에 연결하여 하나씩 대장균에 삽입한다. 대장균을 배양하여 16S rDNA가 삽입된 플라스미드를 대량 복제한 후 플라스미드를 회수하고, 각 플라스미드에 삽입된 16S rDNA의 염기서열을 결정한다. 얻어진 16S rDNA의 염기서열을 GenBank 등의 SSU rRNA 데이터베이스와 비교함으로써, 미생물군집 내에 존재하는 세균의 종들을 결정하거나 알려진 종들과의 계통학적 상관성을 구할 수 있다. 또한, 16S rDNA 클론 해석 결과는 서로 다른 미생물군집 시료(예를 들면, 서로 다른 장소에 존재하는 생물환경공정, 또는 같은 생물환경공정에서의 계절별 미생물군집 시료 등)의 종 다양성을 비교하는데 사용될 수 있으며, FISH에 사용되는 probe나 Fingerprint법에 사용되는 primer의 설계에도 활용될 수 있다.

16S rDNA 클론 해석법은 FISH법에 비하여 미생물 군집 내에 존재하는 다양한 세균 종을 밝혀 낼 수 있다는 장점이 있다. 그러나 군집 내에 너무 많은 종들이 존재할 경우, 시료의 수가 많을 경우, 그리고 계속적으로 군집의 변화를 모니터링해야 할 경우에는 지나친 시간과 노력, 비용을 필요로 하기 때문에 적용하기 어렵다.

17.2.3 군집 fingerprinting법

군집 fingerprinting법은 PCR 증폭된 특정 DNA(주로 16S rDNA)를 gel 상에서 물리적으로 분리하여 DNA band의 패턴이나 프로파일을 제공함으로써, 미생물군집의 종 다양성을 결정하거나, 군집의 시간, 공간 또는 조건에 따른 변화를 용이하게 모니터링 하기 위한 기법이다.

군집 fingerprinting법에는 DGGE(denaturing gradient gel electrophoresis), TGGE (temperature gradient gel electrophoresis), SSCP(single strand conformation polymorphism), RFLP(restriction fragment length polymorphism), T-RFLP(terminal restriction fragment length polymorphism) 등 다양한 방법이 있으나, 이 가운데에서 최근 가장 널리 사용되고 있는 DGGE와 T-RFLP에 대한 내용은 다음과 같다.

1) PCR-DGGE법

PCR-DGGE법은 원래 의학분야에서 돌연변이 유전자의 검출을 위하여 사용되어 오던 방법이었으나, Muyzer 등이 처음으로 16S rDNA의 V3 region(16S rDNA 가운데 미생물 종에 따라 가장 변이가 심한 부분)을 대상으로 미생물생태 분야에 적용하였다. DGGE 분석법에서는 5'말단에 GC-clamp(약 40개 정도의 G와 C로 구성된 DNA단편)를 붙여 놓은 primer를 사용하여 미생물군집에서 추출한 전체 DNA로부터 16S rDNA를 PCR 증폭시킨 후, 증폭된 PCR 산물을 urea나 formamide와 같은 DNA변성제의 농도구배가 존재하는 gel상에서 전기영동한다. 증폭된 16S rDNA는 군집 내의 세균 종에 따른 염기서열의 차이에 의해 단일가닥(한쪽 끝은 GC-clamp로 인해 묶여진 상태)으로 변성되는 정도가 달라지고, 이에 따라 gel상에서의 이동거리가 달라지는 점을 이용한 방법이다. 결국, gel상의 특정 위치에서 특정 16S rDNA 염기서열을 가진 DNA가 band 형태로 나타나게 된다. 따라서 샘플 내에 미생물의 개체수가 다양할수록 band의 수는 늘어나게 되고, 동일한 염기서열의 DNA가 많을수록 나타나는 band의 선명도는 증가하게 된다.

PCR-DGGE법은 많은 샘플에서의 전체적인 미생물 종의 수 그리고 양적 변화를 하나의 gel상에서 관찰할 수 있다는 장점이 있다. 또한 중요도가 높은 band의 경우에는 band로부터 직접 DNA를 회수한 후, sequencing을 통해 종을 확인할 수 있기 때문에 cloning 분석법에 비해 시간, 노력 및 비용을 최소화할 수 있다. 그러나 gel의 제작과 최적 농도구배의 범위를 설정하는 과정이 번거롭고, 샘플 내에 분포도가 낮은 종의 경우에는 증폭산물이 적어 검출되지 않을 수 있으며, band의 수가 너무 많이 발생하는 경우에는 군집의 변화를 해석하는데 어려움이 따른다. 게다가, 비교해야 할 샘플의 수가 많은 경우, 여러 장의 gel을 사용하여 전기영동을 실시해야 하며, 샘플의 조합을 달리하여 군집을 비교하고자 할 경우에는 추가적으로 전기영동을 실시해야 한다는 단점이 있다. 또 다른 단점으로, 서로 다른 염기서열의 band들이 뒤엉켜서 같이 이동하는 경우도 발생하며, PCR 과정에서 mismatch로 생성된 산물도 군집의 구성 개체로 인식되어 버리는 오류가 발생할 수 있다.

유사한 기법인 PCR-TGGE법은 gel에 변성제 농도구배를 대신하여 온도구배를 부여하고, 전기영동을 실시하여 군집을 해석하는 방법이며, SSCP법는 DNA 이중사슬을 2개의 단일사슬로 완전히 변성시킨 후, 낮은 온도에서 단일사슬이 형성하는 입체적 구조의 차이를 이용하여 전기영동을 실시하고 군집을 비교하는 방법이다.

2) T-RFLP법

T-RFLP법은 미생물의 DNA로부터 16S rDNA를 PCR 증폭시킨 후, 증폭된 PCR 산물을 제한효소(이중사슬 DNA의 특정부위를 절단하는 효소)로 절단하고, 전기영동을 실시하여 band 프로파일을 비교하는 RFLP법을 개량한 기법이다. 이 방법에서는 5' 말단을 형광물질로 표지한 primer를 이용하여 16S rDNA를 PCR 증폭한 후, PCR 산물을 제한효소로 절단한다. 생성된 단편들 가운데에서 형광 표지된 DNA 절편들은 변성제를

함유하지 않은 polyacrylamide gel를 사용하여 전기영동하거나 capillary 전기영동을 수행하여 형광을 검출함으로써 군집 내 미생물 종 다양성을 반영하는 peak(또는 band) 프로파일로 나타나게 된다.

이론적으로 형광 표지된 DNA 절편의 길이에 따라 나타나는 각 peak는 특정 미생물 종을 의미하며, 각 peak의 면적은 그 미생물 종의 상대적인 분포비를 나타낸다. 따라서 T-RFLP는 PCR-DGGE와 유사하게 정성적 그리고 정량적으로 사용할 수 있다. 또한, 전기영동을 수행할 때 DNA의 size marker를 사용하여 형광 표지된 DNA 절편들의 길이를 측정할 수 있으며, 사용한 primer 및 제한효소의 종류에 근거하여 데이터베이스에서 각 단편의 길이에 해당하는 세균의 종을 찾아낼 수도 있다. 그러나 이론적으로는 하나의 미생물 종은 특정한 길이의 형광 표지 절편 하나만을 생성하지만, 서로 다른 미생물이라 하더라도 같은 길이에서 같은 제한효소 사이트를 가질 경우에는 여러 종이 똑같은 길이의 형광 표시 절편을 생성할 수도 있다. 이러한 경우에는 데이터베이스로부터 미생물 종을 결정하기 힘들다.

T-RFLP법은 서로 다른 미생물 군집의 종 다양성을 비교하거나 한 미생물 군집 내의 변화를 모니터링할 때 유용한 방법이다. 또한, 샘플의 조합을 달리하여 군집을 해석하고자 할 때에도 추가적인 실험없이 기존의 peak 프로파일 데이터를 비교함으로써 간단히 수행할 수 있으며, 존재량이 적은 미생물 종까지 검출해 낼 수 있는 장점이 있다. 그러나 단점으로, peak의 베이스라인이 안정되지 못 할 경우, peak가 아닌 것까지 모두 peak로 간주해 버림으로써 미생물 종 다양성을 과다하게 평가하는 오류를 범할 수 있으며, 사용한 primer와 제한효소의 종류에 따라 군집해석 결과가 달라질 수 있다. 따라서 T-RFLP법은 복잡한 군집구조를 가지는 시료의 해석에는 적합하지 않으며, 종 다양성이 크지 않은 미생물 군집의 해석에 적용하는 것이 바람직하다.

17.2.4 정량 PCR법

일반적인 PCR법은 사이클 수(반응이 진행된 횟수, n)에 따라 초기 DNA를 2^n에 비례하여 복제 생성한다(그림 17-2). DNA의 증폭이 진행되는 과정 중에는 증폭되는 산물의 양적 변화를 알 수 없으며, 단지 PCR을 통해 생성된 최종산물의 양만을 측정할 수 있다. 게다가 초기의 존재량이 다른 DNA들을 증폭시킨다 하더라도 충분한 사이클(일반적으로 30 사이클 이상)의 PCR을 거치게 되면 최종산물의 양에는 큰 차이가 없어지게 된다. 따라서 PCR법을 활용하는 기존의 분자생태학적 기법의 경우에는 초기량(예를 들면, 미생물 군집 내 각 분류군의 존재량)을 반영할 수 없기 때문에, 정확한 정량적 평가가 어렵고 다만 상대적인 양의 비교를 수행할 수 있을 뿐이다. 이와 같은 문제점을 해결하기 위하여 제시된 기법이 정량 PCR법이다.

정량 PCR법에서는 증폭되는 DNA의 일부분에 특이적으로 결합(hybridization)할 수 있는 형광 표지된 probe를 첨가하거나 이중사슬의 DNA에 결합하는 염색시약(intercalator)을 첨가하여 PCR을 수행함으로써 검출되는 형광의 변화량으로부터 증폭되는 DNA의 양의 변화를 모니터링한다. PCR 산물이 지수함수적으로 증가하는 동안에는 초기의 DNA양에 비례하여 산물이 증가하기 때문에, 초기 DNA양을 순차적으로 증가시킨 표준시료들을 사용하여 초기 DNA양과 임의의 형광량에 도달하는 데 필요한 PCR

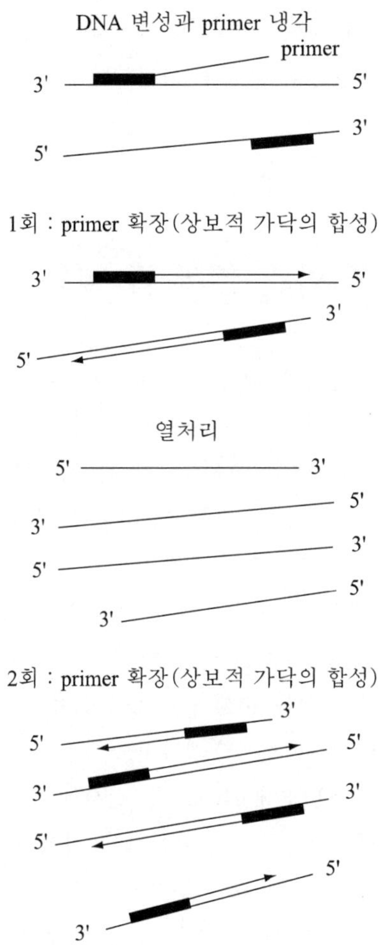

❖ 그림 17-2. 중합효소 연쇄반응 개요

사이클 수(C_t, Cycle of threshold)의 관계를 검량선으로 작성한다. 작성한 검량선으로부터 시료의 C_t값에 해당하는 초기 DNA량을 산출해 낼 수 있다. 이 방법은 의약분야에서 유전자의 발현된 양을 비교하기 위하여 주로 사용되어 왔으나 최근에는 생물환경공정 내에서 특정 기능을 수행하는 미생물 종이나 특정 기능 유전자 그 자체의 정량에도 적용되고 있다. 예를 들면, 혐기성 소화공정 내에서 메탄균을 정량하거나 영양염류 제거 활성슬러지 공정에서 암모니아 산화균을 정량하는데 응용되고 있으며, 암모니아 산화효소의 유전자나 방향족 유기물 분해효소의 유전자들의 정량에도 적용된 사례가 있다.

정량 PCR의 단점은 primer와 probe의 종류와 양의 결정, PCR 수행조건의 결정, 표준시료 DNA의 제작, 검량선의 작성 등의 과정이 번거롭고 비교적 상당한 시간과 비용을 필요로 한다는 것이다. 그러나 미생물 종 다양성을 해석하는 다른 분자생태학적 기법과 병행한다면 생물환경공정의 미생물 군집을 이해하는데 있어 가장 강력한 기법 가운데 하나가 될 것이다.

17.3 분자생태학적 기법의 한계 및 활용

현재 생물환경공정의 미생물군집 해석을 위하여 가장 널리 사용되는 분자생태학적 기법은 PCR-DGGE 등의 군집 fingerprinting법이다. 미생물 군집에 대한 세부적인 조사를 수행하기에 앞서 대략적으로 군집 내에 존재하는 개체군의 다양성을 파악하고자 수행한다. 그리고 시간, 장소, 기타 조건의 변화에 따른 군집의 변화를 비교함으로써 중요하다고 인지되는 band를 조사하여 중요한 미생물 종들을 결정한다. 중요한 미생물 종들에 대해서는 염기서열 해독 결과를 바탕으로 특이적인 probe를 설계하여 FISH를 수행함으로써 그 종들의 존재 비율과 장소를 알아 낼 수 있다. 또한, 보다 정확한 정량적 수치를 얻고자 할 때에는 정량 PCR을 수행하며, DGGE의 결과를 뒷받침하는 자료로 사용하기 위하여 16S rDNA의 클로닝을 수행하기도 한다. 클로닝을 수행하는 경우에도 생성된 클론(clone)에 대하여 RFLP나 DGGE를 실시하여 같은 band 유형을 나타내는 클론들을 같은 그룹으로 분류하고, 각 그룹에서 대표적인 클론 2~3개만을 조사함으로써 시간과 노력, 비용을 절감할 수 있다. 이와 같이 현재의 생물환경공정의 미생물군집 해석에는 각각의 분자생태학적 기법들이 갖는 단점을 보완하기 위하여 여러 기법들을 복합적으로 사용하는 추세이다.

이상에서 언급한 바와 같이 분자생태학적 기법들은 각각 저마다의 한계점을 가지고 있지만, 대부분의 분자생태학적 기법들이 공통적으로 갖는 중요한 한계점은 중간단계로서 PCR법을 사용한다는 것이다. PCR 과정에서는 primer끼리 결합하거나 반응조건이 엄격하지 않을 경우에 목적으로 하지 않는 DNA 단편을 증폭할 수도 있다. 또한, PCR 증폭된 산물은 초기의 DNA량(개체 량)을 반영하지 못하는 등 여러 가지 기술적인 문제점을 함유하고 있다. 이러한 문제로 인한 오차가 시료채취나 DNA 추출, 그리고 결과해석 과정에서 범할 수 있는 오차보다 덜 중요한 것으로 간주되고 있기는 하지만, 분자생태학적 기법을 사용할 경우에는 반드시 PCR의 방법적인 한계를 인식하고 해석을 수행하여야 할 것이다.

여러 분자생태학적 기법들은 생물환경공정의 기능에 관계하는 특정 기능 유전자의 해석에도 적용가능하다. 그러나 아직까지 기능과 상호작용에 대한 연구는 초기 단계에 있으며, 대부분이 군집 내 미생물 종 다양성을 비교하거나 관심이 있는 개체의 분류 그룹을 결정하기 위해 사용되고 있다. 다행하게도 암모니아 산화균, 아질산성질소 산화균, 인 축적균, 황 환원균, 메탄균, 벌킹 원인 사상균 등 생물환경공정의 기능에 중요한 영향을 미치는 미생물들은 각각 계통발생학적으로 특정한 분류군 속하기 때문에 군집 내에 존재하는 이들의 16S rDNA를 해석함으로써 기능 미생물의 존재와 공정효율의 관계를 해석하고자 하는 연구가 활발히 진행되고 있으며, 많은 새로운 지식과 정보가 축적되고 있다.

분자생태학적 기법을 사용한 생물환경공정 내 미생물군집 해석 결과는 아직까지 공정 제어에는 반영되지 못하고 있는 실정이지만, 공정관리를 위한 모니터링이나 상태 진단에는 사용가능할 뿐만 아니라, 새로운 공정개발에 있어 메커니즘의 규명이나 이론을 뒷받침하는 자료로 활용가능하다. 또한, 최근에는 오염토양이나 지하수의 생물학적 복원과정에 있어서 미생물 군집 변화에 대한 모니터링이나 특정 오염물질의 분해를 위해 첨가한 미생물의 거동 해석에도 적극 활용되고 있다.

17.4 유전자 재조합 미생물의 생태적 거동 및 대책

유전공학의 발달은 경제적으로 많은 이익을 줄 수 있는 잠재력을 가지고 있지만, 한편으로는 유전자 재조합 미생물(genetically engineered microorganisms, GEMs)가 우발적으로 방출될 경우, 자연 생태계에 예상치 못한 결과를 초래할지도 모른다. 따라서 잠재적으로 위험한 유전자를 갖는 GEMs가 자연 생태계에서 토착세균들에게 전이되고 잘 적응되었는가를 평가해야 한다. 그러나 세균은 생태계에서 혼합군집을 이루고 있으므로 형질전환, 접합, 형질도입과 같은 유전자 전이 기전은 독립적이라기보다는 서로 혼합된 형태로 나타날 수 있다. GEMs는 그들의 유전자를 토착세균에게 전이할 수 있을 뿐만 아니라 토착세균으로부터 유전자를 전이받을 수 있다. 그러므로 생태계에서의 유전자 전이는 현재 알려져 있는 것보다 더 복잡할 수 있다. 따라서 GEMs의 방출결과를 평가하는 것은 생각보다 더 어렵고 복잡할 수 있다. 세균들 간의 유전자 전이에 대한 연구는 지난 50여 년 동안 전 세계적으로 많은 연구가 되어 왔지만 그들의 중요성과 기전은 아직까지 많은 연구가 필요하다.

이러한 연구들의 대부분은 환경요인을 조절할 수 있는 실험실이나 제한된 환경에서 이루어졌다. 따라서 이러한 연구는 개방된 자연 생태계에서 이루어질 필요가 있고, 토착세균에 직접 전이되어 나타날 수 있는 영향에 대한 연구가 이루어져야 한다. 유전자 조작에 의하여 탄생한 GEMs가 자연계에 노출되는 사례가 많아짐에 따라 자연 생태계에서 세포외 DNA의 기능과 동태에 관한 관심은 더욱 커지게 되었다. 더욱이 유전공학적 변형세균을 자연계에서 노출, 실험하고 의학과 농업분야에서 항생제를 남용함으로써 유발되는 항생제 내성 유전자의 전파는 유전적 오염을 유발시키고 있다. 이러한 유전적 오염은 생태계 내에서 유용한 유전자의 기능을 저해하는 문제가 제기되고 있으나, 아직 이에 대한 체계적인 연구가 진행되지 못하고 있다. 그리고 이러한 GEMs가 방출될 경우에는 그에 따른 영향평가(risk assessment)가 반드시 수행되어야 한다. 그러기 위해서는 이러한 유전자 전이를 좀더 정확히 측정할 수 있는 방법과 기준이 필요하다.

유전자 재조합 미생물은 자연환경 중에서의 거동이 알려지지 않았으므로 그 사용에 있어서는 실험시설 외로 누출되지 않도록 엄격한 밀봉책을 쓸 것이 의무화되고 있다. 금후 유전자 재조합 미생물이 이용되는 기회와 장소가 증대하면 불의의 사고와 부주의에 의한 생태학적 거동이 잘 알려지지 않은 이러한 미생물이 자연환경 중으로 누출할 가능성도 증대할 것이다.

또한, 농업, 광공업과 환경개선 분야 등에서는 유전자 재조합 미생물을 자연환경 중에서 직접 이용할 것을 고려할 것인 바, 이 경우에도 또한 자연환경 중에서의 거동이 미지수이므로 현재 이용이 허가되어 있지 않다.

이러한 가이드라인에 의한 규제를 받는 유전자조합 미생물 외에도 육종한 특수한 미생물을 환경개선 기술에 대량으로 사용함으로써 특정환경의 생태계에 영향을 미치는 것도 생각해야 한다. 최근의 연구에서는 자연계의 미생물 집단은 서식처 내에서의 플라스미드의 접합전달과 박테리오파아지의 감염 등에 의하여 서로 유전자를 교환하며, 그 환경의 적응기구로서 유전자 풀(pool)을 공유하고 있음이 밝혀졌다. 아무튼 이러한 영향을 고려하면, 유전자 조합 미생물을 시작으로 하여 유전자수준에서 미생물의 생태학적 거동에 대해 연구하는 것은 금후 환경과학에 있어서 중요한 과제가 될 것이다.

자연환경 하에서 미생물은 다양한 선택압에 견디어야 한다. 주된 선택압은 토착미생물과의 경쟁이다. 유전자조합 실험에 가장 잘 이용되는 대장균은 장기간에 걸쳐 영양이 풍부한 배지에서 자랐기 때문에 일반적으로 영양원이 결핍된 자연조건하에서는 생존하기 어렵다. 일반적으로 플라스미드의 존재는 숙주의 물질적 및 에너지적 부담을 주기 때문에 플라스미드의 유무가 직접 숙주의 생존에 관계하는 선택적 환경을 제외하고는 플라스미드 보유균은 비보유균에 대해 열성이 되는 경우가 많다. 이러한 조건하에서는 세포분열 시에 어떠한 이유로 플라스미드를 친세포에서 취하지 않은 플라스미드 탈락균이 우세하게 되며, 연속배양의 경우에는 외견상 플라스미드 탈락이 급속히 진행되는 것처럼 보일 때가 있다. 플라스미드가 전달성인 경우, 플라스미드 보유균은 증식이 진행됨에 따라 접합에 의하여 플라스미드를 비보유균에게 전달하면서 증식할 수 있다. 플라스미드를 통한 유전자의 교환양식에는

① 전달성 플라스미드가 이동함으로써 직접 수용균에 이입되는 것
② 공여균의 세포내에서 숙주역이 좁은 플라스미드의 유전자가 숙주역이 넓은 플라스미드 상에 전이됨으로써 본래는 이동할 수 없었던 숙주세포로 이동하는 것
③ 공여균의 염색체상의 유전자가 플라스미드 상에 전이하여 접합에 의하여 플라스미드에 얹혀 이동하는 것
④ 중간 수용균을 경유하여 단계적으로 플라스미드의 교환이 가능하게 되거나 유전자가 이동하는 것 등이 알려져 있다.

플라스미드의 전달은 이미 매우 넓은 세균의 종간에 가능하다고 알려져 있다. 플라스미드의 전달이 일어나면 원래의 숙주가 자연환경 중에서 증식할 수 없었던 것인데도 플라스미드 또는 그 위에 암호화된 유전자는 새로운 숙주에 계승되어 환경 중에 계속 존재하는 것이 가능하다. 이러한 과정에 있어서 플라스미드 상에 암호화된 유전자가 소멸하는 확률에 대해서 확률과정 이론에 의하여 예측이 가능하다.

Mach 등은 병원의 환자에서 분리한 *Salmonella enteritidis, Proteus mirabilis* 및 대장균이 보유한 R 플라스미드의 대장균 및 *Shigella sonnei*로의 전달 빈도를 실험실내와 하수처리장내의 침전지에서 측정하였다. 그 결과, 실험실내에서 평균 2.1×10^{-3}, 침전지에서 4.9×10^{-5}이었는데, 현장에서의 측정치가 실험실 내에서의 값보다 두 자리수 낮았다. 이러한 결과는 항생물질에 의한 선택압이 없는 환경에서 유의한 플라스미드의 전달이 일어났음을 시사하는 것이다.

찾 아 보 기

· **이상준**
이학박사, 환경미생물학 및 미생물생태학
부산대학교 자연과학대학 미생물학과

· **이 건**
이학박사, 환경미생물학
부산대학교 생명과학부 겸임교수
(주)세정바이오텍 대표이사

· **손홍주**
이학박사, 환경미생물학
부산대학교 생명자원과학대학 생명환경화학과

· **이태호**
공학박사, 환경미생물학
부산대학교 사회환경시스템공학부 환경공학전공

응용환경미생물학 정가 19,000원

인 쇄 2009년 3월 2일 초판 1쇄
발 행 2014년 9월 10일 개정판 2쇄
저 자 이상준·이 건·손홍주·이태호
발행인 정우용
발행처 도서출판 **동화기술**
경기도 파주시 광인사길 201(문발동, 파주출판도시)
Tel (031)955-4211~6 donghwae@kornet.net
Fax (031)955-4217 www.donghwapub.co.kr
(등록) 1977년 12월 19일/9-16호

ISBN 978-89-425-1729-9